AF340413

LE

MONDE DES PLANTES

AVANT

L'APPARITION DE L'HOMME

5327-78. CORBEIL. — Typ. et stér. de CRÉTÉ.

LE
MONDE DES PLANTES

AVANT

L'APPARITION DE L'HOMME

PAR

LE COMTE DE SAPORTA

CORRESPONDANT DE L'INSTITUT

Avec 13 planches, dont 5 en couleur
ET 118 FIGURES DANS LE TEXTE

PARIS

G. MASSON, ÉDITEUR

LIBRAIRE DE L'ACADÉMIE DE MÉDECINE

Boulevard Saint-Germain et rue de l'Éperon

EN FACE DE L'ÉCOLE DE MÉDECINE

1879

AVERTISSEMENT

Un ouvrage, quelle que soit l'unité qu'il présente d'ailleurs, n'est pas toujours une œuvre de premier jet. Bien des esprits ne saisissent pas tout d'abord la portée réelle ni l'extension possible d'un sujet. C'est seulement après en avoir parcouru les avenues et sondé les perspectives, qu'ils voient se dégager les lignes générales de l'édifice.

Il en aura été ainsi des pages qui suivent et dont beaucoup ont paru dans plus d'un recueil, avant qu'il fût question de les réunir en volume. La *Revue des Deux Mondes* en a reçu la meilleure part; d'autres, plus spécialement descriptives, ont été insérées dans le journal *la Nature*, de M. G. Tissandier; celles-ci étaient accompagnées de figures explicatives, exécutées avec art et fidélité.

Plus tard cependant, la pensée est venue à l'auteur de coordonner ces études éparses, composées à des dates assez éloignées, mais qu'un lien visible rattache sans effort les unes aux autres. Il lui a été facile de reconnaître qu'elles appartenaient au même ordre d'idées et de recherches et qu'elles s'adaptaient à un cadre déterminé, de manière à former un seul ensemble.

L'auteur a cru à l'utilité de répandre des notions encore
très-nouvelles, n'ayant eu jusqu'ici qu'un faible retentisse-
ment, soustraites par cela même, malgré leur importance,
à l'examen raisonné de la plupart des lecteurs français. —
Elles résument pourtant les plus remarquables découvertes
de la « Paléontologie » et plus spécialement de la « Paléontologie végétale ».

Il ne s'agit pas d'ailleurs de descriptions purement
techniques, ayant pour but unique la reconstitution, assurément fort curieuse par elle-même, d'un être ancien par le rapprochement de ses débris. Les enseignements qui dérivent de
ce livre vont plus haut et s'avancent plus loin : ils touchent au
phénomène de la vie dans ce qu'il a de plus mystérieux et
de plus profond, c'est-à-dire à son origine, à sa marche, à
l'histoire de ses développements et de ses perfectionnements
graduels; ils s'attachent à définir des procédés dont on commence à peine à saisir les ressorts et à fixer le sens.

Ce livre s'adresse donc à la fois à plusieurs classes de
lecteurs : aux penseurs comme aux gens du monde envieux
de s'instruire sans trop de fatigue, aux philosophes étrangers
à l'étude des sciences naturelles aussi bien qu'aux naturalistes de profession, à tous ceux enfin qu'intéresse le progrès
des sciences d'observation et qui admettent, non sans raison,
qu'à force de scruter la nature on doit finir par atteindre
quelques-unes de ses formules, sinon toutes ses lois.

De ce que le problème de la « création », tenu naguère
pour si simple, posé, pour ainsi dire, à portée de l'homme et
dans les limites de la chronologie historique, se trouve rejeté
bien au delà, tout au fond d'un éloignement incalculable, il
serait puéril de nier, par cela même, son existence. Les

termes de ce problème se trouvent déplacés, il est vrai ; mais, il est juste de l'avouer, ils n'ont été nullement intervertis. Les plans de l'horizon ont beau se multiplier et se dérouler, en reculant toujours devant nous ; l'ordre relatif des objets que nous considérons demeure exactement le même.

Le « monde des plantes », pour devenir accessible dans son passé, devait donner lieu à deux parties ou divisions très-distinctes : la première, destinée à l'exposé des vues générales que soulève l'examen des êtres organisés fossiles, comprenant par conséquent la discussion des bases théoriques sur lesquelles cet examen est appuyé ; la seconde, ayant pour objet l'histoire abrégée des périodes végétales successives et retraçant la physionomie des paysages d'autrefois, ainsi que celle des principales espèces de plantes qui servaient à les décorer.

Dans cette seconde partie, les révolutions dont la flore terrestre a donné plusieurs fois le spectacle seront analysées dans leur raison d'être et déterminées dans leurs caractères. — Un résumé final permettra d'apprécier la marche assurément très complexe qui a entraîné, à travers les temps géoeogiques, le règne végétal tout entier ; il mettra en lumière les causes, soit inhérentes à l'organisme, soit extérieures par rapport à lui, qui n'ont cessé de provoquer des variations de valeur très-diverse chez les végétaux de toutes les époques.

Nous adressons ici un remercîment collectif à tous ceux qui nous ont aidé et soutenu ; leurs noms se retrouvent inscrits en bien des endroits d'un ouvrage dont ils peuvent revendiquer la meilleure part : l'énumération en serait trop longue. Une reconnaissance plus étroite et l'échange répété de vues et de documents nous font cependant un devoir de mentionner les noms de Schimper, Heer, Lesquereux, Decaisne, Gaudry, Tournouër, Grand'Eury, Falsan, à qui nous avons eu recours à tant de reprises. Enfin, nous serions ingrat en ne pas assignant un rang particulier à notre ami le professeur Marion, de la Faculté des sciences de Marseille. Non-seulement nous lui devons plusieurs dessins, à la fois scientifiques et artistiques, mais il a bien voulu revoir nos épreuves, en s'attachant au point de vue zoologique, qui lui est plus spécialement familier. — Nous sommes heureux de lui faire agréer l'expression de notre gratitude.

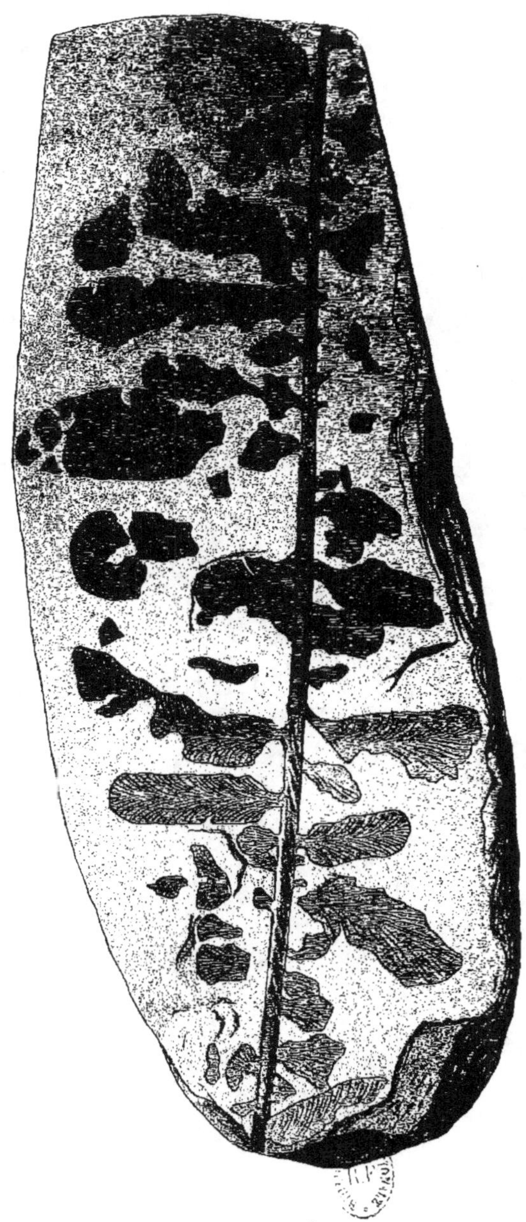

EOPTERIS MORIEREI, SAP.

(La plus ancienne plante terrestre connue)

PREMIÈRE PARTIE

LES PHÉNOMÈNES

ET

LES THÉORIES

CHAPITRE PREMIER

—

LA NAISSANCE DE LA VIE

ET L'ORIGINE

DES PREMIERS ORGANISMES TERRESTRES

La vie est le plus merveilleux comme le plus incompréhensible des phénomènes. Non-seulement elle se produit sous des aspects infiniment variés, mais elle réside à la fois en nous et au dehors de nous. C'est d'elle qu'émane la pensée, et cependant cette pensée, repliée sur elle-même, se prend à la considérer comme un ressort caché dont elle scrute curieusement les rouages ; la vie devient par là un phénomène objectif au même titre que ceux du monde extérieur. Comme l'espace, comme la durée, comme la gravitation, elle semble illimitée dans les effets dont on peut la croire susceptible ; elle offre pourtant cette particularité que, loin de se suffire à elle-même, elle doit forcément détourner à son usage des éléments étrangers et en tirer les conditions de sa propre existence. La vie enfin est contingente : elle ne se réalise que sous l'empire de circonstances déterminées, mais on ne saurait affirmer qu'elle soit une conséquence nécessaire de ces circonstances ; il est certain au contraire que la vie ne s'est pas toujours montrée sur notre globe, de même qu'elle peut cesser un jour de s'y maintenir. Il faut remarquer encore que, loin d'avoir été toujours semblable à elle-même, la vie est esentiellement complexe, évolutive et progressive. Elle s'est déroulée dans une direction et suivant un ordre constants ; elle marche vers un but dont le terme nous est inconnu, et tend a s'éloigner de plus en plus de ce qu'elle fut originairement. La vie, sous ce rapport, est comparable aux nébuleuses stellaires qui se forment et se condensent peu à peu : comme celles-ci, elle possède des annales et doit aboutir à un dénoûment final. Si pour elle, comme pour les nébuleuses, la terminaison future de sa destinée se cache au fond de l'avenir, nous pouvons du moins nous rendre compte de ce qu'elle a été dans un âge relativement voisin de ses premiers commencements.

I

La vie est consciente ou inconsciente, sensible ou insensible ; elle montre tous les passages depuis le *moi* le plus explicite, qui est celui de la personnalité humaine, jusqu'à l'insensibilité la plus absolue, celle du lichen attaché à la pierre. A tous les degrés de cette échelle immense, la vie possède toujours des parties élémentaires qui jouissent, soit isolément, soit en s'agrégeant entre elles, de la double faculté de se nourrir et de se reproduire. C'est pour s'entretenir, s'accroître et se prolonger. que la vie emprunte à la nature brute les matériaux dont elle use, et qu'elle garde plus ou moins longtemps, en les soumettant à une action particulière. Toutefois les rouages qu'elle met en mouvement ne semblent se perfectionner chez les êtres supérieurs qu'à la condition de devenir plus complexes et par cela même plus délicats.

Laissons de côté le vaste champ dont la physiologie a fait son domaine, mais insistons sur les procédés de la vie organique. Là, toute partie correspondant à une fonction constitue un organe, toute réunion d'organes concourant à un but commun constitue un corps; chaque corps est un atelier spécial, un centre limité et particularisé, ou autrement un individu. La vie se manifeste au moyen des individus, elle n'existe que par eux, elle naît et meurt avec eux ; mais chaque individu vivant est toujours le prolongement d'un individu antérieur, et souvent aussi le point de départ de nouveaux individus. De là une chaîne dont les anneaux sont reliés entre eux par d'innombrables connexions, mais non sans une foule de lacunes et d'irrégularités. La vie est tout à la fois une et multiple : *multiple* par les individus qui la représentent, et revêtant par eux une quantité immense de formes simultanées ou successives; *une* à cause des liens qui réunissent les séries individuelles et les rattachent en définitive à une souche ou type commun d'où il semble que toutes soient originairement dérivées. Unité et pluralité, tels sont les deux grands caractères des manifestations de la vie.

La pluralité s'accuse par les dissemblances de toute sorte qui séparent les êtres vivants. — La terre, on le sait, n'a jamais possédé longtemps les mêmes populations d'animaux et de plantes ; les aspects, les formes, les proportions relatives, ont été sujets à de perpétuels changements. La différence la plus radicale qui divise les productions de la vie résulte de la coexistence de deux séries, l'une animale, l'autre végétale, l'une douée, l'autre dépourvue de sensibilité ; l'une possédant au moins les rudiments d'un appareil nerveux, l'autre réduite aux seules fonctions de nutrition et de reproduction, privée de celles de relation. Le règne végétal exerce sous l'influence nécessaire de la lumière sa fonction la plus essentielle, qui est de fixer, à l'aide de l'acide carbonique absorbé et décomposé, la substance verte des feuilles. L'autre règne, bien qu'il possède seul des organes destinés à percevoir la lumière, peut dans beaucoup de cas se passer de cet agent, mais non pas d'oxygène : il brûle ce gaz, qui devient pour lui une source de chaleur ; enfin il manifeste des sensations et opère des mouvements voulus. Ce n'est pas tout : les diversités de la vie sont bien plus étonnantes lorsqu'on s'attache uniquement aux individus. En effet, l'individu, dans les limites de son existence particulière, ne reste pas plus semblable à lui-même que les séries d'êtres organisés, considérés à des points successifs de leur histoire. Ce sont tantôt des modifications graduelles constituant simplement les *âges*, tantôt des mutations assez marquées pour déterminer des *états*, ou enfin de véritables transformations qui amènent un être à des conditions d'existence entièrement nouvelles; ces dernières prennent le nom de *métamorphoses*. La séparation des sexes chez les animaux et chez les plantes, le *dimorphisme* ou la dualité permanente de certaines divergences de structure, les croisements eux-mêmes et ces milliers de nuances que présente à chaque instant l'organisme, sont entre les mains de la nature vivante autant de moyens qui lui servent à introduire au milieu de ses productions une diversité très-grande, l'on peut même dire une constante mobilité.

L'unité est cependant au fond de ces divergences de tous les degrés; elle en est la base et probablement le point de départ. Buffon a dit que la faculté de se reproduire, que possèdent tous les êtres vivants, supposait entre eux plus de choses communes que l'on ne serait porté à l'admettre au premier abord. Pour saisir la profondeur de cette réflexion, vieille pourtant de plus d'un siècle, il faut rechercher la signification vraie des *états* que traverse la généralité des êtres, mais qui sont toujours plus accentués chez ceux qui sont inférieurs. Les êtres supérieurs sont effectivement ceux dont les individus demeurent le plus constamment semblables à eux-mêmes dans le cours de leur existence. Plus complexes et plus spécialisés, ils se prêtent bien moins à ces conversions rapides, à ces confusions pleines d'ambiguïté qui permettent aux organes des êtres inférieurs de s'adapter à plus d'une fonction et d'en remplir successivement ou simultanément le rôle. L'existence des organismes les plus élevés se passe à élaborer dans la phase embryonnaire, à développer dans celle de l'enfance, à conserver ensuite pendant une certaine durée les parties de leur corps, dont la position relative et les fonctions se maintiennent à peu près les mêmes de la naissance à la mort. Pour rencontrer plus d'un *état* à partir de la naissance, il faut, chez les vertébrés, descendre jusqu'aux batraciens. Les états transitoires se prononcent et se multiplient lorsque l'on continue à descendre. Les insectes passent le plus ordinairement par quatre périodes : au sortir de l'*œuf*, ils sont *larve*, puis *nymphe*, et en dernier lieu *insecte parfait*. Dans ce dernier état seulement, ils deviennent capables de se reproduire ; mais d'autres êtres, soit animaux, soit végétaux, possèdent la faculté singulière de maintenir par la propagation une de ces phases, susceptible dès lors de devenir permanente pour une ou plusieurs générations. C'est là le phénomène de la *génération alternante*.

Chez les êtres les plus inférieurs, l'adaptation à un genre de vie déterminé est vague, multiple, nullement arrêtée ni exclusive. La vie se scinde en une succession d'états partiels, et la personnalité de l'individu s'amoindrit plus ou moins. A mesure que l'on s'élève vers des types déjà moins imparfaits, un mouvement inverse tend à faire prévaloir un des états sur tous les autres, en sorte que ceux-ci, plus ou moins subordonnés au premier, qui garde seul le privilége de la fécondité, en sont seulement les prodromes, et y aboutissent comme à un dénoûment inévitable. Les états successifs que traversent les types inférieurs, et qui représentent pour eux un moyen de perfectionnement relatif, sont rapidement franchis par les types les plus élevés de chaque série et relégués chez eux soit dans la vie embryonnaire, soit dans la première enfance. Pour les types intermédiaires, la *métamorphose* abrége la lenteur des mutations graduées en provoquant une crise physiologique soudaine et générale. Ce sont, à proprement parler, les procédés du développement embryonnaire appliqués à une autre période de l'existence. C'est par l'effet d'un phénomène analogue que beaucoup d'animaux perdent de bonne heure la faculté de se mouvoir en se fixant au fond des eaux; l'état d'immobilité, qui se prolonge chez eux de manière à devenir le principal, n'est cependant jamais le seul, il est toujours précédé d'un autre état qui dure peu, il est vrai. C'est ainsi que les jeunes huîtres nagent agilement avant de s'attacher à la place où l'adhérence de leur coquille les retiendra durant le reste de leur vie. Il en est de même des larves d'éponges et de celles des polypes à polypiers : ces animaux, doués d'abord de mouvement et d'organes ciliaires propres à le faciliter, naissent libres et nageurs ; ils deviennent plus tard immobiles et perdent leur première apparence, les uns pour se changer en une masse informe à peu près insensible, les autres pour se multiplier par le bourgeonnement et devenir un arbuste à l'écorce vivante, aux rameaux animés et fleuris.

Les plantes elles-mêmes, en s'arrêtant aux moins élevées, passent par plusieurs états, dont quelques-uns les éloignent tellement de ce qui semble constituer le caractère le plus essentiel du règne, l'absence de mouvements spontanés, qu'il est possible de se demander si la végétation tout entière ne serait pas sortie d'une adaptation très-ancienne, devenue ensuite absolue et générale chez les êtres qui en auraient été l'objet. Dans ce cas, et ce ne saurait être que l'énoncé d'une pure hypothèse, l'accident primitif, en se développant et se substituant à tout le reste, aurait produit finalement cette multitude d'organismes inertes et fixés au sol que nous nommons des plantes, mais dont les plus élémentaires (qui sont en même temps les plus anciens) ne sont en réalité dépourvus ni de mouvement, ni d'appareil de locomotion, quoique ces propriétés ne se montrent chez eux que dans une période très-courte, limitée aux premiers instants de chaque existence individuelle.

Les *oscillaires*, qui sont des algues d'eau douce, les *diatomées*, dont la nature est ambiguë, offrent des mouvements dont la signification est trop obscure pour qu'on puisse en rien conclure ; mais les *zoospores* ou corpuscules reproducteurs animés des conferves (plantes filamenteuses de la classe des algues) ne se comportent pas autrement que les larves des spongiaires et les *spermatozoïdes* des animaux sexués. Les *zoospores*, munis en avant de cils vibratiles, nagent librement au sortir de la cellule mère jusqu'au moment où, fixés au fond de l'eau, ils donnent naissance à une algue pareille à celle dont ils tiennent l'existence. Ce phénomène, dont la portée est immense au point de vue de l'origine possible de la vie, n'est pas particulier aux seules algues ; toutes les *Cryptogames*, spécialement les fougères, en offrent des exemples. Chez ces plantes, les *spores*, plus proprement nommées *séminules*, produisent non pas immédiatement un pied semblable à celui dont elles proviennent, mais un organe intérimaire ou *prothallium*, sorte d'expansion membraneuse qui sert de support aux organes sexuels proprement dits. La cellule femelle (*archégone*) est fixe, mais l'appareil mâle ou *anthérozoïde* est doué de mouvement. Il consiste en un long filament enroulé sur lui-même en spirale, couvert de cils vibratiles et transportant à l'aide de leurs mouvements une petite vésicule, entourée de ses replis, qui constitue le corps fécondateur. De là résulte une progression dont la cause, peut-être due à des agents purement physiques, échappe encore à l'analyse, mais qui rappelle ce que montre le *spermatozoïde*. Voilà donc trois états bien distincts que revêt nécessairement la jeune fougère avant de devenir semblable à son auteur : d'abord *séminule*, puis *prothallium*, ensuite *anthérozoïde ;* c'est seulement l'union de ce dernier avec l'*archégone* qui clôt cette série de transformations, dont l'analogie avec ce que produit chez les animaux le phénomène de la génération alternante est certainement des plus remarquables. La motilité plus ou moins intentionnelle est l'apanage de l'un de ces états, lequel correspond peut-être (il est hardi, mais non absurde de le soupçonner) à une phase primitive que le monde des plantes aurait traversée avant de devenir ce qu'il est. De toutes façons, il est exact d'avancer que les végétaux chez lesquels on remarque des mouvements de translation présentent passagèrement par cela même les caractères de l'animalité, avant de posséder définitivement ceux de leur propre règne.

Tout converge, on peut le dire, vers l'animalité inférieure ou plus exactement vers le « stade unicellulaire », et, si l'on consent à faire abstraction des organismes supérieurs, qui par le fait ne sont venus dans ce monde qu'après les autres, on se trouve en présence d'une collection d'êtres qui se ressemblent au moins une fois dans le cours de leur existence, laquelle se partage en plusieurs périodes. Or c'est à l'état de germe, d'embryon ou d'organe reproducteur, c'est-à-dire au point de départ de chaque individu, que la similitude est le plus frappante ; au contraire, c'est à l'aide des états subséquents que l'écart se prononce entre eux et va s'accentuant jusqu'à l'état adulte. Il est possible de conclure de ces prémisses que tous ces êtres diffèrent bien plus par les transformations de tout genre qu'ils subissent que par le fond réel des choses. Si l'on tient compte uniquement de l'état originaire en éliminant tous les autres, surtout si l'on considère l'individu comme offrant un tableau résumé des vicissitudes de la race dont il sort, rien ne s'oppose à ce que ces êtres nous apparaissent comme s'ils avaient été modelés primitivement d'après un type, non pas précisément identique, mais sensiblement uniforme.

Au fond des productions de la vie, on retrouve donc les éléments d'une puissante unité qui lui sert de *substratum* et de base. Elle est comme un terrain solide, maintenant caché, sur lequel de nouvelles constructions se sont incessamment élevées, multipliant les ailes et les étages. La diversité s'est si bien entée sur cette unité primitive, que les branches et les rameaux entremêlés nous dérobent la souche et nous empêchent de constater si elle est formée d'un seul tronc ou de plusieurs pieds réunis et soudés. La limite qui sépare les deux règnes ne saurait même être tracée d'une façon absolue. D'ailleurs, à quoi se réduirait cette limite, si tant est qu'elle existe? Il faut bien l'avouer: à une simple divergence dans le mode d'absorption ou d'exhalaison de certains gaz, dans la présence de certaines combinaisons de substances préférablement à d'autres, et dès lors cette divergence, n'étant accompagnée d'aucune distinction de forme ou de structure bien marquée, n'établirait qu'une distance assez faible entre des êtres doués d'autre part de facultés presque semblables. La difficulté de concevoir entre eux une ligne de démarcation s'accroîtrait encore, si ces êtres, déjà voisins à plus d'un titre, habitaient à la fois le même milieu. On serait alors disposé, selon l'expression de Buffon, à les considérer tous comme étant presque du même ordre, et c'est là effectivement le spectacle qu'ont dû présenter originairement tous les êtres vivants, d'abord exclusivement aquatiques. La mer est véritablement le point de départ initial de ce qui est organisé; on peut dire, comme la Genèse, que l'esprit de Dieu a flotté un jour sur l'abîme des eaux pour le rendre fécond. Ensuite, les voies, les directions, les adaptations se sont mis à varier ; tout a changé peu à peu, tout s'est compliqué graduellement. Nés au sein de l'élément aquatique, les êtres ne sont parvenus à en sortir qu'à la faveur de nouvelles circonstances, aidant à la réalisation définitive d'un mouvement d'abord partiel et incomplet. Il est facile de le prouver, non-seulement la vie a été aquatique avant de devenir amphibie, amphibie avant de devenir aérienne, mais la vie purement terrestre, en tant que phénomène général, ne date que d'une époque relativement récente, et, depuis qu'elle s'est montrée, elle est restée l'apanage incontestable des êtres les plus nobles, les plus complexes, et, parmi les animaux, des plus intelligents.

Arrêtons-nous quelque peu sur la démonstration de ce mouvement d'une importance sans égale, véritable problème que la vie s'est longtemps appliquée à résoudre. Elle a même, pour y parvenir, essayé de divers moyens, mais on peut dire qu'elle n'a pleinement atteint le but qu'elle se proposait qu'à force de hardiesse et de persévérance. Un savant contemporain, M. Bronn, considérant ce but comme le principal, celui vers lequel a toujours gravité la nature organique, désigne sous le nom de *mouvement terripète* l'impulsion qui a poussé constamment les séries d'êtres vivants à quitter l'eau, à mesure qu'elles s'avançaient vers le terme de leur perfectionnement, et à gagner la terre ferme pour s'y établir à l'air libre, comme dans une région plus noble et plus éloignée de leur premier berceau.

C'est ce berceau liquide de tous les êtres qu'il faut considérer avant tout ; il constitue un milieu égal et permanent qui présente de nos jours aux organismes qu'il renferme des conditions d'existence sensiblement pareilles à celles qu'il leur offrait déjà dans les temps les plus reculés. Dès l'époque primordiale, à un âge où les roches ont cessé d'être *azoïques* (1), mais où les

____

(1) C'est-à-dire *sans vie*, ou plutôt dénuées de vestiges susceptibles de dénoter l'existence d'êtres organisés.

animaux et les plantes terrestres sont encore inconnus ou bien n'ont laissé d'eux que des vestiges d'une rareté exceptionnelle et presque controversables, la marche déjà complexe, variée et indépendante, des diverses catégories d'êtres marins éclate comme un phénomène inhérent à leur nature, destiné à caractériser leur développement et leur progrès. — Mais, dira-t-on, en quoi consiste, à proprement parler, le progrès chez les êtres organisés ? Il est utile, en effet, de s'expliquer sur la vraie signification d'un terme dont on n'a que trop souvent abusé en le faisant servir de prétexte à des déclamations creuses. Appliqué à la nature vivante, le progrès est simplement une marche qui s'opère dans une direction déterminée, suivant le sens du mot latin *progredi*, s'avancer. L'organisme s'avance : en s'avançant, il se modifie et se complique plus ou moins ; de là le perfectionnement, qui n'est que le progrès relatif et comparé. Le perfectionnement absolu est le résultat possible mais non pas nécessaire de cette manière de procéder. Le progrès demeure ainsi un phénomène essentiellement relatif pour chaque être et chaque série d'êtres en particulier, puisque le mode de progression. n'étant pas le même pour tous, est loin de produire pour tous les mêmes effets. Mais si l'on considère l'ensemble des êtres, le progrès en ressort comme étant la base même et l'essence du plan général des choses créées ; c'est le ciment qui relie toutes les parties de l'édifice et sans lequel il s'écroulerait aussitôt pour s'en aller en poussière. — Partir de l'algue et du mollusque inférieur ou même de plus bas encore pour aboutir à l'homme et à l'homme intelligent, moral et religieux, n'est-ce pas constater le plus magnifique et le plus incontestable enchaînement de progrès. L'être unicellulaire, inerte à force de simplicité organique, se montre au seuil de la création tout entière ; puis, à mesure que les siècles se déroulent par myriades, à travers d'innombrables vicissitudes, les êtres se multiplient, se compliquent, se spécialisent, se ramifient ; ils acquièrent peu à peu la force, la souplesse, la diversité ; ils s'écartent toujours davantage les uns des autres ; leurs opérations se compliquent de même que leurs or-

ganes ; leurs facultés se localisent ; leurs instincts se prononcent ;
l'intelligence paraît la dernière, comme un soleil d'abord faible
qui se lèverait à l'horizon et dissiperait enfin les nuages. Quel
spectacle que l'exécution de ce plan qui se poursuit inexorable-
ment, comme un drame éternel marchant d'acte en acte, de
scène en scène, pour aboutir à un inévitable dénoûment, celui
où nous devenons acteurs nous-mêmes, en pleine possession de
nos destinées et conscients du rôle qui nous a été dévolu ! Tout
cela paraît grand, simple, facile à exposer, et cependant rien n'a
été plus complexe, plus entremêlé de détours et d'irrégularités.
Il faut effectivement distinguer le résultat suprême et dernier des
accidents partiels, le but poursuivi de l'ensemble des voies
accessoires qui ont contribué à la réalisation de ce but ; autant
le point d'arrivée est certain et visible, autant les chemins qui y
conduisent sont difficiles à reconnaître et sujets à se perdre
dans des sentiers tortueux qui aboutissent à de vrais labyrinthes.

Les mers primitives dont les dépôts, remarquables par leur
épaisseur et correspondant par conséquent à une durée immense,
sont loin d'avoir été explorés partout, ces mers paraissent avoir
été d'abord en grande partie désertes. Les systèmes *laurentien*
et *huronien*, dont le développement au Canada atteint un espace
vertical de 50,000 pieds anglais, ne contiennent d'autres traces
organiques que celles de l'*Eozon*, rhizopode supposé, d'une
nature plus que problématique ; le système *cambrien*, qui vient
ensuite, ne renferme encore, en réunissant tous les indices observés jusqu'ici, principalement en Angleterre et en Suède,
qu'une cinquantaine d'espèces au plus, parmi lesquelles les
empreintes de végétaux marins et les traces d'annélides tiennent le
premier rang ; les brachiopodes remplacent presque exclusivement les mollusques ; des spongiaires, des polypiers, de
rares échinides, complètent cet ensemble, le plus ancien de tous
et composé, en définitive, quoi qu'on en dise, de types généralement inférieurs à ceux qui leur ont succédé dans chaque série
organique. Mais cet ensemble est-il réellement le premier ? Cette
faune cambrienne où se révèlent les manifestations primitives

de la vie en Europe et en Amérique exprime-t-elle vraiment les débuts de l'organisme sur le globe? Il est permis d'en douter et de penser que la vie organique a dû être originairement localisée dans une région mère (probablement voisine du pôle selon la belle pensée de Buffon), d'où elle aurait ensuite rayonné peu à peu pour envahir graduellement d'autres régions et s'étendre de proche en proche, du bassin où elle aurait pris naissance, vers d'autres bassins, à mesure que ces derniers se trouvaient placés dans des conditions favorables à la diffusion des nouveaux êtres. Il faut donc se garder de croire que les couches et les terrains nous traduisent ici, au moyen de la présence de certains fossiles, la réalité objective des phénomènes relatifs à la naissance de la vie, phénomènes dont ils ne font que nous répercuter une sorte d'écho affaibli.

C'est ainsi que l'on voit les principaux groupes d'animaux se compléter graduellement : protozoaires, zoophytes, radiaires, annélides, crustacés, mollusques, ensuite céphalopodes, finalement poissons et par conséquent vertébrés ; la vie pullule de bonne heure au fond de ces eaux ; rien ne l'entrave, rien ne la gêne ; dans toutes les directions, elle marche librement. Le milieu aquatique, peuplé d'une infinité de petits organismes mous, flottants, entiers ou décomposés, de toutes les tailles et de toutes les formes, a toujours procuré à ses habitants, même aux plus monstrueux, comme les baleines, des aliments faciles.

Dans les mers, autrefois, rien n'a limité l'extension des êtres. Pourvus d'appareils respiratoires des plus variés, tantôt libres et nageurs, tantôt fixés au sol, ils ont offert tous les modes de développement et se sont ramifiés dans tous les sens, sans que chez eux la complication croissante, que les plus élevés de chaque série ont acquise, ait amené d'autre résultat qu'une adaptation de plus en plus exclusive au milieu qu'ils habitent ou bien encore un luxe de formes dans lequel la nature se complait parfois, comme si elle tenait à fournir des preuves de son inépuisable fécondité.

En réalité, les populations des mers primitives s'écartaient

de celles de nos océans, bien plus par la prédominance relative
de certaines catégories que par la nature même de l'ensemble.
Des groupes d'abord obscurs et subordonnés se sont développés
successivement, tandis que d'autres s'épuisaient après avoir longtemps joué un rôle brillant. C'est l'histoire des dynasties et des
nations humaines transportée dans le domaine paléontologique.
Ces évolutions organiques ont été tantôt brusques et subites, au
moins relativement, tantôt lentes et graduelles. — Les trilobites,
arthropodes primitifs, très-inférieurs organiquement à nos crabes
et à nos écrevisses, occupent le premier rang parmi les animaux
marins des temps siluriens ; ils multiplient à profusion leurs
genres, leurs familles, leurs espèces, puis ils cessent brusquement vers l'époque des houilles et sont à peine représentés dans
l'ordre vivant par les limules.

Les ammonitidés qui, à l'exemple de l'argonaute, leur cousin
éloigné, savaient faire voguer à la surface des flots calmes et
transparents leur coquille nacrée, aussi fragile et plus mince
que la plus fine plaque de porcelaine, ciselée de mille façons,
variée de forme et d'une exquise élégance, les ammonitidés ont
disparu à un moment donné comme les trilobites ; mais lorsque
l'on suit les vicissitudes de leur odyssée à travers les âges, lorsque
l'on voit leur coquille d'abord enroulée et composée de loges
aux cloisons simplement sinueuses donner lieu plus tard aux
combinaisons les plus complexes, soit en dépliant sa spire,
soit en multipliant les replis des cloisons, on est obligé d'admettre que ce type n'a succombé qu'à force de perfection et de
délicatesse.

Comme ces fleurs charmantes, mais frêles, qu'un soufle enlève
de leur tige, qu'une goutte flétrit, qu'un rayon fane, l'ammonite,
en se compliquant outre mesure, n'eut plus qu'une existence
précaire et difficile. Exclue de certaines mers devenues inhospi-
talières, elle put se réfugier dans des bassins plus intérieurs,
mieux abrités, et s'y maintenir durant un temps plus ou moins
long ; mais dès lors elle était fatalement destinée à disparaître,
la lutte pour l'existence devenant pour elle trop inégale. Et ce-

pendant la masse des eaux, malgré le courroux de ses vagues et la terreur qu'inspire sa profondeur et son immensité, est un plus sûr asile que la surface terrestre pour les êtres menacés de déchéance. Elle possède, pour les cacher et les soustraire à leurs ennemis, des solitudes immenses, des retraites inaccessibles où l'homme a su sinon pénétrer, du moins constater leur présence. Les régions sous-marines mieux explorées nous ménagent sans doute bien des surprises. Les encrines ou lis de mer, dont la foule peuplait d'une forêt vivante la plupart des mers primitives, ont été retrouvés aux Antilles et récemment sur les côtes même de la Scandinavie ; des coquilles que l'on pouvait croire éteintes sont représentées à l'état vivant par des exemplaires uniques dans quelques riches collections. Les poissons ganoïdes, dont le type précède dans le temps celui de nos poissons téléostéens, existent en assez grand nombre dans les lacs et dans les fleuves de l'Afrique tropicale et de l'Amérique ; enfin, un *Ceratodus*, genre triasique que l'on considérait comme éteint depuis très-longtemps et dont les dents avaient frappé par leur structure singulière, vient d'être retiré du fond des eaux intérieures de la Nouvelle-Hollande. Avec l'aspect d'un poisson écailleux, le *Ceratodus* présente cette organisation ambiguë, intermédiaire aux poissons, aux batraciens et aux reptiles dont le *Lépidosirène* était jusqu'à présent le seul exemple connu dans la nature vivante, mais qui était fréquente au sein des mers les plus anciennes.

L'eau constitue un milieu auquel la plupart des organismes inférieurs se trouvent nécessairement adaptés. Des classes entières d'animaux et de plantes, comme les algues, les zoophytes, la majorité des molluques et tous les poissons, vivent confinés dans cet élément, qu'ils ne peuvent quitter sans périr. Non-seulement l'eau sert de véhicule aux gaz respirés par ces êtres, mais elle baigne ces derniers et les pénètre ; le système aquifère des mollusques comprend même tout un ensemble d'ouvertures et de canaux. C'est là, il faut bien le dire, un des caractères les mieux prononcés d'infériorité relative. Prenons les algues aussi bien que les animaux mous, nous verrons qu'à peine retirés de l'eau, ces organismes se dessèchent et perdent par l'évaporation le liquide qui maintient en eux la circulation et la vie. Sans doute ce n'est pas l'eau qui les anime, leurs organes élaborent les fluides nourriciers en retenant les éléments utiles et rejetant les autres ; mais leurs cellules et leurs fibres se trouvent en communication directe avec le liquide ambiant, qui s'infiltre jusque dans leur intérieur. M. Félix Plateau n'a-t-il pas prouvé que la mort des invertébrés marins plongés dans l'eau douce était due à l'absence du sel, dont l'action sur la trame de l'organisme ne pouvait être suppléée par rien ? Cette trame est d'ailleurs trop lâche, et les tissus vivants sont trop peu clos pour retenir les liquides, ce qui a lieu nécessairement chez les êtres destinés à vivre à l'air libre. Ces êtres respirent l'air en nature, mais ne s'en nourrissent pas ; l'eau cesse d'être le véhicule des gaz respirés, mais elle est toujours celui des sucs réparateurs. Inutile à l'inhalation, elle reste nécessaire a la nutrition ; elle alimente également la séve et le sang, elle continue à baigner les corps vivants, mais c'est à l'intérieur seulement, et, pour qu'elle y séjourne, il faut qu'elle soit retenue comme dans un vase clos. L'être organisé terrestre, qu'il demeure fixé au sol ou qu'il soit libre, conserve avec lui sa provision d'eau ; seulement cette provision se trouve garantie contre la déperdition par des parois protectrices, — écorces, peaux, épidermes, etc. Pour obtenir un pareil résultat, il a fallu de telles modifications de structure que plusieurs catégories d'êtres ne sont jamais parvenues jusqu'à la vie terrestre, et que d'autres ne l'ont acquise que d'une façon imparfaite et par l'emploi de moyens détournés. Dans tous les cas, entre le point de départ et le point d'arrivée, il existe une foule d'états ambigus et de combinaisons intermédiaires qui font voir combien la vie a dû surmonter d'obstacles et subir de tâtonnements avant de résoudre entièrement le problème.

Les êtres purement aquatiques meurent promptement une fois retirés de l'eau ; mais on conçoit qu'une atmosphère très-humide soit presque l'équivalent d'un milieu liquide. C'est ainsi que les cloportes, quoique respirant par des branchies comme les autres crustacés, vivent à l'air sous les pierres et dans l'herbe mouillée. Les lichens et les mousses, bien que terrestres, ne végètent que sous l'influence de l'eau. Inertes tant que l'air reste sec, ces plantes suspendent pour ainsi dire le cours de leur existence ; leur vie s'arrête pour reprendre sa marche dès que l'humidité leur rend la souplesse et la vigueur. La lenteur de la végétation des lichens, dont la plaque ne s'accroît que par la périphérie, est vraiment incroyable. Un siècle entier amène chez eux peu de changement, et tel lichen que nous regardons avec dédain remonte par son âge au delà des temps historiques. La vie, chez de pareils végétaux, se ranime par intermittence ; il en est de même des infusoires qui peuplent les eaux stagnantes et jusqu'à celle de nos gouttières ; l'évaporation les dessèche et leur enlève l'apparence de la vie, dont ils reprennent les fonctions avec le retour de l'élément liquide. La suspension momentanée de la vie se retrouve, moins prononcée, il est vrai, chez des êtres plus élevés dans l'échelle. Les expériences poursuivies à cet égard par M. le professeur Bureau sont concluantes, puisqu'elles démontrent la ténacité de la vie chez certains êtres et la possibilité de la faire renaître après un anéantissement apparent. C'est un pur mécanisme qui reprend son mouvement, comme la roue hydraulique qui s'arrête quand l'eau lui manque, et tourne derechef lorsque celle-ci revient. Des plants de fougères exposés à la chaleur d'un fourneau et rendus tellement arides qu'ils tombaient en poussière au moindre contact se sont remis à végéter et à dérouler leurs feuilles comme auparavant ; il a suffi de les tremper dans l'eau pour opérer ce miracle.

L'air humide a été sans doute la voie par laquelle la vie a retiré autrefois ses productions du sein de l'eau pour les établir à la surface du sol. Les fougères, qui sont les plus anciennes plantes terrestres dont on ait connaissance, ne prospèrent jamais autant que dans une atmosphère brumeuse. D'autre part, la différence entre le milieu aquatique et le milieu atmosphérique a dû originairement se réduire à presque rien. L'air obscurci de vapeurs, se résolvant en pluies continuelles, offrait aux plantes et aux animaux des conditions d'existence sensiblement analogues à celles qu'ils rencontrent au milieu même des flots.

Le mollusque pulmoné, celui chez lequel les branchies se trouvent remplacées par des poches à air et qui respire hors de l'eau, n'est parvenu à ramper à terre qu'à force de précautions. Animal à la peau molle et nue, il ne saurait cheminer sur le sol sans perdre les mucosités qui suintent de son corps, et servent à faciliter sa marche. Aussi, pour ne pas s'épuiser promptement, il habite des retraites obscures et humides d'où il ne sort que la nuit ou par les jours de pluie, et pour ceux qui possèdent une coquille le danger de s'exposer à l'air est si pressant qu'ils ne manquent pas de se clore hermétiquement, soit en sécrétant une humeur visqueuse, soit en usant d'un opercule. Retirés au fond d'une retraite étroite, mais sûre, les mollusques à coquilles attendent parfois durant des mois et des saisons les occasions favorables : ils demeurent inertes tant que l'humidité ne les tire pas de leur torpeur ; on a même pu voir quelquefois avec étonnement les animaux de certaines collections de coquilles, étiquetés et classés depuis des années, sortir de leur repos sous l'influence d'un bain, et reprendre inopinément le mouvement et la vie. — Les animaux et les plantes dont il vient d'être question n'ont pu s'établir à l'air qu'à l'aide de moyens détournés, de ce qu'on pourrait nommer des subterfuges, c'est-à-dire en recherchant l'eau en dehors des lieux où cet élément se rassemble en masse. Pour former des êtres définitivement aériens et terrestres, la vie a conçu des plans plus complexes et d'une exécution plus longue. Elle y est arrivée principalement par la respiration pulmonaire chez les animaux vertébrés, et chez les plantes par le jeu combiné d'un ensemble d'organes qui sont inconnus ou rudimentaires dans les végétaux inférieurs, tels que l'appareil radiculaire chargé de puiser les matériaux de la séve, le système vasculaire, les feuilles remplissant le rôle de branchies aériennes, enfin la réduction des phases proembryonnaires, désormais restreintes au développement de l'ovule

contenu finalement au sein d'un organe clos. Le progrès de
l'organisme devenu terrestre est dû surtout à l'existence d'un
réservoir intérieur qui lui permet d'accomplir les fonctions les
plus complexes à l'aide des liquides qu'il s'approprie. Chaque
corps individuel possède ainsi un milieu qui le baigne au dedans,
et où les éléments histologiques puisent la croissance et la répa-
ration. Cette source féconde se trouve mesurée et distribuée avec
un art et une économie admirables, à la condition seulement
qu'un apport journalier ne cesse de l'alimenter. La soif n'est
qu'un instinct qui nous avertit de la diminution de l'eau dans la
masse liquide du sang et nous pousse à réparer cette perte.

Chez les plantes aussi bien que chez les animaux, la vie s'est
perfectionnée par une division plus savante du travail organique. Les appareils qui correspondent aux principales fonctions
se sont spécialisés en se compliquant et se localisant de plus en
plus. L'être inférieur aquatique et le poisson lui-même puisent
à la fois dans le liquide ambiant le gaz qu'ils respirent et l'aliment qui les nourrit; le même acte entraîne le plus ordinairement
l'un et l'autre résultat. Cependant le poisson, qui possède au
moins d'une façon rudimentaire la structure des vertébrés, demeure inférieur aux autres classes de son embranchement par
sa respiration branchiale. Chez lui, rien ne semble annoncer
les poumons, qui se développent chez les batraciens après un
premier état, et fonctionnent exclusivement chez les reptiles,
les oiseaux et les mammifères. L'appareil respiratoire et celui
de la circulation, qui est dans une étroite dépendance du premier, se perfectionnent de classe en classe, à mesure que l'on
remonte des batraciens aux sauriens, puis aux crocodiliens,
pour arriver aux vertébrés à sang chaud. Chez ceux-ci se trouve
décidément constitué un foyer intense de réaction calorique et
par conséquent d'énergie et de force. On voit que la vie arrivée
à ce point achève de se compliquer rapidement. Évidemment,
si elle a pu atteindre son maximum de puissance, c'est en adap-
tant d'une part les plantes au sol émergé, et de l'autre les vertébrés à une existence purement terrestre. Par ces deux adapta-

tions, les plus exclusives qui aient jamais eu lieu sur la terre, les deux règnes se sont trouvés rejetés dans deux directions entièrement opposées. — Plus de *zoospores* ni d'*anthérozoïdes* chez les plantes *phanérogames* ou à sexes apparents ; plus de phases successives, ni d'états variés, mais seulement des germes se détachant de la plante mère, déjà pareils à elle et susceptibles de prendre immédiatement racine. Chaque partie de la plante a désormais son rôle et ses fonctions déterminés. Les combinaisons de formes, de couleurs, d'organes, sont variées à l'infini, mais elles concourent à l'harmonie de l'ensemble, et montrent dans le règne végétal la réalisation des effets d'une force vivante qui, tout inconsciente et insensible qu'elle est, a toujours marché, comme sous une impulsion irrésistible, avec une intarissable fécondité.

Si tout est privé de mouvement et de spontanéité dans le règne végétal devenu parfait, ce sont des facultés inverses qui se prononcent de plus en plus chez les animaux supérieurs, surtout à partir du moment où ils entrent en possession de la vie terrestre. Ils n'ont plus à craindre d'être fixés au sol ; les états successifs disparaissent ou perdent leur importance. La liberté la plus absolue des mouvements et des actes, la recherche d'un régime, le choix d'une demeure, la faculté toujours plus explicite de vouloir, d'aimer, de haïr et de craindre, tels seront les caractères inhérents à l'animalité terrestre chez les vertébrés : carrière immense dont l'homme résumera plus tard tous les traits, en y ajoutant l'usage de la raison, la recherche de l'idéal et le frein de la moralité.

L'immensité d'une pareille perspective n'interdit pas de s'attacher à la modification organique qui en marque l'origine ; nous voulons parler de la respiration pulmonaire, sans laquelle on ne saurait concevoir l'existence d'aucun vertébré terrestre. L'apparition d'un nouvel organe ne constitue généralement pas un fait isolé ; presque toujours il résulte, si l'on se renferme dans les limites d'un même embranchement, de la modification d'un autre organe préexistant, qui nous le montre à l'état d'ébauche

ou de rudiment, ou bien encore adapté à un autre emploi. Aussi
s'est-on demandé si les poissons ne présentaient pas quelque
partie analogue aux poumons des vertébrés supérieurs, et qui en
fût comme un premier vestige. Cette partie, c'est la vessie natatoire. La vessie natatoire des poissons (1), qui serait plus justement nommée *sac à air*, est sujette à de grandes variations de
forme; elle disparaît même chez beaucoup d'espèces, et n'est
pas par conséquent nécessaire à la vie des poissons; mais, quand
elle existe, elle remplit le rôle d'un poumon amoindri, elle contient des gaz et surtout de l'oxygène, que l'animal absorbe ou
retient à volonté. Enfin, chez certains poissons dont la structure
ambiguë rappelle les types des époques anciennes, la vessie natatoire, que l'on croyait d'abord destinée uniquement à faciliter
la natation en augmentant ou diminuant le poids spécifique, se
rapproche d'un véritable poumon, elle présente des commencements d'alvéoles, et fournit des passages curieux vers l'organe
respiratoire des vertébrés supérieurs.

II

Nous venons de puiser dans l'ordre actuel une de ces particularités organiques par lesquelles la vie semble nous instruire
de ses procédés d'autrefois. Or, de même que des poumons à
l'état d'ébauche coexistent déjà avec les branchies dans certains
poissons, de même chez certains batraciens (les protées et les
axolotl) l'appareil branchial persiste encore à côté de véritables
poumons. Le passage des animaux sans poumons à ceux qui en
sont pourvus s'opère aussi bien par les batraciens inférieurs que
par les poissons eux-mêmes, et les classes tendent ainsi à se
rejoindre; ce qui ne veut pas dire pourtant qu'à l'aide des batraciens les moins élevés on aboutisse à de vrais poissons : trop de
distance sépare encore les premiers des derniers à d'autres points

---

(1) Voyez Darwin, *de l'Origine des espèces, passim;* — Émile Blanchard, *les Poissons des eaux douces de la France,* p. 94; — *Traité de Zoologie.* par le Dr Clauss,
traduct. fr., p. 795. Paris, Savy, 1878.

de vue ; mais on arrive, en suivant cette direction, à des êtres purement aquatiques comme les poissons et à peu près du même rang que ces derniers.

D'après ce que nous avons dit, il ne faut pas s'étonner de rencontrer chez les plus anciens vertébrés terrestres des traits d'affinité évidents avec les batraciens d'une part et de l'autre avec les poissons, tandis que ces êtres primitifs présentent en même temps un ensemble de caractères qui engage à les considérer comme des reptiles, mais des reptiles entachés d'ambiguïté et d'imperfection, qui en un mot, sans être encore tout à fait membres de cette classe, tendaient à le devenir. « Cette marche, dit-on, qui est familière à la vie, ne prouve pas en définitive la filiation réciproque des espèces. » Il est parfaitement vrai que le fait même d'une filiation directe et immédiate échappe à l'analyse, et l'impossibilité de le saisir n'a rien de surprenant par elle-même, puisque le phénomène dont il s'agit embrasse un temps d'une durée incalculable et qu'il s'applique à des êtres demeurés le plus souvent obscurs ou inconnus, au moment même où il serait le plus intéressant de les observer. Cependant, si les choses ont marché comme elles l'eussent fait en admettant la réalité de l'évolution, si tout concorde dans le passé, comme dans le présent, et qu'il existe constamment des transitions entre des types opposés, il est loisible d'avancer, ce qui est énorme, que la théorie transformiste s'adapte sans effort aux faits connus. La preuve directe et décisive reste à faire, mais on sait bien que, dans les termes où l'on s'obstine à la demander, cette preuve est impossible. Songeons encore à ceci : si nous en étions à soupçonner certaines métamorphoses d'insectes ou seulement l'éclosion de l'œuf des oiseaux, sans les avoir jamais observées directement, comment persuaderait-on les incrédules de la réalité de ces sortes de transformations? Ici pourtant ce n'est pas le lien lui-même, c'est une partie seulement des termes interposés qui font défaut. Rien ne peut suppléer aux lacunes résultant de l'insuffisance des documents ; il en reste pourtant assez pour exciter la curiosité et forcer même la conviction.

La convergence effective des diverses classes de vertébrés, à mesure que l'on s'enfonce dans le passé, résulte de l'ensemble des recherches sur les animaux fossiles de cet embranchement. Plus on se rapproche des temps primitifs, plus on voit s'effacer les combinaisons organiques les mieux en rapport avec le caractère particulier de chaque classe. C'est ainsi qu'au delà des temps tertiaires, en remontant au sein du passé jusque dans le jurassique, on ne rencontre, en fait de mammifères, que des *didelphiens*, probablement même des êtres inférieurs aux didelphiens, c'est-à-dire des *monotrèmes*, sorte d'animaux qui, par la remarquable combinaison de caractères qu'ils présentent, rattachent les mammifères aux oiseaux et aux reptiles et sont ovovivipares à la façon de plusieurs de ces derniers.

Les oiseaux, d'après les quelques exemples connus, suivent le même mouvement et l'accentuent encore davantage, puisque les caractères de l'oiseau jurassique, trouvé à Solenhoffen, atténuent évidemment la distance qui sépare maintenant cette classe de celle des reptiles. L'*Archeopteryx*, tel est le nom de cet oiseau primitif, était pourvu d'une queue véritable, composée de vingt vertèbres et garnie d'autant de paires de longues plumes, qui remplaçait le croupion des oiseaux actuels ; de plus son membre antérieur, imparfaitement transformé pour le vol, présentait encore deux doigts libres et armés de griffes, au-dessus de celui qui faisait l'office d'aile. L'adaptation de l'oiseau au genre de vie dont il est devenu le type était donc loin d'être achevée et plusieurs vestiges d'un état primitif persistaient chez lui jusque dans l'âge adulte ; aujourd'hui ces mêmes vestiges, encore amoindris, ne s'observent plus que d'une façon transitoire, et seulement pendant la phase embryonnaire. De plus, l'*Archeopteryx* se rattachait au groupe des *dinosauriens*, reptiles terrestres secondaires, du rang le plus élevé, par l'intermédiaire du *Compsognathus longipes*, A. Wagn., de Solenhofen, et celui-ci, de son côté, constitue une sorte de « dinosaurien bipède, » plus voisin du type des oiseaux que ses congénères. Par contre, les remarquables vestiges d'espèces *aviformes*, à mandibules encore munies de plusieurs dents, découverts récemment dans la craie d'Amérique, montrent des *paléornithes* déjà plus éloignés du point de départ, moins reptiles par conséquent que l'*Archeopteryx* et bien distincts pourtant des oiseaux actuels par des vestiges d'organes depuis entièrement disparus. Cependant, même aujourd'hui la filiation présumée des oiseaux se révèle par les traits de leur squelette dont l'analogie avec celui des sauriens n'est contestée par aucun savant sérieux.

Chez les reptiles, les effets du même mouvement sont d'autant mieux visibles que cette classe a conservé longtemps sur les autres animaux terrestres une prépondérance incontestée, et a laissé de nombreuses traces. Les *Dolichosaures*, moitié lézards, moitié serpents, marquent le moment où ceux-ci ont commencé à se détacher du tronc commun des lacertiens ; plus loin en arrière, les lacertiens se perdent comme ordre distinct, et l'on observe des types qui joignent les lézards aux iguanes et les monitors aux crocodiles. Les crocodiles eux-mêmes modifient leurs caractères ostéologiques pour en revêtir d'autres, que l'on n'observe maintenant chez eux que dans la vie fœtale. Les *Labyrinthodontes* enfin se rapprochaient des batraciens et même des poissons. Cette famille de reptiles est à la fois une des plus anciennes, une des plus singulières et une des plus ambiguës du monde primitif. Sa grande taille, l'armure de plaques osseuses qui recouvrait son corps, sa tête cuirassée, empêchent de reconnaître de vrais batraciens dans les animaux qu'elle comprenait. Les *Labyrinthodontes* respiraient par des poumons, au moins à l'âge adulte, ils marchaient sur le sol, enfin ils succédaient, comme nous le verrons, à d'autres reptiles qui avaient des habitudes plus aquatiques. Ils représentent probablement un état particulier que la classe entières des reptiles a dû traverser autrefois avant de devenir terrestre. Cela ne prouve pas que les reptiles aboutissent originairement aux batraciens proprement dits, mais l'on peut affirmer qu'ils ont dû émerger d'une souche typique opérant, à l'exemple des batraciens, le passage d'une organisation purement aquatique à une organisation d'abord amphibie et finalement terrestre.

Dans ces sortes d'appréciations rétrospectives, on est malheureusement forcé de faire abstraction des parties molles et surtout des appareils circulatoires, dont l'étude guiderait si bien l'analogie. L'expérience prouve cependant que l'ostéologie, quoique ses ressources soient restreintes, fournit une base solide sur laquelle la science peut s'appuyer en toute sûreté. D'ailleurs la paléontologie use de tous les moyens susceptibles de la mener à ses fins, même des plus indirects en apparence. C'est ainsi que, à propos des *Labyrinthodontes*, elle s'est attachée à l'examen des empreintes de pas que ces animaux laissèrent jadis en marchant sur la vase molle des plages qu'ils fréquentaient. Il est assez singulier que ces empreintes se rapportent généralement à une même période géologique, celle du *trias*. En Saxe, à Lodève dans l'Hérault, en Écosse, dans le Connecticut et le New-Jersey en Amérique, des empreintes variées de pas d'animaux ont été observées par divers savants et rapportées par eux à l'une des subdivisions du *trias*, celle du *grès bigarré*. La présence de ces vestiges sur un assez grand nombre de points contemporains ferait supposer que la surface continentale a dù être configurée presque partout à cette époque de manière à favoriser la répétition des mêmes scènes et la production du même phénomène. Il suffit effectivement d'admettre l'existence d'une suite de mers intérieures, comme l'Aral ou la Caspienne, vastes, mais peu profondes et exposées à des alternatives de desséchements partiels et de crues subites, pour obtenir dans l'intervalle des débordements d'immenses plages recouvertes d'un limon fin, assez fermes pour donner accès à une foule d'animaux, assez molles pour que leurs pieds pussent y imprimer un creux durable ou même un moule exact de leur face plantaire. Ces vestiges se nomment en langage de véneric des *traces*, et ces traces sont généralement assez bien caractérisées pour permettre aux chasseurs de reconnaître l'âge, le sexe et la taille de l'animal dont elles trahissent la présence.

Sur une plage unie et limoneuse, non-seulement les animaux laisseront des vestiges de leur marche, mais la pluie elle-même, tombant à larges gouttes, y marquera son action en creusant une multitude de petites cavités arrondies. Toutes ces traces durciront par le progrès du desséchement, qui finit par amener le fendillement en tout sens de l'argile superficielle. Et maintenant supposons l'arrivée d'une crue pareille à celles qui changent périodiquement les limites des lacs du Soudan ; si elle recouvre d'un lit de sable fin la surface déjà consolidée de la plage où s'abattaient naguère une foule d'animaux, nous concevrons très-bien comment le sable se moulera dans les moindres creux. Si plus tard le limon disparaissait, les moules en relief de l'assise de grès resteraient comme un témoignage éternel du passage des anciens êtres, des effets de l'averse et du fendillement de l'argile. — Tels sont effectivement les faits observés sur plusieurs points du terrain triasique par les géologues. L'intérêt de semblables observations consiste principalement dans les notions qu'elles nous fournissent au sujet des plus anciens animaux terrestres. Les animaux triasiques n'ont point été proprement les premiers ; mais il semble que les animaux du trias aient été les premiers qui se soient répandus en troupes nombreuses sur des plages que des émersions opérées sur une large échelle leur ouvraient de tous côtés. Un géologue justement regretté, M. d'Archiac, s'est étonné du caractère de singularité que manifestent les formations triasiques. L'ambiguïté des dépôts, les indices de la faible profondeur des eaux, la délimitation vague des bassins, les amas de sel gemme et de gypse, enfin la rareté des vestiges d'êtres réellement marins, tandis que les restes de plantes et les lits formés de débris de poissons, de reptiles et d'insectes se montrent fréquemment, toutes ces circonstances réunies font que l'on se demande où s'était alors retirée la masse de l'Océan, et de quelle nature étaient les eaux qui ont laissé tous ces sédiments. Quelquefois les traces organiques manquent absolument, comme s'il s'agissait de mers entièrement désertes. La présence du sel gemme semble une conséquence du desséchement de certaines méditerranées, où la concentration des éléments salins se serait opérée à la longue. De nos jours, les lacs salés de l'A-

mérique, de l'Asie et de l'Afrique se couvrent à certaines époques
de sel à l'état de croûte solide qui entoure d'une ceinture
éblouissante de blancheur la partie demeurée liquide, qui garde
sa teinte azurée ; mais l'eau, à ce degré de salure, ne contient
plus aucun être vivant, elle devient funeste à tout organisme ;
on le sait par l'exemple de la mer Morte ; et l'étang salé de la
Valduc, en Provence, ne renferme en fait d'animaux que le
singulier crustacé appelé *Artemia salina*, sorte de « branchipe »
adapté à des conditions biologiques aussi anormales que curieuses, et dont les transformations surprenantes, dues à l'influence des divers milieux qu'il est susceptible d'habiter, ont été
décrites récemment par M. Schmankewitch (1).

Dans l'âge triasique, les mers intérieures de toutes les formes
et de toutes les grandeurs abondaient, ainsi que les lagunes plus
ou moins saumâtres, tantôt envahies par des végétaux amis
des marécages, tantôt peuplées de reptiles amphibies et de poissons. Ces lagunes, exposées soit à des desséchements partiels, soit
à des crues subites, ont dû s'étendre sur une grande partie de
notre globe et remplacer presque partout l'Océan proprement dit,
dont on n'observe des traces que sur des points fort restreints.
On conçoit combien, à une époque où les animaux terrestres

---

(1) Notre ami le professeur Marion nous transmet, à propos des changements de
forme et des mutations de caractères que présente l'*Artemia salina*, une note que
nous nous faisons un plaisir d'insérer ici : « Le petit crustacé appelé *Artemia salina*
se développe ordinairement dans des eaux marines concentrées, au moment où leur
densité correspond à 8° Baumé. A mesure que la concentration s'accroît et atteint
14°, 15°, 18° Baumé, les caractères morphologiques de l'animal se modifient, les lobes
de la queue s'atrophient et la surface des lames branchiales augmente. L'animal
finit par revêtir l'apparence du crustacé que l'on avait nommé *Artemia Mülhausenii*.
Schmankewitch a suivi toutes ces phases, que traversent également les petites bêtes de
la Valduc. Si l'on prend des *Artemia* arrivés au stade qui correspond à l'*Artemia Mülhausenii* et si, en ajoutant de l'eau douce, on diminue la densité du milieu dans
lequel vivent ces *Artemia*, peu à peu l'*Artemia salina* normal se rétablit : les lobes
de la queue apparaissent de nouveau avec leurs soies caractéristiques. Il est bien
entendu que ces changements exigent plusieurs générations. Schmankewitch, poussant l'expérience plus loin, est parvenu à faire vivre l'*Artemia salina* dans des eaux
presque douces, et il a vu alors se former un type nouveau fort remarquable, ren-
trant dans le genre *Branchipus* des eaux douces, mais constituant une espèce particulière que l'on est en droit de considérer comme le prototype ancestral des
Artemia. »

manifestaient encore des .allures amphibies, cette diffusion des
bassins éparpillés et vaguement délimités a dû être favorable au
développement de pareils êtres. Malgré la différence des temps,
les choses se passent à peu près de même sur les bords du plus
grand des lacs africains. Le docteur Barth, explorant le Tsad,
était arrêté à chaque pas par des marécages, véritables labyrinthes sans issues qui coupent d'interminables plaines où le regard
se perd sans apercevoir ni la nappe centrale ni un point saillant
pour se reposer. La configuration du sol change d'année en
année ; rien n'est stable, pas même l'emplacement des villes,
que les crues submergent en effondrant le sol. De là l'impossibilité de fixer au lac une limite et de lui assigner un niveau.
De grands papyrus, des lotus, de puissantes graminées encom-
brent les parties inondées, et leurs débris décomposés altèrent
la teinte et la qualité de l'eau. D'immenses troupes d'antilopes
bondissent à travers les plages, inaccessibles au pied de l'homme ;
les anses sont peuplées d'hippopotames, les lisières servent d'abri
à des crocodiles et à de grands lézards, les éléphants eux-mêmes
se fraient çà et là un passage au sein des cantons dont le sol est
ondulé et ombragé de grands arbres, tandis que d'innombrables
troupes de canards nagent au milieu des prairies de nénufars.
Ici la surface boueuse de la plage porte les traces de pas des
girafes, des cochons sauvages et des grands échassiers qui la visi-
tent tour à tour ; ailleurs le marécage disparaît sous de sombres
forêts où dominent le gigantesque baobab, plusieurs espèces de
figuiers et des acacias ; ou bien encore des bouquets de palmiers
élèvent leur stipe terminé par une royale couronne de frondes en
éventail.

Placés dans des circonstances analogues, mais entourés d'une
végétation très-différente, les animaux triasiques étalaient pour
la plupart des formes entièrement étrangères à notre monde
d'aujourd'hui. C'étaient en premier lieu des bipèdes, sans doute
plus éloignés encore du type des oiseaux actuels que l'espèce de
Solenhofen, mais qui ne sont connus que par l'empreinte de leurs
pas, dont l'enjambée accuse parfois des dimensions quadruples

de celles de l'autruche. Le nombre et la disposition des doigts révèlent pour d'autres de telles singularités qu'en l'absence du squelette on ne sait comment les définir. Parmi les reptiles, les uns rappellent les tortues, les autres les lézards ou les crocodiles, ou bien encore, comme les *Dicynodon*, dont les mâchoires étaient armées de défenses recourbées dans le genre de celles des morses, ils présentent les caractères mélangés de ces divers groupes. La plus grande espèce de labyrinthodonte est connue à la fois par ses ossements et par l'empreinte de ses pattes, assez semblables à une main d'homme dont les doigts courts et le pouce écarté seraient terminés par des griffes. Auprès de Lodève, les vestiges de pas sont accompagnés de ceux d'une queue traînante, suscep- tible d'imprimer un sillon sur le sol en le balayant. Cet animal, moitié salamandre, moitié crocodile, avait le corps recouvert d'une carapace de fines écailles cornées. La taille des plus grands labyrinthodontes atteignait plusieurs mètres de long ; leurs membres étaient courts, mais robustes, et la disproportion re- lative entre le train de derrière et celui de devant marque les allures d'un reptile sauteur, avec des façons plus lourdes que celles des modernes batraciens. On peut se faire une idée de ces animaux, les plus anciens de ceux dont l'organisation fut adaptée à une existence tout à fait terrestre : peu actifs, voraces, croqueurs de petites proies, rôdant sur le sable humide, protégés par une armure impénétrable, rois de la création à une époque où il suffisait d'être solidement charpenté pour obtenir le sceptre. ils n'avaient à redouter d'ennemi d'aucun genre. puisqu'il ne s'agis- sait encore ni d'intelligence, ni de rapidité ni d'énergie. et que l'instinct lui-même se réduisait à l'accomplissement des actes indispensables à l'entretien et à la propagation de l'espèce. La vie de pareils êtres s'écoulait dans sa monotonie à suivre les eaux dans leurs alternatives d'envahissement et de retrait; ils respiraient et se mouvaient à l'air libre, mais sans s'écarter beau- coup du voisinage de l'élément qui avait été leur premier berceau.

Le type des labyrinthodontes était ancien lors du trias, qui en marque l'apogée; on le rencontre, déjà reconnaissable, dans le

terrain carbonifère. Toutefois, à cette époque reculée, on trouve à
côté de lui un autre type à la fois plus imparfait, plus ambigu et
plus voisin du point de départ : c'est celui des *Ganocéphales*. Ce
type nous fait toucher au point où les reptiles, déjà peut-être
organisés pour une respiration aérienne, n'avaient pas encore
cessé d'être nageurs pour devenir marcheurs. Les ganocéphales
sont, à vrai dire, des labyrinthodontes moins avancés. L'ossifi-
cation de leurs vertèbres est imparfaite, la disposition ainsi que
la structure de leurs dents les rapprochent de plusieurs poissons.
Leur taille (comme il arrive presque toujours lorsque l'on a sous
les yeux les termes primitifs d'une série) s'amoindrit en face des
labyrinthodontes du trias. Le plus grand des ganocéphales, l'*Ar-
chegosaurus*, ne mesurait pas plus de 1 mètre de long. Les membres étaient faibles et plutôt disposés pour nager ou ramper que
pour la marche ; ils se terminaient pourtant par des extrémités
pourvues de doigts distincts. Les habitudes étaient carnassières
comme celles des labyrinthodontes. L'archégosaure était à ceux-
ci ce qu'est à la grenouille le type des salamandres, des tritons
et des protées, qui tous s'arrêtent à certains degrés de la métamorphose, et demeurent plus ou moins têtards durant toute leur vie.

Les *Protées*, petits batraciens aveugles des lacs souterrains de
la Carniole, constituent, au sein de la nature actuelle, un de ces
groupes singuliers destinés à fournir un terme précieux de comparaison avec les êtres d'autrefois, et à servir de trait d'union
entre des catégories dont ils contribuent à atténuer la distance ;
ils se lient aux poissons par l'axolotl, la sirène et le lépidosirène,
types de plus en plus ambigus. Le dernier présente même le corps
écailleux, les branchies intérieures et jusqu'à la vessie natatoire
des vrais poissons. De plus l'intestin du lépidosirène est garni en
dedans d'une lame contournée en spirale, à peu près comme une
vis d'escalier qui serait appliquée contre les parois d'une tour
ronde et vide dans le milieu. Cette structure caractéristique se retrouve encore chez les *Sélaciens*, c'est-à-dire chez les poissons cartilagineux, qui comprennent les squales et les raies, et dont l'existence au sein des mers primitives ne saurait faire l'objet d'un doute.

L'état cartilagineux, évidemment antérieur à l'état osseux, a dû
être commun à l'ensemble des vertébrés à ce moment de leur histoire, où tous également étaient encore aquatiques; il n'est pas
surprenant qu'il ait pu se former alors des êtres joignant à la
structure cartilagineuse une perfection relative, supérieure à plusieurs égards à celle de certains types osseux survenus plus tard.
C'est ce que l'on remarque chez les sélaciens, que l'on sépare maintenant des vrais poissons pour les ranger dans une catégorie à part;
non-seulement ils s'accouplent réellement, mais leurs femelles
ont une sorte de matrice où les œufs séjournent et souvent même
éclosent avant la ponte. Plus forts, plus vivaces, plus élevés par
certains côtés, plus voisins en tout cas du point de départ, ils ont
peu changé dans le cours des temps, tandis que les poissons ordinaires ne sont pour ainsi dire que le dernier terme d'une longue
suite de transformations. Il n'y a donc pas lieu de s'étonner des
connexions que présentent les sélaciens avec les autres classes de
vertébrés et particulièrement avec les reptiles nageurs et marins,
mais à respiration aérienne, appelés *Énaliosauriens*, auxquels était
dévolu dans les anciennes mers le rôle attribué aux cétacés au sein
des nôtres. Il a été possible en effet de constater chez les plus répandus de ces animaux, les *Ichthyosaures*, l'existence de la disposition spirale de l'intestin que nous avons signalée comme caractérisant à la fois les sélaciens et le lépidosirène. On y est parvenu
par l'observation des excréments fossiles ou *coprolithes*, quelquefois occupant encore leur place naturelle à l'intérieur de l'animal,
et fournissant en tout cas la preuve visible de la structure de l'intestin. Ajoutons la découverte d'un petit ichthyosaure tout formé,
renfermé dans la cavité abdominale d'un sujet adulte, et nous
pouvons affirmer que, chez ces monstres marins d'autrefois, l'é-
closion des œufs précédait la ponte, comme chez une partie des
sélaciens et chez plusieurs reptiles.

Les houillères du Canada, de l'Ohio, de la Caroline, celles de
l'Irlande et de la Grande-Bretagne ont fourni une riche moisson
de découvertes qui ont successivement élevé le nombre des reptiles primitifs. Néanmoins ils ne sont encore que très-imparfaite-

ment connus, la plupart n'ont pu être détachés de la gangue où leur squelette demeure engagé. On remarque en eux une trop grande variété de caractères pour croire qu'ils rentrent naturellement dans le cadre des deux ou trois familles que l'on a établies, et pourtant tous plus ou moins présentent des indices d'une sorte d'affinité mutuelle et générale qui empêche de reconnaître en eux une réunion de types isolés et distincts. Les termes de *Ganocéphales* et de *Labyrinthodontes*, selon M. Gaudry, excellent juge en pareille matière, représentent non pas deux familles, mais deux états successifs que les reptiles primitifs auraient traversés, et dont l'un, celui de ganocéphale, serait à l'autre, celui de labyrinthodonte, ce que le têtard est à la grenouille. On est même en droit de supposer par delà les ganocéphales l'existence d'un ou plusieurs états de reptiles, opérant une transition plus marquée encore vers une organisation purement aquatique, branchiale et cartilagineuse. En effet, de l'absence de reptiles dans un terrain plus ancien que celui des houilles, on ne saurait conclure qu'ils n'ont point existé. Il faut dire seulement que, où les fossiles cessent, les êtres eux-mêmes tendent à revêtir cet état de faiblesse et d'obscurité qui caractérise également l'enfance chez l'individu et le début chez les races.

A coup sûr, les reptiles qui se traînèrent les premiers sur le sol humide, les vertébrés pisciformes ou salamandroïdes qui parvinrent à aspirer l'air dans leurs poumons rudimentaires, ces êtres à contours à demi ébauchés, à structure ambiguë, points de départ vagues et flottants des groupes auxquels ils ont donné lieu, offriraient à l'étude un immense attrait, si l'on retrouvait jamais, avec les pièces de leur squelette, l'empreinte de leurs parties molles; mais quelque merveilleuses que soient les perspectives dont l'avenir garde le secret, il faut pourtant se résigner d'avance à ignorer ce qui est relatif aux commencements mêmes de la vie. Non-seulement les eaux douces n'ont donné lieu à aucun dépôt important à la surface des plus anciennes terres fermes, non-seulement le régime des courants d'alors a été contraire à la formation de lits renfermant des débris fossiles, mais ces régions primitives ont dû rester longtemps désertes à l'intérieur. La vie terrestre, sortie peu à peu du sein de l'eau, a dû se fixer en premier lieu non loin de ses rives ; elle a habité d'abord d'une façon exclusive certaines plages humides ou fréquemment inondées. A la surface du sol, de même qu'au fond des mers, la vie a été d'abord localisée ; partie d'un ou de plusieurs centres, elle a pris possession peu à peu de la totalité du domaine qui lui était dévolu. La zone littorale, agrandie par des émersions répétées, est justement celle où les plantes de l'époque carbonifère, s'accumulant au fond des lagunes qu'elles avaient envahies, donnèrent lieu aux lits de houille. La disposition de ces dépôts en une série de bassins disséminés sur le pourtour des anciennes régions insulaires a frappé les observateurs. Il semble donc avéré que la végétation s'est irradiée en partant de certaines régions, comme d'un point initial, avant de recouvrir tout le globe.

Il existe dans la marche et le mode d'évolution originaire des deux règnes une remarquable correspondance. Les plantes les plus anciennes connues sont des algues siluriennes, de même que les animaux marins précèdent tous les autres, et c'est à une date postérieure que les premiers végétaux terrestres et les premiers vestiges d'animaux à respiration aérienne commencent à se manifester, presque en même temps, lors de la formation dévonienne ; mais de même qu'il a dû exister des reptiles antérieurs à ceux du terrain carbonifère et des insectes plus anciens que ceux du terrain dévonien, on a été amené à penser que les plantes dévoniennes, si peu éloignées de celles du temps des houilles, n'avaient pas été réellement les premières, avant même que des observations récentes soient venues confirmer cette prévision. Plusieurs indices très-divers, difficiles à révoquer en doute, démontrent effectivement l'existence de plantes terrestres, dès le milieu de l'époque silurienne. M. Léo Lesquéreux a publié un certain nombre d'espèces recueillies vers la partie supérieure du silurien inférieur, dans le *groupe de Cincinnati;* elles comprennent une sigillariée (*Protostigma sigillarioides*, Lesq.), des lycopodiacées? (*Psilophytum*) et des calamariées (*Annularia Romin-*

geri, Lesq., *Sphenophyllum primævum*, Lesq.), c'est-à-dire des cryptogames vasculaire et des gymnospermes, par conséquent des types relativement élevés dans la série des organismes destinés à vivre sur le sol émergé et susceptibles en grande partie d'être classés dans les mêmes groupes que ceux de la flore carbonifère. Un résultat semblable a été obtenu simultanément en Europe où les ardoises d'Angers ont fourni à M. le professeur Morière de Caen une très-belle empreinte de fougère, l'*Eopteris Morierei*, Sap. (1), la plus ancienne espèce connue de cette famille végétale qui contribue encore à l'embellissement de la flore actuelle. Les autres types siluriens sont aujourd'hui perdus, et pour ce qui est des *Psilophyton*, dont l'affinité véritable n'a pu être encore déterminée avec certitude, ils avaient disparu avant même l'époque carbonifère proprement dite.

On voit que l'organisation déjà complexe du règne végétal, lors de son début apparent à la surface du sol, fait présumer l'existence d'une période, demeurée inconnue, de végétaux terrestres beaucoup plus simples que les fougères, les calamariées et les sigillaires. Lorsque les pluies étaient pour ainsi dire perpétuelles à la surface, lorsque la chaleur encore sensible des eaux provoquait une évaporation incessante, des végétaux d'une structure élémentaire ont dû couvrir le sol. Ces plantes primitives vivaient sans doute à la façon des algues que la marée ne délaisse que pour les recouvrir de nouveau; comme celles-ci, elles demeuraient plongées dans un bain à peine interrompu. C'est à la suite d'une longue série de siècles qu'elles ont dû revêtir les formes que révèlent les plus anciennes empreintes. Durant le temps où se déposèrent les schistes, les quartzites et les calcaires des systèmes *laurentien, cambrien* et *silurien*, temps énorme, puisqu'il correspond à un ensemble de couches, épais de 12 à 15 kilomètres dans les îles Britanniques et au Canada, l'air a dû s'épurer, les pluies cesser à la fin d'être continues pour devenir intermittentes, et l'atmosphère, tout en demeurant chaude et bru-

(1) Consultez la planche placée en tête de l'ouvrage, pl. I.

meuse, se constituer une seconde mer suspendue au-dessus de l'Océan. Alors aussi la végétation terrestre a dû élaborer des formes et des organes nouveaux appropriés à des circonstances nouvelles. Pour la première fois, les végétaux ont présenté des feuilles, émis des racines, diversifié la structure de leurs tissus, et acquis la beauté qui résulte d'une symétrie de plus en plus rigoureuse des parties, aussi bien que la force qui naît de l'énergie croissante des fonctions vitales. Cette marche, qu'il nous est permis de suivre à partir du système dévonien, a été des plus longues, et elle a été constamment liée à celle du règne animal tout entier. Les plantes ont fourni aux animaux des aliments d'autant plus riches qu'elles ont été plus parfaites et qu'elles se sont éloignées davantage de leur point de départ. Des lenteurs incalculables ont été la conséquence fatale de cette solidarité ; on peut même dire d'une façon générale que le règne végétal est longtemps demeuré en retard sur l'autre règne et qu'il a obligé celui-ci de l'attendre. Au sein des eaux la vie animale, bien plus livrée à elle-même et moins dépendante du monde des plantes, a dépassé presque aussitôt la végétation, laissant celle-ci arrêtée à son plus bas niveau ; mais à l'air libre la vie animale, placée dès le début dans une étroite dépendance de la végétation, a été forcée de suivre celle-ci pas à pas. Il est évident que la terre ferme a seule procuré à la végétation les éléments d'une progression effective dont le terme n'a été atteint que fort tard, et dont l'agriculture achève sous nos yeux de tirer parti. De leur côté, les animaux terrestres, après avoir promptement atteint un degré remarquable de complication organique, se sont trouvés hors d'état d'aller plus loin à l'aide de leurs seules forces ; ils ont dû forcément attendre le progrès de l'autre règne. C'est là ce qui explique pourquoi l'on rencontre des mammifères avant la fin du trias, pourquoi l'on en découvre encore vers le milieu et la fin des temps jurassiques, et pourquoi ils se montrent toujours rares, chétifs, imparfaits, en réalité stationnaires. La végétation de ces mêmes époques est indigente, elle comprend des formes peu variées et de structure coriace. Elle ne se complète que

longtemps après, vers la fin des temps crétacés, et alors seulement
un mouvement parallèle se manifeste chez les mammifères;
mais il se prononce après celui qui entraîne les végétaux,
et ne devient sensible qu'à l'origine des temps tertiaires. Telle
est la marche inhérente à l'animalité terrestre : l'absence
d'herbages, de parties tendres et succulentes chez les végétaux,
s'est longtemps opposée à la multiplication des mammifères herbivores, et, par une conséquence obligée, à celle des carnassiers
qui vivent aux dépens des premiers. Tant que cet état de choses a
persisté, la classe entière ne pouvait ni croître en nombre, ni se
perfectionner. Il existait bien dès les temps secondaires quelques
quadrupèdes mangeurs de végétaux, mais ce rôle restait dévolu
à d'énormes reptiles aux puissantes mâchoires, sortes de pachydermes à sang froid. Les dents formidables des *Iguanodon*, qui
s'usaient jusqu'à la racine par la trituration, pouvaient certainement broyer les substances végétales les plus dures ; mais les
mammifères jurassiques, faibles et inoffensifs, incapables de
s'attaquer à de grands animaux, étaient forcés de se rabattre sur
les insectes, comme le prouve leur dentition.

L'apparition des insectes, vers laquelle nous sommes ainsi
ramenés, se rattache aux temps les plus reculés ; ils sont terrestres comme les vertébrés supérieurs, bien qu'ils respirent non
pas à l'aide de poumons, mais par des *trachées*, c'est-à-dire au
moyen d'ouvertures distribuées le long du corps, qui donnent
lieu à autant de cavités ramifiées servant à introduire l'air jusque
dans l'intérieur des organes.

III

Les insectes sont caractérisés, non-seulement par leur respiration trachéenne, mais par leur circulation imparfaite. Le système
nerveux se trouve ici réduit à un certain nombre de ganglions
disposés en files ou séries et reliés par des cordons. Le corps se
partage en anneaux ou segments ; il est protégé par une enveloppe extérieure plus ou moins résistante, et dépourvu d'axe

solide intérieur. Ce sont des animaux à *exosquelette;* en outre la disposition relative de leurs organes est inverse par rapport à ce qu'elle est chez les vertébrés et les mollusques, l'appareil nerveux étant placé au-dessous de l'appareil digestif. Les insectes en un mot sont conçus d'après un autre plan que les vertébrés, et n'ont avec ceux-ci d'autre relation de structure que celle qui résulte de la présence d'organes et de fonctions homologues. Les insectes respirent, digèrent, remuent ; ils ont des humeurs, des sécrétions, des muscles ; ils possèdent des sens, ont des sexes, et se reproduisent par des œufs comme les animaux plus élevés (1) ; mais chez eux l'exercice de toutes ces fonctions et la distribution des organes sont le résultat d'un ordre de combinaisons tout à fait différent de celui qui existe chez nous. Nous avons peine à comprendre cette distribution de la vie par anneaux, ayant chacun leurs ganglions distincts et doués d'une vie partielle liée à la vie générale, mais non confondue avec elle. La personnalité est plus ou moins divisée chez les insectes, et l'identité du moi, si toutefois elle existe, se trouve formulée d'une façon diffuse, puisque les sensations se localisent d'abord dans chacun des anneaux auxquels appartient le ganglion d'où elles relèvent avant de se répandre partout. L'ébranlement des centres nerveux secondaires, en se transmettant d'un ganglion à un autre, doit s'affaiblir comme l'écho qui se répercute ; on a vu des insectes privés de leur abdomen continuer à manger. Cependant, à mesure qu'on s'élève vers les types d'insectes supérieurs, la concentration du système nerveux se prononce, et le ganglion céphalique tend à prédominer de plus en plus sur les autres. Cette disposition est évidente chez les araignées, les

---

(1) Il conviendrait d'ajouter que ces œufs ne se distinguent pas par leur structure fondamentale, ni par leur « processus » originaire de ceux des animaux supérieurs. L'aire germinative donne également lieu dans tous à un double feuillet blastodermique : l'un, interne ou « intestinal », d'où sortent les organes de la vie nutritive ; l'autre, externe ou « cutané sensitif », d'où proviennent ceux de relation et par conséquent l'appareil nerveux. Les animaux les plus inférieurs ne s'élèvent pas au-dessus de ce premier stade, auquel on a récemment appliqué le nom de « gastrula ». Les différenciations de plan, dues à des déplacements et à des développements consécutifs, sont toutes postérieures à cette première phase ou « phase gastréenne ».

abeilles et les fourmis, où l'instinct revêt quelques-uns des caractères de l'intelligence.

Le plan d'organisation des insectes n'a rien de simple ; dans toutes les directions, il n'arrive à la perfection relative qu'en accumulant les complications. Les organes des sens, ceux de préhension et de locomotion, ceux qui servent au vol, à la défense ou à la propagation, comme les aiguillons, les scies, les tarières, étonnent souvent par la multiplicité et le fini des pièces dont ils sont formés. On connaît les yeux à facettes innombrables des libellules, des mouches et des papillons ; pour manger, les insectes broyeurs déploient tout un attirail de pièces dont le mécanisme est loin cependant de valoir en sûreté le jeu de nos mâchoires. L'abeille elle-même se sert, pour piquer, d'un instrument à la fois complexe et délicat, véritable arme de luxe qui se trouve presque aussitôt hors d'usage. Les insectes, on peut le dire, sont des animaux de détail, mais leur plan de structure, à cause de cette minutie, exclut la grandeur. Le développement s'y est fait par la diversification et ce que l'on pourrait nommer la ciselure des parties, mais l'ensemble est demeuré inextensible ; l'*exosquelette* s'est trouvé une enveloppe sans élasticité dont la trame s'est prêtée rarement à dépasser des proportions médiocres. Un insecte de la grosseur du plus petit des mammifères est un géant dans sa classe. Les crustacés atteignent, il est vrai, à de plus fortes dimensions que les insectes proprement dits ; mais ces articulés participent de la taille considérable départie aux organismes marins ; la proportion relative ne change pas, si l'on compare le homard à la baleine. D'ailleurs les crustacés respirent par des branchies, et les plus élevés d'entre eux possèdent une circulation véritable, assez complète, quoique encore lacunaire. La respiration trachéenne et la circulation imparfaite des insectes ont dû opposer un obstacle insurmontable au développement de la classe au delà d'une certaine limite de perfectibilité. On peut dire qu'elle s'est épuisée en une multitude de combinaisons secondaires, sans jamais rencontrer un passage vers une organisation vraiment supérieure.

La particularité la plus saillante du groupe des insectes,. comme de celui des crustacés, réside dans les états qu'ils traversent tous avant de devenir adultes ; c'est tantôt une transformation brusque et très-marquée, tantôt une série de modifications lentes et partielles, analogues à celles que produit la croissance chez les autres animaux. On distingue ainsi des insectes à métamorphoses *complètes* ou *incomplètes*, et cette distinction se trouve en rapport avec l'ordre d'apparition des principales familles. On aurait tort cependant de croire qu'il existe entre les deux catégories une ligne de démarcation rigoureuse. Plusieurs ordres d'insectes réunissent les deux modes de développement, et il existe entre l'un et l'autre des nuances si bien ménagées que l'on ne saurait dire où s'étend la limite réciproque. En cela comme en bien d'autres points, la vie a marché librement, dispensant une telle diversité de caractères, une telle profusion de phénomènes, qu'elle a réalisé toutes les combinaisons possibles, tout en respectant les lignes essentielles du plan qu'elle se proposait.

L'état de larve est un état d'enfance, mais d'une enfance souvent revêtue d'une forme entièrement étrangère à la forme adulte. Celle-ci est la seule définitive, puisqu'à elle seule appartient la faculté de se reproduire, et cependant la durée de cette dernière période est toujours plus courte que celle de la période larvaire. Beaucoup d'insectes vivent à peine quelques jours, d'autres seulement quelques heures à l'état parfait ; ils ne prennent leur robe virile que pour remplir les fonctions dont elle est le symbole et mourir aussitôt après. Tous les insectes parfaits respirent par des trachées, et présentent dans cet état les caractères qui servent à établir entre eux des rapports déterminés. Au contraire, à l'état de larves, d'étroites ressemblances rapprochent parfois des êtres très-éloignés en réalité, ou bien c'est l'inverse qui a lieu. Le régime des larves peut différer totalement de celui de l'insecte parfait auquel elles donnent naissance. Les larves ne volent jamais ; beaucoup sont aquatiques, divisées en segments égaux ou subégaux, et pourvues de pattes rudimentaires ou nulles. Ce qu'il faut surtout considérer dans la

larve, c'est son apparence vermiforme, et, chez celles qui sont
aquatiques, la présence d'un appareil branchial destiné à disparaître lors de la dernière mue, pour faire place aux trachées.

Réunissons en un seul faisceau tous ces divers traits, et nous
reconnaîtrons sans peine, dans la période organique à laquelle
ils se rapportent, les indices caractéristiques d'un état antérieur
et originaire qui aurait été général à la classe entière des insectes,
à un moment donné de son histoire primitive. Un pareil état, si on
le supposait permanent par la suppression de l'état parfait, affai-
blirait sensiblement la distance qui sépare maintenant les insectes
des annélides. Dès lors l'état de larve représenterait vis-à-vis
des premiers ce que l'état cartilagineux a dû être jadis pour
l'ensemble des vertébrés, ce que les états ganoïde et ganocéphale
ont été respectivement aux poissons téléostéens et aux reptiles,
ou l'état marsupial aux mammifères eux-mêmes, ce qu'enfin
l'état de têtard est encore pour les batraciens. Ce serait un degré
inférieur, un mode d'existence transitoire destiné à être franchi,
soit par les races, soit par les individus, avant d'atteindre à un
développement plus élevé et plus complexe. On pourrait donc
considérer les insectes comme des articulés inférieurs qui se
seraient transformés peu à peu en sortant de l'eau, et auraient
acquis de nouveaux organes par la réduction, la spécialisation
et le perfectionnement de ceux qu'ils possédaient originairement.
Les métamorphoses ne seraient qu'une reproduction plus ou moins
fidèle des diverses phases qu'ils auraient dû traverser avant de
revêtir la forme définitive devenue propre à chacun d'eux ; en
un mot, l'existence de l'individu résumerait l'histoire de la race.

Ce que nous avons dit du séjour prolongé des eaux à la surface
des premiers continents, longtemps plats ou faiblement ondulés,
concorde très-bien avec le mode présumé de développement des
insectes. Les articulés à branchies permanentes ou crustacés,
plongés dans un milieu demeuré toujours semblable à lui-même,
ont suivi la même marche que les poissons auxquels ils se trouvaient associés. Cette marche a consisté dans une adaptation de
plus en plus exclusive des types aux conditions d'existence de

l'habitat aquatique et marin. Par suite de cette tendance, leurs parties se sont graduellement différenciées, les organes ainsi que les fonctions se sont localisés en se centralisant, et l'ensemble s'est écarté de plus en plus de la monotonie du type primitif, qui se rapprochait de celui des articulés inférieurs par la similitude des anneaux, pourvus également des mêmes ganglions et des mêmes appendices. Les insectes, d'abord simples vers articulés, habitant les eaux superficielles et le limon humide, devenus plus tard terrestres et trachéens à mesure que l'atmosphère et le sol se dépouillaient de leur humidité excessive, ont exécuté un mouvement analogue à celui des crustacés, mais en l'appropriant à des circonstances nouvelles résultant de la présence d'un milieu qui se transformait peu à peu. Comme on pouvait le présumer, les insectes à *métamorphoses incomplètes*, chez lesquels l'état parfait ne constitue qu'un dernier terme de croissance, se montrent avant les autres, ou du moins sont à l'origine les plus nombreux. Un changement rapide et complet de l'organisme est le signe d'une adaptation exclusive, et les groupes dans lesquels ces changements se manifestent se trouvent voués pour la plupart à un régime strictement déterminé. Les premiers insectes sont plutôt rôdeurs et polyphages ou simplement carnassiers ; ils possèdent déjà des ailes, mais ils ne sont pas construits uniquement en vue du vol, puisque ces ailes, d'abord absentes, constituent à peu près le seul changement qui distingue la nymphe et même la larve de l'individu parfait.

Essentiellement liés au monde des plantes, les insectes suivent pas à pas le développement de celles-ci. L'apparition des fleurs, des fruits succulents, des sécrétions gommeuses, huileuses, amylacées, des sucs mielleux et sucrés, la présence des bourgeons tendres, des feuillages délicats, des tissus spongieux, datent d'une époque relativement récente ; il ne faut donc pas s'étonner de ne rencontrer d'abord ni les fourmis, ni les abeilles, ni les papillons, ni même les mouches. Les insectes étaient, par cette raison, bien moins variés au début ; en même temps ils ne causent de surprise par aucune singularité bien saillante. Les genres dont ils font partie existent encore sous nos yeux ou s'écartent assez peu de ceux de la nature actuelle. Aucune classe n'a montré plus de souplesse par sa tendance à se diversifier à l'infini, mais aucune n'a déployé plus de persistance à conserver les traits une fois acquis.

Cependant la convergence mutuelle des ordres et même des classes s'observe chez les articulés (1) de la même façon que chez les vertébrés lorsque l'on remonte dans un passé très-reculé. Les *Bellinurus*, crustacés inférieurs du terrain primaire, offrent des caractères qui les rapprochent à la fois des trilobites d'une part, des arachnides de l'autre. Du reste, les *Pygnogonides*, dans la nature actuelle, marquent le même passage des crustacés vers les arachnides. Des insectes dévoniens observés récemment et qui sont les plus anciens de tous ceux trouvés jusqu'ici présentent à un degré remarquable la réunion de caractères aujourd'hui épars ; ce sont des *névroptères* ou libellules dont les pattes étaient construites de manière à produire par le frottement un chant comme celui des *orthoptères* de la tribu des acridiens ou criquets.

Les insectes se multiplient dans le terrain houiller, qui succède au terrain dévonien ; le nombre en est encore cependant bien restreint : M. Heer, il y a peu d'années, ne comptait que vingt et une espèces ; on en compte aujourd'hui de vingt-sept à trente au plus. Les principaux de ces insectes, après les blattes, qui comprennent à elles seules plus de la moitié des espèces, sont des sauterelles, des termites, des éphémères et des libellules. La présence des myriapodes est certaine : on en a recueilli un en Amérique dans un tronc de sigillaire, où il avait sans doute établi autrefois sa demeure. Un autre myriapode découvert récemment dans l'Illinois, l'*Anthraceps*, laisse voir les trous respiratoires ou trachées, qui prouvent que depuis cette époque les caractères propres à la classe dont il fait partie n'ont pas changé. L'existence de la classe des arachnides est attestée dans le terrain carbonifère par un magnifique scorpion, trouvé en Bohême et

____

(1) Sous le nom d'*articulés* sont compris les *crustacés*, les *arachnides*, les *myriapodes* et les *insectes ;* ils forment autant de classes et dépendent du même type organique.

peu différent des grandes espèces venimeuses de la zone tropicale actuelle.

De ces articulés, les uns sont carnassiers, comme les myriapodes ou mille-pieds, les scorpions et les libellules ; les autres,
comme les éphémères, voisins des libellules, bien connus par
la courte durée de leur vie aérienne à l'état parfait, n'ont qu'une
bouche dépourvue de véritables organes de manducation ; leurs
larves seules, aquatiques et voraces, se nourrissent de matières
animales. M. Dawson a signalé dans la houille du Canada des
éphémères ayant 7 pouces d'envergure, dimension bien supérieure à celle d'aucune espèce actuelle d'éphémériens, groupe
remarquable plutôt par la petitesse de ses formes. La multiplication des éphémériens est parfois si prodigieuse qu'ils donnent
lieu à des nuages capables d'obscurcir le jour, et que leurs restes
accumulés au bord des ruisseaux peuvent simuler une épaisse
couche de neige. Les autres articulés des temps primitifs se
nourrissaient de substances végétales de toute sorte. On sait les
ravages des sauterelles ; ceux des termites consistent à détruire
les bois de charpente, les meubles et les constructions. Il y a
d'ailleurs plus d'un trait de commun entre l'ordre des *névroptères* (libellules, éphémères, termites) et celui des *orthoptères*
(sauterelles, blattes). Le rapprochement était plus intime encore
dans les temps primitifs, comme l'a fait ressortir M. Heer. Ainsi
la convergence des orthoptères et des névroptères, que nous avons
vue attestée dans le dévonien par la présence d'un type qui résu-
mait les caractères confondus des deux ordres, persiste après ce
premier âge et s'accuse par la prédominance des groupes au moyen
desquels cette affinité mutuelle se manifeste avec le plus d'énergie. Les blattes abondent dans les contrées méridionales ; elles
s'attachent à toutes les provisions domestiques, surtout à la fa-
rine. Durant le jour, elles se tiennent blotties dans les fissures ;
leurs métamorphoses sont lentes et incomplètes, leur vie longue
et tenace, leurs mœurs remarquables par le soin qu'elles prennent de leur progéniture. On voit que l'instinct le plus développé
était loin de faire défaut aux insectes primitifs. Le scorpion, sous

ce rapport, n'est pas inférieur aux arachnides les mieux doués ;
il vit parmi les décombres et ne sort guère que la nuit, comme
les blattes et les termites. Ces animaux demeuraient sans doute
à l'ombre épaisse des forêts de l'âge des houilles : les uns pé-
nétraient dans l'intérieur des vieux troncs pour les ronger, les
autres s'insinuaient dans les fentes pour rechercher les parties
moelleuses et féculentes, ou se cachaient dans les amas détritiques qui devaient abonder. C'est là peut-être que leurs races
ont contracté, il y a des millions d'années, par un long séjour
dans l'obscurité des bois, sous un ciel bas et voilé, les habitudes
nocturnes qui les distinguent encore ; mais à côté d'eux les sauterelles et les libellules traversaient l'air librement, les premières
s'attaquant aux feuilles des fougères, les autres poursuivant une
proie vivante : de là les principales scènes animées et probablement les seuls cris et les rares bourdonnements qui troublaient
le silence de cette nature primitive.

Au sein d'immenses tourbières, la végétation inaugurait alors
l'éclat de sa jeune et déjà merveilleuse beauté (1). Son caractère
était la profusion plutôt que la richesse, la vigueur plutôt que
la variété, l'originalité plutôt que la grâce. Les formes se super-
posaient, se mêlaient, se croisaient avec une énergie quelque
peu désordonnée, que faisait encore ressortir la régularité singulière avec laquelle étaient disposés les tiges, les rameaux et les
feuilles. En pénétrant dans ces forêts, le regard n'aurait rencontré ni dômes de verdure, ni masses de feuillage, ni espaces
vides entremêlés d'épais taillis, ni même des fourrés interminables comme ceux des jongles de l'Inde qui servent aux tigres
de lieu de refuge inaccessible. C'était une association de grandes
et élégantes fougères au-dessus desquelles se dressaient en colonnes des troncs nus, couverts d'une écorce partagée en une
multitude d'écussons saillants ; la cime seule de ces végétaux était
couronnée d'un feuillage menu, raide et piquant, qui garnissait
l'extrémité des dernières ramifications. Il n'existait chez les ar-

____

(1) Consultez la planche II : *Vue idéale d'un paysage de l'époque des houilles.*

bres d'alors, moins puissants que ceux de nos grandes forêts, que deux sortes de port. Les uns présentaient, comme les dragonniers et certains palmiers actuels, un ensemble de bifurcations successives, c'étaient les *Lepidendron;* les autres, et parmi eux il faut citer les *Calamariées*, groupaient régulièrement de distance en distance autour de la branche principale leurs rameaux secondaires avec les ramules et les feuilles. La variété même n'avait accès chez ces végétaux qu'à l'aide d'une répétition monotone de la même ordonnance. Des perspectives semblables se reproduisaient invariablement sur tous les points, et il aurait suffi de visiter un coin de ces tourbières, auxquelles nous devons la houille, pour connaître à fond ce qu'elles étaient partout ailleurs. Quelques rares reptiles perdus au sein de certaines mares, un très-petit nombre de coquilles terrestres, habitaient ces profondes solitudes ; les insectes seuls s'y glissaient, sans trop d'obstacles, à travers les feuilles, les rameaux, les branches tombées, sous les fougères et dans les détritus humides, aussi bien qu'au sommet des tiges et jusque dans leur intérieur. Où l'homme et la plupart des vertébrés n'auraient pu ni subsister ni même se soutenir, sur un sol imbibé, tremblant et vaseux, au milieu des plantes serrées, dépourvues encore de fleurs et de fruits, ne possédant même pour la plupart aucune des qualités nutritives qui les font rechercher par les animaux supérieurs, dans cette nature si ingrate à tant de points de vue, les insectes avaient déjà leur place marquée. — Un peu plus tard, immédiatement après l'âge du trias, sur lequel les renseignements relatifs aux insectes sont rares et incomplets, nous les retrouvons à l'origine même du *lias,* et nous pouvons mesurer sans peine les progrès accomplis par cette classe depuis le terrain houiller. M. Heer a décrit cent quarante-trois espèces d'insectes *infraliasiques*, provenant d'une seule localité d'Argovie. Les *Coléoptères* ou *Scarabées* sont prépondérants dans ce nouvel ensemble, où reparaissent les blattes et les termites. Les insectes suceurs (*Cicadelles* ou *Rhynchotes*), qui vivent de la sève des plantes, commencent à se montrer ; mais les papillons, les abeilles, les fourmis et les mouches sont encore

à peu près inconnus. Les insectes broyeurs, carnassiers, mangeurs
de bois et de feuilles, dominent sur tous les autres, et le mouvement dont nous avons marqué le début continue en s'accentuant.

Les données que nous venons d'esquisser, malgré les lacunes
que l'avenir comblera et celles qui subsisteront toujours, laissent
entrevoir une vaste réunion de parties évidemment solidaires.
Tout se tient dans l'œuvre de la vie naissante, comme dans la
série d'évolutions qui jalonnent sa route. La vie, avant de se
manifester à l'air libre, a dû quitter le sein des eaux ; cette origine est la même pour les animaux et pour les plantes. Les deux
règnes en ont gardé l'empreinte ; elle est en eux comme un
vestige de la filiation qui rattache leur berceau à l'élément
aquatique, et le principe du philosophe Thalès reste vrai. Les
organes reproducteurs des plantes inférieures, les larves de
beaucoup d'insectes, celles même des vertébrés terrestres les
plus imparfaits, exigent la présence de l'eau, et tous les êtres,
pour exister normalement en dehors de cet élément, ont dû se
ménager un réservoir liquide intérieur où leurs particules élémentaires demeurent plongées. Bien plus, à se fier à certains
indices, il semblerait que les deux règnes eussent eux-mêmes
confiné originairement de fort près. La divergence que les règnes, et après les règnes les classes et les familles, manifestent
comme l'effet d'un mouvement qui les aurait poussés dans des
directions ramifiées à l'infini, résulte d'*adaptations* toujours plus
marquées, plus variées et plus exclusives. C'est en cela surtout
que réside le perfectionnement des êtres, perfectionnement relatif qui n'a rien d'incompatible avec les dégradations partielles,
les déviations de toute sorte et l'effacement des caractères anciens remplacés peu à peu par des caractères nouveaux.
Sans doute le perfectionnement absolu a été la conséquence
de cette marche ; mais, loin d'en être une conséquence forcée
et générale, il n'a été départi qu'à certaines séries dont il est
devenu l'apanage, et seulement dans une mesure inégale. De
là, au milieu de l'immense diversité des êtres, la prépondérance effective de quelques-uns et la lutte établie entre tous, qui

profite en dernier lieu aux plus forts et aux plus intelligents.

La paléontologie nous présente une collection d'organismes éteints qu'elle classe dans un ordre chronologique de même que nous disposons par années et par siècles les monuments de l'antiquité. Les notions historiques nous feraient totalement défaut, qu'en voyant les formes de l'art se modifier et passer insensiblement d'un style à un autre, nous n'hésiterions pas à conclure de cette marche qu'une suite de peuples sortis les uns des autres et demeurés en possession d'une tradition constante d'idées, de mœurs et de procédés a pu seule accomplir une œuvre de cette nature. Si l'on venait nous dire alors que cette marche, en apparence si régulière, est cependant le fait de plusieurs races, étrangères l'une à l'autre, qui se sont succédé sur le même sol sans avoir pu ni se concerter ni se connaître, nous nous refuserions d'ajouter foi à une assertion aussi peu vraisemblable. L'impossibilité où nous serions d'assigner une limite exacte à chacune de ces races supposées, la présence d'une foule d'œuvres d'art alliant les tendances de deux époques contiguës, nous paraîtraient avec raison attester la réalité de la première des deux opinions. C'est pourtant la théorie opposée que soutiennent ceux pour qui la nature vivante ne comprend que des espèces créées d'époque en époque, sans relation de parenté avec celles qui les ont précédées ou suivies. Dès lors il faudrait admettre qu'à chaque émission d'espèces nouvelles le plan si étroitement coordonné qui embrasse l'ensemble de la nature organique aurait été laissé, puis repris au point même où il venait d'être subitement interrompu pour être continué sans suture ni lacune visibles jusqu'à parfait achèvement de toutes ses parties. Ainsi l'aurait voulu, dit-on, l'auteur de la création elle-même : *sit pro ratione voluntas!* — Cette façon de trancher le plus considérable des problèmes prête trop à la critique pour qu'il ne soit pas permis d'y regarder de près et d'en reprendre un à un tous les termes. La paléontologie, non pas cette science purement descriptive qui détermine chaque forme fossile pour l'étiqueter et passer à une autre, mais la *paléontologie générale et comparée*, en se préoccu-

Comte de Saporta.   Planche II.

VUE IDÉALE D'UN PAYSAGE DE L'ÉPOQUE DES HOUILLES.

pant des rapports des êtres entre eux, des caractères inhérents
aux diverses populations qui ont jadis habité le globe, de leur
raison d'être, de leur façon de se maintenir et de se modifier, se
charge forcément d'introduire une question qui d'ailleurs s'impose d'elle-même à l'esprit.

La question des origines de la vie est en effet trop pressante
pour être éludée, trop importante pour être négligée, trop haute
pour être dédaignée. Presque aussi jeune que la critique historique, l'archéologie monumentale et la linguistique, la paléontologie use des mêmes procédés que ces sciences ; elle accroît
patiemment d'année en année le trésor déjà immense des documents qui lui servent de point d'appui. Chez elle, quoi qu'on en
dise, les grandes lignes sont arrêtées, le cadre existe, il ne s'agit
que de le remplir, et de tous les côtés on travaille avec ardeur à
y parvenir, à en juger par la fréquence des découvertes et l'étendue incessamment agrandie des perspectives.

CHAPITRE II

—

LA THÉORIE DE L'ÉVOLUTION

ou

LE TRANSFORMISME

———

La plupart des idées nouvelles, même les plus vraies et les plus fécondes, sont destinées à subir le choc de la contradiction. Au lieu de périr, elles puisent, on peut le dire, dans la lutte, la force qui paraît d'abord leur manquer, elles prennent corps peu à peu et parviennent à conquérir une place définitive. La doctrine de l'évolution achève en ce moment de traverser une période de ce genre ; toujours sur le point d'être abattue, si l'on interroge ses adversaires, elle soutient vaillamment des combats qui, loin de l'affaiblir, lui fournissent l'occasion d'exposer au grand jour les principes qui la dirigent, et le nombre de ses adhérents grandit d'année en année. Un penseur énergique, habile et profond, a su condenser dans une série de livres, devenus promptement célèbres, des aspirations jusqu'alors flottantes et arrêter les linéaments d'un puissant travail de synthèse. L'école dont il a été l'organe le plus retentissant a paru même se personnifier en lui, comme l'indique le terme de *darwinisme*, appliqué souvent à l'ensemble des idées transformistes, mais qu'il est plus juste de restreindre à la série d'hypothèses à la fois hardies et ingénieuses dont le naturaliste anglais a été si prodigue.

Comprise dans un sens général, la théorie transformiste est loin de dater de nos jours ; une plume autorisée a tracé (1) avec talent l'histoire de ses origines et critiqué, non sans raison, quelques-unes de ses tendances extrêmes ; mais quelle est celle de nos théories scientifiques que l'on n'ébranlerait pas en la poussant ainsi à ses dernières conséquences ? Quand on a affaire à une doctrine encore en voie de développement, au lieu d'en rechercher les déviations et les obscurités inévitables, ne vaut-il pas mieux s'attacher à en saisir plutôt les côtés vrais et solides ? A ce point de vue, la paléontologie offre un secours précieux. En réalité, c'est dans la paléontologie surtout que la croyance à l'évolution a sa raison d'être. Sans la certitude que nous avons de l'antiquité de la vie organique sur le globe, cette croyance ne serait qu'un jeu d'esprit ; avec cette assurance, elle devient une hypothèse qui s'adapte mieux que toute autre aux faits observés. En dehors de l'évolution, les phénomènes anciens ne constituent en effet qu'une énigme indéchiffrable.

Le terme d'*espèce*, dans le sens que nous lui donnons, signifie l'apparence morphologique sous laquelle se manifestent à nous les êtres organisés soit vivants, soit fossiles, au moment où il nous est donné de les considérer. Si l'apparence est la même ou presque identique ou sensiblement pareille chez deux individus comparés, on dira d'eux qu'ils appartiennent à une même espèce. Si quelque diversité un peu notable les distingue, sans que leur ressemblance mutuelle cesse d'être visible, la plupart des naturalistes hésiteront à se prononcer ou se décideront d'après le penchant plus ou moins marqué qui les porte à désunir ou à rejoindre les formes. C'est à la solution des problèmes relatifs à l'origine réelle et à l'exacte signification de ces analogies et de ces différences, qui dans la nature caracté-

_____

(1) Voyez, dans la *Revue des Deux Mondes* des 15 décembre 1868, 1ᵉʳ janvier, 1ᵉʳ mars, 15 mai et 1ᵉʳ avril 1869, les études de M. de Quatrefages sur *les Origines des espèces animales et végétales*.

risent tout individu comparé à un autre, que s'applique particulièrement la doctrine transformiste. Si les espèces, insistons sur
ce point, ne sont pas sorties les unes des autres par voie de filiation, elles ont dû se montrer subitement par l'effet d'une série
d'opérations mystérieuses dont il est impossible de fournir les
preuves. Faire intervenir l'action directe d'une volonté supérieure, c'est introduire gratuitement l'inconnu et l'arbitraire
dans le domaine de la science. Sans doute, pour défendre
l'autre solution, on est aussi obligé de faire appel à des circonstances encore imparfaitement connues ; on a du moins une
base solide, l'exemple des métamorphoses qui sous nos yeux
transforment les individus et quelquefois influent sur plusieurs
générations. L'évolution est un phénomène du même ordre que
la métamorphose ; seulement elle a eu une période de temps
presque indéfinie pour se dérouler. Inconnu pour inconnu, celui
qu'entraîne l'idée de l'évolution paraît plus vraisemblable que
l'autre, si toutefois l'on consent à se dépouiller de tout parti pris
en faveur de l'ancien système, pour lequel une longue possession
semble, aux yeux de beaucoup de naturalistes, un excellent titre.
C'est dans cet esprit que nous aborderons l'étude des principales
questions que l'école transformiste a tenté dernièrement de
saisir et d'expliquer, sinon de résoudre entièrement.

I

La croyance à l'évolution est loin d'impliquer, comme on
affecte souvent de le dire, l'existence d'une variabilité incessante
et universelle chez les êtres organisés. A qui voudrait voir partout l'instabilité, il serait facile d'opposer l'ordre régulier et
l'apparente fixité de la nature actuelle. Heureusement il n'est
pas nécessaire de recourir à des changements perpétuels, il suffit
d'admettre que les êtres organisés aient changé quelquefois, sous
l'empire de causes déterminées, pour expliquer l'origine des
principales diversités qui nous frappent en eux. On a, il est vrai,
des exemples d'êtres demeurés à peu près invariables depuis un

âge très-reculé ; mais d'autres organismes, par suite de quelque circonstance favorable, ont dû éprouver au contraire des changements et donner lieu à de nombreuses variétés. Il n'y a rien d'impossible à admettre que quelques-uns de ces derniers, s'accentuant plus que les autres, aient dominé enfin par l'exclusion graduelle des nuances intermédiaires. On conçoit tous les passages qui, de la simple diversité individuelle, conduisent de cette façon aux divergences les plus marquées ; on conçoit aussi l'influence du temps et celle des agents extérieurs ou milieux. Ces vicissitudes composent l'histoire même de la vie ; bien que semée de lacunes et entachée d'obscurité, elle témoigne pourtant d'une façon très-nette qu'il s'est écoulé un temps extrêmement long depuis que le globe est habité, et elle montre l'ordre dans lequel les êtres vivants se sont succédé à la surface de la terre. L'homme est parvenu à saisir les faits géologiques par l'étude des couches accumulées au fond des eaux de chaque époque. C'est en examinant ces couches, en les numérotant une à une, comme les feuillets d'un livre, que les savants ont pu diviser le passé de notre planète en un certain nombre de périodes dont l'ensemble entraîne l'idée d'une durée à peu près incalculable. Pour en être persuadé, il suffit de songer à l'épaisseur énorme de certains étages dont la formation a dû pourtant s'opérer avec beaucoup de lenteur ; il suffit encore de constater que, dans le passage d'une couche à la suivante, on voit le plus souvent les espèces, dont les vestiges caractérisent chacune de ces couches, être d'abord éliminées partiellement, pour se trouver enfin entièrement renouvelées.

Lorsqu'on tient compte du très-grand nombre de ces renouvellements successifs et du temps qu'ils ont sans doute exigé, on demeure comme accablé du poids de tant de durée. Rien ne change en effet autour de nous, ou du moins le changement, s'il existe, est si insensible que l'homme ne saurait s'en apercevoir. Les insectes du fleuve Hypanis, vivant un jour entier, pouvaient, en avançant en âge, remarquer le déclin de la lumière ; mais s'il existait des êtres dont la vie fût d'une demi-seconde, combien faudrait-il de générations pour qu'à la fin une d'elles entrevît le mouvement apparent du soleil? Il en est ainsi de l'homme par rapport aux êtres qui l'entourent ; il lui paraît que rien ne varie ; il s'appuie avec orgueil, pour le soutenir, sur des observations qui remontent à quelques milliers d'années, et certes rien ne serait venu le contredire, si lui-même ne s'était avisé récemment de pénétrer dans le passé du globe et d'en dépouiller les archives. Alors tout un monde nouveau lui est apparu.

M. Agassiz, dans son livre sur l'espèce, dit que M. Élie de Beaumont, cherchant à classer les changements survenus dans les chaînes de montagnes, en a constaté au moins soixante ou même cent, correspondant à autant de révolutions plus ou moins générales. La paléontologie n'établit pas moins de renouvellements dans la faune et la flore terrestres ; c'est en combinant ces deux ordres de faits que l'on est parvenu à fixer un nombre déterminé de périodes embrassant à la fois les phénomènes physiques et ceux qui se rapportent aux êtres organisés. L'histoire de la vie se confond ainsi avec celle du globe lui-même, et cependant y a-t-il en réalité entre les modifications de la matière brute et celles des animaux et des plantes une connexion nécessaire? M. Agassiz, qui voit dans le développement de la vie l'exécution d'un plan déterminé, sorti des volontés d'une intelligence souveraine, croit à une coïncidence probable entre les rénovations organiques et les révolutions physiques. Il admet le « synchronisme et la corrélation » de ces deux ordres de phènomènes ; il reconnaît dans l'un une cause au moins occasionnelle, prévue, à ce qu'il pense, et conforme au plan dont il attribue les détails aussi bien que la pensée à l'auteur de toutes choses.

Malgré cette autorité et celle de plusieurs savants distingués qui pensent de même, il est bien difficile de croire qu'il y ait eu autrefois aucune relation directe de cause à effet entre les changements survenus dans le relief du globe et le renouvellement des animaux et des plantes qui le peuplaient. Le nombre de ces prétendues révolutions générales n'a jamais pu être fixé, même approximativement. On admet sans doute en géologie de grandes divisions, et l'on s'accorde à reconnaître l'existence d'*époques* distinctes, de *terrains* successifs ; mais dès qu'il s'agit de déterminer les limites précises de chaque terrain, de s'entendre sur le nombre, la valeur, l'étendue exacte des étages ou subdivisons, les difficultés deviennent inextricables, et finalement entre deux terrains en apparence très-distincts vient s'intercaler un terrain mixte qui exclut entre eux toute idée de séparation tranchée. Il semble impossible aujourd'hui d'admettre qu'il y ait jamais eu des perturbations assez intenses et assez générales pour détruire la totalité ni même une notable partie des êtres vivants ; le temps n'est plus où la présence seule des fossiles semblait être le témoignage d'un enfouissement violent. Le plus grand calme a dû au contraire présider à de pareils phénomènes ; l'immense majorité des coquilles marines ont vécu sur place, et l'on peut observer en bien des points les traces successives du sol marin reporté peu à peu à divers niveaux, sans aucun indice de convulsions subites. Du reste il est évident que les modifications ainsi observées, bornées à quelques points restreints des anciennes mers, ne peuvent passer pour l'expression de rénovations biologiques générales et nous en donner la clef. Il y a plus, l'on peut affirmer que les animaux et les plantes terrestres sont loin d'avoir subi les mêmes vicissitudes que les êtres marins. Le desséchement d'une méditerranée ou d'une caspienne peut amener l'extinction d'une foule d'espèces, tandis que l'air n'est sujet ni à disparaître, ni à s'altérer comme l'eau. Enfin il existe entre les plantes et les animaux vivant à la surface du sol une différence radicale. La plupart des animaux sont libres de leurs mouvements, tandis que les plantes sont attachées à la terre et y puisent leur nourriture. Il est impossible aux plantes de fuir le danger, de marcher volontairement dans une direction déterminée, d'opérer des migrations annuelles, ce qui est loisible aux animaux. Cette immobilité des végétaux n'est pas cependant pour eux, comme on pourrait le croire, une cause de destruction facile, encore moins universelle.

Doués de plus de longévité, susceptibles dans beaucoup de cas de s'établir profondément dans le sol, ils l'envahissent, s'étendent de proche en proche et disséminent partout leurs graines, dont la vitalité est souvent très-persistante. A moins d'une submersion totale ou de changements brusques dans le climat, les végétaux résistent comme types, sinon comme individus ; leur agonie peut se prolonger pendant des siècles ; il est donc plus que difficile de croire à la disparition brusque des diverses flores qui se sont succédé autrefois sur la terre. La paléontologie démontre en effet que les modifications subies par la végétation ne sont devenues définitives qu'à la suite d'un temps très-long.

Les animaux terrestres, au contraire des plantes, peuvent marcher, fuir, émiger, ils ne puisent pas leur nourriture dans le sol ; mais à ce point de vue ils dépendent des plantes et des animaux eux-mêmes. Leur dépendance, pour être moins matérielle, n'en est pas moins réelle, et surtout elle varie suivant les groupes zoologiques que l'on considère. Les plus petits et les plus infimes peuvent marcher sans doute, mais pour beaucoup d'entre eux cette marche se réduit à rien. En dehors de certaines catégories, comme les sauterelles, la plupart des insectes, attachés à une classe déterminée de végétaux ou même à une seule plante, vivent et meurent avec elle. Les grands animaux profitent mieux de leur liberté de mouvement ; toutefois justement à cause de leur régime moins borné, de leur taille, de leur facilité de changer de pays et de s'accommoder de plusieurs climats, ils subissent les effets d'une concurrence mutuelle dont le résultat est de les contenir dans des limites proportionnelles qui changent peu, tant que les circonstances elles-mêmes ne changent pas. Les animaux fouisseurs, rongeurs, ceux qui vivent d'herbage, de racines ou de fruits, se multiplieraient au delà de toute mesure et jusqu'à l'entier épuisement des substances qu'ils mangent, si les carnassiers n'étaient là pour en diminuer le nombre. C'est donc par suite d'un étroit enchaînement de combinaisons très-complexes que l'ensemble organique se fonde et se maintient ; l'équilibre, aisément rompu, se rétablit avec la même facilité. On doit concevoir cependant que plus on remonte la série des êtres pour se rapprocher des animaux supérieurs, plus aussi les réactions réciproques, par conséquent les occasions de variabilité se multiplient. Le végétal inférieur ou cryptogame, très-borné dans ses exigences, varie peu et se rencontre presque partout ; le temps comme l'espace apportent chez lui peu de changements. Il n'en est déjà plus ainsi pour les végétaux d'un ordre élevé, chez lesquels la division du travail organique est mieux marquée ; plus délicats, plus sensibles, plus disposés à des adaptations définies, ils doivent tendre à se spécialiser de plus en plus et donner lieu à de nombreuses variations de forme et de détails. C'est en effet ce que l'on remarque lorsqu'on remonte d'étage en étage pour s'attacher à suivre les principaux genres de plantes. Les groupes les plus anciens sont à la fois les plus fixes, les plus tranchés et les moins nombreux. Ceux dont l'origine est plus récente affectent une très-grande variété de formes ; mais les traits essentiels de structure sont bien plus monotones : les types ont, à force de dédoublements, perdu en originalité ce qu'ils ont gagné en diversité.

Les animaux inférieurs offrent les mêmes limites de variabilité que les plantes : ceux des eaux, habitant un milieu qui change peu, et les types terrestres dépendant de conditions très-générales, ont toujours eu une longue existence. Les insectes et les mollusques d'eau douce des terrains secondaires diffèrent assez peu des nôtres, et à cet égard la nature a montré beaucoup moins de mobilité depuis des temps très-reculés qu'on ne le croit généralement. Il n'en est plus de même dès que l'on touche aux animaux supérieurs, si compliqués par leur organisation, si libres, si susceptibles de varier leur régime, de réagir contre le climat par la chaleur intense du foyer qu'ils portent en eux. Quelle diversité de mœurs, de tendances et d'allures ! L'intelligence et le choix se mêlent à l'instinct ; l'ours vit tantôt d'œufs, de miel et de fruits, tantôt de proie vivante ; le chat guette ses victimes, le chien chasse librement ; d'autres animaux peuvent découvrir le lichen sous la neige, comme le renne, changer de pays par

caprice ou par nécessité. Ne voit-on pas combien ces circonstances et une foule d'autres doivent susciter de variations au
sein de l'organisme ? Aussi les animaux se sont-ils modifiés d'autant plus vite, suivant une loi établie par M. Gaudry, que leur
structure est plus parfaite et leur rang plus élevé dans chaque
série. Cette loi, qu'il est impossible d'infirmer, contredit la
pensée de ceux qui rattachent l'origine des êtres à des créations
successives, car ces créations auraient dû être motivées par
quelque chose, tandis qu'à des termes rapprochés, comme le
sont les derniers étages tertiaires, il est impossible de comprendre pourquoi les espèces de tapirs, de mastodontes, de
rhinocéros, se seraient remplacées à de si courts intervalles alors
que le règne végétal tout entier et l'immense majorité des animaux inférieurs avaient déjà revêtu les traits qui les distinguent
encore.

Si les renouvellements biologiques, ainsi que nous venons de
le montrer, n'offrent aucun caractère de généralité, si de plus ces
changements, considérés dans les diverses séries d'êtres organisés,
n'ont rien qui doive les faire coïncider entre eux et s'ils ne se rattachent par aucun lien direct aux perturbations physiques qui ont
modifié le relief de la surface terrestre, il est évident que le seul
système susceptible d'être invoqué en dehors de celui de l'évolution consisterait dans l'introduction successive de nouvelles espèces, créées une à une, à des moments irréguliers et par intermittences. Séduisante par sa simplicité, cette idée a été adoptée
par beaucoup d'esprits, aux yeux desquels elle paraissait traduire
les faits dans l'ordre même où le géologue les observe. En effet,
lorsque celui-ci explore les diverses parties d'un terrain et que
son attention s'arrête sur une espèce qu'il rencontre pour la première fois, il se dit instinctivement que cette espèce a dû autrefois
apparaître au sein des eaux de la même façon qu'elle se fait voir
à lui, c'est-à-dire sans antécédent visible. Cette manière de raisonner n'est rigoureuse qu'en apparence, en réalité elle transforme en solution le phénomène lui-même dont il s'agit de pénétrer l'origine. La présence à l'état fossile de coquilles plus ou

moins distinctes de celles qui s'étaient montrées auparavant n'implique pas nécessairement l'idée que ces espèces venaient d'être créées au moment où l'on commence à les observer ; tout au plus peut-on conclure qu'elles étaient jusqu'alors trop rares, ou situées trop à l'écart du point où on les rencontre, pour avoir eu l'occasion d'y laisser des traces. Or, entre la première de ces deux manières de juger et la seconde, il existe un abîme ; en voici la preuve. Si au lieu d'un mollusque marin ou d'un rayonné il s'agissait d'un animal supérieur ou d'une plante terrestre dont le hasard seul peut entraîner la dépouille au fond des eaux, on se garderait bien de considérer comme nouvellement créée l'espèce inconnue dont on recueillerait l'empreinte ; pourtant le phénomène est identique des deux parts, puisque les couches marines, même les plus riches en fossiles, ne nous font jamais connaître qu'une faible partie des régions sous-marines de chaque période. Combien de lits et d'étages dont les fossiles sont absents ou réduits à l'état de débris informes ! Les ceintures littorales, les fonds sableux ou rocailleux, n'ont-ils pas disparu généralement sans laisser de vestiges ? Et combien de terrains recouverts sur une grande étendue par des formations plus récentes et soustraits à nos recherches ! Évidemment ce n'est pas une série de faits de cette nature qu'on devra invoquer à l'appui de la théorie qui veut que chaque forme spécifique ait apparu subitement, au moment même où ses vestiges arrivent à nous pour la première fois.

Les traces de filiation, les liens tantôt directs, tantôt éloignés entre les diverses parties du monde organique, existent, de l'aveu de tous les naturalistes. M. F.-J. Pictet, si opposé pourtant aux idées de transformation, avoue que, lorsque l'on compare entre elles les faunes de chaque étage à celles de l'étage immédiatement postérieur, on reste frappé des liaisons intimes qui se manifestent, la plupart des genres étant les mêmes et un grand nombre d'espèces se trouvant tellement voisines qu'il serait aisé de les confondre (1). Tous les auteurs, à partir de Cuvier et en-

(1) *Traité de Paléontologie ou Histoire naturelle des animaux fossiles considérés dans leurs rapports zoologiques et géologiques*, par M. F.-J. Pictet, t. Ier, p. 88.

suite de Flourens, admettent que la manière dont les êtres se sont succédé et les rapports qu'ils présentent entre eux, lorsque l'on en compare la structure intime, indiquent l'existence d'un « plan » dont les déviations les plus profondes en apparence n'altèrent cependant jamais les traits essentiels. Ainsi les lacunes, les anomalies, les transformations apparentes, les appropriations les mieux définies, comme celle des mammifères cétacés à l'habitat marin, s'opèrent au moyen du raccourcissement ou de l'allongement, de la disparition ou de la multiplication de certaines parties, sans que ces modifications entraînent jamais le déplacement relatif des organes eux-mêmes. Les parties constitutives du squelette des mammifères et par suite des vertébrés en général se retrouvent dans la charpente osseuse de la baleine ; si on compare celle-ci à celle d'un oiseau ou d'un reptile, la conformité du plan frappera l'observateur attentif ; cette conformité sera encore visible, quoique déjà plus éloignée, en parcourant la série des poissons. Si des vertébrés on passe aux mollusques et aux insectes, ce ne sera plus dans la structure que résidera l'analogie, ce sera dans l'existence des mêmes organes essentiels, quoique différemment disposés, jusqu'à ce qu'enfin, descendant aux êtres les plus inférieurs, on ne trouve plus comme lien entre eux et les précédents que la cellule, véritable unité vivante dont ils sont tous également composés.

Ainsi l'unité de plan embrasse tous les animaux et même toutes les plantes, quoiqu'à des degrés très-différents ; mais si, au lieu de l'universalité des êtres, on observe les divisions les plus générales, les embranchements, les classes et les ordres, on reconnaît non-seulement qu'ils ont une tendance à se rapprocher par leurs séries extrêmes, mais qu'aussi ces séries sont justement celles qui se montrent les premières dans le temps. Ainsi les poissons cartilagineux et cuirassés sont les moins vertébrés parmi les vertébrés, et ce sont précisément les plus anciens de tous. Les marsupiaux et les monotrèmes sont les plus imparfaits des mammifères, et les premiers mammifères ont avec la classe des didelphiens et celle des monotrèmes des affinités non douteuses.

L'unité de plan se manifeste encore par les phases de la vie embryonnaire et les métamorphoses qui reproduisent d'une façon
passagère dans les séries supérieures certains caractères définitifs
des séries moins élevées. Elle se révèle aussi par les adaptations
multiples qui modifient les organes des différents êtres de chaque
série pour les rendre propres à remplir certaines fonctions, ou
les atrophient sans les détruire complétement, lorsqu'ils deviennent inutiles. De cette façon, le vestige même d'un organe sans
emploi atteste la liaison intime des animaux qui le présentent
avec ceux chez lesquels il reste développé. Chacun sait que les os
de la queue existent, à l'état rudimentaire chez l'homme, après
avoir subi un arrêt de développement dans le fœtus ; le cheval
présente encore des vestiges de doigts latéraux, et le protée aveu-
gle des cavernes de Carinthie conserve des traces du nerf optique.
Les mêmes os disposés dans le même ordre, mais allongés ou
raccourcis, forment la main chez l'homme et constituent la patte
des animaux, la nageoire des cétacés, le pied à sabots des ruminants, l'aile de l'oiseau et de la chauve-souris. Bien plus, la paléontologie montre que ces adaptations si diverses ont été l'objet
d'une sorte d'élaboration graduée dont les termes n'ont pas tous
disparu de la nature vivante.

Malgré tant d'indices révélateurs, l'unité de plan, dans la
pensée de ceux qui en proclament l'existence avec le plus de
conviction, n'est cependant qu'une formule abstraite ; ils n'y
voient qu'une confirmation du dessein qu'aurait eu l'intelligence
créatrice, tout en produisant les êtres isolément et à plusieurs
reprises, de les réunir pourtant par les traits généraux et les détails même de leur organisation. Toutes ces similitudes, toutes
ces liaisons, seraient trompeuses, puisque ces êtres, si analogues
en apparence, n'auraient par le fait rien de commun ; il n'y aurait entre eux aucun lien de filiation même éloigné, sauf cependant pour les variétés et les races. Soit ; mais pourquoi admettre
alors une semblable exception en faisant appel aux effets d'une
variabilité arbitrairement limitée? Pourquoi l'espèce, si difficile
à distinguer de la race, est-elle choisie de préférence au genre

ou à l'ordre pour représenter « une entité réelle et objective »,
et quelle preuve apporter de la légitimité de ce choix? Serait-ce
la prétendue fixité de l'espèce? Cette fixité est justement ce qu'il
faudrait prouver, non-seulement en ce qui touche l'heure présente, mais pour toute la durée des périodes antérieures. Dès lors
l'unité de plan, conçue en dehors de toute base réelle, n'est plus
qu'une simple idéalisation, une sorte d'esthétique, résumé abstrait
des faits, relégué au delà des faits eux-mêmes. — Que l'on consente
au contraire à la prendre pour l'expression fidèle des titres de
filiation des êtres organisés, l'unité de plan fournit un moyen
sûr d'apprécier les liens de parenté qui les rattachent les uns
aux autres; on voit ces liens s'affaiblir graduellement lorsque,
s'élevant au-dessus des genres, on remonte de groupe en groupe
jusqu'au delà des embranchements. La trace de l'évolution est
d'autant plus obscure que son point de départ est plus éloigné,
elle disparaît enfin ; mais où le fil conducteur s'arrête, le savant
doit aussi s'arrêter et avouer franchement son ignorance. D'ailleurs la doctrine transformiste est loin de proclamer la puissance
absolue des agents physiques. La force et la matière réunies n'expliquent pas à elles seules la raison d'être de l'organisation et
le développement progressif du moi réflexe et de l'intelligence;
l'énigme reste la même, quoique les termes en soient posés différemment. L'idée de causalité ne sort pas du monde, elle y est
seulement introduite par une autre voie et conçue autrement que
jadis. Le savant préfère une hypothèse qui s'adapte mieux que
l'ancienne aux faits paléontologiques et semble confirmée par
une foule d'indices ; il se garde bien de vouloir tout expliquer, ni
de croire que le passé de notre planète se laisse dépouiller en un
jour des voiles qui le couvrent, et dont l'obscurité se trouve seulement un peu diminuée.

Pour nous donc, l'unité de plan n'est que la mesure des liens
qui réunissent tous les êtres. Évidents chez quelques-uns, visibles, mais déjà voilés chez d'autres, ils s'effacent ou se réduisent, dans un grand nombre, à des indices à peine saisissables;
mais cette gradation n'a rien qui doive surprendre. Les espèces

ont divergé de plus en plus en s'éloignant du rameau commun
où se rattache leur origine. Chacun de ces rameaux est sorti
d'une branche issue elle-même d'une souche plus ancienne.
L'ensemble de ces ramifications compose un arbre généalogique
immense dont on ne retrouve plus maintenant que des fragments
épars. Les branches mères qui correspondent aux embranchements et aux règnes échappent à nos investigations. Rien n'autorise donc, en dehors d'indices paléontologiques suffisants, la
croyance à un prototype unique ou multiple d'où seraient sortis
tous les êtres, sinon à titre de pure hypothèse. L'école transformiste n'a pas plus à se préoccuper de cette question que les par-
tisans des créations successives n'ont eu à rechercher les circonstances, assurément très-singulières, qui auraient été le corollaire
obligé de l'apparition instantanée des espèces. Tout ce que la
science peut faire, c'est de remonter jusqu'à la plus vieille période biologique. Au delà, l'esprit trouve une barrière encore
fermée, qu'il conserve pourtant l'espoir de tourner, sinon de
franchir quelque jour.

La recherche des liaisons et des passages devait être la principale préoccupation de l'école transformiste ; c'est aussi la pensée qui domine dans les cours professés au Muséum de Paris par
M. Albert Gaudry et qui a dernièrement inspiré à ce savant son
ouvrage sur les *Enchaînements du monde animal.* Ce livre nous
fait suivre pas à pas les modifications successives des divers organes des mammifères. C'est ainsi que nous voyons les équidés,
les rhinocéridés, les ruminants, partir en divergeant d'une souche
commune, celle des pachydermes de l'éocène supérieur, distribuée en trois rameaux graduellement divergents, dont les caractères, d'abord indécis, s'accentuent et se fixent au moyen d'une
longue séries de stades. Un peu plus haut et plus loin vers le passé,
ce sont des marsupiaux qui dominent et qui semblent marquer
l'existence d'un état antérieur que tous les mammifères pla-
centaires auraient eu à traverser, en s'y attardant plus ou moins
longtemps. Tracée de cette façon, l'histoire de la vie se déroule par
lambeaux, elle se déchiffre d'après des hiéroglyphes informes ;

mais elle est pleine de mouvement et de vues fécondes. Il s'agit surtout de vaincre la difficulté croissante que l'on éprouve d'observer des passages dès que l'on quitte les espèces pour aborder les groupes les plus élevés. Les liens de parenté, graduellement amincis, devenus enfin pareils à des fils imperceptibles, se sont rompus dans la plupart des cas ; il faut s'attacher aux moindres indices. La nature actuelle, moins riche en traits originaux que celle des anciennes périodes, mais plus accessible et mieux exploree, fournit elle-même des exemples de transition ménagée entre les embranchements et les classes. Les batraciens ne forment-ils pas un trait d'union entre les reptiles, avec lesquels ils ont été longtemps confondus, et les poissons qu'ils confinent par l'axolotl et le lépidosirène ? Ne sont-ce pas justement des batraciens voisins des salamandres, pourvus en même temps de caractères qui les rapprochent des grenouilles, mais possédant encore une queue, très-courte, il est vrai, que M. Gaudry a signalés à la partie récente du terrain houiller, vers la fin de l'âge paléozoïque, sous le nom de *Protriton petrolei?* Si l'on considère les poissons, on voit que le type de vertébré tend à s'effacer ou du moins s'amoindrit et perd de sa distinction chez les poissons cartilagineux. Les derniers vertébrés, à l'aide de l'amphioxus, se confondent avec les «ascidies» ou tuniciers et touchent ainsi à un groupe d'êtres, inférieur certainement aux mollusques eux-mêmes, et offrant, malgré cette infériorité relative, un passage qui conduit vers les animaux les plus élevés, à travers une longue suite de termes enchaînés, dont quelques-uns seulement subsistent encore.

A cet égard cependant, les enseignements de la paléontologie font entrer dans le vif de la question, en montrant comment les êtres se sont graduellement transformés. Les premiers ensembles d'animaux sont marins, car la vie, comme nous l'avons établi plus haut, a dû prendre naissance au sein des eaux. Quoique tous les types organiques soient dès lors représentés, il est facile de reconnaître, dans les êtres de ces âges anciens, les caractères d'une évolution dont l'accomplissement se poursuit. La forte proportion des brachiopodes est bien en rapport avec cette pensée, puisque c'est là un groupe qui, n'ayant des mollusques que l'apparence, est originairement sorti d'une adaptation hâtive et spéciale des vers annelés dont il reproduit transitoirement la structure à l'état larvaire, pour revêtir ensuite, à l'état adulte, l'appareil conchoïde qui lui est propre. On conçoit dès lors la supériorité momentanée des brachiopodes, due à l'apparition et au développement plus tardifs de la classe des mollusques, de même que leur déclin graduel devant les progrès de celle-ci. La faible proportion originaire des gastéropodes n'a pas une autre signification, et l'absence même des acéphales dans la faune primordiale sert de confirmation à notre manière de voir, puisque ces derniers doivent avoir été le produit d'une adaptation régressive. L'extension rapide et la prépondérance effective des crustacés trilobites, dans les mers siluriennes, n'a rien qui doive surprendre : avant la venue des poissons, avant même celle des céphalopodes, les trilobites, bien que certainement inférieurs à des types de crustacés plus récents, spécialement à celui des décapodes, représentaient pourtant des organismes relativement élevés, qui n'eurent longtemps à redouter aucune concurrence ; ils purent donc obtenir et conserver l'empire tant qu'aucun être plus actif, plus fort et plus intelligent, ne vint le leur disputer. M. Barrande remarque que les espèces à segments thoraciques nombreux, acquis un à un à l'aide d'une longue série de métamorphoses, dominent originairement et que les espèces munies à l'état adulte d'un nombre moyen ou très-petit de segments se multiplient au contraire dans les faunes deuxième et troisième. Ces sortes de changement par adjonction de parties similaires se répétant plus ou moins entraînent une idée d'infériorité relative et devaient effectivement tendre à disparaître dans les espèces en voie de progrès. Il en est de même de la taille qui se montre, chez les trilobites, avec des extrèmes de grandeur et de petitesse, tant que le groupe conserve sa marche ascensionnelle, ou du moins tant qu'il réussit à se maintenir, mais qui s'abaisse à partir du moment où le déclin se manifeste, pour arriver enfin à de très-faibles proportions chez les dernières for-

mes survivantes, dans l'âge qui précède immédiatement l'extinction du groupe. L'introduction des nautiles, céphalopodes remarquablement organisés, dont l'extension vraiment surprenante coïncide avec la troisième faune silurienne de M. Barrande,
a été une première cause de décadence pour les trilobites ; mais
leur déclin est devenu sans doute plus rapide et plus absolu par
l'apparition des poissons cartilagineux, vers le milieu, peut-être
même dès le début de la faune troisième. Les trilobites se trouvèrent dès lors aux prises avec des êtres certainement supérieurs
par leur agilité, leur force et leur intelligence, bien qu'ils ne
fussent ni aussi nettement vertébrés, ni aussi étroitement adaptés
à la vie purement aquatique que les poissons osseux dont ils
furent la souche.

Chez les poissons de cette première époque, au squelette interne, souvent mou ou peu résistant, correspondait un exosquelette ou cuirasse enveloppante formée de pièces juxtaposées, qui
semble, selon la judicieuse remarque de M. Gaudry, s'amoindrir
à mesure que le squelette interne constitue, en s'ossifiant, une
charpente solide. Les plus curieux, connus sous le nom de *placoganoïdes*, plastronnés à la partie antérieure du corps et présentant par là une singulière analogie avec les crustacés, semblent
effectivement s'en rapprocher extérieurement, sans diminuer
pour cela l'intervalle énorme qui sépare les deux embranchements. En considérant les caractères de ces poissons primitifs,
qui continuent à dominer jusque dans les temps secondaires, pour
devenir ensuite de plus en plus rares et faire place aux poissons
actuels, on voit que leurs vertèbres incomplétement ossifiées et le
prolongement de leur queue constituent un type embryonnaire
de vertébrés et un degré inférieur de la classe des poissons. Les
poissons d'aujourd'hui, couverts d'écailles mobiles, plus libres
dans leurs mouvements et en tout plus parfaits, seraient le terme
supérieur de l'évolution des précédents. La même tendance se
manifeste chez les plus anciens reptiles, qui présentent avec les
poissons eux-mêmes plus d'un rapprochement. L'ordre des labyrinthodontes, dont ces reptiles font partie, offre des caractères

ambigus qui le placent, dans l'opinion de M. Pictet, entre les batraciens d'une part et les sauriens de l'autre. Enfin c'est encore un type embryonnaire que l'oiseau de Solenhofen ou *Archæopteryx*, dont les vertèbres caudales fournissent un exemple d'organisation analogue aux précédents. Les mammifères de l'époque secondaire, plus nombreux et mieux connus que les oiseaux, sont propres à confirmer dans les mêmes idées. Rares et chétifs en Amérique comme en Europe, ils se rattachent aux mammifères les plus imparfaits, à ceux qui rappellent le plus les ovipares.

Ainsi, malgré d'énormes lacunes, ce que nous savons du début de chaque classe nous montre toujours des combinaisons inachevées servant de transition vers une structure plus avancée. Chaque groupe, à mesure qu'il grandit en importance, revêt successivement des caractères plus distinctifs et plus compliqués. Les dégénérescences elles-mêmes sont l'effet naturel de certaines complications. Parmi nos poissons modernes, il en est certainement d'inférieurs aux poissons cartilagineux des premiers âges, et chez les reptiles les serpents dépourvus de membres, de même que les édentés chez les mammifères, n'ont rien de vraiment supérieur aux types qui se montrent à l'origine de chacune de ces classes. Ils sont cependant le produit d'une série d'élaborations et d'adaptations de plus en plus complexes.

Si les embranchements et les classes convergent au début, les ordres et les genres doivent manifester les mêmes tendances : en effet, la même ambiguïté de caractères se remarque à l'origine de toutes les séries, surtout dès qu'elles sont bien connues. Les premiers carnassiers ont une infériorité relative. Les types intermédiaires entre les tribus les plus distinctes de l'ordre actuel se multiplient à mesure que l'on redescend la série des étages et jusqu'au moment où les derniers types se dégagent et se fixent. L'*Amphicyon*, remarque M. Gaudry, était moitié chien, moitié ours ; l'*Hyænarctos*, plus rapproché des temps quaternaires, était ours aux trois quarts, mais retenait encore un peu du chien, tandis que le *Pseudocyon* était au contraire très-près du chien et un peu ours ; d'autres se placent entre les civettes et les chiens, entre les civettes et les hyènes. Le singe de Pikermi confine aux semnopithèques par le crâne et aux macaques par les membres ; plutôt marcheur que grimpeur comme les macaques, vivant de rameaux autant que de fruits, se réunissant en petites troupes intolérantes pour toute autre espèce que la sienne, tel a dû être ce singe, dont M. Gaudry a pu restituer jusqu'à l'instinct par les inductions tirées de toutes les parties conservées de son squelette.

La liaison graduelle des types d'une même série se laisse voir d'une manière remarquable dans la famille des éléphants, autrefois composée de trois genres, dont deux sont entièrement éteints, et dont le dernier se trouve réduit aux éléphants d'Asie et d'Afrique. Le type du Dinothérium, le plus ancien des trois, est aussi celui dont les tendances vers d'autres groupes, entre autres vers celui des morses et des lamantins, s'accusent le mieux, tandis que par sa dentition fixe le dinothérium différait beaucoup des éléphants et même des mastodontes. Il en avait pourtant l'aspect, la masse, la trompe et les défenses, sans doute aussi les instincts et les mœurs. Les mastodontes avoisinent bien plus les vrais éléphants, surtout celui d'Afrique ; les collines de leurs molaires se rapprochent, s'amincissent et se plissent dans certaines espèces, de manière à revêtir le caractère distinctif de celles de ce dernier genre ; c'est à travers une longue serie de formes intermédiaires que l'on arrive jusqu'à celui-ci. Les mêmes remarques s'appliquent à d'autres groupes, comme les rhinocéros, les tapirs, les chevaux, les cerfs, les bœufs ; il est très-difficile de déterminer les limites réciproques des espèces anciennes. A mesure que l'on touche à des temps voisins des nôtres, on voit constamment dans l'un ou l'autre règne chacune de nos espèces vivantes ou récemment eteintes précédée par des espèces fossiles qui n'en diffèrent que par de minimes détails de structure. Dès lors quoi de plus naturel que d'admettre une filiation dont on découvre pour ainsi dire tous les degrés ? De l'éléphant « antique » à celui d'Asie et de l'éléphant « méridional » à celui d'Afrique, la distance est déjà bien faible ; mais du grand hippo-

potame fossile à celui de nos jours, qui a jadis habité le bassin
de Paris ; de l'ours des cavernes à l'ours brun ; du bœuf primitif
et du cheval tertiaire à notre bœuf et à notre cheval, l'intervalle
se réduit presque à rien, si l'on tient compte d'une foule d'intermédiaires successifs.

M. Schimper, en interrogeant le règne végétal, a obtenu les
mêmes réponses et expliqué de même par l'évolution le développement progressif du monde des plantes. Notons cependant
quelques points essentiels : les genres et les familles ont généralement une vie plus longue chez les végétaux que chez les animaux
supérieurs. Cette vitalité reporte le berceau de la plupart d'entre
eux à une époque bien plus éloignée, malheureusement très-
pauvre en documents fossiles. D'un autre côté, les herbes font
presque entièrement défaut à l'état fossile. Pourtant, si l'on considère les plantes ligneuses, dont l'histoire est assez bien connue,
on voit chaque genre représenté, durant plusieurs périodes, par
une suite d'espèces assez peu différentes de celles que nous avons
sous les yeux. Les liens de filiation réciproque sont d'autant
plus saisissables que, pour beaucoup de ces séries, nous possédons à l'état vivant le terme définitif auquel l'évolution graduelle
du type est venue aboutir. On découvre alors des coïncidences
remarquables. Lorsque en effet les particularités de structure,
de distribution géographique, qui distinguent une plante de nos
jours, se trouvent en rapport exact avec ce que l'on sait d'une ou
plusieurs espèces fossiles du même genre, il est légitime de ne
pas s'arrêter devant certaines variations de détail et de considérer
la plus récente des deux espèces comme une continuation directe
de l'autre. Agir autrement, ce serait renoncer à tout ce que
l'analogie et l'induction offrent de ressources, c'est-à-dire à la
méthode même. Eh bien ! en acceptant ces prémisses, on peut
dire qu'il n'est pas d'arbre ou d'arbuste en Europe, dans l'Amérique du Nord, aux Canaries, dans la région méditerranéenne,
qu'on ne rencontre à l'état fossile sous une forme spécifique plus
ou moins rapprochée de celle d'aujourd'hui. Presque toujours
un type très-anciennement développé touche maintenant à son

déclin, de même qu'une apparition tardive est souvent la marque d'une grande extension actuelle. Les affinités végétales entre l'Europe et l'Amérique du Nord, dont l'existence a été plusieurs fois proclamée, sont bien plus étroites encore lorsqu'on interroge les périodes antérieures. Si les animaux éteints de Pikermi ont révélé à M. Gaudry une liaison visible avec ceux qui habitent maintenant le centre de l'Afrique, la flore fossile du midi de l'Europe trahit à la même époque les mêmes tendances, et les îles Canaries semblent représenter le point où le double courant, américain et africain, est venu se confondre. Les terres polaires, dont la végétation tertiaire est bien connue, grâce à l'infatigable M. Heer, ont constitué aussi dans le même temps une région mixte où les formes associées des deux continents s'étaient donné rendez-vous. Les arbres géants de la Californie, le dragonnier de Ténériffe, le thuya de l'Algérie, ne sont que les derniers survivants d'arbres dont la présence a été constatée dans l'ancienne Europe. Le cyprès chauve de la Louisiane fournit l'exemple d'un végétal autrefois répandu dans l'Europe entière, et qui, après l'avoir quittée, a continué à vivre en Amérique sans éprouver aucun changement. Même lorsqu'on constate des différences entre les espèces fossiles et les espèces vivantes similaires, elles ne sont pas assez tranchées pour empêcher de croire à la filiation des unes par les autres.

Précisons encore en insistant sur quelques exemples : l'arbre de Judée ou gaînier est maintenant spontané sur un seul point de la vallée du Rhône, non loin de Montélimart ; cette même région a présenté à quatre reprises, et dans quatre âges successifs, des gaîniers voisins du nôtre, distincts pourtant à quelques égards. Faut-il supposer que ces espèces aient péri chaque fois pour ressusciter sous une forme légèrement, quoique visiblement modifiée? Le laurier-rose tertiaire, observé dans la Sarthe, puis en Grèce et ensuite en Bohème, a été rencontré dernièrement près de Lyon. Il se montre dans ces diverses localités sous des formes successives arrivant enfin à se confondre avec la forme actuelle. Le laurier-rose est de nos jours indigène en Grèce et dans le midi de

la France ; on conçoit très-bien que cet arbre, après avoir varié
dans une certaine mesure, ait été enfin chassé par le froid du
centre de l'Europe. Le laurier ordinaire, le laurier des Canaries
et le grenadier étaient associés au laurier-rose lorsque celui-ci
habitait les environs de Lyon ; tous ont été peu à peu refoulés
vers le sud. Est-il besoin d'appeler à son aide une série de créations instantanées pour expliquer des faits aussi simples d'évolution et de variabilité ? D'un autre côté, l'explication une fois
admise pour les espèces les mieux connues, comment ne pas l'é-
tendre aux autres par analogie ?

On a objecté souvent, à titre d'argument opposé à la doctrine
de l'évolution, l'extrême perfection des types qui dominaient
dans la flore du terrain houiller et qui disparurent ensuite, en
ne laissant après eux que des descendants obscurs et amoindris.
Ces types qui ne comprenaient pas de « phanérogames angiospermes » témoignent pourtant déjà par cette exclusion de l'infériorité
relative du règne végétal, dans cette première période. La flore
carbonifère se compose, par moitiés à peu près égales, de cryptogames vasculaires analogues aux prêles, aux fougères, aux lycopodes de notre temps, mais évidemment plus différenciées que ceux-
ci, et de gymnospermes plus élevées aussi en organisation, si l'on
veut, que les conifères, confinant même par certaines d'entre
elles aux gnétacées et fournissant par là une sorte d'acheminement vers les angiospermes qui ne se développeront que beaucoup plus tard. Enfin, ajoute-t-on, tous ces types déclinèrent à
la fois et disparurent en ne laissant après eux que des traces
insignifiantes, au commencement des temps secondaires. Cette
dernière assertion n'est pas strictement vraie : sans parler des
Équisetum et des *Schizoneura* du trias et de l'oolithe, sans invoquer certaines fougères qui conservent, dans des temps postérieurs,
le type de celles de l'âge carbonifère, sans même nous arrêter
sur les prêles, les marattiées, les sélaginellées, les rhizocarpées
des temps actuels qui ne sont évidemment que des restes des
plantes de l'époque primitive, il est maintenant démontré par
les recherches de M. Grand'Eury, qu'il existait déjà, lors du car-

bonifère, des conifères et des cycadées, assimilables génériquement à celles des temps secondaires. Ce sont les genres *Walchia* et *Pterophyllum*, découverts récemment à Saint-Étienne, et les *Ginkgophyllum*, tige évidente des « salisburiées ». Les flores primaire et secondaire ne contrastent tellement à leur point de contact mutuel que par suite des lacunes que l'on est forcé de constater aussi bien dans le permien que dans le trias, deux terrains contigus, également pauvres en débris végétaux. Que la végétation se soit amoindrie après le temps des houilles, qu'elle ait cessé d'être exubérante et que les conditions présidant à son développement n'aient plus été les mêmes, rien de plus certain; mais, de là à une révolution brusque et générale, à une rénovation qui aurait remplacé les formes antérieures par d'autres formes dissemblables, sans filiation d'origine des unes par les autres, il y a un abîme et c'est cet abîme que nous nous refusons à laisser ouvrir.

Les types carbonifères, il est vrai, tant gymnospermes que cryptogames, paraissent supérieurs à ce que ces deux classes ont contenu depuis; leur taille, leur vigueur, la perfection même de leurs organes dépasse réellement tout ce que nous pouvons concevoir; mais il ne faut pas oublier que cette perfection relative est le résultat d'une adaptation à des circonstances d'une nature spéciale ; elle se manifeste chez des végétaux qui n'avaient à soutenir encore aucune concurrence de la part des classes vraiment supérieures dont l'apparition date d'une époque bien plus récente ; les familes venues en dernier lieu, moins originales, moins belles peut-être que celles qui les avaient précédées, furent douées en revanche d'une vigueur organique, d'une facilité d'adaptation aux conditions biologiques, d'une sûreté de propagation, dont les plantes, si curieuses qu'elles soient, de la période carbonifère étaient certainement dépourvues. Comment s'étonner que les cryptogames et les gymnospermes des premiers âges, n'ayant pas à lutter contre des types encore dans l'enfance, dont l'élaboration se poursuivait obscurément et ne devait aboutir que longtemps après, étant par

conséquent sans rivales et rencontrant des circonstances exceptionnellement favorables, aient produit des types dont la perfection et la complexité organiques excitent notre admiration ?
C'est comme si, en présence des prodigieux mécanismes que
nous montrent beaucoup d'insectes, avec leurs yeux aux mille
facettes, leurs appareils de manducation, de défense et de
reproduction si délicats et si variés, nous les proclamions supérieurs aux vertébrés dont la perfection résulte le plus souvent de combinaisons plus simples, mais tout aussi sûres. Les
végétaux houillers ont pu vivre, se développer et prospérer, ils
ont pu atteindre un haut degré de complexité organique, sous
l'empire de conditions qui n'étaient pas destinées à durer toujours. Si d'autres végétaux plus robustes et plus accommodants,
mieux défendus et par cela même plus rigoureusement adaptés
aux exigences de la vie terrestre, ne s'étaient pas substitués à eux,
la surface du globe serait restée dénuée de plantes ou n'en aurait
offert que de chétives et de clair-semées. Cela est bien certain et
cela ressort de toutes les études de reconstitution de la flore
houillère si bien explorée par M. Grand'Eury, en dépit même
des opinions de ce savant, peu porté vers les idées évolution-
nistes.

Il serait d'ailleurs invraisemblable d'admettre que les plantes
carbonifères, ni même les dévoniennes aient été réellement les
premières. Antérieurement à l'âge des houilles, période de luxe,
s'il en fut jamais, pour le règne végétal encore imparfait, les
terrains par leur dénument, en fait de plantes fossiles, montrent
bien que les circonstances originaires furent sans doute tout
autres. Il faudrait pourtant se garder de conclure, comme on le
fait quelquefois, de cette rareté des empreintes à une indigence
absolue ou à une trop grande nouveauté du règne végétal, pour
les temps où elle se manifeste. La nature organique a dû effectivement traverser bien des phases dont la stérilité des couches nous enlève la connaissance, sans que l'on soit en droit
de conclure à l'absence de toute végétation ; les exemples de
plantes terrestres siluriennes qui vont en se multipliant tendent

à prouver la réalité de ce point de vue. La nullité ou la rareté des empreintes ne doivent en aucun cas être confondues avec la nullité ou la pauvreté du règne végétal lui-même. Il n'y a pas, entre les deux ordres de phénomènes, une connexion directe et nécessaire, mais simplement un rapport éloigné, sujet à bien des irrégularités et dont il est difficile à une pareille distance de saisir ou d'apprécier la véritable signification.

Telle est en résumé la filière d'idées par laquelle l'étude des êtres anciens a conduit à la doctrine de l'évolution les esprits les plus divers. M. Darwin en Angleterre, en France MM. Gaudry, Schimper et tant d'autres, dans des branches entièrement distinctes, se plaçant même parfois à des points de vue très-opposés, sont arrivés pourtant à constater des faits et à formuler des résultats identiques. Le premier de ces savants, préoccupé de la théorie à laquelle il a attaché son nom, en a surtout recherché les applications immédiates aux êtres actuels. Il a peut-être ainsi trop multiplié les tentatives de solution pour chaque cas particulier ; mais il a su ouvrir une voie immense. En vrai savant, il s'est appuyé sur l'expérience et a poursuivi la vérité avec une sorte d'acharnement que ses adversaires ont été obligés de louer. Il a pensé enfin que les merveilleuses transformations subies autrefois par les êtres, dues à des effets sans doute très-lents et soustraits par cela même à nos observations, pouvaient cependant redevenir visibles en interrogeant ceux des phénomènes présents qui reflètent le mieux les phénomènes d'autrefois. L'action de l'homme sur les plantes et les animaux a paru à M. Darwin propre à nous éclairer sur les antiques évolutions des espèces, bien qu'elle soit plus intense à certains égards, moins efficace et surtout différemment efficace, à d'autres, que l'action de la nature livrée à elle-même. Il faut donc, pour avoir une idée complète des progrès récents accomplis par l'école de l'évolution, exposer ses idées sur la culture et la domesticité, et clore cette étude par une analyse de toutes les notions que résume et condense celle de l'hérédité.

II

Les êtres vivants, loin d'être représentés, comme les fossiles, par des débris informes laissant entre eux d'énormes lacunes, constituent un ensemble harmonieux où rien ne saurait échapper à la sagacité de l'observateur attentif, ni les mœurs, ni les instincts, ni les particularités d'organisation et de structure. C'est à cette considération qu'a obéi M. Darwin lorsqu'il s'est attaché à faire sortir de l'investigation raisonnée de la nature présente les lois qui ont dû gouverner le monde depuis l'apparition de la vie. De cette pensée est né son livre sur l'*Origine des espèces*, où l'auteur accumule tant de preuves en faveur de ce principe, que l'action modificatrice de l'homme sur les animaux et sur les plantes n'est qu'une imitation raisonnée des procédés inconscients de la nature. Cette idée, il a cherché à la développer d'une manière toute spéciale en étudiant dans un ouvrage postérieur les effets de la domesticité. Il a voulu montrer comment les êtres sauvages, une fois soumis à l'action de l'homme, se sont comportés. La question abordée par M. Darwin compte parmi les plus curieuses. Elle est et sera longtemps un champ de controverse ouvert aux naturalistes et aux philosophes; elle se lie à l'étude des premiers pas de l'homme enfant dans la voie du progrès.

Nul doute qu'avant de soumettre les animaux à la domesticité et de cultiver les plantes, l'homme n'ait traversé un état transitoire et imparfait durant lequel il essayait son influence, sans en soupçonner encore toute l'étendue. Les Lapons en sont encore là; leurs troupeaux de rennes sont toujours à demi sauvages; ils les surveillent et les parquent en employant l'adresse ou la force, mais sans jamais en être les maîtres paisibles. Ni les femelles, lorsqu'il s'agit de les traire, ni les jeunes, lorsqu'on veut s'en emparer pour les abattre, ne se laissent approcher sans résistance, et les mâles étrangers se mêlent librement aux troupeaux domestiques dont ils contribuent à maintenir et à améliorer la race.

Les premiers hommes, exclusivement chasseurs, ont dû voir d'innombrables herbivores parcourir le fond des vallées. La terreur qu'inspire aux animaux sauvages la présence de l'homme n'a pas dû toujours exister; dans les régions où il aborde pour la première fois, dans celles même où il se montre rarement, des troupes familières l'entourent, le pressent et se laissent toucher sans défiance; l'instinct qui pousse les animaux à fuir devant l'homme ne se développe chez eux qu'à la longue. Vivre à portée des plus utiles et des plus sociables pour en retirer certains avantages, tel est sans doute le point de départ de la domestication ; de cette idée à celle de les parquer, de s'emparer des jeunes pour les élever, il n'y a qu'un pas. Il fut franchi lorsque les animaux, plus vivement pourchassés et s'éloignant de l'homme, l'obligèrent à s'ingénier pour se procurer des ressources. Tant qu'il trouva dans les plaines des proies faciles, l'homme n'eut près de lui aucun animal domestique, sauf peut-être le chien, qu'il dut de bonne heure associer à son existence. D'ailleurs il ne s'est attaqué aux mammifères que lorsque la connaissance du feu lui eut appris à en modifier la chair par la cuisson ; sa dentition le voue naturellement à un régime composé de racines, de fruits, peut-être d'œufs et de petits animaux; il a dû toujours rechercher les substances végétales, et, d'après ce que nous ont appris à cet égard les cités lacustres, il utilisait autrefois jusqu'aux fruits les plus misérables. Le sauvage de nos jours, auquel ressemblait certainement l'Européen primitif, traîne une existence précaire et est exposé à de grandes disettes. Il ne faut donc pas s'étonner de trouver les mûres, les baies de prunellier, les châtaignes d'eau et même les glands au nombre des substances alimentaires usitées dans les premiers âges. L'homme a certainement goûté de tout avant de faire un choix raisonné parmi les plantes dont il se nourrit, et M. Darwin est porté à croire que nos céréales ont dû à leur grain, promptement grossi par la culture, de se voir préférer à une foule de graminées à peine comestibles que le besoin poussait d'abord à recueillir.

L'idée de la domesticité, étroitement liée à celle des plus anciens progrès de l'homme, se perd donc avec lui dans la nuit des temps, et pourtant c'est justement le mystère des origines premières que notre esprit tiendrait à percer. Il faut recourir pour cela aux recherches récentes sur les âges de la pierre taillée, de la pierre polie et du bronze. Les vestiges des animaux domestiques y sont relativement plus rares que ceux des animaux sauvages. Quant aux plantes, les découvertes opérées sur l'emplacement des anciennes cités lacustres ont dévoilé le mode d'alimentation et l'agriculture rudimentaire des races primitives. On a observé un chien, probablement domestique, dans les débris de cuisine de la période néolithique en Danemark ; du temps des cités lacustres, dans l'âge de la pierre polie, c'est-à-dire à peu près à la même époque, il existait aussi en Suisse un chien de taille moyenne, intermédiaire au loup et au chacal. L'âge du bronze, en Scandinavie comme en Suisse, fait voir un autre chien de plus haute taille, remplacé dans l'âge du fer par un animal encore plus grand. — Le cheval était domestiqué vers la fin de la pierre polie ; mais ses débris sont bien plus rares que lorsqu'il ne servait qu'à l'alimentation, comme dans l'âge précédent. — Deux espèces de porcs, deux ou trois sortes de bœufs, une petite race de moutons à jambes hautes et grêles, et différant tout à fait des races actuelles, composaient le bétail ; la chèvre paraît avoir été plus abondante en Suisse que le mouton. — Les habitants de l'Europe méridionale ont de leur côté utilisé et probablement apprivoisé très-anciennement le lapin.

L'agriculture devait être bien peu avancée ; cependant elle comprenait déjà dix sortes de céréales, cinq de froment, trois d'orge et deux autres graminées. Les pois, le pavot, le lin, la pomme, la poire et la noisette ont été recherchés et par conséquent cultivés de bonne heure. Du reste les grains de blé et d'orge étaient petits et peu nourris ; les fruits chétifs et le grand nombre de plantes et d'animaux sauvages utilisés comme aliment prouvent à quel point les ressources fournies par la culture et par l'élève du bétail étaient encore précaires. De la simplicité de ce premier état, la domesticité et la culture sont arrivées peu à peu à ce qu'elles sont

de nos jours, où leurs riches produits couvrent le monde et suffisent à l'alimentation de peuples innombrables. Quelle énumération ne faudrait-il pas entreprendre pour compter les plantes
de toute sorte, alimentaires, oléagineuses, saccharines, fourra-
gères, textiles, tinctoriales, médicinales, que les Européens ont
introduites ou améliorées ! Quant aux animaux, il suffit de rappeler les merveilles obtenues par l'élevage des bêtes de somme,
de labour, et de celles qui sont destinées à donner leur toison ou
à fournir leur chair ; enfin comment ne pas mentionner, même
incidemment, ce que l'homme a fait du cheval, en créant d'une
part les races les plus fières et les plus rapides, de l'autre les plus
utiles et les plus vigoureuses ? A l'imitation de la nature, il a fait
surgir partout de nouveaux êtres analogues à ceux que nous dési-
gnons du nom d'espèces.

Il est impossible en effet de nier les différences qui séparent
entre elles les races domestiques ; mais, si ces diversités sautent
aux yeux, il est permis de se demander quelle en est la valeur
réelle et surtout la raison d'être originaire. Ici l'accord cesse de
se manifester parmi les naturalistes, et l'on voit se dessiner trois
écoles bien distinctes. Les uns considèrent surtout que l'homme,
en se rendant maître des animaux et des plantes qu'il a pliés à son
usage, a dû profiter de certaines circonstances favorables et de
certaines aptitudes inhérentes à ces êtres eux-mêmes, et qui n'ont
dû se rencontrer qu'assez rarement et sur des points limités.
Admettant en outre que l'homme est apparu sur la terre à une
époque relativement récente, et que toutes les races humaines
descendent d'une souche unique, ils pensent qu'il a domestiqué
originairement un nombre d'espèces assez restreint qui l'auraient
accompagné dans ses migrations et auraient ensuite varié dans
des limites considérables ; mais ces diversités pour eux ne dépassent jamais une certaine mesure, et les races domestiques, une
fois abandonnées à elles-mêmes, ne tardent pas de reprendre
leurs caractères primitifs. Ainsi, pour cette école, toutes nos
races domestiques remonteraient à une, au plus à deux ou trois
espèces qu'on ne saurait identifier avec les espèces libres simi-

laires que lorsqu'on observe une fécondité réciproque sans limite. Quelques-unes des races domestiques auraient continué d'exister à l'état sauvage, tandis que d'autres auraient été entièrement subjuguées par l'homme. — D'autres esprits sont plus exclusifs ; à leurs yeux, les moindres dissemblances appréciables entre les êtres vivants deviennent des différences radicales. Il leur paraît impossible que la diversité des formes ne soit pas la preuve d'une origine distincte pour chacune d'elles ; ils admettent donc sans peine la pluralité des souches sauvages d'où les races domestiques seraient issues. Chaque race de porc, de bœuf, de mouton, chaque variété de poire, de pêche, de cerise, seraient descendues d'autant d'espèces primitivement sauvages. — Tout autre serait la signification donnée aux races domestiques par la dernière école, en tête de laquelle est venu se placer M. Darwin. Elles seraient le produit d'une série de modifications d'autant plus variées que les voies suivies pour les obtenir auraient été plus diverses. L'homme, poussé par le besoin, l'instinct ou le caprice, serait venu faire ce que faisait avant lui la nature par des moyens plus lents. Il aurait fourni à des types naturellement plastiques l'occasion de se transformer, et son intérêt l'aurait porté à fixer autant que possible les résultats de ces transformations. Le problème serait d'ailleurs très-complexe, si, comme l'assure M. Darwin, la domesticité avait eu pour effet principal d'activer la fécondité mutuelle des êtres qui l'ont subie, en sorte que les descendants d'espèces distinctes auraient pu devenir susceptibles de se rapprocher et de reconstruire une race mélangée là où, en dehors de l'homme, les deux types seraient restés isolés ou même hostiles.

Cette considération, que l'origine presque assurée de certaines races de chiens par le loup rend très-vraisemblable, jette une confusion de plus sur la filiation des races domestiques. Aussi le savant anglais, dans sa discussion des origines, a-t-il eu recours à tous les indices. C'est ainsi qu'il a mis dans son jour ce phénomène important et peu mentionné avant lui, que dans bien des cas les animaux rendus à la liberté, loin de reprendre des ca-

ractères uniformes, conservent une partie de ceux qu'ils doivent
à l'intervention de l'homme, et forment, sous l'influence des conditions nouvelles qu'ils subissent, des races particulières et définitives. — Il en est ainsi en particulier du chien, dont l'histoire
est d'autant plus obscure que sa domestication est plus reculée
et plus universelle. Quelques auteurs l'ont fait descendre du
loup, du chacal ou d'une espèce primitive unique; mais l'opinion qui le fait venir de plusieurs espèces d'abord distinctes,
puis diversement mélangées, semble avoir prévalu. En consul-
tant certains monuments historiques, on voit qu'il existait déjà,
il y a quatre mille ou cinq mille ans, plusieurs races séparées,
présentant des traits caractéristiques des nôtres, chiens pariahs,
lévriers, courants, dogues, bichons et bassets. Pourtant on ne
saurait songer à identifier ces races avec les variétés correspondantes actuelles, qui en sont plutôt des répétitions parallèles que
des prolongements directs. La ressemblance singulière de beaucoup de races de chiens de divers pays avec les animaux sauvages qui habitent à côté d'eux est encore un élément qui doit
être pris en considération. Réelle, fortuite ou exagérée, cette
ressemblance a de tout temps préoccupé les voyageurs, et dans
certains cas elle constitue un indice frappant. Les croisements
volontaires des chiens domestiques avec les espèces sauvages congénères paraissent être pratiqués par les Indiens d'Amérique;
plus au nord, chez les Esquimaux, le rapport devient tout à fait
frappant. Il est vrai que les chiens des contrées polaires ont un
rôle et des fonctions spéciales à remplir. Ils constituent les atte-
lages des traîneaux, et reçoivent en retour une part de nourriture
qu'il leur serait impossible de se procurer dans la saison froide,
s'ils étaient abandonnés à leur instinct; mais en dehors du ser-
vice qu'on exige d'eux ils ne montrent pour l'homme aucun at-
tachement : livrés à eux-mêmes, se roulant sur la neige, insensibles aux caresses, ils conservent les allures, le regard farouche,
la queue basse du loup, et se croisent fréquemment avec ce dernier, donnant alors les produits d'une sauvagerie extrême. Ici
donc la prétendue barrière entre la race du loup et celle du

chien disparaît, et que le chien des Esquimaux soit un loup apprivoisé, ou le loup arctique un chien sauvage ayant les mœurs du loup, la confusion entre les deux races n'en est pas moins manifeste.

Les chiens de l'Amérique méridionale ressemblent de même au cancrier (*Canis cancrivorus*) et se croisent fréquemment avec lui; les chiens d'Awhasie rappellent le chacal, ceux de la côte de Guinée se rapprochent du renard; il n'est pas jusqu'au chien de Hongrie dont la ressemblance avec le loup d'Europe ne soit très-marquée, de même que celle des chiens pariahs de l'Inde avec le loup du même pays. D'un autre côté, rendus à l'état sauvage, nos chiens domestiques sont très-loin de revêtir partout une coloration uniforme, d'affecter les mêmes mœurs et de présenter les mêmes caractères. Les uns perdent la faculté d'aboyer, et les autres, comme ceux de la Plata, la conservent; ceux de Cuba diffèrent des chiens marrons de Saint-Domingue par la couleur de la robe et celle des yeux. Les chiens domestiques voient leurs caractères les plus fixes en apparence s'altérer ou disparaître au bout d'un temps très-court, s'ils passent d'un milieu dans un autre. Les races d'Europe ne persistent pas dans l'Inde; ailleurs elles perdent leur voix, leur pelage, leur forme, ou changent d'instincts; l'ouvrage de l'homme se trouve ainsi détruit plus ou moins vite; il s'était aidé de circonstances particulières, et son œuvre tombe devant des circonstances opposées. Pourtant ce n'est pas aux circonstances uniquement que l'on doit certaines déviations du squelette ni la coexistence dans la même contrée de formes aussi différentes que le lévrier et le bouledogue. Pour se rendre compte de modifications aussi accusées. il faut bien avoir recours aux forces latentes de l'organisme, sollicitées par l'homme et produisant des variations subites, fixées ensuite par l'effort réuni de la sélection et de l'hérédité.

C'est à peu près ce qui doit être arrivé pour le porc. Toutes les races, même celles que l'on a observées dans les îles écartées du Pacifique, paraissent descendre de deux types distincts, l'un encore sauvage, le sanglier, l'autre originaire de Siam et de la

Chine, et dont la forme primitive serait perdue. Les races dérivées
du sanglier existent encore, d'après Nathusius, sur différents
points du centre et du nord de l'Europe ; elles disparaissent devant des races améliorées, produit direct de l'industrie humaine.
Chacun connaît les races anglaises, chez lesquelles toutes les aptitudes ont pour but de favoriser l'engraissage et le développement des parties utiles aux dépens des autres. Le groin, les crocs,
les mâchoires, les soies, tendent à surgir par un mouvement inverse dès que l'animal est livré à une vie plus active. Il y a déjà
loin du porc amélioré du Yorkshire au porc à moitié libre d'Irlande ou de nos départements de l'ouest et du midi ; aussi voit-on
apparaître chez ces derniers des particularités dont il n'existe pas
trace chez les autres. La taille varie selon les climats, ainsi que
la consistance des poils ; les porcs turcs et westphaliens reprennent aisément la livrée des marcassins ; les individus des vallées
chaudes de la Nouvelle-Grenade sont au contraire presque nus,
et d'autres, à des hauteurs de 7 et 800 pieds, revêtent une four-
rure épaisse de poils laineux. Les bêtes bovines diffèrent à tel
point que l'on serait tenté d'y distinguer deux divisions principales, l'une pour les zébus ou bœufs à bosse, l'autre pour les bœufs
sans bosse, comme notre taureau. Cependant partout où les premiers se sont trouvés en contact avec notre gros bétail, il en est
sorti des croisements féconds. En Europe, on reconnaît à l'état
fossile au moins trois espèces de bœufs qui paraissent avoir été
domestiqués de toute antiquité, et dont le type s'est perpétué parmi
nos races indigènes. Une race à demi sauvage, conservée en
Angleterre dans le parc de Chillingham, paraît reproduire à peu
près les caractères du bœuf primitif ou *primigenius*, de même que
le bétail noir du pays de Galles se rattache au type du *longifrons*.

D'autres animaux, et le cheval en tête, pourraient bien être
issus d'un type originaire unique ou du moins très-uniforme ;
mais quel est le point de départ véritable de cette race qui, suivant l'homme dans ses émigrations, s'est étendue avec lui jusqu'aux extrémités de la terre ? Pour le déterminer, M. Darwin
invoque la récurrence de certains caractères qui, renaissant après

un long sommeil, sont comme un souvenir lointain des habitudes primitives. Non-seulement le cheval peut supporter un froid intense, puisque l'on en rencontre des troupes sauvages dans les plaines de la Sibérie jusqu'au 56e degré de latitude, mais il conserve longtemps l'instinct de gratter la neige pour retrouver l'herbe au-dessous. Les tarpans sauvages de l'Orient, les chevaux libres des îles Falkland, ceux du Mexique et de l'Amérique du Nord possèdent également cet instinct, qui se rattache sans doute à quelque particularité de leur vie antérieure, au sein de la contrée dont ils sont originairement sortis. S'il en est ainsi, le cheval n'aurait été adapté au climat sec et brûlant de l'Arabie et de l'Afrique que par le fait de l'homme. C'est là pourtant qu'il a acquis ses plus nobles qualités, ses formes les plus parfaites, et que la race la plus pure s'est formée. La sélection exercée sur le cheval a créé en lui des facultés toutes particulières. Déjà bien éloignée des parents arabe et berbère dont elle est issue, la race de course anglaise possède et transmet fidèlement les particularités artificielles accumulées chez elle. Que de différences encore d'un type de cheval à un autre ! Les races insulaires et montagnardes sont généralement chétives, celles des plaines et des gras pâturages massives et de grande taille. Certaines robes, comme l'isabelle, fréquentes dans l'Europe orientale et l'Asie intérieure, sont à peu près inconnues chez le cheval de course anglais et le cheval arabe, dont il descend. Il existe cependant chez toutes les races chevalines une particularité de coloration que l'on serait tenté de regarder comme un retour vers le pelage d'un ancêtre éloigné, tant cette particularité est conforme à celle qui distingue plusieurs espèces vivantes du groupe des équidés ; nous voulons parler des raies ou bandes soit dorsale, soit zébrines, qui reparaissent dans toute les races ; elles se montrent ordinairement sur les fonds isabelle ou alezan clair, ou encore gris de souris, et s'effacent parfois avec l'âge ; d'autres fois elles se manifestent tard, et persistent alors pendant toute la vie. Ces retours de coloration sont faciles à observer chez les pigeons domestiques, divisés maintenant en une infinité de races

et de variétés, qui toutes cependant paraissent provenir du seul
pigeon de roche ou biset. Le caprice des amateurs, la passion de
la nouveauté et même de la bizarrerie, engendrent peu à peu ces
diversités, bientôt fixées à l'aide d'une sélection systématique ;
mais la tendance au retour partiel vers l'ancêtre commun ne
subsiste pas moins : la livrée bleu-ardoise et les barres transver-
sales des ailes qui distinguent le biset reparaissent aisément
chez les descendants transformés de cette espèce, que l'excellence
de sa chair a fait accueillir dans tous les pays. Les mêmes effets
de variation, de croisement et de réversion se retrouvent chez
les races gallines, qui toutes paraissent avoir divergé d'un type
unique, le *Gallus bankiva*, espèce qui habite à l'état sauvage
l'Inde septentrionale, l'Indo-Chine, et s'étend jusqu'aux Philippines et à Timor.

L'apparition d'un caractère ou d'une faculté ne constitue jamais chez les animaux un acte complétement indépendant ;
les différents organes tendent à s'équilibrer et à réagir les uns
sur les autres. C'est cette dépendance plus ou moins étroite,
mais toujours réelle, des différentes parties de l'ensemble que
M. Darwin appelle *corrélation de croissance*. Ainsi les membres
antérieurs ne sauraient changer sans amener des changements
dans les postérieurs ; l'allongement des jambes produit ordinairement celui du cou et de la tête : les parties dures, les cornes,
les ongles, les appendices tégumentaires, se renforcent chez
ceux où prédominent les parties molles. Si des animaux nous
passons aux plantes, les mêmes lois générales se laissent reconnaître, mais dans d'autres limites et à l'aide de combinaisons en
rapport avec la distance qui sépare les deux règnes.

La plante et surtout l'arbre ne sont pas composés, comme l'a-
nimal, d'un nombre rigoureusement déterminé de parties. L'individu végétal n'est, à proprement parler, que le support d'une
réunion d'organes groupés d'une manière tantôt simultanée,
tantôt successive, solidaires pourtant, puisque la sélection de
l'homme ne saurait en transformer un sans influer sur les autres.
La poire ne s'améliore point sans que le poirier lui-même ne

prenne un autre aspect qu'à l'état sauvage. Il existe donc aussi chez les végétaux une véritable corrélation de croissance ; mais ce qui sépare surtout les plantes des animaux, c'est que chez elles les appareils sexuels ne sont ni uniques ni permanents. Ce sont presque toujours des organes multiples qui se montrent pour accomplir leurs fonctions et disparaissent ensuite. Malgré cela, les qualités, les formes, les couleurs, les caractères de toute sorte et jusqu'aux nuances les plus fugitives se transmettent chez les végétaux. Quoique en eux tout soit passif, la nature a varié à l'infini les moyens de croisement, soit en séparant les sexes, soit en employant les insectes aux opérations délicates du transport de la poussière fécondante, soit enfin par cette circonstance que les fleurs peuvent se féconder réciproquement.

A l'absence de mouvements volontaires et par conséquent de spontanéité se joint chez les végétaux la difficulté de réagir contre les milieux ambiants, par suite de l'absence d'un foyer de combustion intérieure. Non-seulement la chaleur qu'ils portent en eux garantit les animaux, surtout les plus élevés en organisation, contre le froid, mais ils peuvent, par le choix des aliments absorbés, accroître l'intensité de cette force de résistance. Les végétaux sous ce rapport sont évidemment bien plus dépourvus de moyens de défense ; ils réagissent pourtant, mais très-lentement. par une sorte de sélection. L'organisation, basée sur des combinaisons trop délicates et trop complexes, des végétaux du midi succombe à coup sûr sous une atteinte souvent très-faible. Quelques-uns d'entre eux se montrent pourtant robustes et cosmopolites, quelle que soit leur provenance. Le blé, le riz, le maïs, la pomme de terre, le tabac, la vigne même, occupent des espaces qui se prolongent bien au delà des limites de la distribution naturelle de ces plantes. L'homme a su agrandir le cercle dans lequel on les peut cultiver, en s'attachant aux seules parties qu'il utilise dans chacune d'elles.

Il existerait bien des singularités à signaler en considérant la distribution des plantes cultivées relativement à celle des régions d'où on présume qu'elles sont sorties. Le bananier, maintenant répandu dans toute la zone torride des deux mondes, a dû cependant être apporté en Amérique de l'Asie méridionale à une époque dont il est impossible de fixer exactement la date, mais qui, si l'on s'en rapportait à certains indices, serait peut-être antérieure à la découverte. Le maïs est au contraire américain d'origine, il était cultivé par les indigènes; cependant il n'a jamais été retrouvé à l'état sauvage. Il en est sans doute de même du froment. Il est à peu près certain qu'on ne l'observe nulle part à l'état spontané, et les exemples cités par quelques voyageurs se rapportent plus probablement à des semis sporadiques qu'à des plantes réellement sauvages et indigènes. Le froment primitif existe peut-être dans une des nombreuses espèces de triticum, ou blé naturel, que les botanistes connaissent sans qu'il soit possible d'en saisir la parenté avec le froment cultivé. Les grains de blé les plus anciens proviennent des ruines des cités lacustres; ils ne sont qu'imparfaitement séparés de la glume et bien plus petits que les nôtres, puisque les plus gros n'ont que six, rarement sept millimètres de longueur, et les plus faibles seulement quatre, tandis que les grains modernes en mesurent presque toujours sept ou huit. La culture a donc su modifier la céréale primitive, dont le grain était à peine comestible, et a développé chez elle une tendance à varier et à grossir qui s'y trouvait à l'état latent. Aucune plante ne semble plus artificielle que le froment, aucune n'exige des soins plus constants et une sélection plus attentive; les changements obligés de semence et le choix qu'il faut faire des plus beaux grains pour empêcher l'espèce de dégénérer le prouvent surabondamment.

Dans ses semis de poirier, M. Decaisne est parvenu à faire reproduire par chaque sujet dont il avait semé les pepins la plupart des types de nos races cultivées. C'est donc à l'aide de semis successifs, volontaires ou accidentels, que nos fruits se sont formés; en les améliorant, on a profité d'une disposition que l'on observe dans toutes les races naturelles. Tel est le point de départ: l'homme se saisit de cette force latente, il la détourne à son usage et parvient à en accentuer les effets en les accumulant;

mais la nature elle-même la possède et la manifeste sous nos
yeux, quoique à un moindre degré. Les difficultés qu'éprouve le
botaniste à déterminer les limites réciproques des espèces congénères dès que le genre dont elles font partie est compacte et
distribué sur un grand espace, ces difficultés sont du même
ordre que celles qui arrêtent le pomologue dans le classement
de certaines variétés de fruits. Ainsi nos procédés ne diffèrent
pas de ceux de la nature; l'homme n'a fait que s'approprier
ceux-ci pour arriver à ses fins: seulement, dans la race domestique, les circonstances occasionnelles, étant de son fait, sont
plus ou moins artificielles et fugitives. La race domestique est
donc une espèce créée en vue de l'homme plus rapidement que
l'espèce sauvage et par cela même établie sur des bases moins
fixes. L'espèce spontanée a dû se faire lentement, sous l'empire
de nécessités permanentes, au moyen de la même force inhérente à l'organisme, mais agissant plus sûrement que lorsque
l'homme s'en empare pour en profiter. Or, justement parce que
l'espèce est l'effet d'une longue série de causes combinées et
solidaires dont elle garde l'empreinte et qui sont susceptibles de
se réveiller en elle, même après un long sommeil, elle n'a rien
d'absolu; de là les difficultés éprouvées par ceux qui, voulant
en faire la pierre angulaire de tout l'édifice de la nature, ne
peuvent pourtant s'accorder pour définir en quoi elle consiste.

III

Lorsque, s'élevant au-dessus des particularités, on considère
les phénomènes de la vie en eux-mêmes, et non plus pour décrire
simplement les êtres qui les personnifient, on ne tarde pas à découvrir un principe général qui embrasse en quelque sorte tous
les autres: c'est celui de l'hérédité, force active et impulsive,
raison d'être de tout ce qui vit. L'hérédité est proprement une
continuation de l'être organisé. Sans elle, il n'y aurait que des
personnalités privées de liens réciproques, destinées à périr après

un certain temps. Par elle seule, nous concevons de nouveaux êtres possédant des caractères propres et des caractères transmis. L'hérédité, ainsi considérée, source à la fois des variations et des ressemblances, est le seul moyen à la portée de notre intelligence par lequel nous puissions nous expliquer l'existence des êtres vivants, ainsi que celle des intervalles par lequels ils se rapprochent ou se séparent. D'autre part, l'expérience nous apprend que l'hérédité résulte nécessairement d'une série plus ou moins nombreuse de générations, que par elle les divergences vont en s'accentuant, de même que les similitudes en se fixant, et que les degrés intermédiaires peuvent et doivent disparaître ; il n'y a donc pas pour nous d'impossibilité directe à ce que les êtres vivants qui possèdent entre eux quelques traits similaires aient pu sortir les uns des autres, et remontent en réalité à un petit nombre d'ancêtres communs. Dans la majorité des cas, la somme des similitudes organiques étant plus forte que celle des divergences, la supposition par elle-même n'a rien que de plausible. Buffon, qui n'avait encore qu'une idée confuse de la durée presque sans limite du globe, s'étonnait en termes magnifiques « de ce monde d'êtres relatifs et non relatifs, de cette infinité de combinaisons harmoniques et contraires, de cette perpétuité de destructions et de renouvellements ; » il y voyait avec raison une sorte d'unité toujours persistante et éternelle ; il exprimait enfin cette belle pensée, que la faculté de se reproduire, commune à tous les êtres, supposait entre eux « plus d'analogie et de choses semblables que nous ne pouvons l'imaginer, » et suffisait pour nous faire croire que « les animaux et les végétaux étaient des êtres à peu près du même ordre (1). » Ce lien de l'hérédité embrasse donc l'universalité de ce qui a vie ; tout ce qui se meut ou végète lui est soumis, et M. Darwin, comme Buffon, s'arrête devant la multiplicité des effets qu'il produit. Les merveilles de l'hérédité sont sous les yeux de chacun de nous, elles sont en nous-mêmes, il ne dépend que de nous de les constater et d'y

____

(1) Voyez Buffon, *Discours sur la manière de traiter et d'étudier l'histoire naturelle*, et *Histoire générale des Animaux*.

reconnaître, en les analysant, plusieurs ordres de phénomènes distincts relevant de la même cause. Pénétrons à la suite de l'éminent auteur anglais dans l'intérieur de ce vaste laboratoire, au sein duquel la vie lutte incessamment pour réparer ses pertes, maintenir et étendre son domaine.

Il faut d'abord, dans l'hérédité, distinguer d'une part la transmission des caractères antérieurement acquis, de l'autre l'apparition des caractères nouveaux et la possibilité pour ceux-ci de se fixer à leur tour. Par l'un de ces phénomènes, on conçoit la perpétuité possible de certaines particularités ; par l'autre, on comprend la divergence progressive des races. Ces deux ordres de faits sont connexes malgré les résultats opposés auxquels ils conduisent. Dans la transmission aux enfants des caractères possédés par les parents, l'hérédité seule agit. Cette ressemblance est ce qui nous frappe le plus dans l'hérédité. Quoi de moins varié que les individus d'un même troupeau, que les cerfs d'une même contrée, que les lièvres, les loups, les renards, comparés les uns aux autres? Cependant, même chez les animaux les plus semblables en apparence, la diversité n'existe pas moins, puisque les animaux sauvages se reconnaissent entre eux, et que le berger distingue sans hésiter chacune de ses bêtes. Les individus les plus analogues possèdent donc une physionomie qui leur est propre ; chez quelques-uns, ces différences peuvent accidentellement devenir plus saillantes, et enfin, s'il se produit des particularités entièrement nouvelles, elles n'en seront pas moins sujettes à la transmission héréditaire. Dans ce dernier cas, l'hérédité n'agit pas seule. Pour expliquer cette variation, lorsqu'elle est sans précédent et qu'elle ne saurait être attribuée ni à l'hérédité proprement dite, ni à l'hérédité éloignée ou atavisme, il faut nécessairement recourir soit à l'action spontanée de l'organisme, soit à l'influence des circonstances extérieures. Ces deux causes se combinent en effet pour faire surgir de nouveaux caractères, et dans beaucoup de cas il est difficile de décider si c'est l'une plutôt que l'autre que l'on doit invoquer de préférence. Cependant on a vu se manifester parfois des particularités organiques tellement imprévues qu'il est difficile d'admettre que les circonstances extérieures y aient contribué en quelque chose : ainsi l'homme porc-épic dont l'épiderme portait des appendices cornés en forme de plaques raides, sorte de carapace qui muait périodiquement, ne devait à aucune cause externe cette singulière défense qu'il transmit à plusieurs de ses descendants. La plupart des monstruosités animales, les porcs à deux jambes cités par M. Hallam, les lapins à oreilles pendantes, sont dans le même cas, et l'organisme seul, obéissant aux forces qui le dirigent, a dû certainement les produire. Même lorsqu'il faut invoquer l'action des milieux, l'organisme demeure toujours la source première de tous les changements ; les circonstances extérieures ne sont que l'occasion ; l'organisme est le centre et le point de départ des diversités qui surviennent et qui se consolident plus tard par l'hérédité.

Si l'organisme était entièrement livré à lui-même, c'est-à-dire si les circonstances extérieures ne changeaient pas, il s'établirait par ce seul fait une très-grande uniformité chez les êtres vivants. Cette uniformité serait telle que des formes particulières apparaîtraient rarement et se maintiendraient plus rarement encore. On peut même ajouter que, sous l'empire permanent d'un pareil état, la somme des ressemblances parmi les êtres animés dépasserait de beaucoup celle des différences ; mais il n'en est pas ainsi, les circonstances extérieures peuvent et doivent changer. Rien n'est stable ni définitif ici-bas ; le sol, les climats, les conditions de nourriture, la composition même des liquides et des gaz, ont changé à plusieurs reprises dans le cours des âges géologiques, tantôt par un mouvement insensible, tantôt par le fait des révolutions. Ils changent encore sous nos yeux dès que l'on passe d'une contrée dans une autre. Pour certaines catégories d'animaux et de plantes, il suffit même de se déplacer de quelques lieues pour voir se renouveler l'aspect des choses extérieures et des êtres vivants. L'acclimatation, c'est-à-dire l'adaptation des organismes aux exigences d'une patrie nouvelle, constitue une opération délicate, sujette à bien des mécomptes, et dont la difficulté même atteste combien les animaux et les plantes sont sen-

sibles à l'influence des conditions extérieures. L'attitude rampante
contractée par certains végétaux alpins, comme le genévrier de
l'Himalaya et celui des Alpes, est certainement un effet de la
rigueur du froid dans ces hautes régions. Peu d'années suffisent
pour produire la variété de froment que l'on nomme blé de printemps. Le maïs apporté directement du Brésil est d'abord plus
sensible au froid que les variétés européennes ; mais il acquiert,
au bout de deux ou trois générations, le même degré de rusticité
que celles-ci. Enfin beaucoup de plantes des plaines d'Europe
présentent des variétés alpines que les meilleurs botanistes n'en
séparent pas, et auxquelles il a suffi de vivre dans un milieu
spécial pour revêtir des caractères différents. Si des plantes on
passe aux animaux, l'influence des milieux est encore plus visible
et plus prompte à se manifester. Les chiens européens dégénèrent
dans l'Inde ; leurs instincts s'effacent, leurs formes s'altèrent ; le
dindon change dans le même pays ; le canard domestique oublie
de voler. Il serait facile de multiplier ces exemples. Nul doute
que l'homme n'ait usé de ce moyen puissant pour produire les
races, qui se sont ensuite consolidées sous ses yeux par la sélection et l'hérédité. On ne saurait douter non plus que de légers
changements n'aient été dans la plupart des cas le point de départ
des races les plus accentuées et les plus fixes. Ces races, une fois
devenues permanentes, n'ont pas tardé à supplanter les individus
dépourvus des qualités reconnues avantageuses qui, chez elles,
n'avaient cessé de s'accroître à chaque génération. M. Darwin
fait observer avec quelle rapidité les bœufs courtes-cornes ont
éliminé leurs concurrents à longues cornes, et les porcs de race
améliorée les anciennes races porcines, dès que l'infériorité de
celles-ci a été reconnue. Cependant, quelle que soit l'influence
décisive des circonstances extérieures sur l'organisme, celui-ci,
loin de subir d'une façon passive les changements qui se manifestent en lui, les coordonne et les fait servir à l'exécution d'un
plan général, par lequel l'harmonie de l'ensemble se maintient
sans altération à travers les changements les plus radicaux en
apparence.

Si l'organisme peut être facilement ébranlé en effet, les variations qu'il éprouve, même partielles, ne sont jamais entièrement isolées ; toutes les parties les ressentent. Il s'établit entre les organes une correspondance nécessaire par suite de la corrélation de croissance. Il n'est pas toujours facile de se rendre compte de la nature de ces effets de corrélation. Suivant M. Darwin, il existe un rapport constant entre la coloration de la tête et celle des membres ; les chevaux et les chiens qui portent sur le front des taches d'une autre teinte que le fond de la robe ont aussi les extrémités des jambes marquées de la même couleur. Chez les hommes, une exubérance extraordinaire du système pileux a quelquefois amené une dentition imparfaite ou surabondante. Il existe une corrélation certaine entre la couleur du pelage et celle de l'iris ; mais il est plus singulier de signaler l'existence d'un rapport entre la coloration des yeux et la surdité : il paraîtrait en effet que les chats blancs à iris bleu sont presque constamment sourds. A côté de la variabilité corrélative, on peut placer encore la variabilité analogique, qui montre des diversités de même nature se produisant chez des êtres éloignés ; c'est ainsi qu'on remarque des arbres à rameaux pleureurs dans des groupes bien différents. Tous ces changements et bien d'autres dépendent de l'organisme ; c'est lui qui donne l'impulsion que l'hérédité prolonge en l'accélérant. La puissance de celle-ci, une fois en jeu, ne connaît pas de limites ; elle peut tout transmettre, les caractères physiques les plus saillants, les plus légers ou les plus accidentels, aussi bien que les instincts et les particularités de mémoire, d'intelligence, et jusqu'aux habitudes les plus futiles.

On pourrait écrire des volumes à cet égard ; les races de chiens, de chevaux, de bétail, si complètement transformées par l'homme, celles de divers oiseaux qu'il a façonnés, en sont des preuves irrécusables. Si l'on s'attache à l'homme lui-même, l'étonnement redouble ; certains gestes habituels, des tics bizarres se transmettent en dehors même de la fréquentation des parents qui les possèdent ; certains genres de mémoire, celle des noms et des dates par exemple, se trouvent l'apanage commun de toute une famille ; il en est de même des dispositions mentales, de celle au suicide même, dont il serait aisé de citer des exemples frappants. La goutte, l'apoplexie, la phthisie, sont évidemment héréditaires et se montrent bien souvent chez les fils au même âge que chez le père. On a même vu quelquefois des anomalies de conformation dans les mains et les pieds, et jusqu'à des marques superficielles, comme des cicatrices, reparaître chez les enfants de ceux qui les présentaient et acquérir ainsi une sorte de permanence. On pourrait à la rigueur trouver dans ces faits une explication des difformités caractéristiques qui existent normalement chez beaucoup d'animaux sauvages, comme la bosse des chameaux et des zébus, la lèvre supérieure des phacocères percée par les crocs recourbés de ces animaux ; ces difformités auraient été un accident avant de devenir un caractère commun à tous les individus de l'espèce. D'un autre côté, d'autres altérations longtemps répétées semblent n'influer en rien sur les produits de l'hérédité. Beaucoup de races d'hommes se mutilent volontairement de temps immémorial, soit en s'arrachant les incisives, soit en se privant d'une phalange ou même en pratiquant la semi-castration, comme les Cafres, sans que la conformation des enfants s'en soit jamais ressentie. On ne voit pas non plus que les chiens auxquels on coupe la queue aient été affectés dans leur descendance par la perte constante de cet organe. L'organisme réagit donc dans beaucoup de cas ; mais il suffit qu'il se modifie dans d'autres pour que certains accidents aient pu se transmettre par voie héréditaire.

Si l'hérédité est la source d'une telle multitude de phénomènes, elle ne s'exerce pourtant que dans des conditions et par des moyens déterminés, constituant ce que l'on nomme la fécondité. Élément indispensable de celle-ci, se manifestant le plus souvent à l'aide des sexes, d'autres fois en dehors d'eux, la fécondité n'a été départie que dans une mesure très-inégale aux différents êtres. Presque illimitée chez les organismes inférieurs, on la voit décroître à mesure que l'on s'élève dans la série animale et se réduire finalement à une seule portée annuelle ou bienne,

comprenant très-peu de petits ou même un seul. Les accidents de
toute sorte diminuent encore cette fécondité déjà si faible, et la
ramènent à de telles proportions que, si rien ne change dans une
contrée, les mammifères sauvages qui l'habitent ne dépasseront
jamais certains chiffres relatifs. La rareté de la nourriture, réduite par la concurrence générale au strict nécessaire, doit contribuer à ce résultat, car l'alimentation influe directement sur la
fécondité, et parmi les faits mis en lumière par M. Darwin, s'il
en est un qui paraisse hors de contestation, c'est l'accroissement
de la fécondité par la domestication et la culture. La même
cause diminue ou fait disparaître la stérilité des produits d'un
croisement hybride. On est bien forcé de le penser en se rappelant l'origine multiple de plusieurs de nos races domestiques
dont les descendants actuels sont indéfiniment féconds ; il n'y a
d'exception que pour le mulet, et cependant il paraîtrait que la
difficulté de l'obtenir est moindre que dans les temps anciens.
Si la domestication accroît la fécondité, la captivité, chez les
espèces sauvages qui refusent d'en accepter le joug, produit
souvent le résultat opposé. La domestication n'est définitive
pour une espèce que lorsque celle-ci consent à se reproduire.
Certaines races, apprivoisées en apparence, refusent de le faire. Il
en est ainsi des éléphants dès qu'on les arrache à leurs forêts ; les
tigres et plusieurs autres carnassiers ne produisent que très-rare-
ment en captivité, quelquefois même des oiseaux mâles perdent
en cage leur coloration pour revêtir les livrées de la femelle. Il
semble qu'un changement trop brusque dans la manière de
vivre soit venu pervertir l'instinct de ces animaux et détruire en
eux le germe de tous les désirs. Enlevés à leurs solitudes, à la
vie errante, aux aspects du sol natal, privés de leurs compa-
gnons, ils demeurent en proie à une nostalgie particulière. Tel
est le sort des naturels droits et fiers chez les animaux ; d'autres
montrent plus de souplesse et de sociabilité ; l'homme a pu les
plier plus ou moins vite à ses desseins et leur faire accepter une
nouvelle vie plus facile et par cela même plus favorable à la
fécondité.

Il faut maintenant examiner trois phénomènes dont l'étude a été poursuivie avec un soin tout particulier par M. Darwin. La consanguinité ou les effets des unions consanguines, le croisement ou rapprochement entre des races distinctes, enfin l'hybridité ou croisement entre des races congénères, mais naturellement infécondes, nous donneront la clef d'une foule de problèmes relatifs à l'espèce. — Les avantages de la consanguinité sont faciles à saisir : ce moyen, universellement en usage chez les animaux domestiques, est le seul par lequel on puisse fixer héréditairement et surtout accroître les caractères dont l'utilité est reconnue. De pareilles unions se multiplient presque à l'infini au sein de la domesticité. Chez l'homme lui-même, l'inévitable effet des unions consanguines souvent répétées est de perpétuer au sein des familles certains caractères physiques et moraux ; mais, si les qualités se transmettent, les défauts et les vices de constitution, les germes des maladies, se transmettent aussi, et la consanguinité poussée à l'extrême a des inconvénients qui finissent par prévaloir à la longue. Une certaine faiblesse nerveuse, une délicatesse extrême, des tendances morbides, par-dessus tout une stérilité sinon radicale, du moins partielle et croissante, paraissent être la suite des unions consanguines trop répétées. A ce dernier égard surtout, les témoignages abondent ; la fécondité ne disparaît pas, mais elle se trouve atteinte, et la nécessité d'un croisement finit toujours par se faire sentir. Les éleveurs l'ont ainsi compris ; un mélange de sang nouveau leur paraît nécessaire de temps à autre pour cimenter les races obtenues à l'aide de la consanguinité et les rendre parfaitement fécondes. Dans les parcs anglais où l'on conserve à l'état libre des troupeaux de daims, l'introduction de mâles étrangers est employée méthodiquement. Les bœufs de Chillingham, qui sont livrés à euxmêmes, ne forment qu'un troupeau peu nombreux qui se reproduit difficilement et dont la taille semble avoir diminué peu à peu. L'effet des unions consanguines est encore plus rapide chez les végétaux ; la même semence ne peut longtemps servir à propager nos légumes et nos céréales. Si les plantes n'étaient pas renouvelées, leurs grains s'amoindriraient ; elles perdraient jusqu'à la vertu germinative, en étant soumises à se féconder toujours entre elles.

La consanguinité, telle qu'elle est pratiquée chez les animaux domestiques, n'existe pas chez l'homme ; que ce soit par un instinct supérieur des inconvénients qu'elle entraine ou par l'effet d'un sentiment moral conservateur des lois de la famille, un préjugé irrésistible a fait partout repousser ces sortes d'unions, flétries du nom d'inceste et proscrites jusque dans les sociétés humaines les plus dégradées. Les mariages entre frère et sœur ont été pourtant quelquefois en usage, et nos traditions religieuses elles-mêmes les admettent, au moins à l'origine. La fable d'OEdipe nous montre avec quelle horreur on regardait chez les Grecs les rapports entre parents et enfants ; quelques récits de la Bible sembleraient, il est vrai, impliquer des idées moins répulsives ; ils se rattachent pourtant à des circonstances exceptionnelles et présentent une singularité qui prouve combien les faits qu'ils relatent étaient en opposition avec les habitudes contemporaines. Les prohibitions, encore maintenues par l'Église comme par la loi, affirment la persistance de l'opinion contraire à la consanguinité.

Le croisement au contraire active la fécondité et communique aux êtres vivants une énergie particulière. Les végétaux eux-mêmes en ressentent les effets bienfaisants. Dans un livre récent sur *les Effets de la fécondation croisée*, production des plus remarquables de M. Darwin, ce savant a exposé le résultat de ses propres expériences. Bien que le croisement ne soit pas indispensable et qu'il n'intervienne pas nécessairement dans les phénomènes relatifs à la fécondation des plantes, ses effets influent cependant, dans l'immense majorité des cas, sur la taille et la vigueur des produits, qu'ils tendent à accroître dans une notable proportion. M. Darwin a contribué à démontrer, de concert avec d'autres botanistes, que la nature avait employé à la réalisation de la fécondation croisée chez les végétaux des moyens très-divers et très-ingénieux. Elle y est parvenue, soit en modifiant la struc-

ture des organes sexuels et des enveloppes florales, dans les
plantes les plus élevées, soit en faisant intervenir les insectes qui
vivent du suc des fleurs ou de la poussière pollinique et qui opèrent, en butinant, un acte que beaucoup d'espèces livrées à elles-
mêmes se trouveraient incapables d'accomplir. Il est rare effectivement, surtout dans les fleurs à corolles développées et ornementales, que les organes mâle et femelle, bien que réunis et
contigus, arrivent simultanément à l'état qui leur permet de
remplir leur rôle respectif. En d'autres termes, la pollinisation
coïncide rarement, au sein de la même fleur, avec l'épanouisse-
ment du stigmate ou partie de l'organe femelle destinée à recevoir l'imprégnation sexuelle. Il faut bien suppléer par un pollen
emprunté à une autre fleur, souvent même à une autre plante,
au défaut de celui dont la dissémination a été trop hâtive ou trop
lente. C'est à ce transport de la poussière fécondante que s'appliquent les insectes, qui se font ainsi les agents inconscients les plus
actifs de la fécondation croisée. C'est à leur action indéfiniment
répétée qu'il est loisible d'attribuer les plus grandes merveilles
du règne végétal, peut-être même le développement et l'extension
originaire des phanérogames angiospermes, c'est-à-dire des catégories les plus brillantes, les plus nobles et les plus variées,
parmi celles qui se partagent de nos jours le règne végétal tout
entier. — En effet, si l'abondance et la diversité croissantes des
sucs mielleux, nectariens et sucrés ont eu pour conséquence
de multiplier dans une proportion énorme la classe des insectes
qui vivent exclusivement de ces sortes d'aliments, ces mêmes
insectes, à partir d'une époque déterminée et à mesure qu'ils
se répandaient, ont dû favoriser le phénomène du croisement
dans les plantes qu'ils ont fréquentées et qui auparavant étaient
réduites à l'action du vent pour de semblables effets. Dès lors
quel ébranlement dans les organismes soumis à une incitation
de cette nature, directement influencés à chaque nouvelle génération ! On conçoit très-bien comment chez les produits d'une
fécondation croisée, ainsi exercée indéfiniment, ont dû se manifester la vigueur, la variété croissante des formes et le déve-

loppement d'une foule de caractères, dans un grand nombre de sections végétales, d'abord pauvrement représentées. C'est là un tableau succinct des effets possibles du croisement ; il faudrait des pages et des volumes pour en établir l'importance. Les avantages du croisement paraissent donc incontestables. Il existe cependant une limite à cet accroissement de la fécondité par le croisement, et cette limite est celle où commence l'hybridité. Si l'intervalle qui sépare les races s'élargit au delà d'une certaine limite, il arrive un moment où la fécondité réciproque devient difficile ou s'arrête même, à moins qu'on ne parvienne à l'obtenir artificiellement ; alors commence le rôle de l'hybridité.

Sur cette question de l'hybridité, il est nécessaire d'entrer dans quelques explications, car c'est le nœud même de la doctrine transformiste. On peut soutenir d'abord que les races sont fécondes entre elles parce qu'elles appartiennent à la même espèce, tandis que les espèces distinctes sont stériles à raison même de cette distinction ; mais ici la différence spécifique que l'on invoque se trouve justement basée sur l'observation même du fait qui sert à l'établir : c'est donc une vraie pétition de principe. Du reste la stérilité des hybrides n'est ni absolue ni permanente ; elle présente bien des degrés divers et successifs, depuis la fécondité partielle jusqu'à la fertilité constante et indéfinie, perpétuée à l'aide de nouveaux croisements avec l'une des deux formes parentes. Deux espèces voisines en apparence donnent lieu à des produits viciés, tandis que l'on voit d'autres hybrides provenant d'espèces bien plus éloignées présenter des produits féconds, au moins partiellement. Souvent les hybrides retournent après quelques générations à l'une des souches mères, et cela n'a rien de surprenant. C'est là un phénomène d'atavisme pareil à ceux dont les croisements offrent tant d'exemples. Si les espèces sont presque toujours stériles entre elles, si les hybrides qu'elles produisent accidentellement le sont au moins partiellement, il ne s'ensuit pas qu'une différence originelle s'élève comme un mur infranchissable pour les séparer. La fécondité mutuelle est sans doute le résultat d'une convenance organique, et les espèces lentement formées n'ont dû acquérir qu'à la longue les caractères [qui les distinguent et les constrastes par conséquent qui s'opposent finalement à ce qu'il s'établisse entre elle des rapports suivis d'effets.

La cause du phénomène nous paraît être toute physiologique ; livrés à eux-mêmes, les animaux se croisent tant que la diversité qui les attire est pour eux un stimulant, ils s'éloignent dès qu'elle devient un obstacle ou une source de répugnance. Le point où cesse l'attrait et où commence le dégoût est certainement obscur et indécis ; la difficulté doit être souvent franchie accidentellement avant de devenir insurmontable. Ce ne sont jamais d'ailleurs deux êtres parfaitement semblables qui s'unissent ; même dans les unions consanguines, ce sont deux individus dont les différences, bien qu'accessoires, sont réelles et souvent très-frappantes. Le produit réunit en lui les deux ressemblances, mais à un degré nécessairement inégal, puisque, en fait de caractères, il ne possède jamais que ceux du sexe qui lui a été départi. Il devrait donc par ce côté au moins tenir exclusivement du père ou de la mère, et par conséquent les produits mâles d'un coq, d'un cheval de course, d'un taureau, auraient seuls l'énergie, la rapidité, le courage qui distinguent les mâles de ces races d'animaux. Cependant, l'expérience le prouve, pour obtenir ces qualités, on a recours également aux deux sexes. Ce fait, si naturel qu'il n'a pas besoin de preuves, constitue pourtant un phénomène de la plus haute valeur, que M. Darwin a soin de mettre en lumière. Il y voit la démonstration de ce qu'il nomme des *caratères latents*, c'est-à-dire dont l'existence demeure cachée chez celui qui les a, et qui sont pourtant susceptibles, dans cet état, d'être transmis à sa descendance, même éloignée. Les caractères distinguant le mâle et la femelle, — qui dans certaines espèces se ressemblent fort peu, — attendent toujours, pour paraître, l'âge de la puberté, c'est-à-dire qu'ils restent à l'état dormant durant une partie de la vie ; il est singulier d'observer qu'ils sont quelquefois susceptibles de se montrer chez des individus d'un sexe différent lorsque par l'âge ou par quelque autre circonstance le sexe propre vient à s'effacer. Les instincts de la femelle, comme la tendance au couvage, se réveillent dans le chapon. tandis que par un effet inverse les femelles qui cessent de pondre reprennent dans quelques cas la livrée du mâle. M. Darwin cite des biches qui avaient pris du bois en vieillissant. et l'on sait que la barbe pousse assez souvent aux femmes âgées. Tous ces effets procèdent de caractères qui demeurent enfouis. pour ainsi dire, dans les profondeurs de l'organisme. Les qualités. les défauts. les prédispositions morbides. peuvent se transmettre de cette façon et sauter à travers une ou plusieurs générations ; seulement le phénomène devient alors plus complexe. il prend le nom d'*atavisme* ou de *récurrence*. et le caractère qui fait ainsi retour peut demeurer longtemps inconnu chez les descendants de celui qui en a transmis le germe.

Hérédité, croisement. récurrence. tout ce qui relève de la vitalité semble dépendre d'une force unique dans son principe. multiple dans ses applications. toujours active et permanente. raison d'être de tout ce qui est organisé. depuis la cellule et l'embryon jusqu'aux entités les plus élevées et les plus complexes. Ce sont les ressorts secrets de cette force que M. Darwin a essayé de saisir et d'expliquer à l'aide d'une hypothèse ingénieuse. mais qui pourtant. il faut le dire, laisse l'esprit aussi perplexe après l'avoir écoutée qu'il l'était auparavant. Cette hypothèse. considérée par l'auteur lui-même comme provisoire. est nommée par lui *pangénèse*. c'est-à-dire génération universelle ; elle offre un mélange évident des idées de Buffon sur la génération et de celles de plusieurs physiologistes modernes. principalement de M. Claude Bernard (1). D'après Buffon. la matière organisée comprendrait une foule d'éléments ou molécules douées de vie et de mouvement, qui circuleraient dans tous les corps, s'y introduiraient par la nutrition, et s'y accumuleraient de manière à réparer les pertes et à fournir les matériaux des nouveaux êtres. La vie organique résulterait donc d'un tourbillon perpétuel. dont

(1) Voyez dans la *Revue* du 1ᵉʳ septembre 1864. *Études physiologiques sur quelques poisons américains. — le Curare*, par M. Claude Bernard.

les éléments, entraînés dans un courant sans fin, ne deviendraient libres que pour s'associer de nouveau. Aux yeux des physiologistes les plus éminents de notre époque, non-seulement chaque organe possède sa vie propre et son autonomie, mais il n'est lui-même qu'un assemblage d'autres parties plus petites, et celles-ci se divisent de la même manière jusqu'à ce que l'on arrive à la cellule, élément primordial, véritable unité organique dont est nécessairement composée en dernière analyse toute entité vivante et corporelle. Selon les meilleures observations, chaque cellule est une véritable individualité élémentaire ; elle remplit un rôle, des fonctions, en même temps qu'elle présente une forme déterminée. Les animaux supérieurs ne sont qu'une agrégation complexe d'une multitude de ces éléments étroitement associés au sein des liquides qui les baignent. La trame de l'organisme est telle qu'elle circonscrit des cavités intérieures, où, comme au sein d'un petit monde clos de tous côtés, viennent se rendre les substances gazeuses et fluides, les sucs nourriciers, que le torrent de la circulation apporte à chaque cellule. Les parties constitutives des tissus organiques peuvent ainsi participer à la vie générale qui anime l'agrégation tout entière, et posséder en même temps une individualité résultant de sa forme et de ses fonctions. Le cycle de l'existence de chaque cellule doit aussi avoir un terme, après lequel elles sont éliminées et remplacées par d'autres, et ces nouvelles cellules naissent le plus souvent, sinon exclusivement, du sein des précédentes.

C'est à cette donnée, universellement admise par la science moderne, que **M.** Darwin semble avoir rattaché la théorie, assez peu modifiée, de Buffon sur les molécules organiques. Partant de l'idée de l'individualité de chaque cellule, il s'est demandé si, outre la multiplication par scissiparité, les cellules ne possédaient pas un autre mode de multiplication qui consisterait dans la faculté d'émettre, à un moment donné, des corpuscules, des « gemmules cellulaires », susceptibles de circuler dans les fluides de tout le système, de se subdiviser, et enfin « de se développer ultérieurement en cellules semblables à celles dont elles dérive

raient. » Il faudrait supposer encore que ce développement
dépend de l'union préalable des gemmules avec d'autres gemmules qui les précéderaient dans le cours régulier de leur croissance, c'est-à-dire que l'ordre relatif de développement serait,
pour ainsi dire, déterminé d'avance, et qu'il ne pourrait avoir
lieu en l'absence de tout rapport réciproque des gemmules entre
elles. Les gemmules devraient ainsi se greffer les unes sur les
autres en séries dont les termes seraient rigoureusement coor-
donnés. On conçoit la nécessité de cette supposition pour rendre
raison de la régularité parfaite de chaque plan organique, dans
lequel les parties conservent invariablement leur position relative. Il faudrait supposer aussi qu'à l'état dormant, c'est-à-dire
avant tout développement, les gemmules ont les unes pour les
autres une affinité qui les dispose à se grouper pour former soit
des bourgeons, soit des éléments sexuels.

Dans cette hypothèse, toutes les parties différentes des tissus
organiques, par cela même qu'elles sont hétérogènes, devraient
émettre des gemmules dont l'agrégation ultérieure reproduirait
l'ensemble ; les seules parties entièrement homogènes, comme
en présentent les êtres les plus bas de l'échelle, n'auraient besoin
d'émettre qu'une seule cellule, sauf à la multiplier ensuite. Il est
vrai que, lorsqu'on attribue à chaque cellule la propriété d'émettre
des gemmules capables de la reproduire, cette supposition est
entièrement gratuite par elle-même. Elle n'est pas cependant
dénuée de toute probabilité, si l'on considère combien la nature
tend au fractionnement et à la multiplicité des parties élémentaires à mesure que l'on pénètre dans les profondeurs de l'organisme. L'ovulation, dont la reproduction cellulaire ne serait
qu'une image, atteint à des nombres très-considérables chez les
êtres inférieurs, et, si l'on s'étonne de la prodigieuse quantité de
gemmules dont l'hypothèse de M. Darwin a besoin pour fonc-
tionner, la surprise diminue dès qu'on songe aux 6,800 œufs de
la morue, aux 63,000 des ascarides, enfin au million de graines
d'une seule capsule d'orchidée. Le nombre des ovules tendant à
s'accroître à mesure que l'on descend la série des êtres, il n'y

aurait rien d'improbable à ce que les gemmules de l'unité cellulaire, s'il en existe de telles, soient produites dans une proportion
pour ainsi dire incalculable. La ténuité presque infinie de ces
gemmules en expliquerait la dissémination à travers l'organisme,
ainsi que la circulation au moyen des fluides.

On conçoit que, ces prémisses une fois concédées, l'hypothèse
marche d'elle-même. Les gemmules accumulées dans l'intérieur
des corps vivants donneraient raison de tous les phénomènes de
l'hérédité, de la transmission et de la modification des caractères,
de l'apparition de ceux-ci à un moment déterminé. Les évolutions
de gemmules rendraient aussi bien compte de la croissance ou
développement normal et continu que des métamorphoses et des
métagénèses, c'est-à-dire des changements rapides qui s'opèrent
dans l'organisme tout entier. Dans la métamorphose, les nouveaux
organes se moulent sur les anciens, dont ils se détachent comme
d'une enveloppe ; dans la métagénèse, il semble qu'une vie nouvelle fasse germer sur des points distincts des précédents des
organes tout à fait indépendants et n'ayant rien de commun avec
ceux de la période qui se termine. Les cirrhipèdes, à l'époque de
leurs derniers changements, acquièrent des yeux nouveaux qui se
montrent sur une autre partie du corps que les autres. Plusieurs
échinodermes, dans la seconde phase de leur développement,
naissent d'un bourgeon apparu dans l'intérieur du premier animal, qui est ensuite rejeté tout entier. La génération sexuelle ne
serait elle-même qu'un mode particulier de bourgeonnement, et
n'en différerait en réalité que par la nécessité de l'union de
deux éléments distincts ; mais chacun de ces éléments correspondrait à l'ensemble de l'être qu'il représenterait : ce serait
toujours des agrégations de gemmules, susceptibles des deux parts
de reproduire l'individu dont elles proviennent, mais trop faibles
pour y parvenir isolément et sans une combinaison préalable.
Cette insuffisance de chacun des sexes pris séparément serait en
réalité l'unique cause de la nécessité du concours qu'ils se prêtent,
si les cas de parthénogénèse cités par plusieurs auteurs étaient
entièrement avérés. Celui de M. Jourdan, relatif aux femelles de

vers à soie, est des plus remarquables : sur 58,000 œufs pondus
en dehors du contact du mâle, un grand nombre auraient traversé
l'état embryonnaire, c'est-à-dire auraient paru susceptibles de
développement, 29 seulement auraient donné des vers. Dans ce
cas, si le fait était incontestable, l'énergie vitale aurait seule fait
défaut, et la différence entre les deux générations consisterait
surtout en ce que la reproduction sexuelle serait progressive,
qu'elle ferait passer le produit sorti d'elle par une série d'états
successifs qui, en lui procurant l'avantage d'une élaboration plus
lente et plus graduée, lui assurerait celui plus évident encore
du croisement. Quant à la variabilité, qui joue un si grand rôle
chez les êtres vivants, soit pour les changer peu à peu, soit pour
faire naître en eux des différences que l'hérédité consolide, elle
serait, dans l'hypothèse de la pangénèse, une conséquence
directe des modifications éprouvées par chaque cellule, et qu'une
foule d'impressions, d'habitudes et d'influences de toute sorte
ne manqueraient pas de provoquer. Les gemmules successivement émises porteraient la trace de ces changements, qui se
transmettraient ensuite comme tout le reste. On conçoit en effet
que ces gemmules modifiées suivraient la même marche que les
autres, et pourraient, comme elles, prendre place dans le nouvel
organisme, ou demeurer latentes pour se montrer ensuite après
un sommeil plus ou moins prolongé.

Ainsi tout s'expliquerait sans peine à l'aide des gemmules
diversement combinées et transmises ; ce qui se passe au fond de
l'organisme deviendrait clair et simple ; mais cette simplicité
même a lieu d'étonner lorsque l'on observe tant de combinaisons
dans les phénomènes de la vie. N'est-ce pas à l'aide de complications croissantes et variées à l'infini, que la nature arrive à ses
fins, à mesure qu'elle tisse la trame organique des êtres supérieurs ? Si tout vient d'une molécule vivante, si le point de départ
de tout être nouveau est une cellule, comment concevoir ces amas
de gemmules innombrables, déjà en partie agrégées, dont l'existence complexe serait si peu en rapport avec la simplicité d'appareil des premières cellules de l'embryon ?

La génération, quel que soit le mode par lequel elle procède, prolonge l'individu qui engendre par celui qui est engendré ; mais nous ignorons justement la nature de ce prolongement. Le nouvel être emporte-t-il toutes les parties élémentaires de celui dont il sort, ou bien reçoit-il simplement de lui une impulsion décisive qui détermine non-seulement son plan de structure, mais la forme même des parties qui se développeront plus tard? C'est là un mystère que l'homme ne percera peut-être jamais ; ce qui est certain, c'est qu'à mesure que l'on s'élève vers les êtres supérieurs, on voit le germe fécondé subir une élaboration d'autant plus parfaite qu'il reste plus longtemps attaché à la mère. Cependant l'influence de celle-ci ne se fait pas plus sentir dans le résultat final que celle du père. Si les gemmules accumulées jouaient ici un rôle décisif, la mère n'en fournirait-elle pas une plus grande part par la communication des liquides nourriciers qui serviraient justement de véhicule à ces germes? Or il est évident par les ressemblances qu'elle n'ajoute rien à ce qu'elle a fourni tout d'abord. On pourrait élever bien d'autres objections, et pourtant il serait téméraire de condamner entièrement l'hypothèse de M. Darwin. L'assimilation analogique de la génération sexuelle au bourgeonnement, aux métamorphoses et à la croissance, la vie indépendante des unités corporelles ou cellules, la certitude de multiplication de celles-ci par division spontanée, prêtent beaucoup de vraisemblance à la faculté qu'on leur attribue d'émettre des gemmules. La transmission fidèle, l'état latent des caractères paternels, les variations de l'organisme à certains points de vue, la fixité qu'il présente sous d'autres, sont autant d'indices susceptibles de faire pencher la balance en faveur d'une doctrine exposée d'ailleurs avec un art infini et une science d'observation consommée. A notre avis pourtant, le véritable but que s'est proposé M. Darwin n'est pas celui qu'il essaie d'atteindre au moyen de la pangénèse. Les ressorts de la vie organique nous resteraient inconnus que nous pourrions encore nous demander comment se sont formés et d'où sont venus les êtres que nous groupons sous la dénomination d'espèces. La recherche des questions d'o-

rigine, la lutte contre d'anciens préjugés, l'éclaircissement patient
et graduel de la façon dont il est possible de concevoir les phénomènes d'évolution, voilà la vraie tâche que le naturaliste anglais
a su s'imposer et qu'il accomplit tous les jours. Il a montré en
effet aux esprits non prévenus qu'un lien général réunit tous les
êtres organisés, que ce lien devient plus étroit à mesure qu'on divise ceux-ci, en groupes secondaires, jusqu'à ce que l'on arrive à
des individualités tellement rapprochées qu'on est en droit de
les considérer comme provenant d'une même souche. Il a montré aussi que, si l'on quitte les espèces sauvages, dont les caractères sont d'autant plus fixes qu'ils se sont affermis plus lentement, pour aborder les animaux et les plantes domestiques, on
voit les mêmes phénomènes revêtir une physionomie particulière due, il est vrai, à l'intervention de l'homme, mais qui
n'en est pas moins propre à nous dévoiler la marche de la nature. Les espèces créées par l'homme ou races ne sont point
pareilles à celles que la nature a formées ; le résultat diffère,
mais seulement dans la mesure de la diversité des moyens em-
ployés.

Arrivons à une conclusion : la notion de l'espèce, telle que
l'école de Cuvier l'avait définie, devra nécessairement changer
de sens. L'espèce ne peut être envisagée que dans son présent ou
dans son passé. Or, si l'on étudie l'état actuel des choses, cette
notion, dont on voudrait faire la base immobile de tout le système,
est impossible à définir rigoureusement. Tantôt élargie de manière
à comprendre des êtres tout à fait dissemblables, tantôt réduite
à des limites étroites et presque insaisissable, elle fait le
désespoir des naturalistes les plus éminents, et se dérobe à
l'analyse. Si l'on plonge dans le passé, l'origine des espèces
par voie de modifications successives s'impose à l'esprit, non
plus comme une théorie, mais comme un fait qui se dégage
de l'ensemble même des investigations. Ici, pour résoudre
le problème, ce que l'on doit surtout invoquer, c'est l'impossibilité d'expliquer autrement la marche des phénomènes paléontologiques. Tout mène à ce résultat : il n'y a plus de limites

précises entre les diverses périodes; celles-ci varient en nombre, en intensité, et en durée ; elles sont caractérisées différemment, suivant que l'on prend pour point de vue telle ou telle série d'animaux ou de plantes. Les liaisons se multiplient, les sous-étages tendent à confondre les divisions principales en une suite continue de phénomènes enchaînés. Les espèces présentes se rattachent presque toujours à celles qui les ont précédées, et celles-ci l'ont été à leur tour par d'autres qui s'éloignent des premières par une sorte de gradation en rapport avec le temps écoulé. On retrouve ainsi comme des jalons intermédiaires entre les espèces, les genres et les ordres; on aperçoit quelques-uns des échelons que la vie organique a dû gravir successivement avant d'arriver jusqu'à nous. Sans doute les formes spécifiques n'ont pas toujours varié; elles ont plutôt varié dans une mesure inégale, de manière à aboutir à des résultats inégaux aussi. De là la valeur essentiellement relative des termes actuels de la série organique; de là aussi la nécessité de ne voir dans les êtres que nous avons sous les yeux que les derniers acteurs d'une lutte qui a commencé avec la vie elle-même, et s'est prolongée à travers l'immensité des siècles. La lutte acharnée pour l'existence, et nous ne saurions mieux terminer que par cette pensée empruntée à M. Darwin, est la preuve la plus puissante de l'absence de causes finales combinées à la façon humaine ; mais, cette absence une fois constatée, le problème de la raison d'être des choses est loin d'être éclairci, et l'on se trouve en présence d'une difficulté aussi inabordable que celle du libre arbitre et de la prédestination.

CHAPITRE III

—

LES

ANCIENS CLIMATS

L'homme n'a pas encore réussi à fouler toutes les parties du
sol terrestre ; qu'il s'avance vers les pôles ou qu'il gravisse l'Himalaya, il s'arrête à la fin devant l'obstacle, jusqu'ici insurmontable, que lui oppose le climat, rendu excessif par le froid. L'eau
convertie en blocs solides, ou devenue une poussière inerte, rend
inaccessibles les points qu'elle occupe dans ces états. Sans eau,
aucune vie n'est possible ; toutefois, pas plus que l'eau, la vie ne
disparaît brusquement. Sur les limites indécises qui bornent son
domaine, elle lutte avec énergie, quoique avec peine, elle se
cramponne aux parois abritées de certaines roches, elle se glisse
jusque dans la neige fondante avec le *Protococcus* ; en un mot,
elle se montre partout où le milieu liquide reparaît au moins par
intervalles, mais elle s'évanouit inévitablement avec lui. Chargé
de glaces permanentes aux pôles et sur la cime des grandes
chaînes, le globe, malgré la puissance vitale qui se manifeste à sa
surface, ressemble à un corps dont les extrémités seraient blan-
chies et paralysées par l'âge. Pour le croire doué des attributs
d'une éternelle jeunesse, il faudrait ne pas lever les yeux trop

haut ou ne pas les fixer trop loin; il faudrait surtout se garder
d'interroger le passé. Ne serait-ce pas trop exiger de cette ambi-
tion de savoir qui possède si bien le cœur de l'homme?

Si l'on veut au contraire se rendre compte des conditions qui
président à la vie, l'exaltent, la maintiennent ou l'affaiblissent,
il faut étudier le climat, c'est-à-dire la manière dont la chaleur
et l'eau se trouvent distribuées à la surface du globe. Cette distribution, inégale ou même capricieuse en apparence, est cependant
soumise à des règles; elle dépend de certaines causes déterminées;
enfin, et c'est là surtout le phénomène que nous chercherons à
examiner, elle a changé selon les temps. L'histoire des révolutions du climat, liée à celle des êtres organisés, a été gouvernée
par une loi de développement dont l'unité est visible, et qui sans
doute a sa raison d'être, bien qu'il soit à peine possible de l'entrevoir. On reconnaît à ce point de vue, comme sous d'autres rapports, que la terre a été jeune, puis adolescente, qu'elle a même
traversé l'âge de la maturité; l'homme est venu sur le tard, alors
qu'un commencement de déchéance physique avait frappé le
globe qui est devenu son domaine. Exclue de certaines parties,
sans connaissance directe des événements qui précédèrent sa venue, notre race s'efforce par tous les moyens de reconquérir l'espace et le temps, le premier en allant jusqu'aux extrémités de la
terre, le second en pénétrant les secrets de son origine. Nous
allons tenter un de ces efforts en faisant revivre les combinaisons
climatériques d'autrefois, combinaisons disparues depuis sous
l'empire de circonstances dont il est difficile de percer l'obscurité; mais avant tout tâchons de saisir la disposition actuelle des
climats et la nature des causes très-simples, en réalité, auxquelles
tient leur existence.

I

La presque totalité de la chaleur que reçoit maintenant la terre
à sa surface lui vient du soleil, bien qu'elle possède dans ses profondeurs une chaleur propre, et que l'espace céleste lui-même

n'en soit pas entièrement dépourvu. La chaleur de l'espace, toute négative, suffit à peine pour empêcher les régions polaires de se refroidir en hiver au delà d'une limite de beaucoup inférieure au point de congélation, et la chaleur propre ne devient appréciable qu'au-dessous d'une profondeur d'environ 30 mètres (1).

A la surface, la chaleur solaire est donc seule sensible : mais elle serait aussi rapidement dissipée pendant la nuit qu'acquise pendant le jour, si l'atmosphère n'en retenait une partie, ou, pour mieux dire, si l'enveloppe de gaz et de vapeur qui nous entoure ne s'opposait à la déperdition trop subite de la chaleur reçue. Plus l'enveloppe est dense, plus la déperdition est lente et graduelle ; plus elle est rare et subtile, moins elle met d'obstacle au rayonnement, et ce dernier effet se manifeste pour peu que l'on s'élève au-dessus du niveau de la mer. A une hauteur relative assez peu considérable, l'air n'absorbe plus qu'une faible quantité de chaleur solaire et la perd très-rapidement. De là le froid des régions montagneuses. L'altitude suffit pour annuler tous les effets du climat ; seulement ces effets persistent plus ou moins, suivant que la température de la surface est plus ou moins chaude. Sous les tropiques, la limite des neiges éternelles est placée entre 4,800 et 5,500 mètres ; dans l'Europe centrale, elle commence à 3,000 mètres ; en Laponie, elle descend à 1,200 mètres, et s'abaisse dans le Spitzberg de manière à atteindre presque le niveau de la mer. Le froid polaire et le froid altitudinaire se confondent ainsi ; l'air, dans la zone glaciale, s'échauffe à peine au contact des rayons solaires, il n'y perçoit qu'une lumière dispensée par intermittence, absente durant une partie de l'année, oblique et sans intensité pendant l'autre partie. Cette succession incessamment répétée de lumière et d'obscurité, qui nous paraît

(1) Cet accroissement est évalué en moyenne à 1 degré par 32 mètres, mais les résultats donnés par les forages de puits artésiens accusent des variations d'intensité calorique très-étendues. L'accroissement s'élève parfois jusqu'à 1 degré par 10 et 13 mètres de profondeur, et le phénomène, influencé sans doute par ces causes locales, est loin de montrer la régularité nécessaire pour permettre d'établir un calcul général. L'existence de la chaleur intérieure n'est cependant nullement douteuse par elle-même, et les éruptions de laves en fusion démontrent que cette chaleur continue à s'élever dans des profondeurs inaccessibles à nos observations directes.

si naturelle, s'efface graduellement vers le pôle, où les jours et
les nuits, agrandis démesurément, se changent en deux saisons
extrêmes, séparées par une série de crépuscules. Nous resterions
surpris de l'annonce seule de ces phénomènes, si la géographie
ne nous les rendait familiers dès l'enfance; chez les Grecs du
temps d'Hérodote, la notion légendaire en arrivait aux peuples
des bords de la Méditerranée, pêle-mêle avec les fables les plus
chimériques. On sait que la cause du climat polaire est due à
l'inclinaison de l'axe terrestre sur le plan de l'orbite. Par le seul
effet de cette inclinaison de l'axe qui reste parallèle à lui-même,
c'est-à-dire qui garde une même direction immuable dans l'espace céleste, les jours et les nuits se succèdent, égaux à l'équateur seulement, faiblement inégaux jusqu'aux tropiques, de
plus en plus inégaux à mesure que l'on s'avance vers les pôles ;
les longs jours de l'été répondent exactement aux longues nuits
de l'hiver, et l'hiver de l'un des deux hémisphères à l'été de
l'hémisphère opposé, tandis que dans l'intervalle qui sépare les
deux saisons extrêmes viennent se placer les équinoxes, seuls
moments où le jour et la nuit s'égalisent par toute la terre avant
de croître ou de diminuer alternativement. L'obliquité des
rayons solaires ou, ce qui revient au même, l'essor de l'astre
central sur l'horizon se trouve en rapport nécessaire avec cette
inégalité des jours et des saisons; atteignant le zénith sous la
zone torride seulement, on voit le soleil, sous les zones tempérées, s'éloigner de plus en plus de la verticale en décrivant des
arcs de cercle de moins en moins élevés, jusqu'à ce qu'au delà
des cercles polaires il disparaisse entièrement pendant l'hiver et
cesse de se coucher en été. Il rase alors l'horizon en répandant
une lumière dont la continuité même est impuissante à corriger
la faiblesse, tandis que des brumes incessantes et des tourmentes
de neige en voilent la tardive et courte splendeur. La progression
des jours et des nuits polaires est du reste des plus rapides, quand
on s'avance d'un lieu donné vers un autre plus reculé dans la
direction du nord. Le jour de vingt-quatre heures commence
un peu au delà de Tornea, où, une fois dans l'année, on aperçoit

le soleil de minuit; au cap Nord, par 71°, 12′ lat., le jour estival est déjà de deux mois; il est de quatre mois au Spitzberg vers le 78ᵉ degré de latitude. Il est vrai que dans ce dernier pays le soleil s'élève au plus de 37 degrés au-dessus de l'horizon; il n'envoie que des rayons sans chaleur, *telum imbelle sine ictu;* il éclaire de sa lueur pâle une terre glacée où frissonnent quelques rares plantes ensevelies sous les frimas, et qui ne sortent du sommeil qui les tient dix mois inertes que pour accomplir hâtivement leurs fonctions vitales et se rendormir de nouveau. Quel tableau, si l'on songe aux forêts vierges du Brésil et de Java, aux vallées profondes du Népaul, aux savanes noyées de l'Orénoque, où la vie surabonde, où une lumière ardente, vive et dorée, ondule de toutes parts, soulève de tièdes vapeurs, joue avec l'ombre et fait resplendir les formes des plus merveilleux végétaux ! Sous les tropiques, l'homme se sent écrasé par une vie exubérante ; il lutte incessamment pour maintenir sa place au milieu de la nature dont il est dominé ; ses plus fortes œuvres sont envahies en peu de temps; les arbres immenses reprennent possession du sol, dès que celui-ci est abandonné à lui-même. Dans l'extrême Nord, la faiblesse de l'homme est encore plus évidente. mais c'est du poids de la nature inerte qu'il est accablé. Les éléments règnent seuls dans ces régions dévastées, où l'atmosphère se trouve livrée à d'épouvantables tourmentes. La neige dérobe les aspérités du sol, la glace couvre la mer d'un sol factice, souvent mobile et toujours dangereux; la confusion est partout, le calme nulle part; chaque pas est pénible, la vie elle-même devient un effort que l'énergie la mieux trempée ne peut soutenir longtemps sans succomber. Ce sont là des contrastes inouïs, mais ce ne sont pas les seuls. Si la terre à sa surface avait partout le même aspect et les mêmes accidents, les jours et les climats seraient disposés dans un ordre régulier de l'équateur au pôle. On passerait à l'aide d'insensibles transitions de l'extrême chaleur à l'extrême froid, du jour constant de douze heures au jour semestriel du 90ᵉ degré. Il suffirait dès lors de savoir la latitude d'un lieu pour en connaître le climat. Il est très-loin d'en être

ainsi dans la réalité ; les terres et les mers, les déserts froids ou
brûlants, les plateaux élevés, les bassins intérieurs, les chaînes
de montagnes et les fleuves sont distribués de la façon la plus
irrégulière, et de cette irrégularité naissent des influences de
toute sorte qui aggravent ou corrigent, effacent ou modifient
profondément les effets de la latitude, c'est-à-dire dérangent les
climats astronomiques et normaux pour en créer d'artificiels,
plus ou moins différents des premiers. Les courants atmosphériques et les courants marins constituent les plus puissantes de ces
influences combinées. Ils ont pour résultat d'empêcher les lignes
isothermes, c'est-à-dire celles qui passent par les lieux dont la
température est la même, de coïncider avec les parallèles, et
leur font décrire les courbes les plus capricieuses. Il suffit de
l'existence, dans l'océan Atlantique, d'un courant d'eau chaude,
le *Gulf-Stream*, pour relever tous les isothermes le long des
plages exposées à son influence et les reporter de 10 degrés plus
au nord, tandis qu'on les voit s'abaisser en sens inverse dans
l'intérieur des deux continents. Il existe une très-grande différence entre les climats maritimes, c'est-à-dire ceux des terres
que la mer baigne, et les climats continentaux, c'est-à-dire ceux
des régions méditerranéennes. Les premiers sont exempts de
saisons extrêmes, les conditions tendent à s'y égaliser ; l humidité y est plus constante et la chaleur plus modérée. Les climats
continentaux sont au contraire excessifs, les hivers y sont froids
et les étés brûlants, les pluies y sont rares ou intermittentes. Certaines contrées, comme le Sahara, l'Arabie déserte et le désert
de Gobi, sont même privées de pluies et presque dépourvues
d'êtres vivants, non plus par l'effet du froid, mais par l'absence
d'eau ; l'eau et la chaleur sont effectivement les deux éléments
dont l'union féconde engendre nécessairement la vie ou du moins
la rend possible.

Ce rapide exposé permet de comprendre la nature et le rôle
des éléments qui concourent à former le climat, ou, pour mieux
dire, des facteurs d'où il résulte dans sa diversité. Le soleil
fournit la chaleur, la position de l'axe détermine l'angle sous

lequel le globe la perçoit, et l'atmosphère, suivant sa densité relative, l'absorbe plus ou moins et l'empêche de se dissiper. Le
rôle de ces trois facteurs étant parfaitement déterminé, on conçoit très-bien qu'il suffise de changer l'un d'eux pour renverser
les proportions et produire des combinaisons entièrement différentes. C'est effectivement ce qui se passe sous nos yeux lorsqu'on
s'élève sur les hautes montagnes, où la raréfaction de l'air lui
enlève une partie de son pouvoir calorifique. Au pied de l'Himalaya, dans les plaines de l'Inde, la végétation conserve son caractère tropical jusqu'à 1,000 mètres ; à 2,000 mètres, la neige
est encore inconnue, mais les palmiers et les bananiers disparaissent, tandis que les chênes et les pins commencent à se
montrer ; la moyenne de chaleur annuelle est alors de 14 degrés
centigrades, à peu près celle du midi de la France. A 3,000 mètres d'altitude, la neige tombe en hiver, mais elle fond presque
aussitôt ; les sapins se mêlent aux arbres à feuilles caduques,
et le paysage rappelle celui des plaines de l'Europe centrale.
Vers 3,500 mètres s'étend la région des cèdres, et au-dessus celle
des bouleaux, qui ne se termine entièrement que vers 5,000 mètres d'altitude. A cette élévation, déjà supérieure à celle du
mont Blanc, le seigle est encore cultivé ; certaines plantes dépassent même cette région de quelques centaines de mètres et
parviennent jusqu'à la limite des neiges permanentes. — A
5,500 ou 5,800 mètres, les dernières traces de la vie ont disparu,
en Amérique comme en Asie, et la glace remplace tout. La seule
raréfaction de l'air amène ces changements sur une hauteur verticale relativement assez faible, si on la compare à l'étendue
totale de l'atmosphère, évaluée au moins à 30 kilomètres. Il
suffirait donc d'augmenter la densité des couches aériennes pour
accroître immédiatement l'étendue verticale du domaine de la
vie.

On verrait se produire des modifications analogues, s'il était
permis de supposer un changement quelconque dans la nature
des deux autres facteurs, et que la chaleur solaire pût gagner
ou perdre en intensité, ou qu'elle nous fût déversée sous un

angle différent par suite d'une autre direction de l'axe. Ces hypothèses semblent purement gratuites, puisque rien n'en justifie l'admissibilité, et cependant elles nous font toucher au cœur même de notre sujet, c'est-à-dire aux variations passées du climat. En établissant le fait de ces variations, nous saurons par cela même que l'un des trois facteurs a dû nécessairement changer, et que la source du calorique, la direction de l'axe et la composition de l'atmosphère n'ont pu évidemment rester dans les mêmes termes relatifs ; sans cela, les variations climatériques auraient été nulles, ou tout au moins elles auraient été renfermées dans d'étroites limites.

Les astronomes établissent que la direction de l'axe terrestre, sauf le petit mouvement oscillatoire nommé *nutation*, a dû rester immuable depuis l'origine même de la rotation de notre globe ; mais, invariable pour chaque planète en particulier, la direction de l'axe n'est rien moins qu'uniforme pour l'ensemble du système solaire, et les diversités que présentent sous ce rapport plusieurs planètes comparées à la nôtre nous fournissent le tableau véritable de ce que celle-ci serait, si par impossible l'axe de rotation s'était redressé ou incliné par rapport à ce qu'il est sous nos yeux. Si l'axe terrestre, au lieu de couper obliquement le plan de l'orbite, était dirigé parallèlement à ce plan, et qu'aux solstices l'un des pôles eût le soleil à son zénith, quelle perturbation profonde ne résulterait-il pas de cette disposition que présente, à peu de chose près, la planète Mercure ! Le cercle polaire se confondrait avec l'équateur, et les tropiques avec le pôle ; une fois par an, le soleil éclairerait verticalement chaque pôle ; les deux hémisphères distribués dès l'équateur, comme le sont maintenant les seules zones glaciales, c'est-à-dire par climats de jours et de mois, auraient tour à tour des étés brûlants et des hivers glacés, tandis que vers l'équateur le soleil, vertical aux équinoxes, raserait l'horizon aux solstices, ainsi qu'il le fait aux pôles maintenant. Les contrées voisines de l'équateur seraient seules habitables, à ce qu'il semble, sur une terre construite de cette façon, car les alternatives de chaleur tropicale et d'obscurité glacée qui seraient propres aux alentours des pôles et à la plus grande partie de notre zone tempérée feraient de dures conditions aux êtres vivants qui y seraient fixés. Le climat d'un globe pareil serait excessif. — Il serait tout autre, si l'axe, entièrement redressé, comme dans Jupiter, devenait perpendiculaire au plan de l'orbite ; le jour et la nuit n'auraient alors d'inégalité nulle part, tandis qu'aux pôles la même clarté se maintiendrait toute l'année à l'état de crépuscule. Avec l'axe vertical, les latitudes existeraient, plus régulières seulement qu'aujourd'hui, et les différences de climat ne tiendraient qu'à l'obliquité croissante des rayons solaires à mesure que l'on s'avancerait vers les pôles, ces rayons n'étant verticaux qu'à l'équateur. Dans ces conditions, la zone équatoriale percevrait une somme de chaleur égale à celle qui lui est maintenant départie ; les nuits n'étant longues nulle part, nulle part aussi la terre ne se refroidirait assez pour présenter des glaces polaires, tandis que les courants marins et atmosphériques tendraient à uniformiser partout les climats. Les zones moyennes sur un globe ainsi disposé auraient une température douce, mais sans chaleur, et les régions polaires, faiblement, mais sans cesse éclairées, seraient enveloppées d'un voile de vapeurs brumeuses.

Ces hypothèses cosmiques reposent pourtant sur des fondements sérieux, puisque l'astronomie en atteste la réalité pour d'autres astres que le nôtre. Nous n'avons pas le droit d'avancer, il est vrai, que la terre ait traversé de pareils états et que l'axe du globe ait jamais subi des déplacements. Ce serait une conjecture que la science positive combattrait, et qui d'ailleurs ne serait appuyée par aucun indice direct. Le phénomène est par lui-même des plus complexes et la direction de l'axe, nous l'avons vu, n'est qu'un des termes de la question ; s'il est resté immuable, comme tout porte à le croire, l'atmosphère terrestre et la chaleur solaire ont pu cependant varier dans de larges limites ; mais, avant de chercher des explications au phénomène, il faut avant tout rechercher en quoi il consiste et quels sont par conséquent les changements qui se sont opérés dans les climats ter-

restres, dans quel temps ils se sont produits, et quelle marche
ils ont suivie.

II

L'idée confuse que la terre a plusieurs fois changé d'aspect,
de climats et d'habitants est ancienne et pour ainsi dire légendaire.
On la découvre dans l'âge d'or des poëtes, dans les tableaux du
paradis terrestre, dans les rénovations cosmiques de Platon, enfin
dans cette opinion populaire, souvent répétée, que certaines cultures tendent à reculer de siècle en siècle par suite d'un abaissement graduel de la température. Arago, reprenant cette thèse
pour la combattre dans l'*Annuaire du Bureau des longitudes*
de 1834, s'est attaché à prouver au contraire que, depuis les
temps historiques les plus reculés, la Syrie et l'Égypte ont gardé
absolument le même climat, puisque maintenant comme autrefois la vigne et le palmier y mûrissent simultanément leurs
fruits, tandis qu'il aurait suffi d'une faible modification calorique
en plus ou en moins pour exclure l'une ou l'autre de ces deux
essences. Les observations d'Arago, adoptées depuis par Forbes,
sont justes, si l'on considère les quatre ou cinq mille ans auxquels elles s'appliquent ; mais les découvertes de ces dernières
années n'en démontrent pas moins qu'en s'écartant un peu au
delà de cette limite dans le passé, on remarque des vestiges de
changements climatériques considérables. Pour cela, il n'est pas
nécessaire de s'adresser aux époques géologiques les plus anciennes : ces sortes d'indices sont bien plus récents, et, pour les constater, il suffit de se reporter à un temps déjà éloigné, si l'on
compte les siècles, mais d'un éloignement relatif très-modéré en
définitive, car la présence de l'homme y a été signalée avec
certitude.

Lorsqu'on s'attache à l'ensemble de cette période que les géologues ont nommée *quaternaire*, on est frappé de l'accroissement
très-sensible de l'humidité sur toute la face de notre hémisphère
et probablement dans le monde entier par rapport à l'état hygro-

métrique actuel. En Europe, les fleuves ne sont que des ruisseaux
en comparaison de ce qu'ils étaient alors. La plupart, réduits à
un mince filet d'eau, se sont creusé un sillon au milieu des
déjections de l'ancien lit. Les berges actuelles montrent sur leur
tranche des lits horizontaux de sable, d'argile et de cailloux
roulés ; comme ces lits se correspondent exactement d'un bord
à l'autre, il est aisé de rétablir leur continuité et de reconstituer
l'ancien fleuve. On reconnaît souvent alors qu'il remplissait la
vallée entière, là où son courant cache maintenant à un niveau
inférieur le volume amoindri de ses eaux. Il en est ainsi non-
seulement du Rhône et du Rhin, qui descendent des Alpes, mais
encore de la Seine, de la Somme et de leurs moindres affluents.
L'Yonne, aujourd'hui faible rivière, a charrié autrefois jusqu'à
Auxerre des blocs entraînés des hauteurs du Morvan. La Crau
de Provence n'est que l'embouchure du Rhône primitif ; elle
s'étendait sans discontinuité des environs d'Istres et de Foz
jusque dans l'Hérault. Sur tout cet espace, d'énormes cailloux
roulés de quartzite alpin attestent la puissance des anciennes
eaux. Quelle force d'impulsion ne leur fallait-il pas pour remuer
et polir de pareilles masses et les mouvoir, sur un plan très-peu
incliné, à plus de soixante lieues de leur gisement d'origine ! Ce
n'étaient pas seulement les courants, c'étaient encore les sources
qui répondaient à cette extrême abondance des eaux. Un ingénieur
de mérite, M. Belgrand, a remarqué que, même aux environs
de Paris, où le climat est demeuré relativement humide, leur
point actuel d'émergence était toujours très-inférieur au niveau
du surgissement primitif ; leur volume est aussi bien diminué, et
le premier phénomène est la conséquence du second. En effet,
on conçoit que les sources, en s'affaiblissant, coulent toujours en
contre-bas de l'endroit où elles jaillissent, lorsqu'elles sont dans
toute leur force. Sur tout le sol français, dans l'Europe méridionale et jusqu'en Algérie, les anciennes sources, déchues de leur
puissance, ont laissé des vestiges grandioses de ce qu'elles ont
été ; ce sont les dépôts de tufs qu'elles ont accumulés. Ces tufs
constituent parfois de véritables montagnes ou de vastes plateaux.

L'abondance des eaux était alors universelle. Les mêmes phénomènes, plus marqués encore par le contraste de l'état antérieur
avec l'état actuel, ont été observés en Égypte, en Syrie et en
Arabie, régions où de nos jours les pluies sont rares ou même
inconnues. Qui n'a entendu parler des *fleuves sans eau* des déserts
égyptiens? M. Louis Lartet a signalé de nombreux indices d'anciennes sources et d'anciens courants sur le rivage occidental de
la mer Morte (1). L'abaissement successif du niveau de cette mer
est uniquement dû à la pénurie des eaux, jadis bien plus abondantes, ainsi que le prouve la disproportion des rivières actuelles,
presque toujours à sec, avec la grandeur de leur lit et les alluvions auxquelles elles ont originairement donné lieu (2). Le
missionaire Huc, en traversant l'Asie centrale, a été frappé du
même spectacle. Il est impossible de ne pas conclure de tous ces
faits que l'humidité générale a été beaucoup plus considérable
à une époque immédiatement antérieure à la nôtre, et que
cette humidité correspondait sans doute à une autre nature de
climat.

Il s'agit de rechercher quel était ce climat. Était-il plus chaud
ou plus rigoureux que le nôtre? *A priori* et en dehors de toute
autre considération, l'abondance des eaux impliquerait l'existence
d'un climat égal et tempéré, puisque sous nos yeux l'extrême
humidité amène le plus souvent ce résultat. Cependant deux
écoles se sont formées et ont posé des conclusions contradictoi-
res, au moins en apparence.

L'étude des anciens glaciers est certainement une de celles
qui honorent le plus l'esprit scientifique de notre temps. Les
noms d'Agassiz, Escher de la Linth, Sartorius, Martins, Desor et
de bien d'autres y demeurent attachés; c'est elle qui a donné la
clef du transport des blocs erratiques dans le nord de l'Europe,
aussi bien que dans la région des Alpes. Elle a fait voir qu'à un
moment donné les glaciers du mont Blanc s'étendaient jusqu'au
Jura, et M. A. Falsan les a suivis dernièrement jusqu'auprès de

(1) *Géologie de la Palestine .— Annales des sciences géologiques*, I, p. 323.
(2) *Ann. des sc. géol.*, I, p. 282.

Lyon. Les Vosges avaient leurs glaciers; celui d'Argelès, dans les Pyrénées, décrit par MM. Martins et Collomb, présentait des dimensions colossales ; il en a été signalé des vestiges authentiques dans la Lozère et le Cantal. La Scandinavie, se dressant alors au sein de la Baltique, comme le fait le Spitzberg dans l'océan Boréal, prolongeait jusqu'à la mer les parties inférieures de ses glaciers.

C'est donc justement que la période correspondant à ces phénomènes a pris le nom de *glaciaire*, c'est bien la période des glaciers, rien de moins contestable, et les glaciers modernes ne sont que les restes amoindris de ceux d'autrefois ; mais on a été plus loin, on a voulu inférer de tous ces faits l'existence d'une période de refroidissement et en étendre les effets à la terre entière. Le célèbre Lyell en Angleterre, Escher et Heer en Suisse, remarquant sur bien des points les traces du froid et des phénomènes qui lui servent d'indice, ont été portés à en généraliser l'existence. Voici les raisons qu'ils donnent : les rennes, les bœufs musqués, les marmottes, animaux maintenant relégués sur les hautes montagnes ou dans l'extrême Nord, habitaient alors les plaines de l'Europe centrale ; les coquilles arctiques peuplaient les mers d'Angleterre ; le pin des tourbières, les sapins. les bouleaux, les mousses des régions froides formaient le fond de la végétation ; les plantes de Laponie et de Norwége étaient sans doute répandues partout : ce sont elles justement que l'on rencontre au sommet des Alpes, où elles ont dû s'y réfugier lorsque la température s'est adoucie de nouveau. Les grands animaux de cette époque, comme le mammouth et le rhinocéros à narines cloisonnées, étaient construits pour supporter un froid rigoureux, ainsi que l'atteste la toison épaisse dont ils étaient revêtus. D'ailleurs à quoi comparer l'Europe d'alors, sinon aux terres arctiques? Non-seulement l'analogie est frappante sous le rapport physique, mais les animaux et les plantes se trouvent en partie les mêmes.

Ce point de vue est celui où se place M. Heer dans son livre sur la *Suisse primitive*, et qu'a développé M. Martins, bien qu'avec plus de réserve, dans une série d'études insérées dans la *Revue des Deux Mondes*. Lorsqu'on y réfléchit cependant, il paraît difficile de comprendre comment une époque aussi rigoureuse aurait coïncidé justement avec le premier essor de la race humaine. On peut se dire aussi que les contrées alors soumises à l'action directe des glaciers, comme les massifs alpins et pyrénéens, ne sont guère susceptibles de nous instruire du véritable état de choses qui régnait dans le reste de l'Europe, pas plus que les abords immédiats des glaciers actuels ne donneraient la mesure des conditions climatériques propres à l'ensemble de notre continent. Du reste il est vraisemblable aussi que les troupeaux de rennes n'ont été refoulés par delà le cercle polaire, de même que le chamois sur le sommet des Alpes, que par le fait de l'homme. Sans lui, ces animaux fréquenteraient les plaines, au moins pendant l'hiver, et, dès que l'on admet une extension énorme des glaciers, y a-t-il lieu de s'étonner que les animaux et les plantes attachés à leur voisinage aient pu descendre avec eux jusque dans les vallées inférieures? Enfin les découvertes, en se multipliant, ont permis d'alléguer des faits entièrement contraires. Les restes de grands animaux recueillis dans les alluvions anciennes de la Seine et de la Somme, déterminés avec soin par M. E. Lartet et par M. A. Gaudry, ont démontré que les espèces considérées comme étant l'indice d'un climat très-froid se trouvaient associées à d'autres d'un caractère tout opposé. A côté du mammouth, on a rencontré l'éléphant antique, qui se rapprochait de celui de l'Inde ; l'hippopotame des fleuves africains peuplait les eaux de la Seine dans ce même temps représenté comme si froid, tandis qu'une coquille remarquable des bords du Nil (*Cyrene fluminalis*) se montrait dans la Somme, et que l'hyène du Cap fréquentait la France méridionale. L'examen de la végétation forestière, dont les tufs contemporains de ces animaux renferment beaucoup de débris, conduit aux mêmes résultats : la vigne, le laurier et le figuier s'y présentent en abondance nonseulement dans le midi de la France, mais aussi à Moret, près de Paris ; on y observe même le laurier des Canaries, bien plus délicat que le nôtre. Les arbres du Nord à la même époque étaient des pins, des tilleuls, des érables, des chênes.

Il est impossible de se refuser à l'évidence, le climat boréal ainsi que les animaux et les plantes arctiques n'existaient alors que dans le voisinage des glaciers eux-mêmes. En les quittant, on aurait rencontré au sein des vallées inférieures un climat plus doux, mais aussi bien plus humide que le nôtre. Entre des manières de voir si divergentes, la conciliation n'est pas impossible depuis que le docteur Hochstetter a rendu compte des observations de M. Haast sur les glaciers de la Nouvelle-Zélande. Ces glaciers, situés sous une latitude moins avancée que ceux de nos Alpes et disposés sur les flancs de cimes bien moins élevées, descendent pourtant beaucoup plus bas au fond de vallées dont le climat est à la fois très-tempéré et très-humide. Des essences délicates, même des fougères en arbre, peuplent ces vallées de la Nouvelle-Zélande, à une faible distance des masses glacées, et les deux extrêmes se rencontrent. C'est donc à ce dernier résultat que nous amènent toutes les considérations réunies : beaucoup plus d'humidité, mais aussi plus d'égalité et même d'élévation calorique dans le climat, dès que l'on s'enfonce dans le passé de notre globe. C'est un premier point qui demeure acquis : mais tous les autres vont suivre, et nous les verrons s'enchaîner dans une progression constante et régulière. Le mouvement en effet ne s'arrête pas, et de plus il n'a rien d'oscillatoire ; il se déroule en remontant d'âge en âge par une marche que rien ne semble entraver.

Nous n'avons effectivement qu'à nous transporter un peu plus loin dans l'époque immédiatement antérieure à l'extension de la race humaine (1), pour constater le progrès manifeste de la chaleur. La moyenne de chaleur annuelle indispensable pour faire végéter les lauriers, les vignes et les figuiers que nous venons

---

(1) C'est la période que les géologues nomment *pliocène* ou la partie la plus récente de l'âge *tertiaire*, âge dont la période *miocène* forme le milieu et la période *éocène* la partie la plus ancienne (consulter le tableau « des terrains et des périodes » placé au commencement de la seconde partie : « Notions préliminaires ».)

d'observer en France pendant le *quaternaire*, ne saurait être évaluée à moins de 14 à 15 degrés centigrades. En nous plaçant en
pleine période *pliocène*, c'est auprès de Lyon que nous rencontrons ces mêmes végétaux, auxquels il faut en ajouter d'autres
d'un caractère encore plus méridional. Le laurier-rose fleurissait
alors sur les bords de la Saône et s'y mariait au laurier et à l'a-
vocatier des Canaries, au bambou, au magnolia, au chêne vert.
Cet ensemble, composé d'essences dont les exigences climatériques sont faciles à apprécier, assigne à la contrée qui les comprenait une moyenne annuelle de 17 à 18 degrés centigrades. La
moyenne actuelle de Lyon étant de 11 degrés centigrades seulement, on peut aisément juger de la différence qui sépare les
deux époques. Cette différence ne saurait d'ailleurs être fixée
d'une façon plus précise, puisque l'on connaît très-bien le degré de chaleur nécessaire pour que le laurier-rose développe
ses fleurs et le degré de froid suffisant pour faire périr l'avoca-
tier des Canaries. Le climat qui permettait à ces deux arbres
de se trouver réunis dans une même contrée peut être défini
avec autant de certitude que s'il s'agissait de celui d'un pays que
nous habiterions.

Il est vrai qu'au moment où les espèces actuelles disparaissent
pour faire place à d'autres plus ou moins éloignées de celles-ci
ou même ayant appartenu à des genres particuliers, il est plus
difficile de se prononcer sur la nature du climat contemporain
de ces espèces ; les conclusions que l'on proclame devraient, à ce
qu'il semble, perdre de leur netteté dès que les indices sur lesquels le calcul se base deviennent moins précis. En réalité, le fil
de l'analogie est un guide tellement sûr, un moyen d'investigation si puissant, qu'il s'amincit sans se rompre, et que l'observateur qui en est muni, même en accordant une large part à l'in-
certitude, parvient encore à de surprenants résultats. En effet, ce
sont non pas seulement les espèces, mais encore les genres et les
familles dont les aptitudes, lorsqu'elles sont bien déterminées,
permettent de définir la nature du climat propre au temps où ils
ont vécu. Les palmiers, les camphriers, les cannelliers, les ba-

naniers, les dragonniers, les baquois, les cycadées et plusieurs autres catégories de végétaux sont trop exclusivement caractéristiques des régions chaudes pour ne pas trahir les mêmes exigences dans le passé. Le naturaliste qui constate l'existence de l'un de ces groupes ne saurait donc errer que dans de faibles limites, et, dans un pareil ordre de recherches, c'est déjà beaucoup que d'atteindre à la vérité approximative.

Non-seulement le chiffre qui exprime le climat de Lyon à l'époque *pliocène* se trouve plus élevé que celui qui s'appliquait aux environs de Marseille pour l'époque *quaternaire*, mais, au lieu de correspondre au 43ᵉ degré de latitude, ce chiffre plus élevé coïncide avec le 46ᵉ ; il marque ainsi une progression de la chaleur, ou *processus calorique*, dans le sens des latitudes, qui tend à faire remonter vers le nord les hautes températures à mesure que l'on s'enfonce dans le passé. Cette progression est naturellement bien plus sensible lorsqu'on aborde le *miocène*, période antérieure au *pliocène*, et précédée elle-même d'une période plus chaude encore que l'on désigne sous le nom d'*éocène*.

Ici les documents abondent dans l'hémisphère boréal tout entier. Ce n'est plus un point isolé comme Lyon, ou Paris, dont il est possible de déterminer le climat, c'est la série presque entière des latitudes, du 40ᵉ au 80ᵉ degré, que l'on a réussi à reconstruire, grâce aux immenses travaux poursuivis par M. Heer depuis dix ans. Une circonstance heureuse est venue accroître le nombre et la valeur des documens relatifs au climat *miocène*, ce sont les découvertes de plantes fossiles faites sur plusieurs points des régions polaires, et qui devront, à raison de leur importance, nous arrêter quelque peu.

Les terres polaires arctiques sont disposées au nord des deux continents de manière à circonscrire une grande mer intérieure dont la partie centrale, jusqu'à présent inaccessible, comprend le pôle lui-même. Cette mer communique avec l'océan Pacifique par le détroit de Behring, avec l'Atlantique par plusieurs passes. La plus large, située entre l'Islande et la Norvége, donne accès vers l'archipel du Spitzberg, dont la pointe septentrionale dépasse au nord le 80ᵉ parallèle, et marque jusqu'ici le point le plus avancé qu'il ait été donné à l'homme d'atteindre (1). La plus grande largeur de cette mer, en la supposant libre vers son milieu, mesurerait environ 40 degrés ou plus de 1,000 lieues entre le cap Nord et le détroit de Behring. Cette largeur serait de 30 degrés seulement en partant du cap Taymir, à l'extrémité de la Sibérie, pour aller aboutir à l'embouchure du fleuve Mackensie, sur la côte américaine opposée. Au point de vue climatologique, la région polaire est circonscrite de tous côtés, vers le sud par une ligne imaginaire, sinueuse, et qui coïncide très-imparfaitement avec le cercle polaire. Cette ligne passe par tous les lieux où la moyenne de chaleur annuelle se réduit à 0 degré, c'est-à-dire où le froid hibernal est assez fort pour annuler la chaleur de l'été. La limite de la végétation arborescente dessine une ligne généralement intérieure par rapport à la précédente, sinueuse et irrégulière comme elle, en deçà de laquelle on ne rencontre plus que des plantes herbacées, et qui constitue en réalité la véritable frontière de la région arctique (2). Les parties boréales de la Sibérie, du Canada et de l'Amérique anglaise sont ainsi englobées dans les parages qui cernent cette méditerranée du Nord, et lui font une enceinte non-seulement sans verdure, mais pour ainsi dire sans rivages, puisque les glaces, en s'accumulant, cachent partout la limite réciproque des terres et des mers.

On est resté longtemps en effet sans pouvoir déterminer d'une façon exacte la nature et l'étendue des archipels compliqués dont

(1) Du côté du canal de Smith et par la terre de Grinnel, l'homme a cependant atteint le 82ᵉ degré.

(2) Ces deux lignes sont très-loin d'être concentriques ; leurs sinuosités, au lieu de se correspondre, dessinent des écarts en sens inverse, enfin elles se croisent sur plus d'un point. Ces irrégularités proviennent de ce que la végétation arborescente peut se maintenir malgré des froids très-violents, pourvu que la chaleur estivale soit assez intense et assez prolongée pour permettre au *ligneux* de se former et de se consolider chaque année. C'est ce qui arrive dans la Sibérie septentrionale, tandis que l'île des Ours et même l'Islande sont dépourvus d'arbres, parce que les étés y sont sans chaleur, bien que les hivers y soient relativement modérés. Les arbres cessent dans le Labrador dès le 57ᵉ degré de latitude, tandis que dans la Laponie suédoise on en voit encore au delà du 70ᵉ degré.

cette mer est parsemée. Nous connaissons le Spitzberg, situé sur
le prolongement de la Scandinavie, et l'Islande, placée beaucoup
plus au sud, presque en dehors du cercle polaire. A l'ouest de ces
îles s'étend le Groënland, sorte de petit continent polaire, plus
grand que l'Italie, la France et l'Allemagne réunies, et dont la terminaison septentrionale n'est pas encore bien fixée. A l'occident
du Groënland, la baie de Baffin, dans laquelle on pénètre au sud
par le large détroit de Davis, et que ferme au nord le détroit de
Smith, forme une mer particulière, limitée sur le bord occidental
par de grandes îles que divisent des passes étroites et sinueuses, le
plus souvent soudées par des glaces. Une d'elles, plus large et
plus praticable, constitue le canal de Lancastre, par où l'on abou-
tit au détroit de Barrow, et par celui-ci enfin à une autre mer intérieure, moins étendue que la baie de Baffin, et qu'entourent plusieurs archipels. C'est au nord l'archipel des îles Parry avec les
trois grandes îles Bathurst, Melville et Prince-Patrick, à l'ouest
la terre de Banks et celle du Prince-Albert, et au sud-est, presque
à l'entrée du détroit de Barrow, l'île Sommerset et celle du Prince-
de-Galles. En sortant par le détroit de Banks, situé entre l'île de
ce nom et celle de Melville, si l'on dépasse l'île de Prince-Patrick, on retrouve, à ce qu'il paraît, la mer libre ; mais ce mot
de libre peut-il être employé ? Les voyageurs qui, au péril de
leur vie, comme Ross, Parry, Mac-Clure et Ingefield, ou en la
sacrifiant, comme Franklin et Bellot, ont exploré ces régions, ont
toujours vu la mer se fermer à la fin devant eux. Ce n'est qu'au prix
de fatigues inouïes, en hivernant chaque année, en choisissant
même la saison froide pour parcourir en traîneau d'immenses
étendues glacées, qu'ils ont pu enfin relever les traits géographiques de ces régions et former des collections d'histoire naturelle dont les musées de Londres, de Dublin, de Copenhague et
de Stockholm ont recueilli la meilleure part. On conçoit combien sur
ces terres désolées, où les épaves de la mer offrent le seul moyen
de se procurer du bois, la vue des restes évidents d'une puissante
végétation a dû frapper tous les voyageurs. Les troncs fossiles,
tantôt à demi charbonnés, tantôt pénétrés de sucs calcaires ou

ferrugineux, ont presque partout conservé leur apparence ; ils semblent parfois entassés régulièrement par la main du bûcheron qui les aurait coupés ; les feuilles, les fruits, à l'état d'empreintes, ont encore leur forme et leurs nervures. A les voir accumulés en si grand nombre, on croirait fouler le sol d'une forêt récemment dépouillée. Mac-Clure et le docteur Armstrong parlent avec étonnement, dans leurs relations, des amas de bois à moitié pétrifiés qu'ils rencontrèrent sur la côte nord-ouest de la terre de Banks. Ces bois couvraient les flancs d'une série de collines solitaires, au fond d'un paysage tristement encadré par un entassement confus de pics bizarres dont la neige fraîchement tombée blanchissait la cime. Les troncs étaient couchés dans le plus grand désordre, et au milieu d'eux on apercevait çà et là des souches et des rejetons encore en place. Ces découvertes ne sont pas isolées ; il semble que cette nature polaire, autrefois vivante, se soit endormie à un moment donné. Elle est demeurée depuis lors ensevelie sous la glace, comme Herculanum sous la cendre ; rien n'a plus vécu dans l'extrême Nord, mais aussi rien n'a changé ; l'ancien aspect demeure pétrifié, mais intact, là où le frottement de la glace ne l'a pas enlevé. En pénétrant au fond de certaines vallées écartées, en gravissant ces pentes désertes semées des ruines de la nature, c'est vraiment le sol d'autrefois que l'on foule ; ces troncs, ces feuilles, tous ces débris des anciennes forêts, n'ont éprouvé d'autre changement que celui qu'ils doivent aux eaux calcaires ou ferrugineuses qui sont venues les durcir et les incruster.

L'un des principaux gisements est situé sur la côte occidentale du Groënland, à Atanekerdluk, par 70 degrés de latitude, dans la presqu'île de Noursoak, que domine du côté de la terre un énorme glacier. Près du rivage, les tronçons de bois fossile alternent avec des lits de charbon qui ont été exploités à plusieurs reprises ; mais si l'on gravit un ravin escarpé, à une hauteur de 1,000 pieds anglais, on trouve des lits entièrement pétris de feuilles et d'autres débris empâtés dans une roche en grande partie ferrugineuse. La masse des feuilles entassées est vraiment surprenante ; des troncs encore en place, des fruits, des fleurs, des insectes, les accompagnent, et attestent qu'il s'agit bien d'une végétation développée sur les lieux mêmes. Là, selon M. Heer, s'élevait une vaste forêt où dominaient les séquoias, les peupliers, les chênes, les magnolias, les plaqueminiers, les houx, les noyers et bien d'autres essences. L'Islande et le Spitzberg ont également fourni un grand nombre de végétaux aujourd'hui entièrement absents de ces parages. Ceux de l'Islande, où ne croissent plus maintenant que de maigres bouleaux et seulement dans les parties méridionales de l'île, ont donné lieu, en se décomposant, à un charbon tourbeux, nommé *surturbrand*, que les habitants utilisent comme combustible, et que séparent des lits de tuf où les feuilles ont laissé leurs empreintes. L'exploration des richesses paléophytologiques du Spitzberg, le long de la côte occidentale, est surtout due aux efforts du célèbre voyageur suédois Nordenskiöld, qui, au prix de beaucoup d'efforts et de temps, en a rapporté des plantes de toutes les époques, houillères, jurassiques, crétacées, tertiaires. Les plantes jurassiques proviennent du cap Boheman (78°, 24'); les plantes crétacées du cap Staratschin, près de la baie Verte (78°); les plantes tertiaires d'un grand nombre de points, soit à l'entrée de la baie de la Cloche (77°, 30'), près du cap Lyell, soit au fond de cette baie, le long de la baie secondaire de Van-Mijen, soit encore sur la côte méridionale du fiord des Glaces, vers la montagne de Heer (78°, 10'); soit enfin plus loin vers le nord, à la baie du Roi, vers le 79° degré de latitude. De ces divers points nous sont venus non-seulement des vestiges de plantes aquatiques : potamots, nénuphars, joncs, etc., mais des empreintes de cyprès chauve, de thuya, de pins et de sapins, puis de nombreuses traces de platanes, de tilleuls, d'érables, de sorbiers, même de magnolias, espèces bien reconnaissables, qui formaient de grandes forêts et qui s'avançaient jusqu'aux approches du 80° degré, sans rien perdre de leur puissance. On voit que les eaux ruisselaient autrefois sur le sol arctique, et remplissaient le fond des vallées de lagunes bordées d'une riche ceinture de végétaux arborescents.

Mais la constatation de cet ancien état de choses n'était qu'un

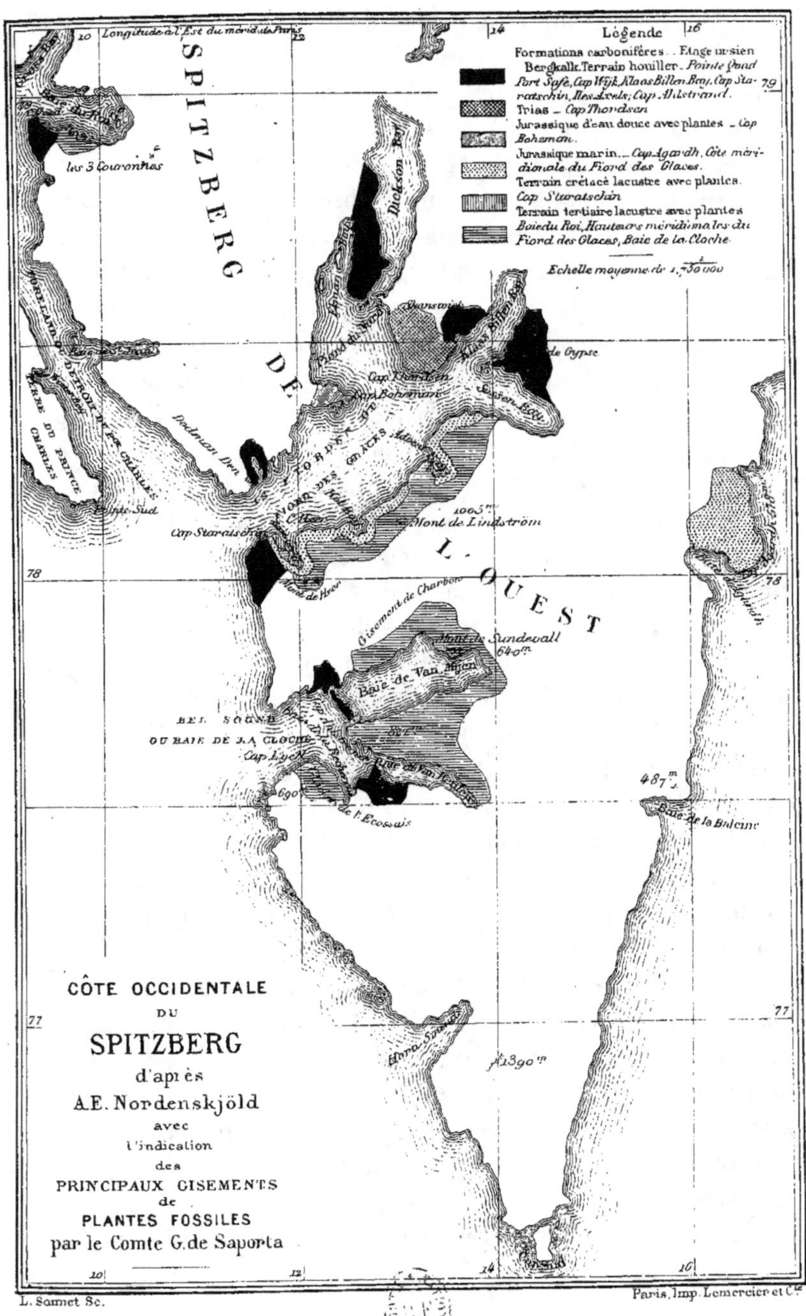

L. Sonnet Sc.   Paris, Imp. Lemercier et C.ⁱᵉ

premier pas ; il fallait qu'une science sûre d'elle-même vînt prononcer en dernier ressort sur la signification de tant de débris. Un dépouillement du dossier polaire était nécessaire pour en saisir le sens et en déterminer l'âge, c'est-à-dire pour établir l'époque avancée ou reculée, primitive ou récente, à laquelle on devait les rapporter. La tâche immense de classer les collections arctiques, dévolue à M. le professenr Heer, de Zurich, a exigé de sa part des années de labeur ; mais elle a conduit à des résultats décisifs, et ce savant a constaté, en publiant toutes ces plantes, que beaucoup d'entre elles appartenaient à la végétation *miocène*, végétation déjà étudiée en Europe, la mieux connue et la plus généralement répandue de toutes celles des anciens âges.

L'une des conséquences des recherches de M. Heer est la certitude, désormais acquise à la science, du non-déplacement de l'axe terrestre. Le pôle, pour mieux dire, occupait dans l'âge tertiaire le même point géographique que de nos jours. Les latitudes étaient aussi disposées dans le même ordre ; seulement toutes recevaient plus de chaleur, et par suite la ligne des tropiques remontait bien plus loin dans la direction du nord. La différence, lors de la période *miocène*, peut être évaluée à 25 ou 30 degrés de latitude en ce qui concerne les régions boréales, c'est-à-dire qu'il faut aujourd'hui descendre jusqu'au 40° ou 45 degré pour retrouver la température et la végétation qui existaient alors vers le 70° degré dans le Groënland. L'immutabilité du pôle ressort de la comparaison des plantes *miocènes* recucillies sur les bords du fleuve Mackensie et dans le territoire de l'Alaska (Amérique russe) avec celles du Spitzberg, de l'Islande et du Groënland. Les plantes des premières localités se trouvent séparées de celles de l'Islande et du Spitzberg par près d'une demi-circonférence du cercle polaire, et leur longitude s'écarte d'au moins 80 degrés de celle des côtes occidentales du Groënland. Cependant partout se montrent les mêmes combinaisons végétales et en partie les mêmes espèces. Ces espèces, comme d'autres maintenant à leur place, caractérisaient par leur présence les régions arctiques tertiaires, et quelques-unes paraissent leur avoir été spéciales. Ce n'étaient pas, il est vrai, ces rares gazons, ces plantes naines et rampantes, ces fleurs aux teintes pâles, rapidement écloses sous l'influence des courts étés de notre pôle ; ce n'était pas même cette verdure sombre que les sapins prêtent à des régions déjà moins rudes, et dont la sévère beauté n'efface point le caractère morne. C'étaient de puissants tilleuls, des ormes, de grands érables, des houx, des bouleaux et des charmes, des aunes et des peupliers au feuillage mobile ; c'était plus encore, puisqu'au milieu de ces arbres on aurait admiré les mêmes séquoias, les mêmes cyprès chauves qui habitent la Louisiane et la Californie, des platanes, des chênes, des magnolias et des tulipiers presque semblables à ceux de la partie méridionale des États-Unis. Cet ensemble s'étendait sans interruption, servant de ceinture au pôle *miocène*, présentant la même unité de caractère et presque la monotonie qui distinguent encore la végétation polaire, sur quelque point de son domaine qu'on aille l'observer. En effet, la conformité des conditions extérieures se traduit toujours par l'uniformité de physionomie des êtres vivants qui s'y trouvent soumis.

Voici, à propos même de cette uniformité, une remarque due à M. Heer, et qui met dans tout son jour l'esprit ingénieux de ce savant. Les plantes de l'Alaska sont trop pareilles à celles du Mackensie et celles-ci aux plantes d'Atanekerdluk pour ne pas dénoter l'existence d'un climat identique sur tous ces points supposés contemporains. Or leur latitude respective diffère d'une manière sensible ; elle est de 57 degrés pour les îles Sickta dans l'Alaska, de 65 degrés pour le gisement du Mackensie, de 70 degrés pour celui du Groënland. Une concordance aussi complète, malgré un écart aussi prononcé dans la situation géographique, est attribuée par M. Heer à l'inflexion des lignes isothermes *miocènes*, inflexion en rapport sans doute avec la distribution ancienne des terres et des mers, et qui ne serait pas sans analogie avec ce qui existe de nos jours, où l'isotherme de 0° s'éloigne peu du 55ᵉ parallèle dans le centre de deux continents, tandis qu'il dépasse le 70ᵉ à la hauteur du cap Nord.

Il ne nous reste plus maintenant qu'à suivre l'ordre des latitudes *miocènes*, en marquant le degré de chaleur assigné à chacune d'elles à partir de la plus avancée vers le nord. Les plantes miocènes les plus voisines du pôle que l'on ait observées jusqu'ici ont été rapportées, par le capitaine Feilden, du Grinnel-Land ou Terre de Grinnel, située au nord du détroit de Smith, vers le 82ᵉ degré parallèle. Sur ce point, qui n'est plus séparé du pôle que d'environ 200 lieues, il existait encore de grands arbres, principalement des conifères, parmi lesquelles on remarque notre *sapin argenté* et le cyprès chauve d'Amérique. Un peuplier, un noisetier, un bouleau, des viornes étaient associés à ces essences résineuses, et les eaux qui s'étendaient à leur pied voyaient s'épanouir à leur surface les fleurs d'un nénuphar (*Nymphæa arctica*, Hr.), tandis que leurs bords se couvraient d'une légion de roseaux. C'est à peu près le climat actuel des Vosges, des montagnes boisées du Wurtemberg et de la Saxe, contrées où le sapin argenté se trouve effectivement associé au bouleau, au tremble et au noisetier; la température annuelle oscille dans ces pays entre 7° et 8° centigrades, et cette moyenne doit être considérée comme applicable probablement à la Terre de Grinnel, au commencement de l'âge miocène. La moyenne annuelle du Spitzberg pour cette époque est évaluée par M. Heer à un minimum de 5 degrés 1/2 même centigrades ; mais il est bien plus vraisemblable de porter cette moyenne à 8 degrés, peut être même jusqu'à 9, lorsque l'on considère les essences qui prospéraient alors dans cette région, particulièrement le platane, le cyprès chauve et jusqu'à des magnolias à feuilles caduques. La moyenne actuelle étant de — 8°,6 centigrades suivant les observations de M. Martins, la différence entre le climat miocène et le climat moderne serait de 15 degrés au moins, plus probablement de 17 à 18 degrés, en se plaçant vers le 80ᵉ degré de latitude.

Certaines essences méridionales, spécialement les magnolias à feuilles persistantes, étaient dès lors exclues du Spitzberg. Ces essences se montraient dans le Groënland vers le 70ᵉ degré, c'est-à-dire 10 degrés plus au sud. Les espèces de cette contrée se rapprochaient beaucoup de celles qui habitent maintenant les États-Unis vers le 40ᵉ degré parallèle. Après une étude attentive, M. Heer assigne à cette partie du Groënland *miocène* une moyenne annuelle de 9°,7 centigrades, qu'il faut, selon nous, relever jusqu'à 12 degrés au moins pour être dans la vérité des faits. La région où les séquoias, les magnolias, les plaqueminiers et les vignes se mêlent aux érables et aux chênes possède cette température dans l'Ohio et la Californie. Le climat présumé de l'Islande à la même époque n'apporte à ces chiffres que bien peu de changements; mais on en remarque d'évidents en atteignant le 55ᵉ degré, aux environs de Dantzig, où les plantes *miocènes* abondent dans les terrains qui renferment l'ambre jaune, cette résine fossile qui découlait du tronc des thuyas tertiaires. Ici, l'on rencontre des lauriers, des camphriers, des cannelliers, des lauriers-roses, qui s'avançaient jusqu'à la région baltique, mais jusqu'à présent aucun palmier. Cette végétation diffère peu de celle que nous avons antérieurement signalée auprès de Lyon pour la période *pliocène;* elle indique par conséquent la même température de 17 à 18 degrés en moyenne. La progression calorique est donc parfaitement sensible ; elle mesure un espace de 10 degrés en latitude ou 250 lieues relativement au *pliocène;* elle équivaut à près de 400 lieues, si l'on se reporte au *quaternaire*, elle est au moins de 500 lieues eu égard aux temps actuels. Descendons un peu plus bas, et nous trouverons des palmiers, dont la limite septentrionale à l'époque *miocène* coïncidait avec le nord de la Bohème, les provinces rhénanes et la Belgique, c'est-à-dire à peu près avec le 50ᵉ parallèle. Nous obtenons par là une moyenne annuelle probable de 20 degrés centigrades pour cette latitude. La température de l'Europe centrale et méridionale dans la même période accuse un caractère tropical, attesté par de nombreux exemples. Elle a été évaluée par M. Heer à 22 degrés centigrades pour la Suisse ; en Provence, elle témoigne de la même élévation, et ne paraît pas s'accroître d'une manière appréciable lorsque l'on s'avance plus au sud pour se placer en Grèce ou en Asie Mineure, vers le 38e degré de latitude, où cependant on voit paraître une cycadée appartenant à un genre africain des mieux caractérisés, celui des *Encephalartos* dont l'espèce la plus septentrionale habite de nos jours la côte de Zanzibar. Tous ces pays faisaient alors partie au même titre de la zone tropicale, peut-être moins excessive que maintenant, mais certainement plus étendue dans la direction du nord, puisque la limite boréale des palmiers, au lieu de s'arrêter au 30e ou au 35e degré de latitude (1), comme maintenant, dépassait un peu le 50e.

Le tableau climatérique que nous venons d'exposer est le plus complet de ceux que la paléontologie est parvenue à composer jusqu'ici. En ce qui concerne les périodes plus anciennes que le *miocène*, nous n'avons encore que des observations éparses ; elles suffisent cependant pour démontrer que la progression de la chaleur ne cesse pas de] se prononcer dans le sens des latitudes, à mesure que d'un âge plus récent on passe à une période plus reculée et à raison même de cette ancienneté relative. Forcé de condenser en quelques pages des notions par elles-mêmes très-complexes, nous avons négligé de faire voir que dans les pays où les documents étaient les plus riches, comme la Suisse et le midi de la France, la période *miocène* se montrait d'autant plus chaude qu'on l'observait à un moment plus rapproché de son début. Dès que l'on aborde la période *éocène*, la multiplication et l'extension des palmiers dans le nord, la présence des pandanées, des bananiers et d'autres plantes exclusivement tropi-

(1) Je néglige quelques rares exceptions ; la principale nous est fournie par le *Chamærops humilis* ou *palmier nain*, qui s'avance jusqu'en Espagne et en Sicile, et se maintenait à l'état sauvage près de Nice il y a quelques années. C'est là plutôt un dernier vestige du retrait successif des palmiers, chassés de l'Europe par la rigueur croissante du climat. On sait que le dattier, dont la tige supporte sans périr plusieurs degrés de froid, ne mûrit parfaitement ses fruits ni dans l'Algérie proprement dite, ni même dans le Maroc (les dattes incomplétement mûres et presque dénuées de saveur des palmiers de Cannes et de Nice sont cependant susceptibles de propager l'espèce par le semis). La région où le dattier est cultivé pour ses fruits ne commence qu'au sud de l'Atlas avec les premières oasis, et plusieurs de ces oasis, situées dans de profondes dépressions, constituent pour ainsi dire un sol artificiel où se concentre une chaleur bien supérieure à celle de la contrée environnante.

cales jusque dans l'Angleterre et l'Allemagne du Nord obligent bien d'admettre une diffusion plus prononcée de la zone tropicale et l'existence d'une moyenne annuelle de 25 degrés centigrades pour tous les points du continent européen où notre investigation a pu porter. Parvenu à cette limite après avoir suivi pas à pas le mouvement qui pousse vers le nord la ligne des tropiques, il ne reste plus qu'à la voir s'avancer au delà même du cercle polaire, de manière à égaliser enfin tous les climats. C'est ce qui est arrivé effectivement, et quoique la pénurie relative des documents s'oppose à la détermination exacte du moment où le phénomène s'est réalisé, l'existence même n'en saurait être douteuse, tant les indices qui viennent à son appui sont sérieux et répétés.

Quoi qu'il en soit du moment précis, à l'époque de la *craie moyenne* (1), l'influence de la latitude est très-faible en Europe, bien qu'elle n'y soit pas entièrement nulle. On peut en juger par la comparaison des plantes cénomaniennes dè Bohême (50° lat.) avec celles qui ont été recueillies au Beausset, près de Toulon (43° lat.), à peu près sur l'horizon même géognostique. La flore de Bohême est celle des premières dicotylédones; on y observe un genre éteint caractéristique, celui des *Credneria*, puis d'autres types plus ou moins tropicaux, comme celui des *Hymenea* qui appartient à la tribu des légumineuses-cæsalpiniées , des *Aralia*, des *Magnolia*, des laurinées et des ménispermées; mais à côté de ces types on rencontre aussi un lierre (*Hedera primordialis*, Sap.) qui diffère très-peu de la race actuelle d'Irlande ; l'ensemble revêt un caractère évident d'opulence et de fraîcheur, qui dénote une végétation exubérante. Auprès de Toulon, 7 degrés plus au sud, on ne rencontre que d'assez rares dicotylédones ; les formes dominantes sont des conifères, parmi lesquelles on distingue un très-bel *Araucaria*, un genre éteint, celui des *Cyparissidium*, et ensuite des fougères aux frondes coriaces, de physionomie entièrement jurassique. Ici donc il semble que

---

(1) La période de la *craie* précède la période *éocène*, de même que la période *jurassique* précède celle de la *craie*.

l'on constate l'action d'un climat plus chaud, et la présence d'une flore moins transformée, plus rapprochée que celle du nord de l'Allemagne de la végétation des temps antérieurs. Les latitudes à ce moment commençaient à peine à se différencier; elles étaient encore voisines de l'égalité originaire et la flore elle-même devait garder dans le Midi bien des traits de cette uniformité première sur le point de disparaître. Il semblerait aussi que l'introduction des dicotylédones, qui constitue l'événement principal de cette période, se fût effectuée en marchant du nord vers le sud; les dernières découvertes sur la flore crétacée arctique autorisant cette pensée.

En effet, entre la Bohême cénomanienne et le gisement d'Atané dans le Groënland septentrional (70° lat.), qui se range à peu près sur le même niveau, la différence est peut-être moins prononcée qu'entre la première de ces localités et celle des environs de Toulon. Il existait alors des *Credneria*, un figuier, peut-être un bambou et une scitaminée dans la région circumpolaire; mais on n'y a rencontré jusqu'ici ni palmiers, ni laurinées à feuilles persistantes, à une époque où ces deux groupes commençaient à se montrer dans le centre et jusqu'au nord de l'Europe. Bien que rattachée par des liens directs à celle de l'Allemagne, la flore crétacée groënlandaise se distingue certainement de la première par son caractère tropical moins accentué et par la substitution, en ce qui concerne certains groupes, comme les sapins et les peupliers, des types particuliers à la zone tempérée boréale à ceux qui sont restés l'apanage exclusif des pays chauds. Mais à mesure que l'on s'enfonce vers le passé et que l'on marche vers une égalisation climatérique assez absolue pour que les mêmes végétaux se montrent indifféremment en Moravie ou en Saxe, dans la Suède centrale ou par delà le cercle polaire, on constate aussi un autre phénomène qu'il est indispensable de définir, puisqu'il donne peut-être la clef de tout le reste : la température ne semble plus augmenter; elle tend à devenir stationnaire, ou du moins à osciller dans de certaines limites. Une chaleur analogue à celle des tropiques submerge alors toutes les latitudes, elle se propage jusque dans l'extrême nord ; mais elle ne dépasse pas en intensité le degré nécessaire pour faire végéter des palmiers et des pandanées, et avant ces végétaux des cycadées, des fougères et des araucarias, c'est-à-dire des plantes qui sont loin d'exiger un degré de chaleur supérieur en moyenne à celui de la zone torride actuelle.

Le Groënland a encore fourni à M. Heer une preuve de l'égalisation relative des climats à l'époque de la *craie inférieure*. Une flore de cet âge a été observée à Kome, dans le golfe d'Omenak, par 70°,40' de latitude. Les espèces recueillies sont en grande partie identiques à celles que présente l'*urgonien*, un des étages inférieurs de la craie, dans le centre de l'Europe. Cependant une feuille isolée de peuplier et quelques sapins du groupe des *Tsuga* se trouvent associés dans certains gisements aux cycadées et aux fougères de la tribu des gleichéniées qui dominent l'ensemble. Ce mélange assurément fort remarquable peut-il être considéré comme le premier indice du refroidissement polaire commençant à se manifester? C'est fort possible et même probable ; cependant, pour ne négliger aucun des éléments qui touchent à une question aussi obscure, il faut ajouter que vers la même époque, dans le Hainaut en Belgique, et un peu plus loin dans le nord-ouest de la France, en Normandie et même en Angleterre, on observe également des pins de plusieurs sortes, des cèdres et même des sapins, caractérisés par leurs cônes : ainsi le contraste singulier qui ressort de l'association de ces arbres avec des *Araucaria*, des cycadées et des fougères tropicales n'a rien d'absolument particulier aux contrées arctiques de l'époque que nous considérons ; il se reproduisait ailleurs et n'était dû peut-être qu'à l'existence de régions montagneuses et boisées dont la trace aurait disparu. Ces cèdres et ces pins, malgré leur ressemblance extérieure si frappante avec ceux que nous possédons, auraient-ils différé beaucoup de ces derniers par leurs aptitudes et même par leur port? On serait fort embarrassé de répondre nettement à une interrogation de ce genre.

Il est vrai qu'à mesure que l'on remonte le cours des

âges, les paysages, à force de se modifier, prennent enfin une physionomie étrange, quelque chose de bizarre et d'inachevé dans les traits qui nous transporte en plein inconnu. C'est qu'en nous éloignant toujours davantage du temps présent, nous pénétrons enfin dans ce que l'on pourrait justement nommer le moyen âge de l'histoire du globe. L'époque *jurassique* présente ce caractère à un très-haut degré. L'égalité climatérique devient alors manifeste; elle ressort de l'observation des animaux comme de celle des plantes. Les reptiles, dont la classe dominait à cette époque, réclament une grande chaleur extérieure; elle seule, à défaut de leur sang, qui en est privé, communique de l'énergie à leurs mouvements, et favorise l'éclosion de leurs œufs. Les végétaux jurassiques recueillis dans l'Inde anglaise, dans la Sibérie et au Spitzberg, ainsi qu'en Europe, font voir de leur côté que rien ne distinguait à ce moment les flores des pays voisins de la ligne de celles de nos pays ou de l'extrême Nord, et que les différences, lorsqu'elles existent, portent sur les détails secondaires, mais non pas sur le fond.

En remontant plus haut, nous rencontrerions de nouveaux documents et de nouveaux phénomènes, mais aucun ne viendrait contredire la croyance à l'égalisation des climats par toute la terre et à l'influence d'une chaleur n'excédant nulle part certaines limites. Tout porte à penser cependant, lorsque l'on aborde le temps des houilles et l'âge le plus reculé de l'histoire des êtres organisés, que, si rien n'est changé relativement à l'action du foyer calorique qui inonde la terre entière de ses effluves, d'autres changements ont dû se produire, et qu'ils furent sans doute assez profonds pour imprimer à notre globe un aspect très-éloigné de celui qu'il a présenté depuis, et pour créer même des conditions d'existence dont rien ne saurait plus nous donner l'idée.

L'épaisseur beaucoup plus grande de l'atmosphère tamisant une lumière diffuse, chargée de brumes tièdes et lourdes; des étendues continentales amoindries et morcelées; le globe lui-même moins contracté et occupant une plus large surface; la chaleur intérieure enfin se manifestant au dehors par certains effets et sur certains points, telles sont les causes que l'on peut entrevoir comme ayant influé sur la constitution des climats tout à fait primitifs et présidé au développement des êtres les plus anciens ; mais ces causes, si l'on peut les entrevoir vaguement, on ne saurait les analyser, tout au plus pourrait-on insister sur certains faits qui paraissent s'y rattacher plus ou moins. Non-seulement les végétaux analogues à ceux des premiers âges recherchent l'ombre de préférence, comme le font les fougères, mais les races d'insectes les plus anciennes que l'on ait observées se tiennent et vivent maintenant encore dans l'obscurité, comme les blattes, les termites, les scorpions. M. Heer, à qui revient cette remarque, pense saisir dans les habitudes actuelles de ces petits êtres une tradition confuse de l'obscurité nébuleuse de ces premiers âges. La lumière, si amorti qu'en fût l'éclat, existait pourtant, comme le prouvent les yeux réticulés des trilobites. Il est vrai que les perceptions visuelles sont souvent obtuses chez les animaux inférieurs, lorsqu'elles n'y sont pas nulles, et la disposition de beaucoup d'entre eux à fuir une vive lumière, de même que la certitude que leur existence remonte généralement très-loin dans le passé, parlerait en faveur de l'opinion émise, d'ailleurs sous toutes réserves, par l'éminent professeur de Zurich.

La tendance de la vie à se localiser, dans les temps voisins de son apparition, est encore un phénomène qui se lie à des particularités de climat. Il est certain que les régions primaires sont vastes et fréquentes dans les alentours de l'équateur, et cependant sur ces terres demeurées à sec dès l'origine les traces d'animaux et de plantes terrestres, particulièrement les empreintes du temps des houilles, sont presque inconnues jusqu'à présent. Il se peut, suivant la belle pensée de Buffon, que la vie se soit montrée d'abord vers les pôles, et qu'elle y ait été cantonnée pour ainsi dire. La région où s'est formée la houille, et au sein de laquelle une végétation opulente s'est ici-bas développée pour la première fois, ne s'étendait pas cependant jusqu'au pôle même ; une mer immense

se prolongeait au nord du 76ᵉ degré, et ce n'est qu'au sud de
cette limite, dans les îles Melville, Bathurst et Prince-Patrick,
que l'on observe les dépôts de houille les plus septentrionaux.
Une zone occupant de l'est à l'ouest toute la terre, mais que bor-
nerait au sud le 40ᵉ degré parallèle, au nord le 76ᵉ, marquerait
assez exactement les limites de la région des houilles. On sait
qu'avant l'époque carbonifère les organismes terrestres ne se
montrent guère, soit qu'ils aient été encore très-rares, soit qu'aucune circonstance n'en ait favorisé la conservation. Les premiers
êtres sont marins, ils forment dans le terrain silurien cet ensemble
auquel M. Barrande a donné le nom de *faune primordiale*. Cette
première faune, suivie de plusieurs autres, est elle-même précédée des plus anciens vestiges de la vie organisée. Ici encore,
les indices de localisation paraissent évidents ; les organismes
primitifs se montrent de préférence dans le Canada et les États-
Unis, en Angleterre, en Bohême et surtout en Scandinavie, à
l'intérieur d'une bande qui ne s'écarte jamais beaucoup du 50ᵉ
degré de latitude. Cette zone peut être considérée comme correspondant à l'équateur de la *vie originaire*, comme la lisière qu'elle
aurait franchie avant de se déverser sur notre hemisphère, pour
de là se répandre de proche en proche et remplir ensuite toute
la terre.

III

Allons-nous maintenant déterminer la vraie cause de l'élévation de température des anciens climats ? Il faudrait pouvoir la
saisir ou tout au moins l'entrevoir, et jusqu'ici la science hésite
entre plusieurs solutions très-diverses. Elle n'ose faire un choix ;
il faut être modeste comme elle et se contenter de quelques réflexions générales, suivies de l'examen critique des systèmes
les moins invraisemblables par lesquels on a cherché à expliquer ce qui finira peut-être par s'expliquer de soi-même. Résumons ce qui précède.

L'universalité d'une chaleur égale, mais non excessive, partout le globe durant la plus grande partie des périodes anciennes,

la persistance de cette élévation calorique à travers bien des modifications organiques et d'innombrables variations partielles, ressortent pour nous de l'ensemble des faits et particulièrement de l'étude des végétaux fossiles les mieux connus. En effet, les fougères en arbre du premier âge n'ont pas exigé une plus grande somme de chaleur que les cycadées et les pandanées du second âge, les palmiers et les bananiers du troisième. Pendant très-longtemps, c'est-à-dire jusqu'au commencement du troisième âge, les végétaux observés au delà du cercle polaire sont pareils ou presque pareils à ceux de notre continent, et ceux-ci ne se distinguent pas de ceux de l'Inde. L'égalité est absolue, et l'élévation n'excède pas probablement 25 degrés centigrades en moyenne, 30 degrés au plus. Rien ne change à ces deux égards ; pourtant la lumière versée a dû être d'âge en âge plus vive et plus intense. A l'égale distribution de la chaleur accompagnée d'une lumière diffuse a succédé peu à peu une distribution de plus en plus inégale de la chaleur et de la lumière. Ainsi la nuit et le jour, l'hiver et l'été, auraient contrasté de plus en plus ; les latitudes et les climats se seraient différenciés et accentués toujours davantage, mais seulement à partir d'une certaine époque. Il est curieux de constater que cette époque est justement celle où les animaux à sang chaud ont commencé à se répandre et à se multiplier. L'incubation et la gestation ont chez eux, il faut le remarquer, pour but immédiat de procurer à leurs produits une période de chaleur égale et artificielle, absolument indépendante de la variation des milieux. L'ovulation est au contraire à peu près toujours extérieure, et l'éclosion dépendante du climat chez les reptiles, dont le règne précède celui des mammifères. Chez eux aussi la ponte marque ordinairement le terme des relations entre la femelle et ses petits.

La marche de tous ces phénomènes n'aurait rien d'obscur par elle-même, si l'on ne se demandait instinctivement la cause qui a pu les engendrer. Est-ce dans la terre même, est-ce dans le soleil ou dans l'espace qu'il faut la rechercher ? Nous avons vu que le climat se composait de plusieurs facteurs, et qu'il suffisait de la modification de l'un d'eux pour entraîner le changement de tous les rapports. D'ailleurs on conçoit qu'il ait pu exister autrefois d'autres coefficients dont l'action combinée avec celle des premiers aurait cessé de se manifester depuis longtemps, et qui nous demeureraient inconnus. Ces causes pourtant, et c'est là ce qui doit encourager les explorateurs. ne sauraient être très-nombreuses, du moins si l'on écarte celles qui sont fabuleuses ou tout à fait invraisemblables ; nous rangeons dans cette dernière catégorie une hypothèse souvent invoquée, celle de l'influence persistante du noyau central en fusion, influence supposée assez forte pour supprimer d'abord, pour atténuer ensuite les effets de la latitude. Les impossibilités de toute sorte attachées à cette opinion auraient dû la faire abandonner depuis longtemps ; aussi les meilleurs géologues n'apportent-ils aucune preuve à l'appui, ou ils la mentionnent sans y insister, comme s'ils en comprenaient le peu de solidité. M. d'Archiac, dans le résumé général qui termine son livre intitulé *Géologie et paléontologie* (1), se contente d'affirmer que la vie organique n'a plus dépendu que de l'action solaire, à partir du moment où la température de l'atmosphère, *cessant de participer à celle de la terre*, a perdu graduellement son uniformité première. C'est énoncer un principe des plus vagues en ayant soin d'en esquiver les conséquences. M. d'Omalius d'Halloy (2) dit bien, il est vrai, que la chaleur centrale exerçait encore une grande influence sur le climat pendant l'époque tertiaire, mais il ne donne pas les raisons de cette croyance. M. Schimper a tout récemment (3) avoué que la science ne pouvait fournir à cet égard aucune réponse satisfaisante. Enfin M. Burmeister, dans son *Histoire de la création*, fait voir que l'interposition d'une écorce solide a dû opposer depuis longtemps, peut-être même dès l'origine des êtres vivants, un obstacle infranchissable à l'action du foyer interne sur la température de la surface ; mais en revanche il croit à l'influence

---

(1) Paris, 1866, p. 760.
(2) *Précis élémentaire de géologie*, 2ᵉ édit., Paris et Bruxelles, 1868, p. 279.
(3) *Traité de paléontologie végétale*, I, p. 99.

réchauffante des matières en fusion rejetées au dehors. Les por-
phyres, les basaltes et les laves successivement épanchés à la
surface auraient, en exhalant leur calorique et en se solidifiant
peu à peu, contribué à maintenir l'élévation de la température,
et en auraient rendu plus tard l'abaissement moins rapide. Il
suffit d'énoncer un pareil système pour reconnaître qu'il ne
repose sur aucune base sérieuse. Les volcans sous nos yeux n'ont-
ils pas, comme d'autres montagnes, leurs neiges éternelles ?
A-t-on jamais pensé que les éruptions du mont Hékla aient servi
à adoucir le climat de l'Islande ? Si de pareils effets s'étaient
produits dans les temps antérieurs, à quelles étroites limites ne
faudrait-il pas les ramener pour rester dans le vrai ? Dans tous
les cas, ils seraient loin de pouvoir rendre compte des phénomènes
grandioses dont nous avons exposé les phases. La difficulté n'est
pas d'admettre que notre globe ait longtemps possédé une chaleur propre, capable de contre-balancer l'influence des latitudes :
il en a été certainement ainsi à l'origine ; mais il est aisé de
reconnaître que ce phénomène initial n'a rien de commun avec
la persistance singulière d'une température tropicale sur tout le
globe, et qu'enfin l'abaissement tardif et graduel de cette même
température a dû dépendre d'une tout autre cause.

L'épaisseur énorme des terrains solidifiés les premiers, la faible
conductibilité calorique des roches dont ils sont composés, enfin
l'énormité du temps écoulé, sont autant d'arguments décisifs
contre cette manière de voir. Du reste, si le refroidissement du
globe était la vraie cause de la décroissance de la température,
cette décroissance aurait nécessairement suivi une marche graduelle, et elle entraînerait pour les époques très-anciennes,
comme celle des houilles, une chaleur hors de toute proportion
par son intensité avec ce que nous connaissons des êtres vivants
de cette époque, incompatible même avec toute espèce d'organisme. La chaleur centrale, à quelque point de vue que l'on
se place, ni la moindre élévation des montagnes, pas plus que la
distribution géographique des terres, ne fourniront l'explication
demandée. Cette explication dépend sans doute d'une cause plus

générale qui plane au-dessus de toutes les autres, sans exclure pourtant les causes secondaires et les causes partielles.

Le savant M. Heer a émis l'idée que le système solaire tout entier, tournant autour de l'astre invisible qui lui sert de centre, avait pu, dans le cours de cette année incommensurable dont l'homme ne verra jamais la fin, traverser des parties inégalement échauffées de l'espace stellaire. De cette marche seraient sorties des périodes de froid et de chaleur qui se succéderaient comme des saisons, mais à des époques indéterminées. C'est là sans doute une théorie séduisante au premier abord, mais il faut songer que rien, dans les phénomènes observés jusqu'ici, ne ressemble à des intermittences marquées de chaleur et de froid. La chaleur originaire se prolonge plus ou moins longtemps, puis elle décline sans que l'on ait droit de soupçonner l'existence d'abaissements antérieurs, tandis que l'on constate aisément une succession continue d'espèces affiliées exigeant une chaleur supérieure à celle que nos zones tempérées ou froides sont maintenant en mesure de leur départir. La parfaite coïncidence des latitudes, disposées autour du pôle tertiaire et même crétacé dans le même ordre relatif qu'aujourd'hui, empêche de supposer, comme le voudrait M. Evans, que ce pôle se soit successivement déplacé. Nous avons déjà insisté sur ce point; mais il existe une autre hypothèse que nous ne saurions passer sous silence, parce qu'elle a été adoptée par plusieurs hommes de talent, bien qu'elle ne nous semble pas plus vraisemblable que les précédentes. Nous voulons parler de la périodicité des déluges, basée sur le déplacement lent et périodique du grand axe de l'orbite terrestre par suite du phénomène de la précession des équinoxes, d'où résulte une différence dans la longueur respective des saisons. Le cycle entier de ce déplacement mesure une période d'environ 21,000 ans. Actuellement le printemps et l'été réunis de notre hémisphère dépassent de sept jours la durée de l'automne et de l'hiver. C'est en 1248 que les saisons chaudes ont atteint leur plus grande longueur dans notre hémisphère ; elles tendent depuis à diminuer, et cette diminution continuera jusqu'à l'année 6498, où l'égalité sera rétablie entre les saisons extrêmes ; mais après ce terme, le mouvement continuant d'agir, l'hiver et l'automne empiéteront de plus en plus sur l'été et le printemps jusqu'en 11784 de notre ère, après quoi une oscillation en sens inverse ramènera peu à peu les saisons vers les proportions actuelles. Il faut ajouter encore que les saisons chaudes de notre hémisphère correspondent aux saisons froides de l'hémisphère austral, et que c'est maintenant ce dernier qui supporte les hivers les plus longs. En partant de cette donnée astronomique, M. J. Adhémar, auteur des *Révolutions de la mer*, et M. H. Lehon après lui ont cru que les glaces, en s'accumulant vers l'un des pôles, pouvaient changer l'équilibre et déplacer le centre de gravité du globe.

Les terres de l'hémisphère austral seraient maintenant noyées, et leurs sommités recouvertes de glaces, tandis que celles de l'hémisphère boréal se trouveraient presque à sec, et que les glaces n'auraient cessé de diminuer autour du pôle nord jusque vers le milieu du xiii° siècle. Le mouvement déjà commencerait à se ralentir, et un moment viendrait où notre hémisphère, envahi de nouveau, disparaîtrait en partie sous les eaux. On conçoit les conséquences géologiques d'une pareille théorie, si elle était admise. La période glaciaire aurait correspondu au temps où les hivers de notre hémisphère ont été les plus longs, elle aurait produit ses effets les plus intenses vers l'an 9250 avant notre ère ; mais le déplacement du centre de gravité serait temporaire et périodique comme le phénomène dont il dépendrait. Le retour d'étés plus longs, en fondant les glaces de l'un des pôles, amènerait inévitablement une débâcle, à la suite de laquelle les eaux, brusquement rejetées vers l'hémisphère opposé, inaugureraient pour lui une nouvelle ère glaciaire et balayeraient les êtres sur leur passage. C'est là ce qui serait arrivé jadis en Sibérie lors de l'ensevelissement des mammouths, et ce qui nous arriverait de nouveau lorsque les glaces de l'hémisphère austral fondraient à leur tour, circonstance qui se présenterait dans cinq ou six mille ans d'ici.

Quelque spécieuse qu'elle paraisse, cette théorie ne supporte guère l'examen. Où trouver dans le passé la trace de ces actions glaciaires qui auraient dû se succéder à de courts et réguliers intervalles ? Rien de périodique ne se remarque dans les faits de l'ordre géologique ; on observe au contraire une élévation de température bien supérieure à celle que les phénomènes dont il vient d'être question ont jamais pu produire. Afin de prouver cette chaleur supposée, dont le maximum se place forcément dans le xiii° siècle, on est obligé de s'attacher aux traditions et aux récits exagérés du moyen âge. Les calculs auxquels on s'est livré, échafaudés sur de petits faits légendaires, sont d'autant moins concluants que le naturaliste n'ignore pas que la végétation européenne a très-peu changé depuis les temps historiques les plus reculés, sinon par le fait de l'homme. L'extension des glaciers n'est pas un fait particulier à notre hémisphère; des vestiges analogues, rapportés également à la période quaternaire, ont été observés dans l'hémisphère austral et démontrent plutôt l'universalité que la périodicité alternative de ces sortes de phénomènes. D'ailleurs, si les eaux et les glaces, par une conséquence de la *précession*, se sont accumulées vers l'un des pôles en plus grande quantité que sur l'autre, ce n'a pu être que par un progrès très-lent, et la fonte des glaces n'a dû aussi s'opérer que d'une façon graduelle. On ne saurait concevoir de débâcle assez brusque pour opérer un mouvement général de la masse liquide. Le froid polaire et la calotte de glace qui en résulte ne coïncident pas même avec le pôle réel; enfin le poids total de ces amas semble trop faible pour avoir jamais pu déplacer le centre de gravité. Il faut nécessairement chercher une autre cause ou avouer l'impuissance d'en concevoir aucune.

La densité présumée plus grande de l'atmosphère aux époques antérieures doit être prise en considération. On sait comment la raréfaction de l'air amène le froid aussitôt que l'on s'élève sur les montagnes. Il suffirait sans doute d'accroître l'épaisseur de la couche atmosphérique pour la rendre capable d'accumuler plus de chaleur; non-seulement les végétaux et les animaux des pre-

miers âges semblent avoir vécu sous un ciel plus voilé et plus
lourd, mais l'effet même d'une chaleur plus concentrée serait de
réduire à l'état de vapeur une plus grande quantité d'eau et
d'accroître ainsi la tension de l'atmosphère. L'étude même de la
géologie semble démontrer que dans le passé les pluies et les
phénomènes relevant de l'action des eaux courantes ont présenté
plus d'intensité que de nos jours. L'atmosphère de son côté a
perdu une grande partie des gaz qu'elle renfermait originairement, et qui se sont fixés en entrant dans la composition de différents corps. Diminuée d'étendue, elle n'a pu contenir la même
quantité de vapeur d'eau, et a laissé échapper le surplus, qui est
allé grossir la masse liquide. On voit que la chaleur elle-même
contribuait à maintenir un état atmosphérique favorable à la
déperdition lente et faible de cette même chaleur. Cependant ces
propriétés de l'atmosphère des premiers âges, en les supposant
vraies, obligent toujours de recourir à l'action d'un foyer calorique, sinon plus énergique que le nôtre, du moins disposé de
façon à élever la température des régions polaires au niveau de
celle de la zone équatoriale actuelle. Cette intensité partout égale
et si longtemps persistante, l'épaisseur seule de l'atmosphère ne
saurait la donner par suite de la longue obscurité des nuits du
pôle, que rien ne peut compenser. En avançant du reste vers des
temps plus modernes, on voit se développer des végétaux, comme
les palmiers, qui s'accommodent à la fois de la chaleur et d'une vive
lumière. La chaleur se maintient à peu près égale pour les hautes
latitudes, alors même que l'atmosphère a enfin acquis la transpa-
rence qu'elle a depuis conservée. Les plantes tertiaires diffèrent
si peu de celles des régions tropicales de nos jours, qu'elles n'ont
pu vivre sous un autre ciel; mais elles attestent en même temps
la force du foyer calorique qui, dans la première moitié de cet
âge, étendait encore son influence sur l'Europe entière. Si rien
n'avait été changé dans la situation respective de la terre et du
soleil, de pareilles conditions auraient entraîné, malgré tout et
d'où que vînt l'élévation thermique, la présence d'un climat et de
saisons extrêmes, c'est-à-dire chaleur *supra-torride* à l'équateur,

jour estival ardent, mais hiver sombre et glacé dans les régions polaires. Ces effets, nous le savons déjà, ne sont pas ceux que l'on observe en étudiant l'ancienne végétation polaire, où les indices d'une saison d'hiver des plus modérées ou même nulle ne font pas défaut jusque dans l'extrême nord. Dès lors c'est plutôt une cause d'égalisation climatérique qu'il s'agirait de déterminer, et la question se simplifie, du moins en apparence.

L'inclinaison de l'axe sur le plan de l'orbite est actuellement, on le sait aussi, la cause unique de la diversité des climats et des saisons dans l'intérieur de chaque climat. Par conséquent il n'y aurait qu'à en supposer le redressement, au moins partiel, pour obtenir aussitôt l'égalité présumée, et, la densité atmosphérique venant en aide, le passé de notre globe se trouverait facilement expliqué. Il ne faut pas oublier néanmoins qu'en invoquant cette hypothèse on se heurte à d'insurmontables difficultés. Bien que la stabilité des lois astronomiques soit fondée principalement sur la connaissance de la structure récente de l'univers, et qu'à cet égard on ne puisse répondre d'événements dont la trace se perd dans la nuit des temps, rien ne saurait autoriser non plus à croire sans preuve directe que le système solaire ait jamais cessé d'être régi par les mêmes lois qu'aujourd'hui. En effet, la direction de l'axe de rotation d'un corps céleste est immuable, si d'autres corps plus puissants ne viennent le solliciter en l'attirant dans un autre sens que celui de la rotation normale, ou en troubler la marche par un choc. En un mot, sans une perturbation, très-possible il est vrai, mais dont on ne saurait admettre gratuitement la réalité, cette direction ne changera jamais. En dehors donc du petit mouvement appelé *nutation*, aucun changement de cette nature ne peut être invoqué pour fournir une explication plausible à des phénomènes d'un ordre très-différent. Une perturbation violente ne serait pas même acceptable dès qu'il s'agit d'une succession de faits évidemment connexes, et dont la marche lente et régulière a mis des millions d'années à se dérouler. L'axe terrestre a-t-il pu, d'abord perpendiculaire sur le plan de l'orbite, comme dans Jupiter, s'incliner peu à peu? Pareille question n'a jamais été examinée par les astronomes, et rien, à ce qu'il semble, dans la mécanique, ne justifierait cette hypothèse.

Il en est autrement d'une supposition encore plus hardie émise, il y a quelques années, par M. le docteur Blandet avec l'assentiment du regretté M. d'Archiac. Elle a du moins cet avantage qu'elle s'accorde parfaitement avec les données de la célèbre théorie de Laplace. On sait, que d'après cette théorie, le système solaire tout entier aurait formé d'abord une immense nébuleuse qui se serait condensée en abandonnant successivement des anneaux de matière cosmique, origine des astres secondaires, planètes et satellites, tandis que l'astre central, réduit à des dimensions toujours moindres, mais plus dense, plus lumineux et plus ardent, devenait à la longue un globe pareil à ce qu'il est maintenant. Notre soleil ne serait donc que le dernier terme de la condensation d'une série de soleils antérieurs. Il en résulte qu'avant de mesurer le diamètre encore énorme de 357,290 lieues et le diamètre apparent sur notre ciel d'un peu plus d'un demi-degré, le soleil a dû passer par bien des états de grandeur réelle et de grandeur apparente. La masse très-inégale des planètes, dont les plus éloignées du soleil sont aussi les moins pesantes et dont la plus rapprochée de cet astre (Mercure) est en même temps la plus lourde, semble fournir une preuve indirecte de ce mouvement de condensation de la matière solaire à travers les âges ; mais lorsque la dernière planète a été détachée de l'astre central, aujourd'hui formé d'un mélange de gaz et de vapeurs incandescentes dont la densité n'équivaut qu'au quart de celle de notre globe, le soleil était encore très-loin de se trouver réduit aux dimensions que nous lui connaissons, et qu'il n'a probablement acquises que par une marche très-lente. Sans doute il est impossible de savoir par quelle sorte de soleil ont été éclairées les scènes de la vie primitive. On peut cependant conjecturer que ce soleil différait beaucoup du nôtre, et l'immensité du temps écoulé permet de croire qu'il était d'une grandeur en rapport avec le terme encore très-éloigné du mouvement de condensation auquel il n'a pas peut-être entièrement cessé d'obéir.

Un soleil égal en diamètre à l'orbite de la planète Mercure serait énorme, vu de la terre. Il apparaîtrait sous un angle de plus de 40 degrés ; il remplirait à lui seul le quart de l'horizon et donnerait lieu à des crépuscules si lumineux et si prolongés que la nuit en serait annulée. A plus forte raison, il en serait de même de l'effet des latitudes ; la zone torride, transportée sous nos climats, déborderait bien au delà des cercles polaires. Avec un soleil n'occupant que la moitié seulement du même orbite, les mêmes effets se produiraient encore, et l'illumination des crépuscules compenserait, surtout au sein d'une atmosphère plus étendue, la diminution du diamètre apparent, qui excéderait encore de plus de quarante fois la dimension actuelle. Un semblable soleil brillerait d'une lumière plus calme et répandrait une chaleur moins vive, mais plus égale, justement parce que le foyer en serait moins concentré ; il retiendrait encore quelques-uns des caractères de la nébuleuse primitive ; il prolongerait le jour par l'amplitude de la réfraction, et reculerait les bornes de la zone tropicale en projetant des rayons verticaux jusque dans nos régions. Sans doute cette hypothèse est loin de tout résoudre, mais elle s'adapte si naturellement aux phénomènes du monde primitif, elle fait si bien comprendre ses lois climatériques, ses jours à demi-voilés, ses nuits transparentes, la tiède température de ses contrées polaires, l'extension originaire, puis le retrait progressif de la zone torride, réduite enfin aux limites actuelles, que l'on est fortement tenté d'y croire, tout en se répétant à voix basse : serait-ce donc là l'unique cause d'une réunion si complexe de phénomènes ?

En réalité, ces recherches touchent encore à leur début, et déjà l'esprit de l'homme voudrait tout saisir, tout parcourir, tout deviner, *nil mortalibus arduum.* Il ne s'avoue pas assez que sa nature est bornée, successive ; que les élans subits, qui réussissent parfois à certains génies, sont plutôt pour le commun des hommes le signe d'une impatience nerveuse et maladive qui altère la sûreté du jugement, trouble l'analyse, et empêche de prendre la voie de la déduction patiente et graduelle. Cette voie est cependant la seule qui ne trompe jamais. Elle mènera quelque jour, à travers des détours imprévus, à la connaissance directe de bien des questions, aujourd'hui à l'état de problèmes scientifiques. Celle des anciens climats est une des plus curieuses, mais une de celles aussi qui exigent le plus d'attention et de persévérance pour être à la fin comprises et résolues. Avant tout, et c'est ce qui lui a manqué jusqu'ici, il faut qu'elle obtienne le concours de plusieurs sciences combinées, réunissant leurs efforts et les faisant converger vers le même objet.

SECONDE PARTIE

—

LES

PÉRIODES VÉGÉTALES

NOTIONS PRÉLIMINAIRES

SUR LES

PÉRIODES VÉGÉTALES

Le charme si pénétrant que la nature a déposé dans ses œuvres
résulte en grande partie de la façon dont les masses végétales se
trouvent accentuées. L'impression que l'on éprouve en parcourant une vallée agreste, dominée par des pentes richement boisées, ou bien en abordant une vaste et profonde forêt, porte
avec elle quelque chose de vague, d'indéfini. Mais, si l'on essaye
de soumettre cette impression à l'analyse, on finit par reconnaître que, sous l'apparente confusion du spectacle dont on est
frappé, se cachent un ordre réel et des lois déterminées. Pour
parvenir à le comprendre, il faut décomposer un à un les ornements qui décorent la scène, en préciser la forme, le caractère et la destination. De Humboldt, s'engageant un des premiers dans cette voie, avait rapporté de ses courses à travers les
deux mondes de précieuses notions sur le rôle dévolu à chaque
catégorie de plantes, dans les paysages du tropique. Il fit voir
que les diverses régions de la zone équatoriale devaient leur physionomie distinctive à la prédominance ou à l'association d'un
certain nombre de végétaux caractéristiques qui tantôt se com-
binaient pour former des groupes harmoniques, tantôt se détachaient du milieu des autres, comme sur un fonds, tantôt enfin
occupaient le sol d'une façon à peu près exclusive. Au sein même
de nos contrées, si pauvres cependant en tableaux de ce genre, on
peut s'assurer que l'expression du paysage change avec les arbres

qui le composent : la vue de sombres sapinières ajoute certainement à la sévérité des sites alpins, tandis que la verdure fraîche et nuancée de teintes variées, qui se presse au bord des eaux
tranquilles, fait naître un sentiment de calme et repose aussi bien
l'esprit que les yeux. La nature dispose en effet d'une multitude
de formes, qui sont comme les couleurs de sa palette et dont elle
tire de puissants effets en les mélangeant de mille manières;
mais ces formes qu'elle tient dans ses mains invisibles pour les
distribuer avec tant de profusion à la surface du globe, d'où
proviennent-elles? et que sait-on de leur origine? — Sont-elles
nées simultanément ou se sont-elles montrées dans un ordre
successif, et lequel? — Que peut-on avancer au sujet de la marche qu'elles ont suivie et du développement auquel elles ont
obéi? — Ce sont là autant de questions que la paléontologie végétale essaye d'aborder, sinon pour les résoudre entièrement, du
moins pour s'expliquer à leur égard et énoncer le dernier mot
de la science humaine. C'est cette science que nous allons interroger : elle nous enseignera par quelle méthode d'investigation
on a réussi à s'enfoncer dans un passé tellement lointain que le
calcul de l'homme ne saurait en fixer les limites. Nous avons
passé en revue les lois générales et apprécié plus particulièrement
celles qui régissent l'ensemble des phénomènes biologiques; nous
allons maintenant suivre l'application de ces lois et des procédés
qui en relèvent, en traçant la chronique spéciale du règne végétal ; nous apprendrons ainsi comment on est parvenu à retrouver les plantes des plus anciens âges, à décrire leur aspect, à
connaître leurs organes, et à reconstituer jusqu'à la physionomie
des paysages primitifs.

C'est à l'aide de débris, en apparence informes, que la paléontologie végétale a accompli ces merveilles. Les plantes d'autrefois, en effet, n'ont pas disparu sans laisser d'elles des vestiges
qui sont comme le souvenir de leur passage sur la terre. Mais
ces vestiges, les gens du monde, même les plus instruits, ont
d'abord quelque peine à en comprendre le sens. Lorsque le hasard ou la curiosité les met en présence d'une collection de ce

genre, certaines pièces très-apparentes, comme les troncs de la
forêt pétrifiée du Caire, attirent seules leur attention ; partout
ailleurs, ils n'entrevoient que des linéaments confus. Des plaques
bizarrement colorées, tantôt portant des taches brunes sur un
fond gris, tantôt entièrement noires, défilent sous leur regard,
et sont pour eux autant d'énigmes qu'ils se lassent bientôt de
chercher à deviner. Ce sont pourtant là les phrases éparses du
vieux livre de la nature. Si l'on s'attache à les déchiffrer, on oublie bien vite la singularité des caractères, et le mauvais état
des pages. La pensée se lève, les idées se développent, le ma-
nuscrit se déroule ; c'est la tombe qui parle et livre son secret.
Le naturaliste le plus modeste opère parfois ces merveilles ; il
retrouve un organe isolé, une feuille, par exemple, et la connaissance de cette feuille lui permet de reconstruire le végétal tout
entier. La loi de l'analogie, si puissante et si sûre, autorise effectivement à juger du passé par ce que nous avons sous les yeux ;
et, applicable à tous les temps, elle rend les parties d'un même
ensemble tellement solidaires que des associations disparates, à
quelque âge que l'on se reporte, ne sont jamais concevables.
Toutefois, si l'harmonie la plus constante a toujours présidé aux
manifestations de la vie organique, les débris végétaux fossiles se
présentent.à nous sous des états très-divers, dont la différence
est due à la multiplicité des circonstances qui nous les ont conservés.

Des substances épaisses, comme les bois, peuvent, dans certains
cas très-rares, n'avoir subi qu'une altération superficielle ; mais
presque toujours les végétaux anciens ont été changés, sous l'action d'une combustion lente, en une masse charbonneuse et
compacte. Telle est l'origine de nos combustibles minéraux, la
houille, l'anthracite, le lignite, la tourbe. M. Goeppert a démontré, il y a plusieurs années, qu'on pouvait extraire des houilles les plus anciennes d'imperceptibles fragments qui, ayant
conservé des traces de leur structure primitive, indiquent la nature et la proportion des plantes auxquelles il faut rapporter la
formation des houillères. Ces sortes de résidus nous ramènent

aux premiers âges du monde ; l'esprit s'effraye lorsqu'il cherche
à supputer le temps écoulé depuis l'époque qui les a vues s'accumuler, et cependant on peut encore, dans certains cas, retirer du
moule qui les contient les tissus végétaux desséchés, mais conservant une sorte de souplesse qui les rend pareils aux spécimens de nos herbiers.

D'autres végétaux fossiles, principalement des tiges, des fruits
et des graines, au lieu de se réduire en charbon, ont été l'objet
d'une transformation remarquable. Chez eux une matière nouvelle, minérale, souvent très-dure et plus ou moins translucide,
s'est substituée à celle dont l'organe était originairement formé,
en gardant jusque dans les moindres détails la trame des tissus
intérieurs ; mais ce qui, plus que tout le reste, a contribué à faire
arriver jusqu'à nous les formes de l'ancienne végétation, ce sont
les empreintes laissées par elle dans les divers sédiments. Une
empreinte végétale n'est pas autre chose qu'un moule des parties
extérieures d'une plante, formé par une matière plastique appliquée d'abord contre les inégalités ou aspérités de l'original
et ensuite consolidée. L'homme n'agit pas autrement lorsqu'il
moule un objet quelconque ; seulement la nature arrive à ses
fins par des moyens à la fois plus lents et plus sûrs, et elle produit des résultats dont la délicatesse surpasse de beaucoup celle
des œuvres humaines. Tout le monde connaît le jeu capricieux
des concrétions de tuf. D'anciennes sources ont ainsi encroûté
des feuilles, des tiges et des fruits. Les roches qui renferment
ces sortes d'empreintes, résultat de l'action chimique d'eaux
courantes, présentent une disposition un peu confuse. Les empreintes les plus fréquentes s'observent au contraire dans des lits
parfaitements réguliers dont l'origine est due à des dépôts limoneux. Pour se rendre compte de la manière dont les choses se
sont alors passées, on n'a qu'à jeter les yeux en automne sur
une mare ou sur un réservoir. A cette époque de l'année, les
feuilles détachées naturellement et celles que poussent les rafales
viennent joncher la surface de l'eau ; elles flottent d'abord, mais
bientôt elles deviennent plus lourdes en s'imbibant et vont suc-

cessivement s'étaler au fond avec beaucoup de régularité. Au sein des couches consolidées qui les renferment, les feuilles fossiles sont disposées dans le même ordre, c'est-à-dire suivant un plan horizontal et non pas roulées en désordre, comme elles le seraient, si c'était un courant rapide qui les eût apportées. Les organes des végétaux se décomposent promptement au fond de nos mares et de nos bassins, où ils se confondent avec la vase; mais il n'en serait pas de même, si une couche, quelque mince qu'on la suppose, d'un limon argileux venait les recouvrir et les soustraire aux causes d'altération qui les atteignent d'ordinaire. Sous l'abri protecteur d'un lit de sédiment imperméable, ces organes changeraient lentement de couleur et de consistance pour passer enfin à l'état de résidu charbonneux et laisser après eux une empreinte qui garderait la trace de leurs moindres linéaments.

La nature n'a pas suivi d'autre marche pour produire la plupart des empreintes fossiles, et cela montre, non-seulement que le plus grand calme a dû présider aux phénomènes auxquels se rattache leur existence, mais que ces phénomènes sont essentiellement limités. Il est clair en effet que ni le milieu des lacs, ni les rivages trop nus ou trop à l'écart des forêts, ni les rivières rapides, n'ont pu donner lieu à des empreintes végétales. Pour que des plantes se soient conservées à l'état fossile, il a fallu qu'il existât des tourbières, des plages heureusement disposées, enfin des eaux douées de propriétés incrustantes ou chargées de substances minérales en dissolution. Ce point de vue exclut presque entièrement les effets attribués si souvent et si gratuitement aux cataclysmes physiques. Des mouvements violents auraient inévitablement détruit les débris végétaux, au lieu d'en opérer la conservation, et d'ailleurs, ainsi que nous l'avons fait voir dans la première partie de l'ouvrage, la science géologique incline légitimement à croire que les révolutions les plus fortes dans la distribution relative des terres et des mers ont été le résultat de causes très-lentes, agissant à de longs intervalles et par des mouvements insensibles. L'écorce terrestre se trouve, il est vrai,

compliquée actuellement par des rides, des plissements et des
fractures. Mais tout concourt à démontrer que ces grandes inégalités superficielles sont le résultat d'un retrait graduel, d'un
affaissement, régulier si l'on s'attache à l'ensemble, irrégulier si
l'on ne voit que les détails. Ce mouvement, poursuivi de période
en période, tend évidemment à rendre de plus en plus sensibles
les accidents de la surface terrestre, tout en réduisant le diamètre
de celle-ci. Les périodes primitives doivent donc avoir vu le
globe dénué à la fois de très-hautes montagnes et de bassins maritimes très-profonds ; les eaux, contenues dans des dépressions
plus faiblement creusées, occupaient en revanche une plus large
étendue, et les continents, réduits à de moindres dimensions, ne
présentaient que des ondulations d'autant moins accentuées que
l'on remonte plus loin dans le passé. Tel est l'exposé succinct de
la théorie qui paraît être la plus autorisée et à laquelle s'adaptent
très-bien les notions fournies par les plantes. Les premiers géologues cédaient à une idée préconçue, lorsqu'ils crurent retrouver la trace d'un certain nombre de bouleversements généraux
partageant l'histoire du globe en autant de périodes tranchées,
dont chacune était inaugurée par une création distincte et terminée par une destruction subite et universelle. Cette théorie,
séduisante par sa simplicité, avait plu à beaucoup d'esprits,
pour qui la régularité du classement semble devoir exister dans
les choses de la nature aussi bien que dans les vitrines d'un
musée. Il a fallu y renoncer devant la valeur et la profusion
des preuves contraires. La nature toujours active n'a eu réellement ni intermittence ni temps de sommeil; la vie, depuis son
apparition première, n'a cessé d'habiter la terre. Affaiblie parfois,
jamais interrompue, elle y a fait circuler sans trêve une séve
constamment féconde. Les époques et les révolutions, auxquelles
les géologues ont donné des noms, n'ont de valeur qu'autant que
l'on s'en sert pour introduire de grandes lignes divisoires au sein
d'une durée, pour ainsi dire, incalculable ; mais, à voir les choses
de près, les êtres se sont toujours succédé, sans que l'extinction
de certains d'entre eux ait jamais empêché les autres de survivre

a ces derniers et d'occuper leur place. Les révolutions physiques, essentiellement accidentelles et inégales, n'ont jamais été radicalement destructives. S'il a existé des périodes moins favorables que d'autres au développement de la vie, ces intervalles relativement appauvris ont cependant possédé des êtres organisés qui plus tard, en se multipliant et se diversifiant, ont aisément repeuplé le globe.

Il existe donc des périodes biologiques et par cela même des périodes végétales, de la même façon qu'il existe des chapitres et des règnes dans l'histoire des nations humaines, de la même façon également qu'il existe pour les astronomes des régions de l'espace, déterminées et cependant contiguës et dénuées d'autres frontières que de limites purement idéales. Sous ces réserves, si l'on veut se faire une idée juste du nombre, de l'ordre successif et de la durée relative des périodes végétales, il est nécessaire d'avoir présente à l'esprit l'échelle des terrains ou grandes formations qui expriment le résultat matériel (sédiments ou dépôts) de ces périodes et qui de plus nous ont fourni les documents à l'aide desquels il nous a été possible de les analyser et de les définir.

Voici, d'une façon aussi condensée que possible, le tableau de ces terrains et des périodes végétales correspondantes. Il est facile de juger, en jetant les yeux sur ce tableau, que, de même que les terrains principaux, au nombre de cinq, se partagent en étages ou systèmes secondaires, de même aussi les grandes périodes végétales se subdivisent en un certain nombre de périodes subordonnées, parfois difficiles à définir et à délimiter, mais qui expriment assez bien les phases successives des changements éprouvés par l'ancienne végétation du globe. Les liaisons, les passages, les nuances transitionnelles et les irrégularités qui font, en réalité, de toutes ces phases une série de phénomènes étroitement enchaînés, ne sauraient évidemment trouver place dans un tableau aussi succinct que celui que nous donnons ici.

Tableau :

TABLEAU MONTRANT LA CONCORDANCE DES TERRAINS OU FORMATIONS GÉOLOGIQUES
ET DES PÉRIODES VÉGÉTALES CORRESPONDANTES.

Terrains ou grandes formations géologiques.	Étages ou systèmes. — Subdivisions des terrains.	Époques phytologiques ou grandes périodes végétales.	Périodes végétales ou subdivisions des époques phytologiques.
1. Terrain primordial ou protozoïque.....	Laurentien. Cambrien... Silurien....	primordiale ou éophytique.	primordiale.
2. Terrain paléozoïque............	Devonien .. Carbonifère Permien ...	carbonifère ou paléophytique	devonienne. paléanthracitique. carbonifère. supra-carbonifère. permienne.
3. Terrain secondaire ou mésozoïque	Triasique... grès bigarré. ... conchylien..... keuper......... Jurassique. lias........... oolithe........ Crétacé.... craie inférieure ou néocomien craie moyenne ou chloritée..	secondaire ou mésophytique	triasique. infraliasique. liasique. oolithique. wéaldienne. urgonienne.
	craie de Rouen. craie supérieure ou craie blanche........	tertiaire ou néophytique	cénomanienne. supra-crétacée. paléocène. éocène.
4. Terrain tertiaire ou néozoïque.........	Éocène............. Miocène .... Pliocène.............		oligocène. miocène. pliocène.

Les grandes périodes ou époques phytologiques sont ainsi au
nombre de quatre, dont la plus reculée, dite *primordiale* ou
éophytique, est à peine connue, tandis que la dernière ou
néophytique embrasse, outre le terrain tertiaire tout entier,
une partie du terrain secondaire, à partir de la craie moyenne
ou étage cénomanien.

La durée de ces époques principales ne saurait être calculée
rigoureusement ; tout au plus peut-on l'évaluer approximativement, d'une part, au moyen de l'épaisseur des dépôts afférents à
chacune d'elles ; d'autre part, en appréciant la nature des changements survenus dans les êtres organisés dont ces dépôts renferment les vestiges. Mais ces modes d'évaluation ne sauraient
être absolus ; il est évident en effet qu'un terrain relativement
mince peut avoir mis un temps très-long à se constituer, tandis

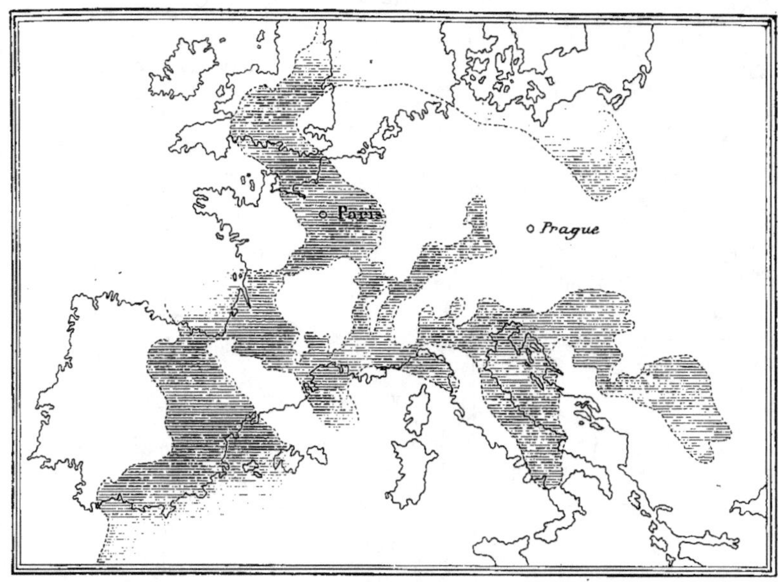

EUROPE
vers le commencement de l'époque oolithique

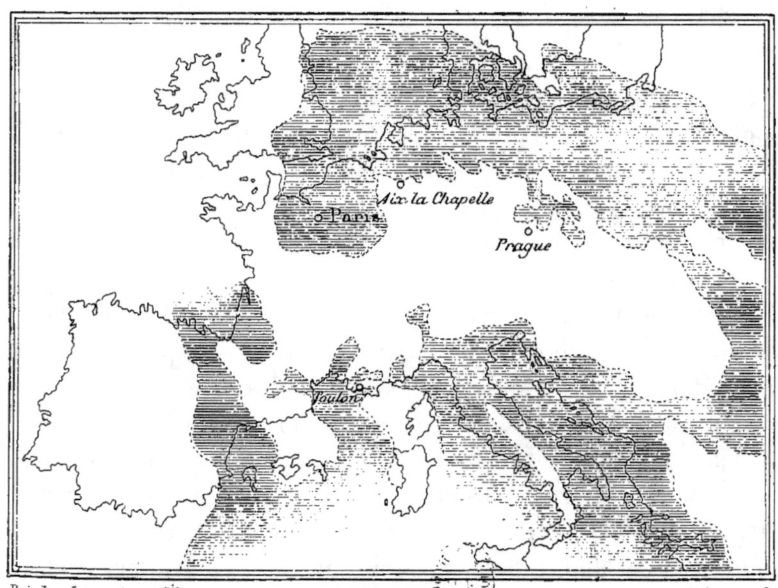

     L. Sonnet Sc.

EUROPE
à l'époque de la craie cénomanienne

qu'un autre terrain beaucoup plus épais que le premier n'aurait exigé qu'un intervalle chronologique plus court, avant d'être définitivement formé. D'un autre côté, on conçoit également que les modifications subies par les êtres vivants de chaque époque ne soient pas rigoureusement proportionnelles à la durée chronologique, certaines périodes et certains phénomènes extérieurs ayant pu provoquer les changements et les accélérer, tandis que d'autres périodes et des phénomènes différents étaient plutôt de nature à favoriser le maintien et la consolidation des caractères acquis. D'une façon générale, il est certain cependant que les périodes primitives sont réellement celles dont la durée relative a été la plus prolongée. Non-seulement, les systèmes ou ensembles de couches qui se rapportent à ces périodes et ceux même où l'on observe les premiers vestiges de la vie organisée sont d'une énorme épaisseur par rapport à ceux qui suivirent; mais les renouvellements successifs des êtres, animaux ou plantes, s'y répètent à tant de reprises; ils s'expriment par des substitutions et des associations d'espèces et de types si multipliées et si exclusives, que la pensée d'une longue accumulation de siècles, pendant ces âges reculés, en ressort invinciblement.

———

Cte DE SAPORTA.

CHAPITRE PREMIER

—

LES PÉRIODES VÉGÉTALES

DES ÉPOQUES PRIMITIVE ET SECONDAIRE.

—

I

ÉPOQUE PRIMORDIALE.

Si l'œil humain, aidé de l'intelligence qui saisit les moindres indices et sait leur attribuer la vraie signification qu'ils entraînent, pouvait lire au sein de l'époque *éophytique,* celle des premières ébauches de la nature végétale encore voisine de son berceau ; s'il pouvait, à force d'investigations, pénétrer les secrets de cet âge et renouer la chaîne des êtres qui vécurent pendant sa durée, en dégageant peu à peu leurs caractères ; que de merveilles nous aurions à signaler aussitôt ! Notre esprit s'enivrant d'un spectacle qui se perd et disparaît dans le lointain saisirait le *comment* de la création ; il verrait, selon l'expression de la Genèse, l'élément aride, premier ébauche de nos continents, émerger de l'océan originaire et former peu à peu des îlots, puis des terres basses, faiblement accidentées. A la suite de cette extension graduelle, il verrait aussi les plantes, d'abord uniquement aquatiques, quitter le sein des eaux et s'essayer à l'habitat aérien, sous les tièdes ondées d'une atmosphère baignée de vapeurs.

Mais, au lieu du rêve, il faut se contenter d'une réalité, jusqu'ici plus que modeste. Un bien petit nombre de débris de plantes se montrent, en effet, dans les sédiments de l'époque primordiale, qui ont été exposés à tant ..'actions mécaniques et ont subi tant d'altérations chimiques. Ce sont des empreintes éparses, presque toujours incomplètes, souvent même conjecturales. La présence du graphite ou nids de substance charbonneuse presque pure marque pourtant, dans le *Laurentien,* qu'il existait dès lors des amas de substances végétales, accumulées avec une certaine abondance. Puis, dans le cambrien et le silurien inférieur, on rencontre des algues, si toutefois ce sont vraiment des algues. — On y a cru ; puis on a voulu en douter ; maintenant on revient à l'idée première, tout en s'en étonnant et l'on cherche à se l'expliquer. Ces traces serpentineuses, disposées en cordons marqués de stries, ces corps rubannés, cylindriques ou simplement gaufrés, peut-être même fistuleux, couverts de sillons, de linéaments, de cannelures, tantôt isolés, tantôt accouplés par deux ou fasciculés en grand nombre, d'autrefois encore repliés en spirale, faut-il les attribuer à des trous de vers se frayant un chemin dans le sable ? Faut-il y voir plutôt des tubes d'annélides ? Ou bien encore, à l'exemple d'un savant suédois, M. Nathorst, faut-il reconnaître dans quelques-uns d'entre eux des traînées d'objets purement inertes, promenés par le remous des vagues et rayant un fond vaseux ? L'esprit hésite, puisqu'il s'agit d'un âge où tout semble mystérieux, à raison de l'éloignement ; et pourtant quelque chose lui dit que cette multitude de vestiges provenant d'êtres organisés, qui reparaissent sur tant de points des mers primordiales, à partir des premiers dépôts siluriens, ne saurait être due absolument au hasard, et que les plantes marines peuvent en réclamer leur part en toute probabilité.

Les *Bilobites,* si répandus à la base du silurien, paraissent avoir été de vraies algues de très-grande taille, dont les frondes robustes s'élevaient sur un stipe ou support épais et cartilagineux,

peut-être même fistuleux, le plus souvent formé de deux cylin-
dres accolés, circonstance d'où provient la dénomination qui
leur a été improprement appliquée. Presque toujours, il n'est

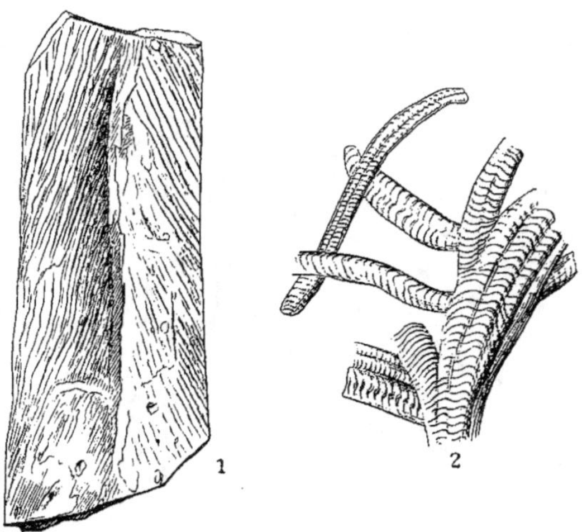

Fig. 1. — Plantes marines primordiales.

1. *Bilobites rugosa* (*Cruziana rugosa*, d'Orb.), partie inférieure ou support d'un
phyllome (silurien de la sierra d'Algarve). — 2. *Harlania Hallii*, Gœpp. (silurien
sup.), portion d'une fronde ou phyllome, pourvu de ramifications.

resté des bilobites que des tronçons épars du support, moulés
dans le sédiment ancien et se rapportant à l'accolade des deux
parties qui constituaient la base du phyllome, mais on reconnaît
par l'examen d'autres empreintes que ce phyllome donnait lieu
supérieurement, par le moyen d'une série de ramifications con-
fuses, toujours attenantes et dirigées dans le même plan, à une
expansion gaufrée, vaguement terminée vers les bords et d'une
étendue considérable. La fronde des bilobites, dont le diamètre
mesurait sans doute plusieurs pieds à l'endroit de sa plus grande
largeur, était occupée extérieurement par des sillons multipliés,
sinueux, obliquement placés et recouvrant la surface entière du
phyllome ; ces sillons étaient du reste indépendants des replis et
des enfoncements, en forme de sutures commissurales, qui ac-

compagnaient les bandes cylindroïdes soudées, dont la réunion
composait l'ensemble de l'organe.

D'autres empreintes présentent des expansions ou des rangées
de linéaments, contournées en spirale ; ce sont les *Spirophyton*

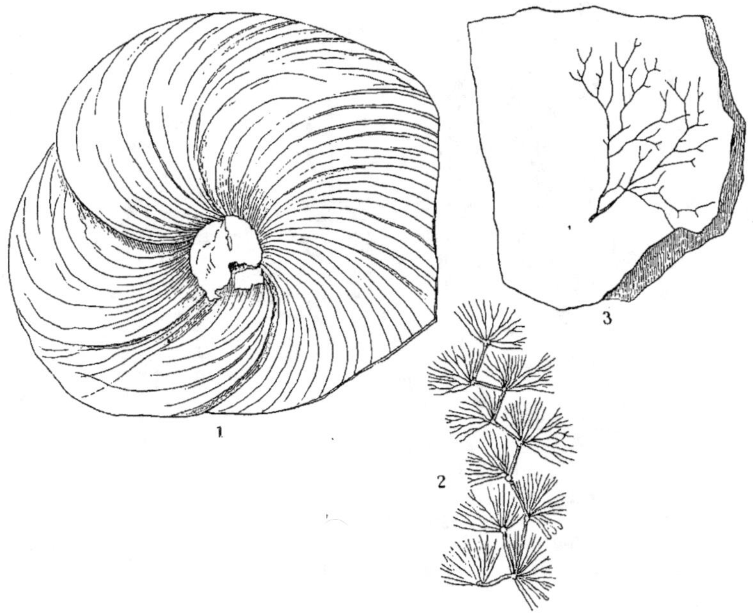

Fig. 2. — Plantes marines primordiales.

1. *Spirophyton* de Hall (silurien d'Amérique). — 2. *Murchisonites Forbesi*, Gœpp.
(sil. d'Irlande). — 3. *Chondrites fruticulosus*, Gœpp.

qui se rapportent à un type d'algues si saillant, qu'il est difficile
de le méconnaître, et qui se montre de nouveau, sous les noms
de *Taonurus* et de *Cancellophycus,* à tous les degrés de la série
des terrains. secondaires. D'autres encore, comme le *Palæpophy-*
cus virgatus de [Hall rapproché du *Siphonites Heberti* du lias inférieur, se lient incontestablement à des types d'algues plus
modernes dont elles reproduisent la forme générique caractéristique. Il suffit de cette liaison, dont il serait facile de multiplier les exemples pour prouver que cette première flore marine,
déjà variée, remarquable par la taille de plusieurs de ses types

et par la singularité de quelques-uns d'entre eux, ne se sépare
réellement pas de celles qui suivirent ; en sorte que dès maintenant il est possible d'affirmer que certaines algues siluriennes
ont eu une durée si prodigieuse et une ténacité de caractères

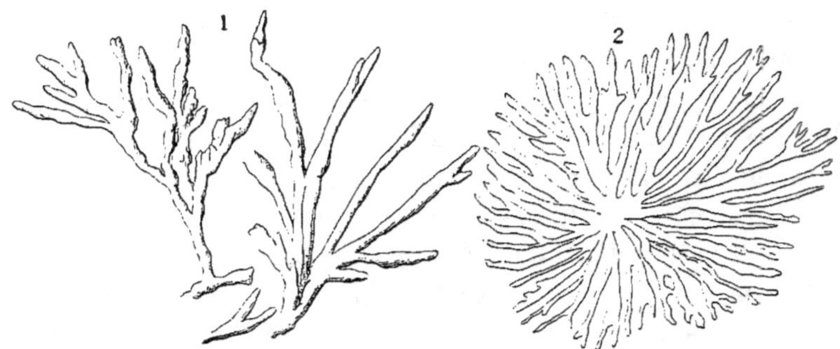

Fig. 3. — Plantes marines primordiales.

1. *Chondrites antiquus*, Sternb. (silurien inférieur). — 2. *Sphærococcites Scharyanus*
(silurien inférieur).

tellement prononcée, que leurs derniers descendants directs peuplaient encore les mers européennes, vers le milieu des temps
tertiaires.

Les plantes terrestres primordiales offriraient à l'étude un
immense intérêt, à raison des transformations que notre esprit
est porté à attribuer aux plus anciennes de cette catégorie, lorsqu'il suppose qu'elles s'adaptèrent graduellement aux conditions
de la vie aérienne, au sortir de leur élément d'origine. Malheureusement, ces plantes, sans être précisément inconnues, sont
jusqu'ici d'une excessive rareté ; de plus, les échantillons recueillis, soit en France, soit en Amérique, semblent démontrer que,
dès le milieu de l'époque silurienne, les formes végétales ne
différaient pas beaucoup de celles que l'on rencontre dans le
devonien et le carbonifère ancien ou paléanthracitique. Une
fougère découverte par M. le professeur Morière dans les schistes
ardoisiers d'Angers (zone à *Calymene Tristani*, — base du silurien moyen), l'*Eopteris Morierei*, Sap., représente pour nous la
plante terrestre la plus ancienne qui ait été encore observée :

elle ressemble évidemment aux *Cyclopteris* du terrain houiller ;
seulement, la hampe de la fronde supporte des folioles inordinées
et de dimension inégale, les plus grandes se trouvant entremêlées à d'autres plus petites. Une disposition aussi singulière distingue à elle seule cette curieuse plante, figurée ici pour la
première fois (voyez la planche I).

Les quelques plantes du silurien supérieur signalées aux États-
Unis, par M. Lesquereux, et au Canada par M. Dawson, comprennent des types, comme celui des *Sphenophyllum*, qui sont
également caractéristiques de la période carbonifère. Un seul
genre, dans lequel M. Dawso n a pensé reconnaître une Lycopo-
diacée, mérite une mention particulière : c'est le genre *Psilophyton* qui disparaît avec le devonien, après s'être montré d'abord

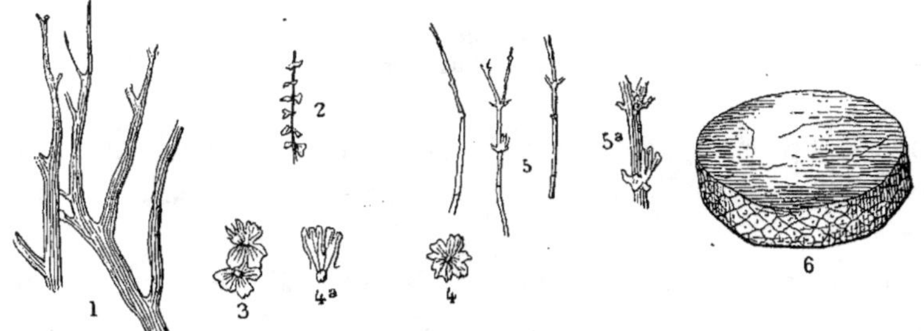

Fig. 4. — Plantes terrestres primordiales, observées par M. Lesquereux dans
le silurien supérieur d'Amérique.

1. *Psilophyton cornutum*, Lqx. — 2-4. *Sphenophyllum primævum*, Lqx. — 5. *Annularia Romingeri*, Lqx. — 6. *Protostigma sigillarioides*, Lqx.

dans le silurien. Il semble réunir des caractères ambigus, de nature
à le rapprocher à la fois des fougères, par les hyménophyllées,
des lycopodiacées par les *Psilotum* et des rhizocarpées par les
Pilularia. Les tiges des *Psilophyton*, presques nues, divisées par
dichotomies successives, roulées en crosse lors de leur développement, donnaient lieu à des ramifications élancées, garnies de
feuilles petites, simples et plus ou moins coriaces ; les derniers
ramuscules supportaient à leur sommet des corps ovoïdes, probablement reproducteurs. Les *Psilophyton* ont dû vivre en colo-

nies et fréquenter les stations humides et à demi inondées de l'époque primordiale.

Fig. 5. — Plantes caractéristiques du devonien inférieur.

1. *Didymophyllum reniforme*, Dn. (Canada.) — 2-4. *Psilophyton princeps*, Dn. (Canada). — 5-6. *Cordaites angustifolia*, Dn. (Canada.) — 7. *Cordaïtes Robbii*, Dn.. fragment d'un feuille (Canada et silurien supérieur de l'Hérault).

Les *Arthrostigma*, les *Cyclostigma*, les *Bornia*, que l'on rencontre surtout dans le devonien, mais qui semblent se rattacher

Fig. 6. — Plantes devoniennes caractéristiques (Canada).

1. *Calamodendron tenuistriatum*, Dn., tronçon de tige. — 2. *Bornia transitionis*, Gœpp., tige feuillée. — 3. *Asterophyllites latifolia*, Dn. — *Annularia laxa*, Dn.

par leur origine à la période antérieure, dont ils représenteraient les formes survivantes, offrent cette même ambiguïté de caractères qui pourrait bien avoir été l'un des signes distinctifs de la flore primordiale ; mais cette ambiguïté résulte peut-être aussi de l'ignorance où nous sommes de la vraie nature de ces végétaux. Vis-à-vis d'eux, l'analogie, cet instrument si puissant, perd de sa force ; il s'émousse et son emploi devient presque inutile, dès qu'il s'agit de types qui ne rentrent plus dans aucune des classes encore vivantes. Les *Bornia* (*Archæocalamites* de Stur), dont l'existence s'est prolongée jusque bien avant dans le carbonifère (voyez la figure 6), dressaient des tiges striées, coupées de nœuds, cylindriques et probablement fistuleuses. Chaque nœud était garni d'un entourage de longues feuilles, verticillées et très-nombreuses, étroites comme des aiguilles de pins, mais divisées par dichotomie en plusieurs segments. C'étaient donc des prêles gigantesques par l'aspect ; mais leur structure intérieure plus élevée et la conformation de leurs organes appendiculaires les éloignent des équisétacées et invitent à les reporter plutôt parmi les gymnospermes, sans qu'il soit permis de rien affirmer de bien explicite à leur égard.

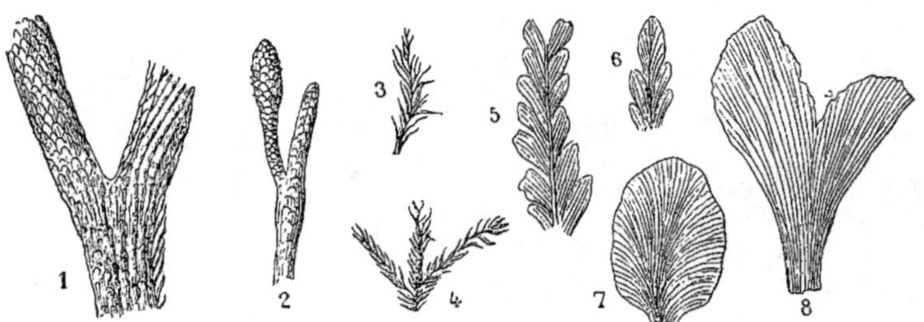

Fig. 7. — Plantes dévoniennes caractéristiques (Canada).

1-2. *Lepidodendron gaspianum*, Dn. : 1, fragment de tige ; 2, rameau terminé par un strobile. — 3-4. *Lycopodites Mathewi*, ramules. — 5-6. *Archæopteris Jacksoni*, Dn., fragments de fronde. — 7. *Cyclopteris* (*Nephropteris*) *varia*, Dn., foliole. — 8. *Cyclopteris Brownii*, Dn., feuille ou foliole.

Ce qui n'est pas contestable, c'est que, vers le dévonien, le règne végétal était déjà puissant et varié. Si nous le connaissons mal, c'est que les circonstances se prêtaient assez peu à la conservation des débris de végétaux. Ces circonstances, éminemment favorables soit à l'essor des plantes terrestres, soit à leur

passage à l'état fossile, le temps des houilles ou autrement la
période carbonifère les vit naître, en sorte que les mêmes causes
qui dotèrent alors le règne végétal d'une exubérance inconnue

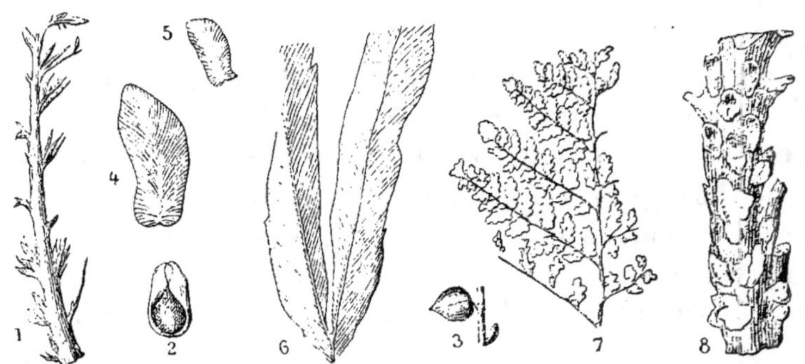

Fig. 8. — Plantes devoniennes caractéristiques (Canada).

1. *Antholites devonicus.* Dn., épi fructificateur de *Cordaïtes.* — 2. *Cardiocarpum*
(*Samaropsis*) *cornutum*, Dn., graine de *Cordaïtes.* — 3. *Cardiocarpum* (*Trigono-
carpum*) *racemosum*, Dn., autre graine de *Cordaïtes.* — 4-5. *Neuropteris retor-
quata*, Dn., pinnules. — 6. *Megalopteris Dawsoni*, Hart., fragment de fronde. —
7. *Sphenopteris marginata*, Dn. — 8. *Caulopteris antiqua*, Newb. (Ohio), tronc
de fougère arborescente devonienne (très-réduit).

jusque-là et qui depuis ne fut jamais égalée, contribuèrent aussi
à nous transmettre les vestiges de la flore sortie de ces circonstances.

II

ÉPOQUE CARBONIFÈRE.

Avec l'époque carbonifère, et presque sans transition, nous
rencontrons non-seulement l'abondance, mais la profusion, au
sein du monde végétal. Des circonstances à la fois physiques et
climatériques durent concourir sinon à la naissance, du moins à
l'extension de l'état de choses dont les houilles furent le produit
et dont les tourbières de notre temps nous traduisent encore
comme une sorte d'image très-affaiblie. Aussi, avant de parler
de l'époque carbonifère, nous dirons quelques mots des tourbiè-

res; le mécanisme qui donne naissance à celles-ci nous aidera à comprendre la raison d'être des phénomènes d'autrefois, et nous établirons entre eux un rapport analogique dont il nous sera plus facile ensuite de préciser le vrai caractère et de faire ressortir les divergences.

L'existence des tourbières dépend de plusieurs causes combinées; il leur faut une température égale, peu élevée, puisqu'il n'existe plus de tourbes au sud du 40ᵉ degré de latitude, une humidité presque constante, un pays plat, où les eaux puissent accourir de toutes parts, un sous-sol imperméable qui les retienne et les oblige de se rassembler en nappes d'un faible volume, mais permanentes, possédant une issue régulière, enfin pures de tout apport limoneux ou torrentiel. Dans ces conditions, certaines associations de plantes amies des marécages envahissent tout l'espace occupé par les eaux, et forment un tapis serré qui recouvre entièrement la nappe aquatique. Les conditions demeurant toujours les mêmes, les produits de la végétation se succèdent et s'accumulent selon un mode très-uniforme; les résidus de tiges, de feuilles et de racines forment au fond un lit qu'une action lente, dont la chimie explique les effets, convertit peu à peu en une pâte homogène, d'autant plus compacte qu'elle est plus ancienne. Lorsqu'on tranche une tourbière en activité, on rencontre donc trois couches bien distinctes : la couche inférieure charbonneuse, reposant sur le sous-sol imperméable, la couche moyenne, occupée par l'eau et dans laquelle plongent les racines des plantes serrées du tapis végétal qui lui-même constitue la couche supérieure. Les mousses, les joncs, les graminées, les arbustes débiles et rampants qui croissent dans les tourbières constituent un sol artificiel, dangereux à parcourir, mais cependant fertile à cause des substances végétales décomposées qu'il contient et de l'eau qui le pénètre. Favorisés par ces circonstances, de grands arbres, même des forêts entières, peuvent s'y élever. Les saules, les trembles, les bouleaux, les pins, hantent ces sortes de stations et y prennent un accroissement rapide; mais ils se soutiennent mal sur un sol inconsistant : entraînés par le

poids, les troncs s'inclinent, tombent et s'enfoncent sous la végétation herbacée qui tend à les recouvrir. Ils arrivent enfin dans
la couche inférieure, où parviennent également les fruits coriaces, les débris d'animaux et les objets de toute nature abandonnés à la surface. C'est ainsi que l'on a retiré d'anciennes tourbières

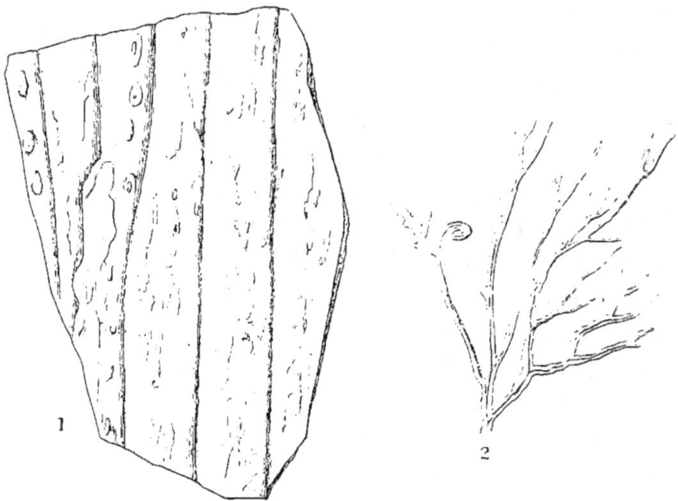

Fig. 9. — Plantes caractéristiques du devonien inférieur d'Europe.

1. *Sigillaria Hausmanniana*, Gœpp. (base du devonien en Scandinavie). — 2. *Hali-
serites, Dechenianus*, Gœpp. (Grauwacke de Coblentz).

des squelettes entiers d'animaux perdus, des armes, des instru-
ments, dans un état de conservation quelquefois merveilleux.

Les houillères s'établirent dans des conditions qui ne sont pas
sans relation avec celles que nous venons d'exposer. Les recherches de divers savants sur la composition et le mode de formation
de la houille, l'étude microscopique de fragments imperceptibles
qui ont conservé leur structure, au milieu de la masse amorphe
et comprimée dont le charbon minéral est formé ; récemment, les
investigations intelligentes et consciencieuses de M. Grand'Eury,
ont réussi à soulever une partie du voile qui nous dérobait le
secret de ces âges mystérieux. Les phénomènes d'où vint la splendeur végétale qui les caractérise par-dessus tout furent d'un

ordre très-complexe, mais tous, à des degrés divers, concouru-
rent à la réalisation du même résultat : l'exubérance de la végétation, restreinte pourtant à deux classes, alors maîtresses
exclusives, de nos jours entièrement subordonnées : celles des
« Cryptogames vasculaires » et des « Phanérogames gymnospermes ».

Il y eut d'abord, à l'époque carbonifère, une émersion opérée
sur une grande échelle, émersion suivie de retours, mais renouvelée à plusieurs reprises, de l'espace insulaire ou continental,
jusque-là recouvert par les eaux. Ce mouvement d'émersion eut
pour effet de constituer autour des terres primitives, dont le relief
tendait à s'accentuer, une ceinture de plages basses destinées à
retenir les eaux venant de l'intérieur et à les réunir au fond de
vastes dépressions. C'est ainsi que s'établirent des lagunes aux
bords vagues, aussi vastes que peu profondes, facilement envahies par les plantes amies des stations aquatiques.

A cette première circonstance, toute physique, à laquelle des
oscillations alternatives d'exhaussement et d'affaissement du
sol achèvent de restituer son vrai caractère, il faut joindre la
chaleur humide de la température, l'épaisseur d'une atmosphère
chargée de vapeurs et enfin l'influence d'un climat soumis à des
précipitations aqueuses d'une violence extrême et d'une fréquence dont rien ne saurait maintenant donner l'idée.

Si l'on admet ces prémisses, la flore carbonifère perd beaucoup
de sa singularité, et le mode de formation des houilles s'explique
de même très-naturellement. Le règne végétal, hâtons-nous de
le rappeler, était encore très-incomplet lorsque de semblables
conditions s'établirent et vinrent étendre sur lui leur action. Ce
fut une action essentiellement favorable au développement des
parties vertes et charnues des organes appendiculaires, ainsi
qu'à celui des tiges molles et gorgées de suc, favorable encore à
la croyance rapide et à la prompte évolution des plantes, par
suite à l'accumulation des organes anciens, incessamment renouvelés.

Les cryptogames et les gymnospermes réalisèrent donc tout

ce que ces sortes de plantes sont susceptibles de produire, en fait
de combinaisons organiques. Ce fut un ensemble de types exu-
bérants de feuillage, de tiges élancées en colonnes, simples ou
divisées par dichotomie, fistuleuses ou semées de lacunes ou bien

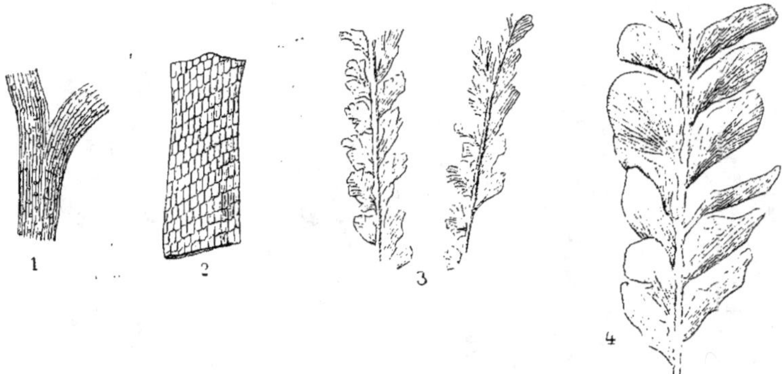

Fig. 10. — Plantes caractéristiques du devonien supérieur d'Europe.

1-2. *Sagenaria Weltheimiana*, Pr., fragments de tige adulte. — 3. *Sphenopteris
pachyrhachis*, Gœpp., portion de fronde bifurquée. — 4. *Cyclopteris (Palæopteris
hibernica*, Gœpp., fragment de fronde.

encore pourvues extérieurement d'une écorce spongieuse, toujours disproportionnée, si l'on compare la zone parenchymateuse de ces anciens végétaux à la région ligneuse proprement
dite dont ils étaient pourvus.

Les études de M. Grand'Eury, associées à celles de M. Renault,
ont permis de restaurer plusieurs des végétaux de l'époque carbonifère. Ces savants, succédant à M. Adolphe Brongniart et
continuant son œuvre, ont fait le départ des cryptogames et des
gymnospermes, longtemps confondues dans cet ensemble primitif. Appuyés sur l'analyse, ils ont défini, au moins approximativement, tout ce que les règles de l'analogie leur permettaient
de saisir et de décrire à coup sûr.

Pénétrons à la suite de ces savants dans le domaine qu'ils ont
si bien exploré et résumons leurs découvertes, sans négliger
celles d'une foule d'auteurs étrangers : Corda, Gœppert, Geinitz,

Goldenberg, Stur, en Allemagne ou en Autriche ; Schimper, à Strasbourg ; Williamson, Binney, en Angleterre ; Lesquereux, Dawson, Dana, en Amérique ; leurs noms rempliraient des pages entières, s'il fallait en compléter la liste.

Dans la phalange des cryptogames se placent en tête les « Calamariées », c'est-à-dire les végétaux qui rappellent les

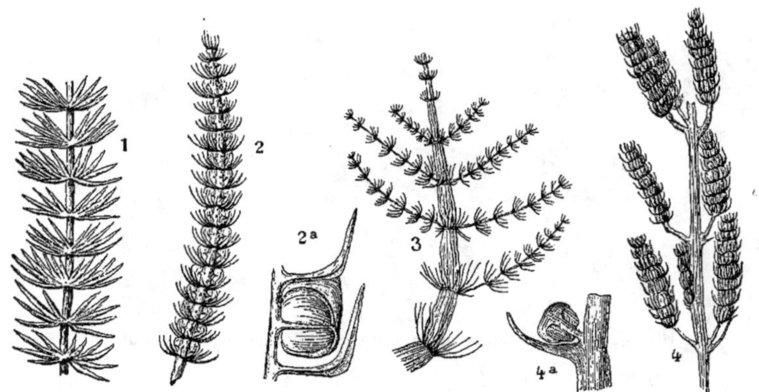

Fig. 11. — Types de plantes carbonifères ; — Calamariées.

1-2. *Annularia longifolia*, Brngt. : 1, rameau ; 2, épis fructifié ; 2ª, organe fructificateur grossi, pour montrer la disposition des sporanges attachés à un sporangiophore, situé dans l'intervalle des feuilles bractéales (d'après M. Renault). — 3-4. *Asterophyllites equisetiformis*, Brngt. ; 3, rameau feuillé ; 4, rameau fructifié 4ª, organe fructificateur grossi ; — la détermination de la situation du sporangiophore est due aux recherches de M. Renault. L'appareil fructificateur est reproduit d'après un échantillon figuré par M. Binney.

prêles de nos jours, sous une apparence gigantesque. A côté des calamariées, dont les calamites sont les représentants les mieux connus, se rangent aussi les plantes qui forment les trois groupes des astérophyllites, des annulariées et des sphénophyllées. Ces plantes ont pour caractère commun de présenter des segments foliaires toujours verticillés, c'est-à-dire réunis en étoiles successives, le long des rameaux le plus souvent minces et flexibles. Selon M. Grand'Eury, les astérophyllites vraies étaient des plantes à tige élancée, pliant sous le poids du feuillage, demandant d'être soutenues, analogues aux rotangs ou palmiers grimpants des forêts vierges tropicales. Les *Annularia* et les *Sphe-nophyllum*, moins érigés encore auraient été flottants et à demi-submergés ; ils auraient étalé à la surface des eaux tranquilles leurs rosettes de feuilles découpées, toujours étalées dans le même plan. Les plus récentes études de M. Renault tendent à rapprocher les *Sphenophyllum*, dont ce savant a décrit toute la structure in-térieure, des « Salviniées » modernes. Celles-ci seraient en défi-nitive les représentants chétifs et déformés, au sein des eaux dormantes actuelles, de l'un des types les plus élégants du passé de notre globe.

Les cryptogames carbonifères comprennent encore des fou-gères et des lycopodiacées ou type « lépidendroïdes ».

Les fougères laissaient bien loin toutes celles qui leur ont suc-cédé. La plupart se rattachent de plus ou moins près aux « Glei-chéniées », aux « Marattiées », aux « Lygodiées », tribus subordon-nées à celle des « Polypodiacées », dans l'ordre actuel, mais alors prédominantes et donnant lieu à des combinaisons de forme et de structure bien plus variées et plus remarquables que celles dont il existe encore des exemples. M. Grand'Eury fait surtout res-sortir le contraste qui existait entre les *Protopteris*, fougères aux troncs cylindriques et élancés, couronnés par un bouquet de grandes feuilles, et les *Aulacopteris* ou *Myelopteris* qui servaient de souche bulboïde à des espèces du groupe des neuroptéridées. De la base épaisse des *Aulacopteris* surgissaient des frondes aux subdivisions multiples qui mettaient un temps très-long à dé-velopper leurs segments et dont les hampes ou parties anciennes prenaient de l'accroissement, à la façon des *Angiopteris* actuels, tandis que les parties jeunes et supérieures achevaient de se développer.

Les lycopodiacées comprenaient le type si élevé des « Lépi-dodendrées », dont rien de nos jours ne retrace l'aspect. Il faut que l'imagination suppose des lycopodes arborescents, à la tige élancée, divisée par dichotomie en menues ramifications, termi-nées par des pinceaux de feuilles longuement aciculaires, repo-sant sur des coussinets décurrents. La superficie corticale était recouverte de compartiments en losanges réguliers, qui se rapportent aux bases accrues et persistantes des feuilles détachées. Les cônes des lépidodendrées surpassaient en élégance et en perfection de structure ceux de nos conifères dont ils offrent la

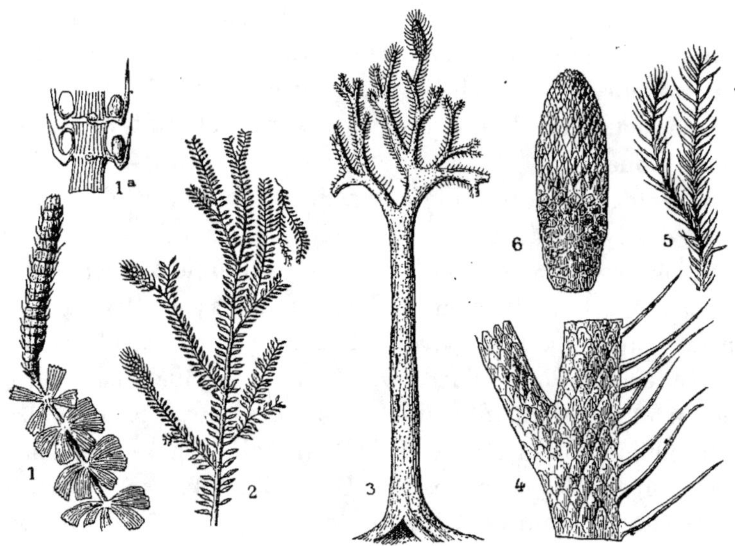

Fig. 12. — Types de plantes carbonifères : — lycopodinées.

1. *Sphenophyllum Schlotheimi*, Brngt., rameau terminé par un appareil fructificateur, d'après un échantillon de Radnitz (Bohême), figuré par M. Schimper : 1ª, détails grossis pour montrer la forme et la disposition des sporanges sur les bractées. — 2. *Lycopodium primævum*, Gold. (Saarbruck), tige dont les rameaux latéraux sont terminés par des appareils fructificateurs semblables à ceux des Sélaginellées. — 3-5. Organes divers des *Lepidodendron* : 3, tige complète, d'après Goldenberg, réduite au 300ᵉ de la grandeur naturelle ; un des rameaux est terminé par un strobile fructificateur ; 4, portion de rameau avec les feuilles adhérant en partie aux coussinets, en partie détachées ; 5, rameau jeune, feuillé ; 6, cône jeune en partie recouvert d'écailles étroitement imbriquées.

forme extérieure. D'autre part, l'organisation cryptogamique de ces appareils et la disposition de leurs sporanges à corpuscules mâles, et femelles séparément groupés, reportent l'esprit vers les « Isoëtées », ces plantes naines, ensevelies de nos jours au fond des eaux de certains lacs.

Entre les crytogames et les gymnospermes de la flore carbonifère, certains groupes encore imparfaitement définis semblent se placer, comme un trait d'union de nature à atténuer l'intervalle séparateur : nous avons cité les *Bornia*, il faudrait ajouter les « calamodendrées », souvent confondues avec les astérophyllites et dans lesquelles M. Grand'Eury entrevoit des *Sub-Conifères.*

Les sigillariées constituent le plus remarquable et le plus important de ces groupes ambigus. Leur tige, qui pouvait attein-

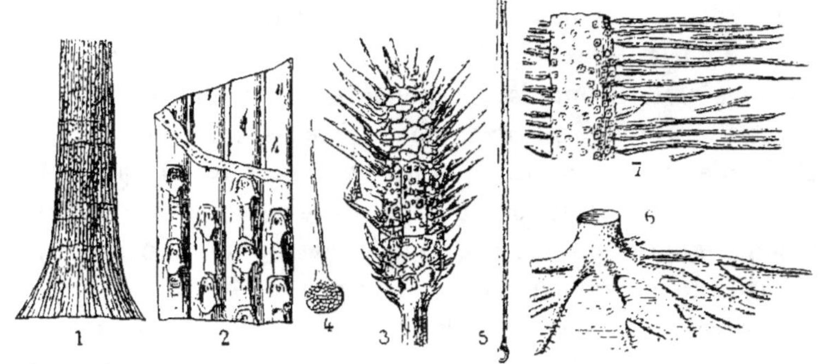

Fig. 13. — Types de plantes carbonifères : — sigillariées.

1. *Sigillaria*, tronc encore debout, réduit au 100ᵉ de la grandeur naturelle, d'après un échantillon observé dans les mines de Saarbruck. — 2. *Sigillaria pachyderma.* Brngt., écorce montrant la surperficie extérieure, avec la marque des écussons foliaires, et la zone interne dépouillée du tégument cortical. — 3. Appareil fructificateur d'une sigillaire, d'après Goldenberg. — 4. Bractée ou écusson en spatule. surmonté d'une pointe acuminée et montrant la face interne couverte de corpuscules reproducteurs arrondis et accumulés, d'après Goldenberg. — 5. Feuille de sigillaire en forme d'aiguille (le sommet se trouve interrompu). — 6. *Stigmaria*, appareil radiculaire des *Sigillaria*, d'après une figure très-réduite de Goldenberg. — 7. *Stigmaria ficoides*, Brngt., portion de racine, garnie de radicelles latéralement et présentant sur la face les cicatrices d'insertions radiculaires, disposées en séries quinconciales.

dre ou excéder 40 mètres ; leur appareil radiculaire, connu depuis longtemps sous le nom de *stigmaria ;* les cicatrices en forme d'écussons réguliers qui recouvraient leur tronc ; leur port en colonne massive et nue presque jusqu'au sommet ; tout annonce, chez les sigillariées, un type sans analogie directe ni même éloignée avec les végétaux que nous connaissons. Étroitement adaptées aux conditions d'une nature spéciale, qui prévalurent

du temps des houilles, les sigillariées, comme les lépidodendrées et les calamites, comme les astérophyllites, dont nous
avons parlé, et les « cordaïtées », que nous citerons bientôt, disparurent de la scène du monde dès que ces conditions eurent cessé
d'être. Mais, plus isolées ou plus radicalement atteintes, elles ne
laissèrent aucun descendant, même dégénéré, et, dans leur étude,
l'analogie, qui hésite à se prononcer, n'est guidée que par des
indices trop vagues pour recueillir les éléments d'une réponse
directe. Pourtant les sigillariées ont découvert leur structure
ligneuse à MM. Brongniart et Renault, et ces deux savants ont
pu s'attacher à décrire leur anatomie intérieure.

Il semblerait, à vrai dire, que les cycadées eussent gardé plusieurs des traits caractéristiques de cette structure qui comprend
une zone ligneuse mince, une moelle interne volumineuse, une
large couche parenchymateuse terminée à l'extérieur par un
étui cortical d'une remarquable densité et dont la croissance
devait avoir une durée fort longue : tels sont d'une façon générale les caractères des sigillariées ; mais cette épaisseur de la région
corticale, comparée au faible développement relatif du cylindre
ligneux intérieur, ne distingue pas seulement les sigillariées ;
elle est propre à beaucoup d'autres tiges d'une époque où ne se
montrait pas encore un ordre régulier de saisons. Sous l'impulsion d'une chaleur humide constante, les végétaux tendaient
incessamment à accroître leurs parties molles et purement
cellulaires. L'épuisement seul pouvait mettre un terme à leur
évolution qui se prolongeait sans trêve ; et rien de périodique
n'amenait pour eux ces stades alternatifs de repos et d'activité
qui caractérisent maintenant les opérations de la vie des plantes
et dont les phanérogames actuelles nous donnent à peu près
toutes le spectacle.

Les phanérogames de l'âge carbonifère étaient des gymnospermes, c'est-à-dire des végétaux assimilables par la classe aux
cycadées, aux conifères ou aux gnétacées actuelles, et n'ayant,
en fait d'organes propogateurs, que des ovules diversement distri-
tribués et « nus », c'est-à-dire dépourvus d'une enveloppe des-

tinée à les protéger et prenant le nom d' « ovaire ». Les « gymnospermes » sont donc des phanérogames imparfaites ou mieux encore plus simples, moins éloignées des cryptogames que les « angiospermes » ou phanérogames proprement dites. Celles-ci ne se manifesteront que beaucoup plus tard, et surtout elles ne parviendront pas de longtemps à saisir la prépondérance.

Il existait déjà dans la flore carbonifère quelques rares cycadées : le type du *Nœggerathia foliosa* de Sternberg, et même un

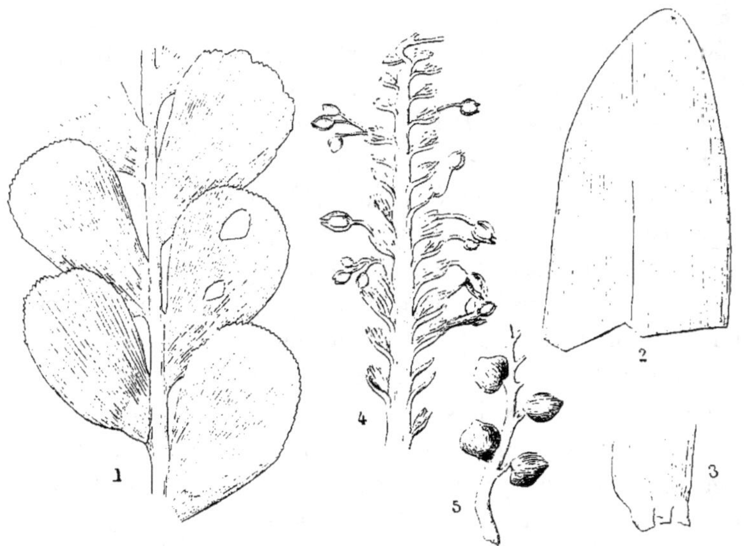

Fig. 14. — Types de plantes carbonifères : — gymnospermes.

1. *Nœggerathia foliosa*, Sternb., portion d'une fronde garnie de folioles (carbonifère moyen de Radnitz). — 2-3. *Cordaïtes*, sommité et base d'une feuille. — 4. *Antholithus*, inflorescence de *Cordaïtes* formée d'épillets disposés dans un ordre distique, le long d'un axe, et supportant des pédicelles terminés par des graines à divers degrés de développement, nommées *samaropsis* par Gœppert. — 5. *Cardiocarpus*, graines de gymnosperme adhérant au rachis et situées à l'aisselle de bractées écailleuses.

Pterophyllum, découvert dernièrement par M. Grand'Eury, en font foi. Il y existait même des conifères, soit des conifères vraies, comme les *Walchia*, soit des taxinées plus ou moins rapprochées de notre « Ginkgo » ; mais les gymnospermes pa-

léozoïques étaient surtout représentées par le groupe des cordaïtées, si bien restitué par M. Grand'Eury et dont le cadre ne cesse
de s'agrandir à la suite de nouvelles découvertes, dues principalement à M. Lesquereux.

Les cordaïtées étaient pour la plupart de grands arbres, à la
tige puissante et ramifiée, rappelant les *Podocarpus* actuels par
le port, les *Dammara* par les feuilles, mais plus robustes,
plus rapidement accrus, plus ramifiés que leurs analogues vivants, n'ayant à l'intérieur de leur tronc qu'un cylindre ligneux
d'une faible étendue, mais recouverts extérieurement d'une zone
corticale épaisse et résistante. Leurs feuilles sessiles, en ruban
allongé ou en spatule, toujours un peu élargies au sommet,
rappelaient celles des dragonniers ; mais elles atteignaient parfois plusieurs pieds de long. Coriaces, dépourvues de médiane,
mais parcourues de la base au sommet par une multitude de
nervures longitudinales, ces feuilles communiquaient aux cordaïtées, considérées dans leur port, une physionomie que le dessin
peut rendre, mais qu'il est difficile de comparer à rien de ce qui
existe aujourd'hui. Les fleurs mâles et femelles des cordaïtées
ont été observées et décrites par M. Renault ; elles constituaient
de longs épis garnis de bractées ; et elles rappellent les gnétacées
par leur mode de groupement, tandis que les fruits, qui variaient
beaucoup de forme, témoignent d'une assez forte analogie avec
ceux de nos taxinées. Il est certain que, par la disposition de l'appareil mâle et par plusieurs particularités de structure, le type
des cordaïtées se montre supérieur à celui des conifères ; il confine
aux cycadées par la disposition anatomique des faisceaux foliaires,
d'après des observations tout à fait récentes de M. Renault, mais
il dépasse ce groupe en force, en puissance, en beauté. Cette
perfection relative des cordaïtées, non-seulement marque leur
place au premier rang des gymnospermes, mais elle dénote chez
les végétaux de cette classe, lors de l'époque carbonifère, des tendances à une transition vers la classe supérieure des angiospermes. Le passage s'effectua sans doute à l'aide de types demeurés inconnus, mais dont on est en droit d'affirmer l'existence et

dont on réussira peut-être quelque jour à retrouver les traces.

Et maintenant, sans qu'il soit nécessaire d'insister davantage sur les éléments essentiels de la flore carbonifère, on peut comprendre comment les masses végétales se multipliaient, en envahissant de toutes parts les abords des bassins au fond desquels vinrent s'accumuler tant de résidus charriés par les eaux.

La pensée n'a qu'à se laisser emporter à travers un lointain aussi reculé ; elle contemplera des plages basses, au sol mouvant et imbibé, à peine assez élevées pour fermer aux flots de la mer l'accès des lagunes intérieures, dominées par des hauteurs peu hardies et souvent voilées par une brume épaisse, se prolongeant à perte de vue et ceignant d'une verdure épaisse une nappe dormante aux contours indécis. Ce fut là le berceau des houillères ; des myriades de ruisseaux limpides, alimentés par des pluies intarissables, se déversaient des pentes voisines et des vallées supérieures, comme autant d'affluents de chacun de ces bassins. Si l'on avait longtemps vécu sur leurs bords, on aurait vu, par une sorte de roulement, non exempt de monotonie, les fougères ou les calamariées, les lépidodendrées, les sigillariées et les cordaïtées se succéder ou s'associer dans des proportions très-diverses. On aurait remarqué dans le port raide et nu des calamites, dans la tenue en colonne des sigillaires, dans l'inextricable lacis des fougères entremêlées, bien des sujets d'étonnement ; mais la grâce infinie des fougères arborescentes avec leur couronne de feuilles géantes ; la beauté régulière des lépidodendrons, la souplesse et la légèreté des astérophyllites ; le jeu d'une lumière caressante, tamisée à travers des ombrages si pleins d'opposition, auraient amené une surprise dont aucun spectacle terrestre ne saurait de nos jours donner l'idée. Pourtant, un contraste, qu'il faut bien signaler, serait de nature à détourner l'esprit de son enchantement, et l'admiration excitée par la vue de tant de merveilles ne serait pas exempte de tristesse. Adolphe Brongniart, un de ceux qui ont le plus contribué à dévoiler cette surprenante époque des houilles, n'a pas manqué de faire ressortir ce que l'aspect des paysages d'alors avait de morne et de dur. Parmi ces tiges de calamites, de lépidodendrons, de sigillaires, érigées avec tant de raideur, divisées suivant des lois presque mathématiques, dont les feuilles pointues ou coriaces se dressent de toutes parts, aucune fleur ne se montrait encore. Les organes sexuels étaient réduits aux seules parties indispensables ; privés d'éclat, ils ne se cachaient sous aucune enveloppe ou s'entouraient d'écailles insignifiantes. La nature, devenue peu à peu opulente, a rougi plus tard de sa nudité ; elle s'est tissé des vêtements de noce : pour cela elle a su assouplir les feuilles les plus voisines des organes fondamentaux, elle les a transformées en pétales ; elle en a varié la forme, l'aspect et le coloris. En compliquant ainsi des appareils d'abord réduits aux seules parties les plus essentielles, elle a créé la fleur, comme la civilisation a créé le luxe, en le faisant sortir peu à peu des nécessités de l'existence améliorée et embellie.

Mais comment la houille elle-même ou les lits de combustible charbonneux se sont-ils formés ? un fait fort simple, mis en lumière par M. Grand'Eury, contribue à nous le faire savoir : il consiste en ce que la houille se compose de fragments de troncs, de débris de tiges et de rameaux, de lambeaux de feuilles, tantôt très-divers, tantôt très-uniformes dans leur provenance et dans leur nature, accumulés, agglutinés, si l'on veut, mais toujours résultant de résidus appliqués à plat l'un sur l'autre, se recouvrant mutuellement, comme si ces résidus étaient allés au fond de l'eau s'y déposer horizontalement, dans une situation trop uniforme pour qu'elle ne soit pas l'indice de l'action permanente d'un véhicule liquide. Ainsi les débris de végétaux amoncelés dont l'ensemble a donné naissance à la houille ont été entraînés au fond des eaux, et ces eaux ne contenaient pendant la période correspondante au dépôt de chaque lit charbonneux aucun autre sédiment de nature à en altérer la pureté. La végétation avait alors tout envahi sur un périmètre très-étendu ; elle s'avançait fort loin dans les terres comme un rideau impénétrable et, du côté des eaux réunies en lagunes, elle occupait également le sol submergé.

Il est certain que les souches, les racines et les tiges se trouvent encore fréquemment en place dans les houillères, à l'endroit même et dans la situation où elles étaient à l'état vivant.
Toutes les plantes carbonifères n'ont pas vécu dans l'eau, mais,
outre que plusieurs croissaient soit au contact de l'eau, soit dans
la vase molle ou sur un sol fréquemment inondé, toutes du
moins ont certainement fréquenté les abords immédiats des
grandes lagunes de l'époque et puisé dans ce voisinage et cette
influence la vigueur qui les caractérise et l'élément nécessaire
à l'accomplissement de leurs fonctions. Ce qui prouve le transport des résidus végétaux par le moyen des eaux, c'est la position constamment horizontale de ceux-ci ; mais ce qui prouve
que ce transport s'est toujours effectué à une petite distance du
lieu d'origine, c'est la façon remarquable dont une foule d'organes délicats ou aisément altérables se trouvent conservés jusque dans les moindres détails de leur structure. On reconnaît en
même temps que d'autres parties et spécialement les tiges ont
dû séjourner quelque temps sur le sol humide avant d'être entraînés au fond des eaux ; certains tissus ont presque constamment disparu, comme si le végétal avait subi un commencement
de décomposition à l'air libre, et les tiges évidées à l'intérieur
sont les plus ordinaires ; dans d'autres cas le cylindre ligneux a
seul résisté et les parenchymes tendres, ainsi que les moelles,
font défaut. En réunissant ces diverses circonstances, il est facile
de faire dépendre la formation des lits de houille d'une cause
principale, pour ainsi dire unique, incessamment active, et plus
active sans doute à l'époque carbonifère que dans aucune autre :
je veux parler des précipitations aqueuses dont rien de ce que
nous voyons maintenant, même sous la ligne, ne saurait rendre
la violence et qui, tout en admettant une très-grande égalité
dans la température, devaient se renouveler avec plus d'abondance
relative à certains moments déterminés, correspondant à nos
saisons.

Les lagunes carbonifères, situées pour la plupart le long de
plages récemment exondées, établies sur les dépressions d'un sol

encore assez peu accidenté, ont dû éprouver de faibles mais de constantes oscillations, qui tantôt approfondissaient et tantôt diminuaient la masse des eaux, tantôt faisaient pénétrer dans leur sein et tantôt en écartaient les courants susceptibles d'y amener des limons et des détritus entraînés des hauteurs et des vallées intérieures du pays. De là deux sortes d'états bien différents, se succédant à d'assez longs intervalles : l'un donnant lieu à des lits de sédiments accumulés ; l'autre laissant la lagune avec ses eaux calmes exclusivement livrée à la végétation, fermée à l'accès des eaux courantes limoneuses. Dans ce second état, la lagune pouvait librement et indéfiniment, grâce à des plantes dont le contact de l'eau favorisait l'essor, se couvrir de véritables forêts, de masses énormes de verdure, composées de certaines catégories de plantes se remplaçant et profitant tour à tour du hasard des circonstances pour s'avancer au sein de l'étendue aquatique. Dès lors, les alentours de semblables lagunes, d'autant plus vagues qu'on se rapprochait de leur limite indécise, par la faible saillie du sol, par l'affluence même des précipitations aqueuses susceptibles d'en doubler momentanément le périmètre, sous l'action des eaux courantes pures de limon, mais entraînant de toutes parts les débris de végétaux, devaient donner lieu à un immense apport de substances organisées, destinées à se convertir en charbon. Tout ce que la chute annuelle des organes, la destruction des tiges vieillies, la caducité des diverses parties, aussi rapidement usées que rapidement évoluées, peuvent produire de résidus, venait s'ensevelir au fond de la nappe par un mouvement incessant, que les lits charbonneux et même les lignites des époques subséquentes nous représentent certainement, quoique sous des proportions bien plus médiocres.

La flore permienne n'est qu'un prolongement amoindri de celle des temps carbonifères proprement dits ; les éléments caractéristiques de l'âge précédent tendent alors à disparaître, tandis que les cycadées, les conifères, les taxinées et certaines fougères accentuent leurs traits et vont bientôt acquérir la prépondérance. Le permien, comme toutes les périodes de transition, présente à certains égards une ambiguïté de caractères, jointe à une indigence de particularités réellement distinctives, qui est de nature à accroître les difficultés de l'étude ; mais cette ambiguïté même n'est pas sans attrait ; il semble qu'on suive les

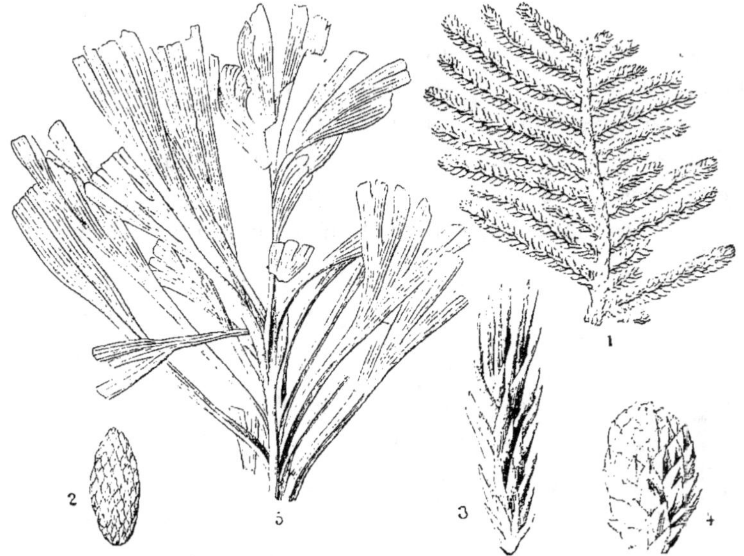

Fig. 15. — Plantes permiennes caractéristiques : — conifères.

1-2. *Walchia piniformis*, Sternb. : 1, rameau ; 2, cône détaché. — 3-4. *Ulmannia frumentaria*, Gœpp. : 3, ramule ; 4, strobile. — 5. *Ginkgophyllum Grasseti*, Sap., rameau feuillé (schistes permiens de Lodève, Hérault).

oscillations graduelles d'une végétation qui se transforme et se dispose insensiblement à changer de direction. Les quelques exemples tirés de la flore permienne que nous figurons permettront de saisir cette nuance en montrant des formes déjà moins éloignées que les précédentes de celles que nous avons sous les yeux.

III

ÉPOQUE SECONDAIRE OU MÉSOPHYTIQUE.

La troisième de nos grandes périodes végétales, après avoir
commencé avec le trias, accentue ses traits et prononce ses caractères vers le commencement des temps jurassiques, à partir
de l'étage que l'on nomme « infralias », parce qu'il précède immédiatement le lias ou jurassique inférieur, lui-même suivi d'une
série d'étages compris sous l'appellation commune de formation

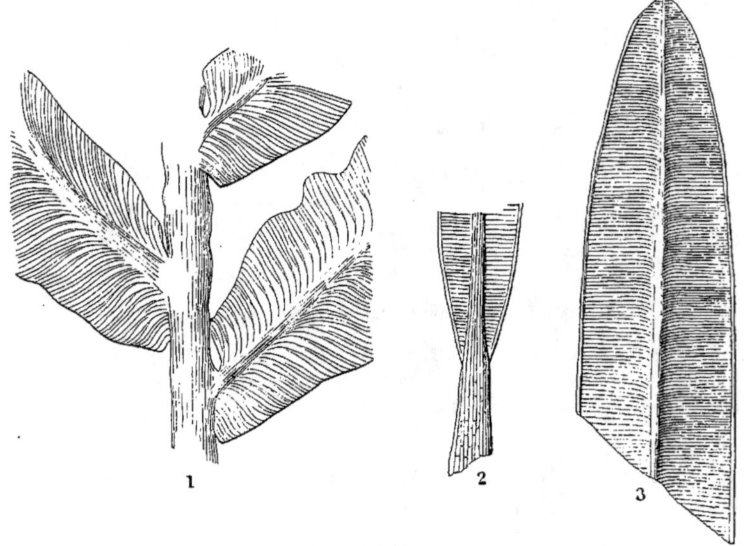

Fig. 16. — Plantes caractéristiques du trias : — fougères.

1. *Danæopsis marantacea*, Hr., fragment d'une fronde. — 2-3. *Tæniopteris superba*,
Sap., base et terminaison supérieure d'une fronde.

oolithique. Cette période se prolonge ensuite, avec des alternatives diverses qui pourtant n'altèrent jamais le fond de sa
physionomie, jusque vers le milieu de la craie. C'est l'époque secondaire ou encore « jurassique », parce que la flore des temps ju-

rassiques marque le milieu et l'apogée d'un état de choses dont le déclin coïncide avec le début de la craie pour aboutir à une rénovation subite, en apparence au moins, et presque générale, vers l'horizon de l'étage « cénomanien », ainsi nommé des environs du Mans et des points de la Normandie où il a été signalé en premier lieu et où il présente un développement tout particulier.

Le trias, âge mal connu et caractérisé par des traits ambigus, paraît correspondre à une de ces périodes de renouvellement où les types en voie de décadence achèvent de disparaître, tandis que ceux qui doivent les remplacer s'introduisent successivement. Les premiers laissent des vides parce qu'ils se réduisent à un nombre décroissant d'individus, les seconds sont encore obs-

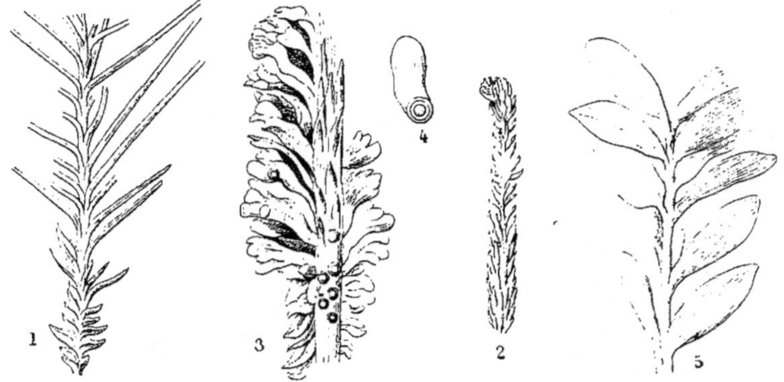

Fig. 17. — Plantes caractéristiques du trias : — conifères.

1-4. *Voltzia heterophylla*, Schimp. : 1, rameau avec feuilles aciculaires : 2, rameau avec feuilles falciformes ; 3, strobile ; 4, graine. — 5. *Albertia Braunii*, Schimp., rameau.

curs et clair-semés. La vieillesse et l'enfance sont également faibles, et, dans les temps où ces deux extrêmes se trouvent seuls en présence, la nature revêt nécessairement un caractère de dénûment et de monotonie. C'est à peine si vers la fin de la période les espèces qui composent cette végétation appauvrie, et cependant curieuse, prennent un peu plus de variété. Un mouvement de transformation, un équilibre nouveau des éléments qui entrent dans la composition de l'ensemble se manifestent et s'établissent, dès le seuil de l'époque jurassique ; mais ce qui frappe surtout dans la flore jurassique, c'est son immobilité et, à côté de cette immobilité, son indigence relative. Les types carbonifères ont alors disparu ; mais les « angiospermes », c'est-à-dire les végétaux qui comprennent à eux seuls les neuf dixièmes des plantes actuelles, ne sont pas encore venus, si l'on excepte quelques rares « monocotylédones ». La flore ne comprend toujours que des « cryptogames » et des « gymnospermes » : les premières sont représentées par des fougères ou des prêles ; parmi les secondes dominent à peu près exclusivement deux classes que nous avons vues poindre dans l'âge précédent, les « cycadées » et les « conifères ». Du Spitzberg à l'Indoustan et des archipels qui formaient l'Europe d'alors jusqu'au fond

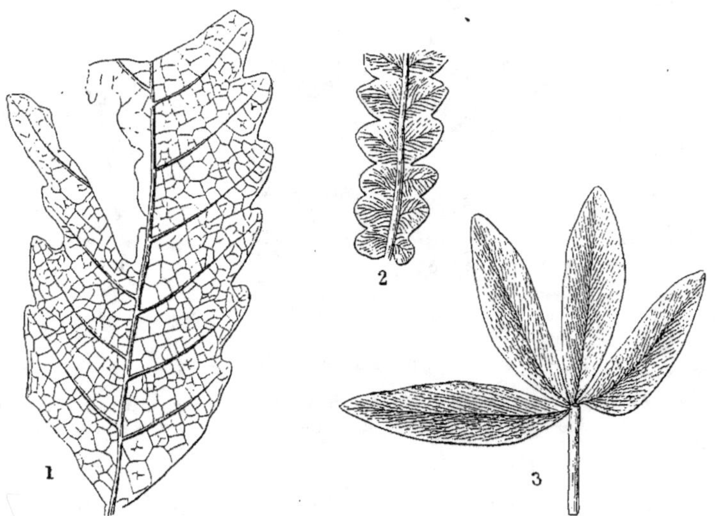

Fig. 18. — Plantes jurassiques caractéristiques : — fougères des localités humides (étage rhétien ou infraliasique).

1. *Clathropteris platyphylla*, Gœpp., segment de fronde. — 2. *Thinnfeldia rotundata*, Nath., fragment de fronde. — 3. *Sagenopteris rhoïfolia*, Presl., feuille.

de la Sibérie de l'Irkutsk, les mêmes formes végétales s'étalent, accusant par leur port, leur aspect, leur configuration une physionomie des plus monotones. dans l'ensemble de la végétation.

Cependant, il est dès lors possible de signaler deux sortes d'associations végétales, l'une particulière aux localités basses et marécageuses, l'autre couvrant de préférence les sols accidentés et l'intérieur des terres.

Les stations fraîches. le voisinage des estuaires et le bord des lagunes étaient alors peuplés de fougères aux frondes largement développées (*Clathropteris*, *Thaumatopteris*, *Dictyophyllum*, *Sagenopteris*) ou délicatement découpées. Certains types de cyca-

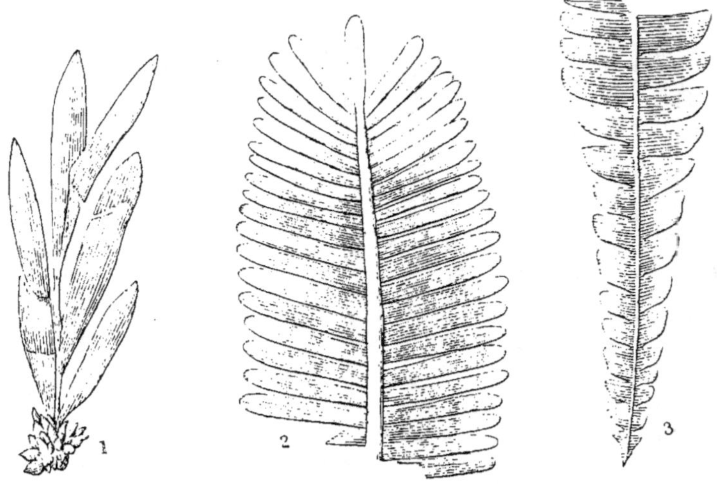

Fig. 19. — Plantes jurassiques caractéristiques : — types de cycadées des localités humides (étage rhétien ou infraliasique).

1. *Podozamites distans*, Presl., jeune plante. — 2. *Pterophyllum Jægeri*, Brongn., sommité d'une feuille. — 3. *Pterozamites comptus*, Schimp., partie inférieure d'une feuille (étage oolithique).

décs, comme les *Podozamites*, les *Nilssonia* et les *Pterophyllum*, s'associaient à ces fougères et admettaient auprès d'eux des taxinées voisines de notre « ginkgo », des *Palissya* et des *Schizolepis*, conifères plus ou moins comparables aux *Cryptomeria* et aux *Sequoia* des âges postérieurs. — Ces formes et d'autres semblables reparaissent à divers niveaux successifs, dès qu'il s'agit de dépôts schisteux et marno-charbonneux, indices certains d'une station où séjournaient les eaux dormantes.

En revanche, sur les terrains plus élevés et plus secs, représentés surtout par des dépôts sablonneux ou calcaires, entraînés par les cours d'eau de l'époque jusqu'au fond des baies et des embouchures, on observe plus particulièrement des fougères aux frondes maigres, exiguës ou coriaces (*Ctenopteris*, *Cyca-*

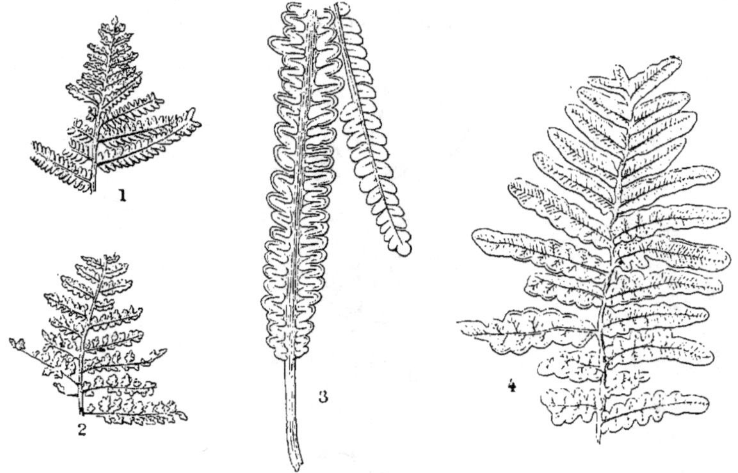

Fig. 20. — Plantes jurassiques caractéristiques : — types de fougères des localités accidentées.

1. *Scleropteris Pomelii*, Sap., sommité d'une fronde (étage corallien). — 2. *Stachypteris lithophylla* (Pom.), Sap., sommité d'une fronde (étage corallien). — 3. *Lomatopteris Balduini*, Sap., fronde complète, brisée (étage bathonien). — 4. *Cycadopteris Brauniana*, Zign., fronde presque entière (étage kimméridien).

dopteris, *Lomatopteris*, *Scleropteris*, etc.), d'autres genres de cycadées (*Zamites*, *Otozamites*, *Sphenozamites*) et enfin des conifères de grande taille qui constituaient évidemment la masse principale des forêts d'alors.

Nous avons appris à connaître les cycadées par celles de ces plantes, plus curieuses que réellement élégantes, que la culture et la mode ont introduites dans nos serres. Elles offrent l'apparence de petits palmiers; leur tronc court et massif, souvent renflé et comme ovoïde, revêt à la longue une cuirasse écailleuse, provenant de la persistance des résidus des bases de pétioles ; il supporte à l'extrémité supérieure un bouquet de frondes

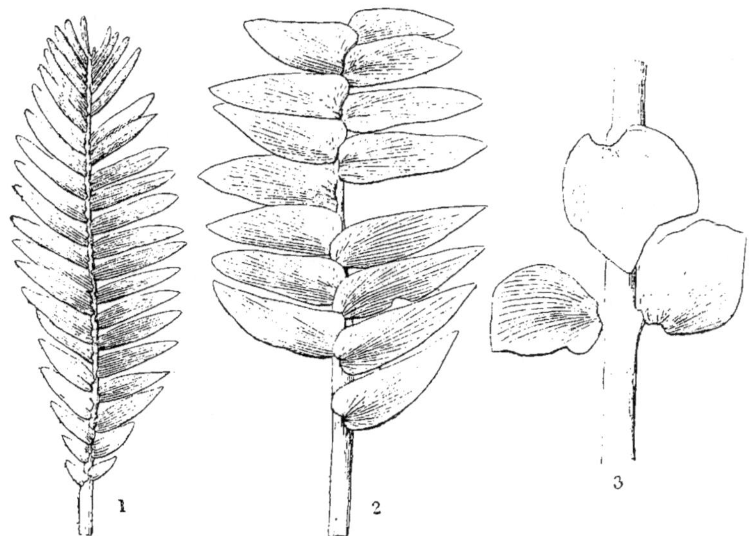

Fig. 21. — Plantes jurassiques caractéristiques : — types de cycadées des localités accidentées.

1. *Zamites Moreauanus*, Brongt., fronde complète (étage corallien . — 2. *Otozamites decorus*, Sap.; fronde brisée par le haut ,étage bathonien . — 3. *Sphenozamites latifolius*, Brongt., fragment de fronde (étage kimméridien,.

ailées, aux segments le plus souvent étroits, allongés et coriaces. Les cycadées vivent maintenant dans le voisinage des tropiques, ou même sous la ligne, en Afrique, dans les Indes, en Australie, dans les Antilles et plus loin vers le nord, au Japon et dans la Floride, qui marquent les points extrêmes de leur aire d'habitation actuelle. — Les anciennes cycadées européennes, dont on connaît les troncs, les feuilles et pour plusieurs d'entre elles les organes reproducteurs mâles ou femelles, ne diffèrent pas plus de ces cycadées actuelles, que les divers genres de ces dernières, parqués chacun dans une région à part,

VUE IDÉALE D'UNE PLAGE BOISÉE, A L'ÉPOQUE OOLITHIQUE.

ne diffèrent entre eux. Seulement, en dehors de quelques exceptions, les plantes fossiles de ce groupe étaient d'une taille médiocre ou même remarquablement petite. Elles devaient former

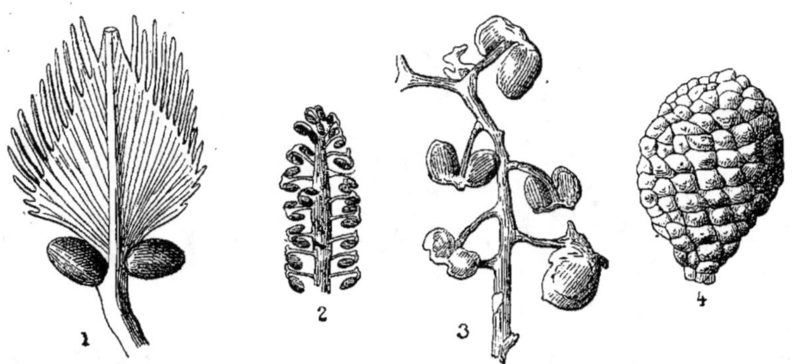

Fig. 22. — Plantes jurassiques caractéristiques : — organes fructificateurs
des Cycadées.

Fig. 1. — *Cycadospadix Hennoquei* (Pom.), Schimp., carpophylle (infralias). —
2. *Stenorhachis Ponceleti* (Nath.), Sap., strobile fructificateur des *Podozamites*
(infralias). — 3. *Beania gracilis*, Carr. (oolithe). — 4. *Zamiostrobus incrassatus*,
L. et H. (oolithe).

à elles seules le soubassement des bois de l'époque ou bien encore en garnir les lisières et les interstices.

Les conifères jurassiques étaient pour la plupart des arbres
élevés, plusieurs de première grandeur. Les unes ressemblaient
aux *Araucaria* ou même faisaient légitimement partie de ce
genre, les autres avaient l'aspect de nos cyprès, avec des rameaux
plus forts et plus vigoureux ; d'autres enfin, plus particulièrement distinctives de l'époque secondaire (ce sont les *Brachyphyl-*
lum), n'offraient que des rameaux raides et des tiges nues ou peu
divisées. Les feuilles de ces derniers se réduisaient aux proportions
de simples écailles mamelonnées, étroitement contiguës et dessi-
nant à la surface des parties anciennes une mosaïque à compartiments réguliers, dont l'âge ne faisait qu'accroître le périmètre.

L'Europe jurassique ne forma d'abord qu'un archipel de
grandes îles (1). Le plateau central, à la fin du lias, était encore

(1) Consultez la planche IV qui représente la configuration approximative de notre
continent, « vers le commencement de l'époque oolithique ».

séparé du massif de la Vendée, à l'ouest, de la région des Vosges
et de celle des Alpes, au nord-est et à l'est ; mais ces îles tendaient à se souder et à se réunir peu à peu, de manière à ne
plus former qu'une seule masse continentale. Cette réunion
s'opéra à l'aide d'isthmes ou de seuils, par Poitiers, dans une di-

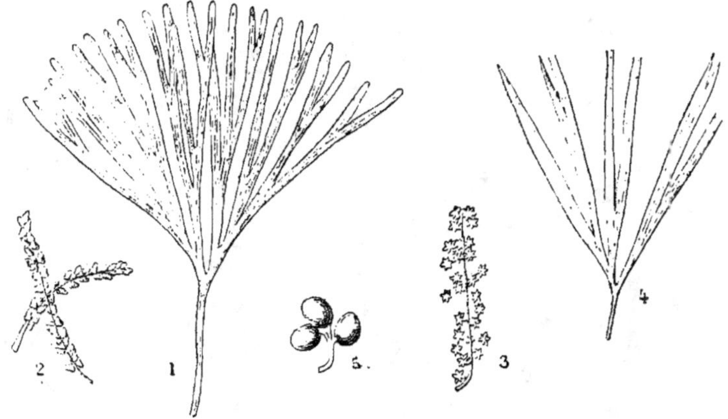

Fig. 23. — Plantes jurassiques caractéristiques : — taxinées.

1-3. *Baiera Münsteriana*, Hr. (infralias) : 1. feuille ; 2. chatons mâles : 3, chaton mâle
après la déhiscence des anthères. — 4. *Baiera gracilis*, Bumb., feuille oolithe.
— 5. *Baiera Münsteriana*, Hr., graines ternées portées sur un pédoncule commun (infralias).

rection, par la Bourgogne, dans l'autre, durant le cours de
l'oolithe.

Lors du wéaldien, premier terme de la craie ou, si l'on préfère, dernier terme de la série oolithique, la soudure continentale est évidente, et l'émersion, effectuée sur une grande échelle.
s'accuse sur une foule de points : en Angleterre, dans le nord
de l'Allemagne, dans le Jura et ailleurs, par l'extension des
eaux lacustres ou fluviatiles dont le rôle devient très-considéra-
ble. Ce sont là les indices avant-coureurs de la révolution végétale
qui se prépare et dont les préliminaires, les débuts et la marche
évolutive nous sont malheureusement inconnus. Il est certain cependant que la flore urgonienne de Wernsdorf, dans les
Carpathes, et celle même de la craie ancienne du Groënland

présentent encore, dans leurs éléments caractéristiques, une

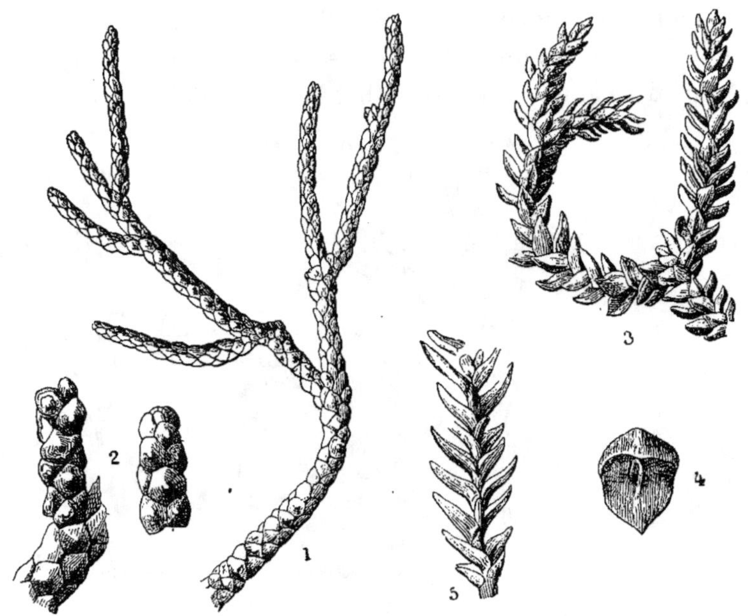

Fig. 24. — Plantes jurassiques caractéristiques : — conifères (oolithe).

1-2. *Brachyphyllum nepos*, Sap. : 1, rameau ; 2, écussons foliaires grossis. — 3-4. *Pachyphyllum majus*, Brong. : 3, rameau ; 4, écaille détachée d'un strobile. — 5. *Pachyphyllum araucarinum*, Pom., rameau.

physionomie jurassique des mieux accentuées. Chez elles, rien

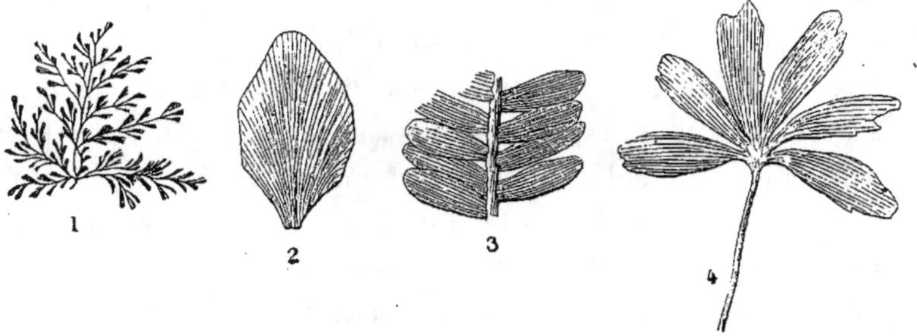

Fig. 25. — Plantes caractéristiques de la craie inférieure (étages wéaldien et urgonien).

1. *Sphenopteris Hartlebeni*, Dunk., fronde (wéaldien). — *Aneimidium Mantelli*, Schk., foliole (wéaldien). — 2. *Glossozamites obovatus*, Schk., fragment de fronde (urgonien). — 3. *Salisburia pluripartita*, Hr., feuille (wéaldien).

n'annonce en apparence le déclin alors imminent des cycadées,
la fin prochaine du règne exclusif des gymnospermes, et la

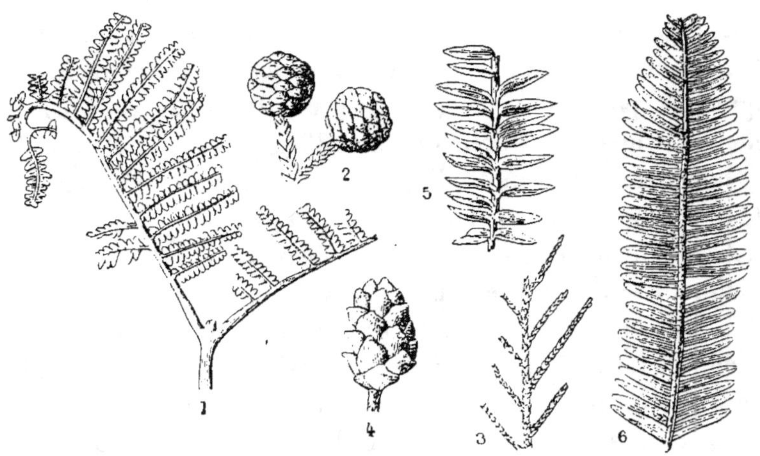

Fig. 26. — Plantes caractéristiques de la craie arctique urgonienne.

1. *Gleichenia Zippei*, Hr., fronde. — 2. *Sequoia ambigua*, Hr., rameau portant deux
cônes. — 3-4. *Cyparissidium gracile*, Hr. : 3, rameau ; 4, strobile. — 5. *Torreya
Dicksoniana*, Hr., ramule. — 6. *Pterophyllum concinnum*, Hr., fronde d'une cycadée.

diffusion, prête à se réaliser, des dicotylédones ou plantes à
feuillage.

IV

L'évolution organique à laquelle les dicotylédones durent leur
existence et ensuite leur extension s'accomplit sans doute sous
l'influence de conditions très-diverses. Il se peut effectivement
que cette évolution ait été lente et obscure originairement ; il se
peut aussi qu'elle se soit réalisée à l'écart, dans une région séparée ou mère patrie, grâce à certaines circonstances locales et
exceptionnelles ; il se peut encore, et on est même en droit de
le supposer, qu'elle ait été le produit de l'intervention des in-

sectes, multipliant, à un moment donné, les effets du croisement et amenant des combinaisons favorables à ces sortes de végétaux. Enfin, il est à la rigueur concevable qu'il ait suffi d'un temps relativement court et de l'influence de causes maintenant ignorées, pour donner l'essor aux plantes de la catégorie que nous considérons. Quelle que soit l'hypothèse que l'on préfère, le fait même de la multiplication rapide des dicotylédones et de leur présence simultanée sur un grand nombre de points de notre hémisphère, à partir de l'horizon de la craie cénomanienne, ne saurait être contesté.

C'est à ce niveau que se rattache en Amérique le « Dakota-group », formation des plus remarquables, récemment explorée dans le Kansas, l'Arkansa, le Nebraska, le Minesota, et dont la base comprend des grès ferrugineux, d'origine lacustre, très-riches en empreintes végétales. Les dépôts du Dakota-group reposent immédiatement sur le trias ; par conséquent, la vaste région qui s'étend de nos jours du Missouri aux montagnes Rocheuses était émergée et peuplée de végétaux, c'est-à-dire terre ferme depuis un âge des plus reculés, lorsque les eaux fluvio-marines vinrent l'occuper vers le milieu de la craie. Les empreintes végétales, observées à la base de cette formation, nous traduisent donc, à ce qu'il semble, un état déjà ancien, au moment où il nous est donné de l'entrevoir. Il en est de même pour la Bohême, terre primitive, que les eaux douces alternant avec celles de la mer, envahirent aussi lors du cénomanien ; de là vinrent les dépôts qui constituent le « quadersandstein » inférieur des Allemands et qui, sur beaucoup de points, sont riches en plantes fossiles. La Moravie, le Harz, certaines localités de la Saxe, de la Westphalie, de la Scanie ; les environs d'Aix-la-Chapelle et ceux de Toulon ont fourni à divers savants une suite assez considérable de végétaux appartenant à la seconde moitié des temps crétacés, et enfin les découvertes du célèbre Nordenskiöld, dans la presqu'île de Noursoak, à Atané (Groënland), ont fait connaître les plantes qui habitaient à la même époque les régions arctiques. Partout alors les dicotylédones ou *végé-*

taux à feuillage, auparavant inconnus, sont devenus dominants ; partout une révolution, aussi rapide dans sa marche qu'univer- selle dans ses effets, favorise l'introduction de cette catégorie de plantes et partout aussi les cycadées et les conifères, jusqu'alors les dominateurs incontestés du règne végétal, tendent à décroître et à reculer.

En entrant dans les détails, on remarque pourtant bien des singularités et aussi des divergences entre plusieurs regions comparées.

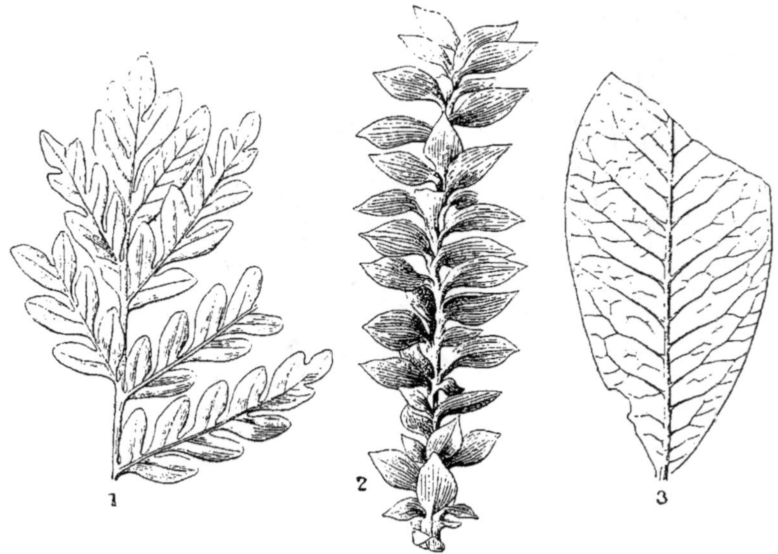

Fig. 27. — Plantes caractéristiques de la craie moyenne : — dicotylédones primitives (étage turonien des environs de Toulon).

1. *Lomatopteris superstes*, Sap., sommité d'une fronde (Fougère). — 2. *Araucaria Toucasi*, Sap., rameau. — 3. *Magnolia telonensis*, Sap., feuille.

La localité la plus méridionale est celle du Beausset, près de Toulon, localité située au fond d'un petit golfe de la mer tu- ronienne, celle de l'étage qui succède immédiatement au céno- manien. C'est cependant cette localité dont la flore comprend la plus faible proportion numérique de dicotylédones, celle aussi où les fougères et les conifères paraissent avoir gardé le plus de points de contact avec le passé par la nature des types qu'elles comprennent (genres *Lomatopteris, Cyparissidium, Araucaria*).

Les dicotylédones abondent bien davantage dans l'Allemagne cénomanienne, en Moravie, en Saxe, en Bohême, en Silésie, entre 49° et 51° lat. N. Au sein de cette région, située alors à proximité des plages d'une mer septentrionale (1), les plantes à feuillage présentent un mélange curieux de genres éteints, de genres devenus exotiques et tropicaux et de genres demeurés européens ou du moins encore indigènes de la zone boréale extra-européenne. Le genre *Credneria* est un exemple des premiers ;

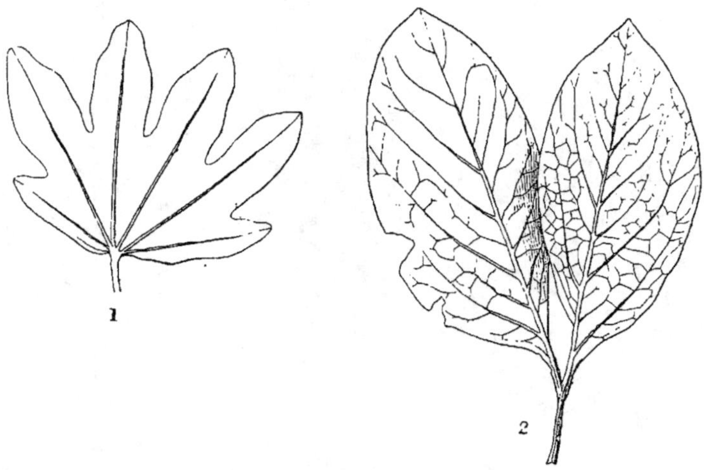

Fig. 28. — Plantes caractéristiques de la craie cénomanienne de Bohême : — dicotylédones primitives.

1. *Aralia Kowalewskiana*, Sap. et Mar., feuille. — 2. *Hymenea primigenia*, Sap , feuille.

le genre *Hymenea*, qui fait partie du groupe des légumineuses-césalpiniées (2), atteste la présence des seconds ; le lierre, le ma-

(1) Consultez la planche V qui représente la configuration approximative de notre continent, « à l'époque de la mer cénomanienne ».

(2) Le groupe des césalpiniées est encore représenté en Europe par une espèce monotype de la flore méditerranéenne, le *Ceratonia siliqua* ou caroubier qui forme un bois clair-semé le long de la côte abritée, dans tout l'espace qui s'étend de Nice à Menton. C'est là un curieux exemple de la longévité que peuvent atteindre certains types de végétaux protégés par des circonstances exceptionnellement favorables et survivant à tous ceux de l'ordre auquel ils appartiennent.

gnolia, le comptonia doivent être signalés parmi les derniers. Ces types, fixés dès lors dans leurs traits principaux, n'ont plus donné lieu par la suite qu'à d'insignifiantes variations.

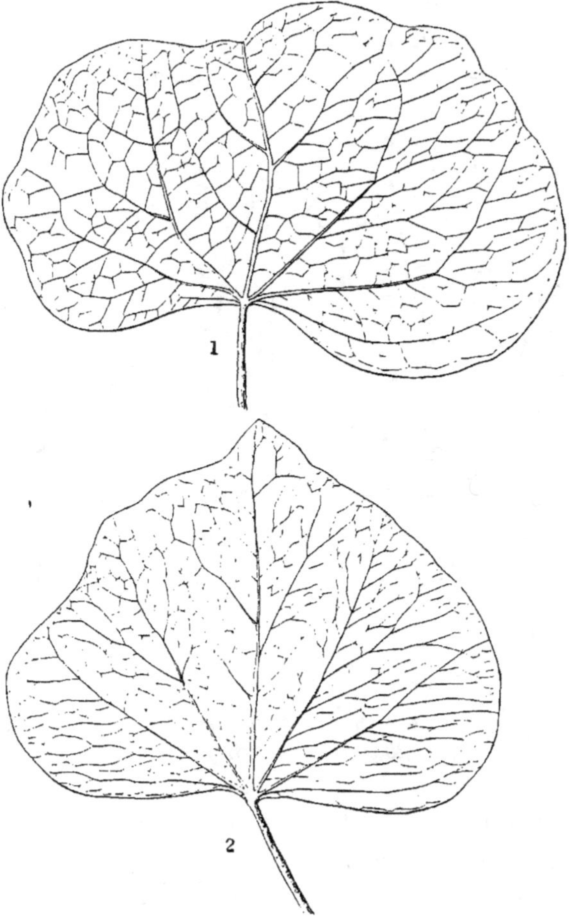

Fig. 29. — Plantes caractéristiques de la craie cénomanienne de Bohême : — dicotylédones primitives.

1-2. *Hedera primordialis*, Sap. : 1, feuille des rameaux appliqués ; 2, feuille des rameaux libres.

Le genre *Credneria*, dont les affinités véritables sont loin d'avoir été encore déterminées et que l'on a successivement rap-

proché des peupliers, des platanes, des tiliacées et des po-
lygonées, s'éloigne en réalité de tous par certains détails caractéristiques de ses feuilles, larges, grandes, fermes, aux nervures
saillantes, lobées ou sinuées le long des bords supérieurs, ter-
minées en coin inférieurement, avec une côte moyenne accompagnée de deux latérales, celles-ci partant d'un point situé au-

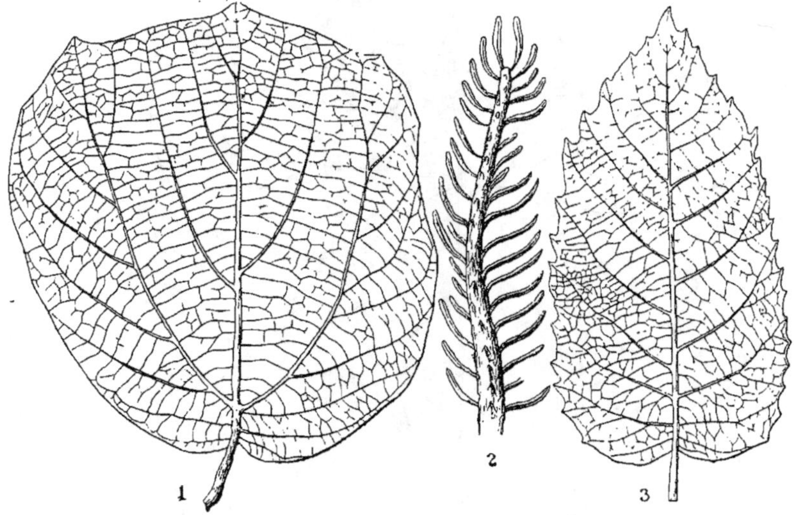

Fig. 30. — Plantes caractéristiques de la craie sénonienne du Harz : —
dicotylédones primitives.

1. *Credneria triacuminata*, Hampe, feuille. — 2. *Abietites curvifolius*, Dkr., rameau.
— 3. *Dryophyllum Haussmanni*, Dkr., feuille.

dessus de la terminaison basilaire du limbe. Les feuilles de ce
genre curieux, souvent roulées sur elles-mêmes, comme si
elles s'étaient détachées naturellement de la tige qui les portait et avaient été entraînées dans le sable ou dans la vase, ont été
rencontrées, non-seulement en Bohème et en Saxe, mais aussi
dans le Harz, à Blankenburg ; en Westphalie ; à Aix-la-Chapelle et
jusque dans le Groënland septentrional. Le genre auquel se
rapportent ces feuilles avait certainement alors une très-grande
extension. C'est ce que l'on nomme en paléontologie un genre
caractéristique.

En Amérique, la flore du Dakota-group présente, sinon des espèces identiques à celles de la Bohème et de la Moravie cénomaniennes, du moins des formes équivalentes. Les araliacées sont répandues de part et d'autre ; les laurinées se montrent également, ainsi que les ménispermacées, les magnolias et bien d'autres types qu'il serait trop long d'énumérer. On remarque dans cette flore, dont la connaissance est due aux savantes recherches de M. Lesquereux, la présence du platane, du hêtre,

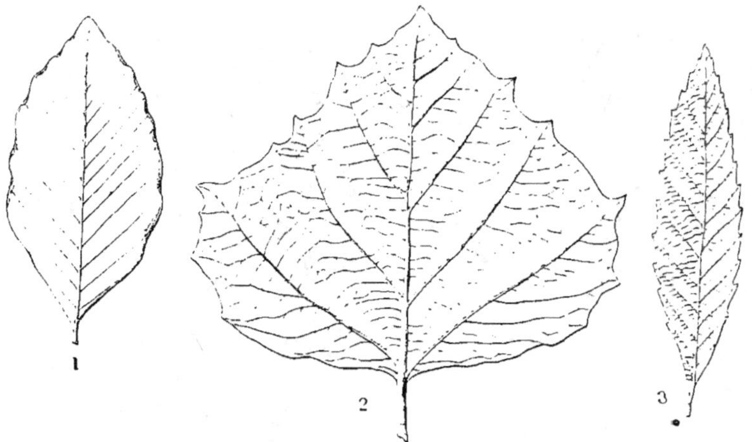

Fig. 31. — Plantes caractéristiques de la craie cénomanienne d'Amérique (Dakota-group) : — dicotylédones primitives.

1. *Fagus polyclada*, Lqx., feuille. — 2. *Platanus primæva*, Lqx., feuille. — *Quercus (castanea?) primordialis*, Lqx., feuille.

d'un chêne ou d'un châtaignier, d'un lierre, etc., et si les *Credneria* ne se montrent pas, comme en Europe, on découvre à leur place deux types, *Protophyllum* et *Aspidiophyllum*, qui en remplissent évidemment le rôle et en accusent les traits caractéristiques.

Les premiers palmiers qu'on ait encore signalés, en ne tenant pas compte des fausses indications souvent appliquées à des végétaux de la flore carbonifère, étrangers en réalité à cette classe, se montrent en Europe dans la seconde moitié de la période crétacée. Des deux espèces principales, l'une, *Flabellaria chamæropifolia*, Gœpp., du Quadersandstein de Tiefenfurt en Silésie, avait des frondes en éventail, semblables à celles de nos *Chamærops* ou palmettes ; elle était par conséquent de petite taille ; l'autre observée en premier lieu à Muthmansdorf en Autriche et dernièrement dans la craie d'eau douce de Provence, dénote un palmier de grande taille, comparable aux *Geonoma* ac-

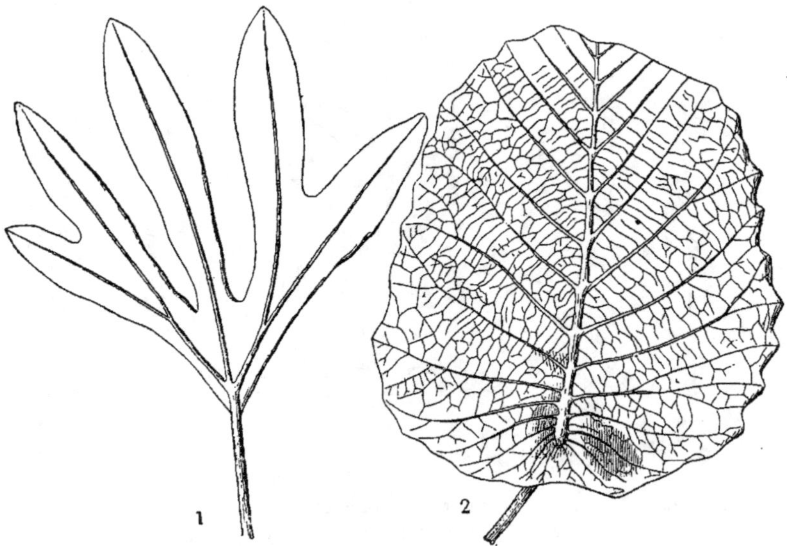

Fig. 32. — Plantes caractéristiques de la craie cénomanienne d'Amérique (Dakota-group) : — dicotylédones primitives.

Ir.l ia quinquepartita, Lqx., feuille. — 2. *Protophyllum multinerve*, Lqx., feuille (type éteint).

tuels, mais surtout assimilable au *Phœnicophorium Sechellarum*, Wendl., remarquable espèce des Séchelles, un des plus admirables ornements de nos serres chaudes. Il présentait des frondes larges, à rachis ou côte médiane prolongé jusqu'à l'extrémité supérieure d'un limbe dont les segments demeuraient soudés entre eux ou ne se divisaient que vers les bords, à l'aide de fissures irrégulières et peu prononcées. Ce type tenait ainsi le milieu entre celui des palmiers à frondes pinnées, comme les dattiers,

et celui des palmiers à frondes flabellées, comme le sont les sabals.
La plupart des palmiers portent dans leur enfance des frondes
construites sur ce modèle, avant de prendre leur entier développement et de revêtir leur forme définitive. Il est curieux d'observer un type semblable à l'origine du groupe, et l'exclusion de
ce groupe des régions arctiques constitue également, comme
nous l'avons fait remarquer précédemment, un précieux indice
de l'abaissement de la température, commençant à se prononcer
dans l'extrême Nord.

M. Heer signale pourtant dans la flore crétacée du Groënland,
à Noursoak, une zinzibéracée, c'est-à-dire une sorte de balisier,
probablement aussi un bambou (*Arundo groënlandica*, Hr.). Il
y signale encore une cycadée bien authentique, *Cycadites
Dicksoni*, Hr., la dernière qui ait probablement vécu à l'intérieur
du cercle polaire, et enfin plusieurs fougères de la tribu subtropicale des gleichéniées. Le type peuplier, représenté par les
plus anciennes espèces du genre, domine évidemment parmi les
dicotylédones de la craie arctique; ces espèces sont alliées de
près à la section du *Populus euphratica*, Oll. ou section des peupliers coriaces. Les dicotylédones de Noursoak comprennent encore un figuier, plusieurs myricées, des araliacées, des magnolias et des vestiges de légumineuses de la tribu des lotées. Des
pins, des *Sequoia*, diverses cupressinées, un ginkgo (*Sailsburia
primordialis*, Hr.) complètent cet ensemble curieux qui nous découvre une des étapes successives, par lesquelles la végétation
polaire a dû passer, avant de se dépouiller des richesses qu'elle
comprenait à l'origine.

La flore de la craie moyenne constitue le premier terme de la
dernière des quatre grandes périodes végétales que nous avons
admises au commencement de cette étude; cette période part du
cénomanien et s'étend jusqu'à nous, à travers l'ensemble des temps
tertiaires qui y sont englobés: le complément du règne végétal par
l'adjonction des classes les plus élevées, des plantes « à fleurs et à
feuillage » qui leur faisaient jusque-là défaut, tel est l'événement principal qui inaugure cette période et dont les faits qui

suivirent n'ont été que des conséquences et des développements.

Dès cette époque, si voisine pourtant du berceau des angiospermes et plus particulièrement de celui des dicotylédones, la juxtaposition, en Europe, de deux séries de types, les uns destinés à disparaître ou à être refoulés vers le Sud, les autres demeurés indigènes à notre zone, frappe comme un fait constant et démontré. J'ai parlé des peupliers, des hêtres, des lierres, des châtaigniers, des platanes de ce premier âge associés, non-seulement à des magnolias, mais à des palmiers, à des *Hymenea*, à des *Aralia*, à des *Persea*, à des pandanées, dont les types forment de nos jours l'ornement des régions intertropicales ; l'existence simultanée de deux séries qui nous semblent maintenant destinées à s'exclure, avait sans doute alors sa raison d'être. En dépit de la chaleur, certainement tempérée par l'humidité et probablement fort égale, elles pouvaient vivre associées dans un ensemble des plus harmonieux. L'ampleur presque générale des formes végétales de cette époque annonce un temps et des saisons favorables au développement du monde des plantes, et ces conditions expliquent très-bien l'extension rapide des divers types qui se partagent la classe de dicotylédones. La plupart d'entre eux effectivement, si l'on s'attache aux familles que l'on rencontre le plus ordinairement à l'état fossile remontent jusqu'à cet âge et avaient dès lors revêtu les caractères qui les distinguent encore.

Plus tard seulement, et après des vicissitudes dont nous essayerons de tracer l'histoire, l'une des deux séries, celle que notre zone possédait d'abord en commun avec les tropiques, subit un déclin prolongé, tandis que la série opposée obtenait, au contraire, par des moyens très-divers, il est vrai, une prépondérance à la fin exclusive.

Sous ce dernier rapport, la seconde moitié de la craie peut être considérée comme le point de départ de la végétation particulière à notre zone, de même que le temps des houilles marque celui du règne végétal tout entier. Dès le cénomanien, en effet, commence une évolution à l'aide de laquelle les tribus nouvelles vont en se multipliant et en se différenciant dans une proportion toujours croissante. Sans doute les diversités de sol, de climat, de station, qui vont en s'accentuant, contribuent à ce résultat ; mais la flexibilité des organismes, qui atteignent leur « maximum » de perfection et de complexité relatives, y contribue aussi dans une très-large mesure.

Le climat européen, nous devrons le constater, a varié à bien des reprises et par là s'explique la prépondérance alternative, dans le cours du temps tertiaire, des associations d'espèces au feuillage maigre et coriace et des associations distinguées par l'ampleur de leurs organes appendiculaires. Les choses se passent encore de même sous nos yeux : les différences de région à région, d'une station à une autre station, retracent le tableau de celles que le temps fit naître et qui se succédèrent sur notre sol. De cette sorte, les phénomènes que nous observons maintenant, en comparant entre eux certains points de la surface terrestre, se sont manifestés autrefois à travers la suite des âges. Les procédés de la nature sont au fond restés les mêmes. Elle a réussi de tout temps à plier les organismes sous l'influence des milieux, et de cette influence elle a fait sortir une force susceptible de réveiller les tendances à la variabilité, inhérentes à tous les êtres vivants. C'est là une action d'autant plus énergique qu'elle est permanente et qu'enfin elle s'applique à des organismes fixés au sol, comme les végétaux, qui la subissent sans être capable de s'y soustraire par la fuite.

CHAPITRE II

—

LES PÉRIODES VÉGÉTALES

DE L'ÉPOQUE TERTIAIRE.

—

I

NOTIONS PRÉLIMINAIRES.

Avant l'époque tertiaire, le règne végétal, longtemps pauvre et monotone, bien que puissant par intervalles, s'était cependant complété par l'adjonction de la classe des dicotylédones angiospermes, et, à côté de cette classe, celle des monocotylédones, longtemps faible et subordonnée, avait également accru son importance, quoique dans une moindre proportion. Au moment où s'ouvre cette grande époque, le climat de notre continent est tempéré plutôt que très-chaud ; l'hiver est encore nul ou presque nul ; la mer échancre l'Europe sur bien des points d'où elle s'est ensuite retirée. Elle constitue une terre plus découpée que de nos jours ; pourtant l'Europe est déjà une région continentale d'une étendue considérable. La chaîne centrale qui forme maintenant son ossature principale n'existe pas ou ne consiste encore que dans des hauteurs presque insignifiantes ; peut-être à la place des Alpes d'autres montagnes, maintenant *ruinées*, élevaient-elles leur cime ; mais ce sont là des conjectures que les recherches futures auront pour tâche de confirmer.

Ce qui est certain, c'est que, peu de temps après le début des temps tertiaires, on voit sur la ligne des Alpes et le long des Pyrénées la mer s'établir et s'avancer, laissant des îlots, comme pour jalonner la direction selon laquelle se prononceront plus tard ces massifs, dont le rôle et l'aspect ont si fort changé depuis lors.

Pendant la durée des temps tertiaires, non-seulement l'Europe est découpée par des mers qui la pénètrent à plusieurs reprises et dans plus d'un sens, mais elle se couvre de lacs dont l'emplacement varie, comme celui des mers elles-mêmes, et dont il est difficile, à raison même de cette circonstance, de dresser la carte, puisque beaucoup d'entre eux n'ont pas existé simultanément et que souvent, dans les oscillations qui se produisaient, il s'est trouvé que le fond d'un lac, soulevé, a servi de littoral et de terre ferme, soit à une mer, soit à un autre lac, venant occuper la place de ce qui n'avait été jusque-là qu'un sol émergé. Ces mouvements oscillatoires, comparés à ceux d'une charnière, sont bien connus des géologues, et, quant aux lacs tertiaires, la botanique fossile leur doit, de même qu'aux tufs ou calcaires concrétionnés, aux cendres volcaniques consolidées ou cinérites, ainsi qu'aux divers limons déposés par les cours d'eau, la conservation des plantes fossiles de chaque couche ou étage successifs, dont la réunion constitue la série des formations tertiaires. C'est à l'aide de ces éléments que l'on a pu recomposer la chronologie des phases par lesquelles la végétation a passé, en observant, à chacun des échelons de la série, au moins quelques vestiges des plantes que possédait l'Europe contemporaine. On obtient de cette façon un ensemble presque sans lacunes, puisqu'il n'est pas, pour ainsi dire, d'étages ni de sous-étages qui n'aient fourni quelques spécimens ; mais cet ensemble est inégal et imparfait en ce sens que nos connaissances ne s'appuient que sur des documents partiels, que le hasard seul a mis entre nos mains et qui font succéder, sans raison apparente, à une profusion parfois étonnante, une pénurie à peu près complète, faite pour désespérer, sans que l'on ait pour cela le droit d'en être surpris.

Comte de Saporta.

BORDS D'UNE LAGUNE EN BOHÊME, A L'ÉPOQUE CÉNOMANIENNE.

Longtemps on ne s'est enquis ni des causes véritables, ni de la signification réelle de cette pénurie intermittente. On recueillait des espèces pour les enregistrer et les décrire, mais sans leur attribuer un sens autre que celui qui résulte du fait même de leur existence. Parfois on a poussé l'esprit de système jusqu'à croire que les empreintes fossiles traduisaient exactement le passé tertiaire et qu'une flore appauvrie ou des spécimens clair-semés étaient l'indice de l'indigence de la végétation contemporaine. Enfin on a également admis, sans preuves et comme de confiance, qu'une flore fossile locale nous faisait connaître l'association de plantes qui couvrait alors tout un pays et que ce pays ne possédait pas une foule d'autres espèces, à côté de celles dont on recueillait les vestiges. De cette filière d'idées sont nécessairement sorties une quantité d'appréciations erronées, que les recherches et les découvertes futures redresseront peu à peu. Dans les détails que nous allons donner nous suivrons une marche et nous adopterons une méthode bien différentes. Nous nous efforcerons avant tout de particulariser les découvertes et d'appliquer aux divers dépôts d'où proviennent les plantes fossiles le sens vrai qu'ils comportent, celui de représenter autant d'associations d'espèces végétales, localisées et restreintes, dont il s'agit avant tout de fixer la physionomie et de définir la portée, en évitant toutes les tendances exagérées.

Au point de vue exclusif des modifications que la végétation a éprouvées, l'époque tertiaire prise dans son ensemble se partage en cinq divisions ou périodes secondaires, désignées dans l'ouvrage d'un éminent paléophytologue (1), à partir de la plus ancienne, sous les noms de *Paléocène, Éocène, Oligocène, Miocène, Pliocène*. Ce sont là des phases précédées ou suivies de passages et de liaisons, n'ayant elles-mêmes rien d'absolument fixe dans leur physionomie d'un bout à l'autre de leur durée ; mais enfin ces phases mobiles, si peu nettement limitées qu'on les suppose, sont cependant des étapes qui marquent le chemin

____

(1) Schimper, *Traité de pal. vég.*, t. III, p. 680 et suiv.

que la nature végétale a suivi en Europe, dans sa marche à travers
les temps tertiaires. Elle n'a pas accompli une marche aussi
longue, sans éprouver des vicissitudes de toutes sortes, sans se
modifier peu à peu ; elle a remplacé graduellement chacune des
formes qu'elle possédait à l'origine par des formes voisines, alliées
de près à leurs devancières et cependant différentes de celles-ci
à certains égards ; puis, à partir d'un certain moment, sous l'influence d'une température qui devenait insensiblement plus
froide et moins égale, la végétation européenne s'est vue dépouiller peu à peu de ses éléments les plus précieux ; une foule
de types dont la présence ne lui laissait rien à envier aux pays
méridionaux les plus richement favorisés ont finalement disparu ; alors seulement un âge est venu où, par l'effet des progrès
lentement accomplis de cette élimination, la flore de notre continent s'est trouvée telle que nous la connaissons, peuplée d'espèces appropriées aux exigences climatériques de la zone tempérée froide dans le nord et le centre, moins dévastée dans le
midi où l'on rencontre encore çà et là un certain nombre de
types échappés à la destruction, réfugiés sur quelques points et
attestant par leur persistance le souvenir d'un état de choses depuis longtemps détruit, mais dont ils furent pourtant les témoins.

Chacune des cinq périodes que nous venons de signaler, malgré
le peu de précision de leurs limites respectives, revêt pourtant une
physionomie saisissable et se rattache à une configuration spéciale du sol européen, configuration souvent très-différente de
ce qu'elle était dans la période antérieure ou de ce qu'elle fut dans
la suivante, souvent aussi bien éloignée de ce qu'elle est maintenant sous nos yeux. Mais il convient d'ajouter pourtant que l'ensemble des terrains tertiaires répond à une si longue durée, qu'il
serait inexact de croire que la distribution des terres et des mers
soit demeurée stable dans l'intérieur de chaque période ; le contraire est vrai, du moins pour plusieurs d'entre elles, et pendant
l'éocène, comme pendant le miocène et le pliocène, les mers chan-
gèrent de lit et d'assiette à diverses reprises, ou même des nappes
lacustres furent remplacées par des bassins marins et réciproque-

ment, sur les mêmes lieux, sans que ces variations, immenses lorsqu'on les considère en elles-mêmes, aient entraîné dans la végétation contemporaine aucune perturbation assez sensible pour justifier l'établissement d'une période à part, correspondant au temps précis pendant lequel chacun de ces mouvements partiels se serait accompli. C'est ainsi que dans le cours du miocène, la Suisse fut d'abord couverte de lacs (étage *aquitanien*), puis envahie par la mer de la mollasse (étage *molassique* ou *helvétien*), dont le retrait partiel donna plus tard lieu à l'établissement de nouvelles nappes lacustres (étage *œningien*).

Malgré ces vicissitudes, dont le midi de la France reproduit également le tableau, la végétation miocène, prise dans son ensemble, conserve assez d'unité, et les traits caractéristiques de sa physionomie sont assez persistants, assez uniformes d'un bout à l'autre de chaque période, pour qu'il n'y ait ni avantage ni motif sérieux à vouloir scinder celle-ci ; il est probable en effet que, en dépit de ces alternatives d'envahissement et de retrait des eaux, les conditions régulatrices du climat européen restèrent à peu près les mêmes, sauf une légère diminution de la chaleur primitive. Celle-ci tendit à s'abaisser par l'effet du temps écoulé et par suite d'un phénomène d'un ordre, à ce qu'il semble, purement cosmique et dont la vraie cause n'a pu être saisie jusqu'à présent. Mais les réflexions seraient interminables et la pensée s'égarerait à la poursuite d'une multitude de détails, si nous ne nous hâtions de rentrer au cœur du sujet et de revenir aux lignes principales, en reprenant une à une les cinq périodes dont il vient d'être question. Nous essayerons de les passer en revue et d'en tracer au moins une légère esquisse.

II

PÉRIODE PALÉOCÈNE.

Cette première période correspond au *suessonien* de d'Orbigny ; elle succède à la craie, non pas cependant d'une façon tout à fait immédiate, car, en Europe au moins, elle est séparée de la craie la plus récente (1) ou *craie de Maëstricht* par une lacune dont il est difficile d'apprécier l'étendue et d'estimer la durée. La période paléocène est assez mal connue, non-seulement parce que les dépôts qui nous en ont transmis les vestiges sont peu puissants, et qu'ils n'ont été observés jusqu'ici que sur un petit nombre de points, mais aussi parce que la mer d'alors, au lieu d'entrer en Europe et de l'occuper jusqu'au centre, comme le firent les mers nummulitique, tongrienne et mollassique, s'était retirée de telle façon que l'espace continental était presque aussi vaste que de nos jours.

Le climat, de même que la physionomie des formes végétales, avaient peu changé depuis la fin de la craie. C'est au nord-est de Paris, vers l'Aisne et la Marne, dans le Soissonnais et la Champagne, du côté de Sézanne, de Reims, de Vervins et, en continuant dans la même direction, en Belgique, dans le Hainaut et la province de Liége, que les formations tertiaires paléocènes ont été observées. Elles consistent en des marnes, des sables, des calcaires, généralement peu épais, souvent recouverts par des dépôts postérieurs, et par conséquent difficiles à atteindre.

---

(1) Il s'agit, bien entendu, d'une lacune purement accidentelle, qui pourrait disparaitre par l'effet d'heureuses découvertes. En Provence, un vaste système lacustre, observé dans la vallée d'Arc et mis en lumière par M. Matheron, présente une série continue de dépôts qui conduisent sans interruption de la craie supérieure vers des assises incontestablement tertiaires, mais dépourvues de plantes et relativement pauvres en fossiles. Le *garumnien* de M. Leymerie, qui consiste en une alternance de lits marins et fluviatiles, qui se prolonge jusqu'en Espagne et se rattache intimement au système provençal, offre aussi les caractères d'une formation complexe servant de passage entre les deux époques. En Amérique, le groupe du Dakota (*Dakota-group*), qui comprend une flore crétacée fort riche, mentionnée plus haut, se soude supérieurement avec la puissante formation tertiaire du *lignitic*; mais si la liaison matérielle entre les deux terrains et, par conséquent, les deux époques, peut être constatée, nulle part encore on n'a découvert de plantes fossiles provenant de la partie des couches au moyen desquelles s'opère le passage lui-même, ni surtout assez nombreuses pour constituer une flore d'une certaine importance. C'est là un fait négatif dont il serait puéril de vouloir retirer quelque conclusion à l'appui d'une prétendue révolution qui aurait renouvelé le règne végétal et qui correspondrait à l'intervalle situé entre les deux terrains. Ce serait faire une supposition gratuite qu'aucun fait ne confirmerait. En réalité, entre la dernière flore crétacée et la première de l'éocène inférieur, on ne remarque pas plus de divergence qu'il n'en existe entre les flores de deux étages tertiaires comparés.

tantôt marins, tantôt d'origine lacustre ou saumâtre ; on rencontre encore ces formations à l'état d'argiles accompagnés de minces couches de lignites et supportant des grès, comme dans le Soissonnais, ou bien ce sont des sables inconsistants comme ceux de Bracheux ou encore des calcaires concrétionnés, comme les tufs de Sézanne.

On voit, en réunissant ces notions, que l'observateur se trouve transporté le long des plages d'une mer peu étendue et peu profonde, s'avançant ou se retirant tour à tour, recevant des cours d'eau dont on retrouve les sédiments d'embouchure ou

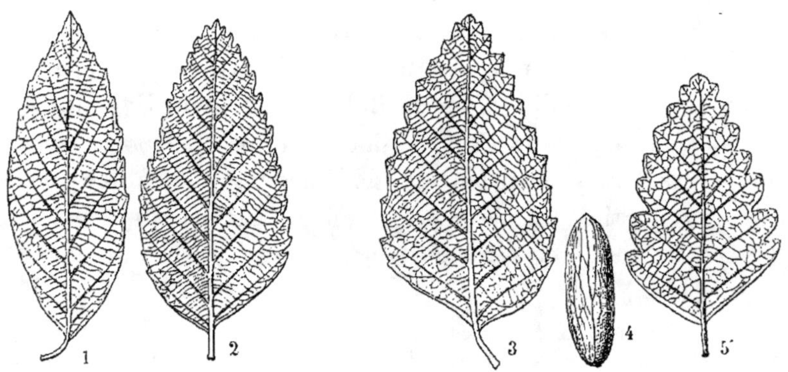

Fig. 33. — Chênes paléocènes de la forêt de Geliden.

1. *Quercus parceserrata*, Sap. et Mar. — 2. *Q. diplodon*, Sap. et Mar. — 3. *Q. Loozi*, Sap. et Mar. — 4. Gland dépouillé de sa coque. — 5. *Q. arciloba*, Sap. et Mar.

s'éloignant de façon à permettre aux eaux douces et jaillissantes de vivifier le sol et d'y favoriser l'essor des grands végétaux. Il est donc possible, quelque restreint que soit le théâtre où nous transporte la pensée, d'obtenir, en interrogeant certaines localités, des renseignements de plus d'une sorte ; c'est ce que les explorateurs n'ont pas manqué de faire et, tandis que les marnes de Gelinden, près de Liége, nous dévoilent la composition d'une forêt paléocène, tandis que les tufs de Sézanne nous font connaître les végétaux servant à la même époque de ceinture et de couronnement aux eaux limpides d'une cascade, les grès du Soissonnais nous découvrent de leur côté quelques-unes des plantes qui croissaient, vers la fin de la période, dans les vallées et le long des plages.

Voici quelques détails très-précis sur les trois localités que je viens de mentionner et dont la flore est aussi riche que curieuse à bien des égards.

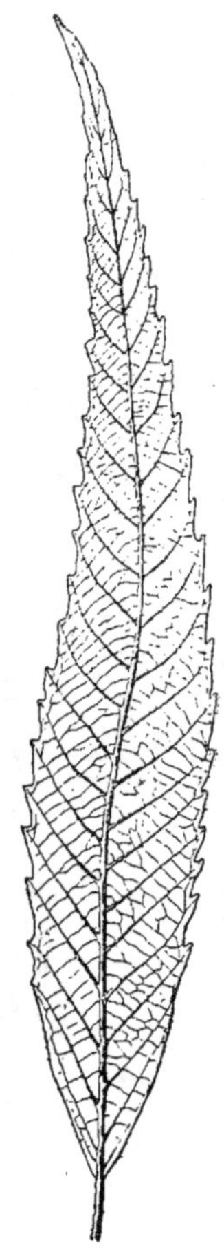

Fig. 34. — Châtaignier paléocène de la forêt de Gelinden.

Dryophyllum Dewalquei, Sap. et Mar.

La forêt de Gelinden s'élevait sur des pentes crayeuses dont les flancs ravinés par les eaux pluviales ont abandonné aux courants de l'époque les dépouilles des arbres et des plantes qui les recouvraient. Ces dépouilles emportées par des eaux limoneuses, au moment des crues, allèrent s'ensevelir dans les vases dont l'embouchure d'un petit fleuve était encombrée, pêle-mêle avec des plantes marines que le remous des vagues rejetait vers la côte. La forêt ne pouvait être bien éloignée du point où le fleuve *hœrsien* (c'est le nom de l'étage auquel le dépôt de Gelinden appartient) venait se jeter dans la mer, mais elle occupait sans doute une station accidentée, au sein d'une région plus ou moins élevée et montagneuse. Non-seulement la nature des arbres dont

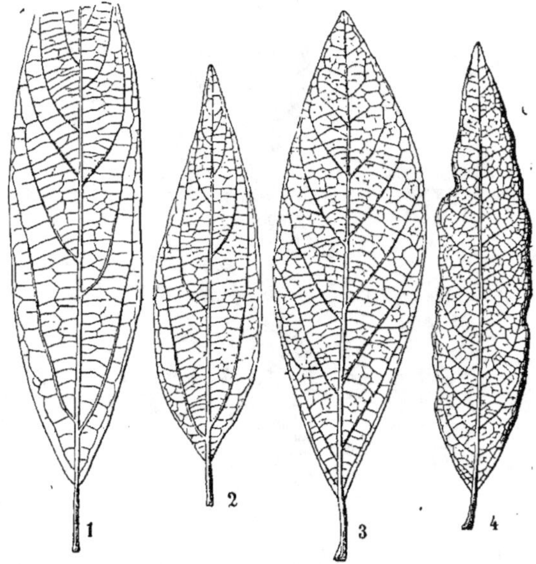

Fig. 35. — Laurinées paléocènes de la forêt de Gelinden.

1. *Litsæa elatinervis,* Sap. et Mar. — 2. *Cinnamomum sezannense,* Watt. — 3. *Persæa palæomorpha,* Sap. et Mar. — 4. *Laurus Omalii,* Sap. et Mar.

elle était composée le prouve, mais le limon dont le dépôt a donné naissance au lit marno-crayeux d'où proviennent les plantes a dû être arraché par les eaux fluviatiles à des escarpements assez abrupts pour être aisément entamés.

Les arbres les plus répandus de cette forêt étaient des quercinées, dont on a pu recueillir une douzaine d'espèces, et ensuite
des laurinées. Parmi les premières, les unes étaient, a ce qu'il
paraît, de vrais chênes semblables à ceux des régions montagneuses de la zone tempérée chaude; les autres se rapprochent
de nos châtaigniers, mais avec des feuilles persistantes comme
celles des *Castanopsis* indiens. Les laurinées comprennent un
vrai *Laurus*, *L. Omalii* Sap. et Mar., des *Litsæa*, des *Persea* ou

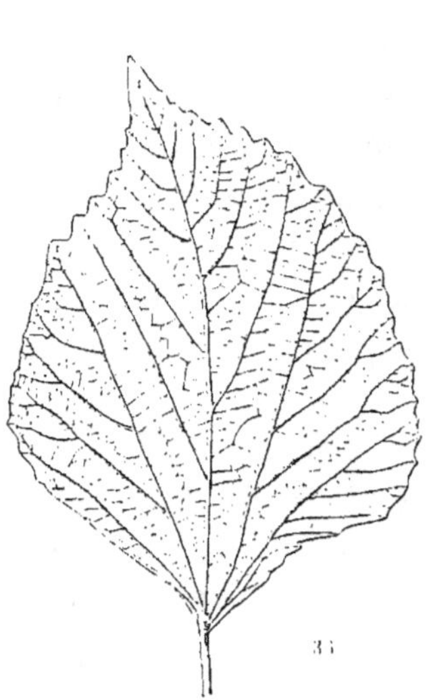

Fig. 36. — Viorne paléocène de la
forêt de Gelinden.

Viburnum vitifolium, Sap. et Mar.

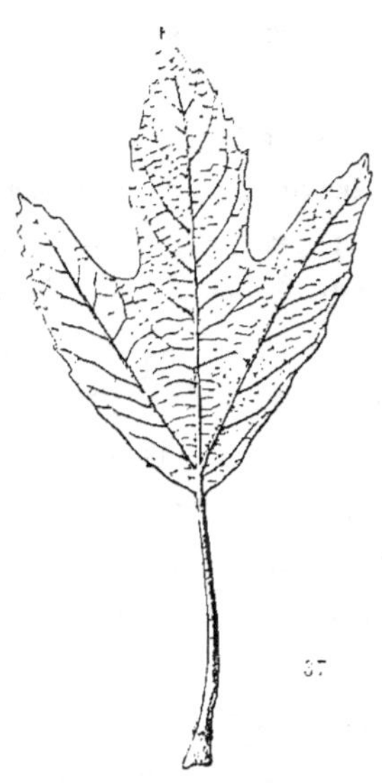

Fig. 37. — Araliacée paléocène
de la forêt de Gelinden.

Aralia Looziana, Sap. et Mar.

avocatiers, des cannelliers et des camphriers; elles diffèrent du
reste fort peu des formes du même groupe qui se montrent en
Europe dans un âge bien plus récent, c'est-à-dire jusqu'à la fin
du miocène et même dans la première moitié de la période suivante (fig. 35, 1, 2, 3). Des viornes, un lierre, une sorte d'ellébore, plusieurs araliacées, des ménispermées, des célastrinées et
des myrtacées achevaient l'ensemble (fig. 36, 37, 38,). Il faut y
ajouter un thuya, assez rare, et quelques fougères, dont une bien

connue, l'osmonde (fig. 39), sous une forme à peine différente, fait encore l'ornement de nos ruisseaux, au fond des bois et au pied des berges humides et ombragées.

Cet ensemble, le plus ancien dont l'époque tertiaire à son début nous ait encore offert le spectacle, n'a donc rien en soi d'insolite, ni même de très-exotique, rien, en un mot, qui détonne sur le fond des paysages de notre zone, pour peu que l'on redescende de quelques degrés vers le sud. Le Japon méridional nous présenterait des bois presque semblables ; il possède encore de nos jours des viornes, des thuyas et des chênes très-ressemblants à ceux de Gelinden, et même, sans aller aussi loin, vers le midi de l'Europe, on rencontrerait un chêne dont une des espèces paléocènes reproduit fidèlement les principaux traits ; nous voulons parler du *Quercus pseudosuber* ou chêne faux-liége, qui croît en Algérie, comme en Espagne. Jusqu'ici on n'a point observé de palmiers à Gelinden, mais peut-être serait-il possible d'y signaler quelques débris de folioles d'une cycadée, et ces vestiges semblent nous avertir de ne pas conclure hâtivement du particulier au général. A quelques pas de ce bois de chênes et de lauriers toujours verts, bien d'autres végétaux pouvaient s'élever sans que rien soit venu nous en révéler l'existence. Nous avons appris seulement, grâce à l'étude de ce dépôt, que sur certains points de l'Europe paléocène, vers la province de Liége et le nord de la France actuelle, des bois se rencontraient et que ces bois comprenaient une association végétale assez peu différente de celles qui sont propres aux stations de même nature dans la partie australe de notre zone. C'est déjà beaucoup que d'avoir à constater une aussi précieuse notion.

Les abords de la cascade de Sézanne, entourés d'arbres grandioses, ensevelis dans l'ombre et couverts de plantes amies de la fraîcheur, nous révèlent, avec d'autres conditions, un luxe de végétation qui ne saurait nous surprendre. Ici c'est une profusion de fougères, les unes frêles et délicates, les autres aussi robustes qu'élégantes, et quelques-unes au moins arborescentes (fig. 40). Elles croissaient en partie inclinées sur l'eau, les racines plongées dans la mousse humide et sur les ro-

Fig. 38. — Elléborée (?) paléocène de la forêt de Gelinden.

Dewalquea Gelindenensis, Sap. et Mar.

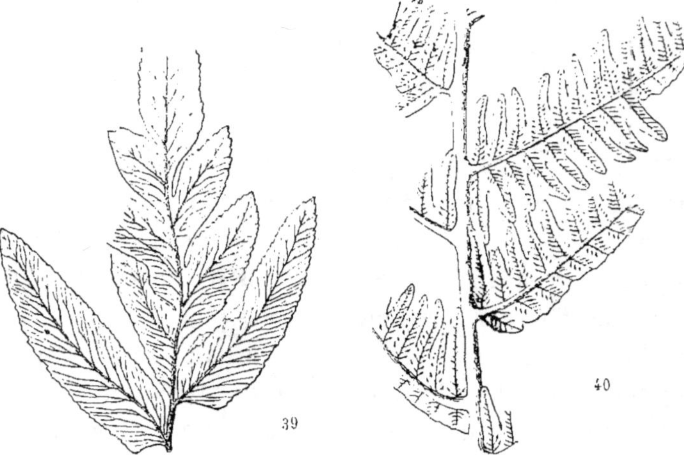

Fig. 39. — Fougère paléocène de la forêt   Fig. 40. — Fougère arborescente paléo-
de Gelinden (sommité d'une fronde.)   cène de Sézanne (portion de fronde).

Osmunda eocenica, Sap. et Mar.   *Alsophila thelypteroïdes*, Sap.

cailles tapissées d'hépatiques, en partie au fond de la forêt attenante.

De grands lauriers parmi lesquels on reconnaît un sassafras aux feuilles trilobées (fig. 41), des noyers opulents, de puissantes

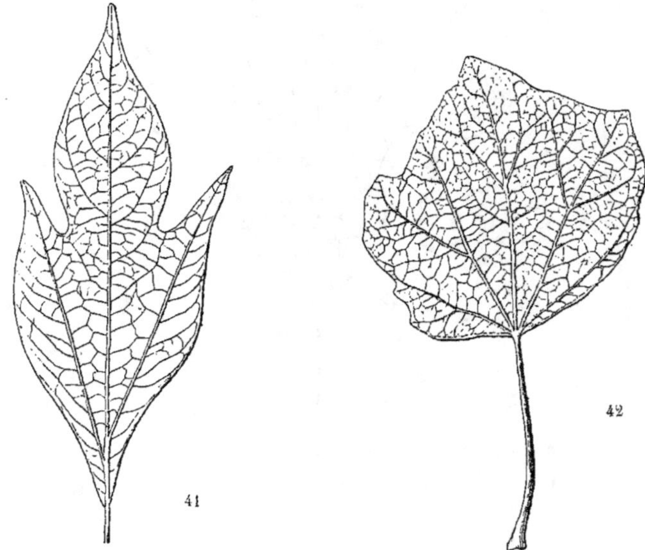

Fig. 41.— Laurinée paléocène de Sézanne.   Fig. 42. — Lierre paléocène de Sézanne.

Sassafras primigenium, Sap.   *Hedera prisca*, Sap.

tiliacées, des magnolias, des aunes et des saules, entremêlés de viornes, de cornouillers revêtus d'une physionomie exotique et de forme exubérante, se pressaient de toutes parts. Mais au milieu de ces grands végétaux, auxquels il faut joindre des artocarpées, des figuiers, des méliacées, des ptérospermées, des symplocos, d'affinité tropicale, dont on a parfois retrouvé jusqu'aux fleurs conservées dans la substance incrustante, on aurait encore aperçu un lierre à peine distinct de la variété irlandaise de celui d'Europe et même une vigne, analogue aux formes du genre qui habite les vallées agrestes du Népaul et de l'Asie intérieure (fig. 42 et 43).

Ici donc, comme à Gelinden, malgré l'opulence et la variété

des formes, dues à la fraîcheur de l'ancienne localité, nous avons encore à constater, non pas la présence exclusive, mais la prédominance des formes demeurées propres à la partie méridionale de notre zone, surtout en Asie, associées, il est vrai, à des types que l'on rencontre plus habituellement dans des pays

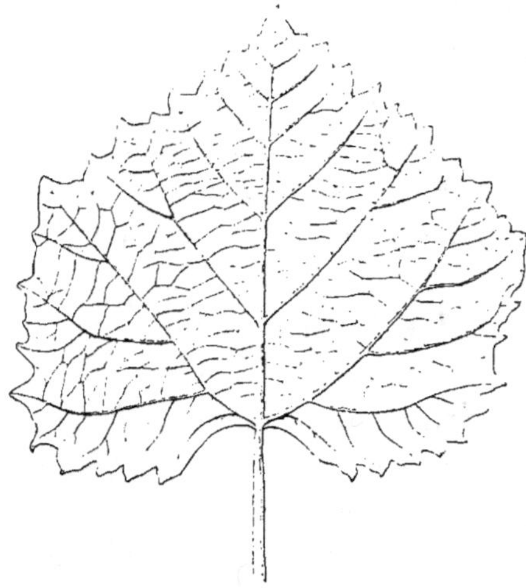

Fig. 43. — Vigne paléocène de Sézanne récemment découverte, d'après les indications de M. Munier-Chalmas.

Vitis sezannensis, Sap.

tout à fait chauds et à d'autres enfin qui paraissent avoir disparu, comme, par exemple, une curieuse tiliacée de Sézanne, dont les fleurs seront sans doute décrites quelque jour et figurées à côté des feuilles, grâce aux admirables préparations qu'ont réussi à obtenir MM. Munier-Chalmas et Renault.

Les sables de Bracheux et les grès du Soissonnais, provenant de plages plus basses, plus découvertes et plus chaudes, ont fourni des plantes d'un aspect plus varié et particulièrement des myricées, des araucariées, un bambou et enfin plusieurs palmiers à frondes flabellées dont M. Watelet, à qui en est due la découverte, a publié la description et les figures.

Une particularité de la flore paléocène d'Europe, que je veux mentionner ici parce qu'elle ressort d'observations toutes récentes, c'est de se rattacher par une assez étroite parenté d'aspect et même par la présence de certains types caractéristiques possédés en commun, d'une part à la flore du *lignitic-formation* de la région américaine située entre le Missouri et les montagnes Rocheuses et, de l'autre, à la flore tertiaire du Groënland et des autres contrées polaires.

La flore du *lignitic*, vaste formation tertiaire riche en combustible et qui s'étend sur un espace immense dans les nouveaux territoires de l'Ouest, le Colorado, l'Utah, le Wyoming, est à peine connue. Elle a été récemment soumise, sous la haute direction du géologue Hayden, à l'examen de M. Léo Lesquéreux, qui l'a distribuée en trois niveaux superposés dont le plus inférieur correspond visiblement à notre éocène. La liaison de celui-ci avec la flore paléocène d'Europe est sensible malgré l'éloignement géographique des localités respectives. Cette liaison se manifeste par l'étroite affinité de quelques-unes des fougères du *lignitic* avec celles de Gelinden ou de Sézanne, par la présence des types de palmiers très-ressemblants, des deux parts, d'artocarpées ou morées qui rappellent les *Protoficus* et les *Artocarpoïdes* de Sézanne. Les *Cinnamomum* ou cannelliers du *lignitic* reproduisent l'aspect de ceux de Gelinden, le *Viburnum marginatum* de Lesquéreux se distingue à peine du *Viburnum vitifolium* dont on peut consulter ici la figure (fig. 36); il en est de même de plusieurs autres espèces et la réunion de ces indices d'affinité a quelque chose de trop net et de trop frappant pour ne pas entraîner l'idée d'un lien commun entre les deux flores et les deux régions, lien qui les aurait unies à l'époque où elles possédaient respectivement les plantes dont nous observons les traces.

L'analogie de la flore paléocène d'Europe avec la flore tertiaire des régions arctiques, particulièrement avec le dépôt d'Atanekerdluk, dans le Groënland occidental, n'est pas moins frappante. Elle est de nature à faire penser que celle-ci est réellement antérieure au miocène inférieur, étage dans lequel elle a été

provisoirement rangée par **M.** le professeur Heer, à qui en est
due la publication. Il existe, en effet, entre cette flore et celle
du paléocène européen une sorte de parallélisme d'espèces que
l'on ne saurait attribuer uniquement au hasard. Ce parallélisme, qui va dans plusieurs cas jusqu'à l'identité presque
absolue des formes respectives correspondantes, a d'autant plus
le droit de fixer l'attention qu'il semble particulier à la période
que nous envisageons, tandis qu'il s'altère ou disparaît même
tout à fait dans celle qui lui succède, c'est-à-dire dans la période
éocène proprement dite. Les phénomènes dont il semble que l'Europe ait été le théâtre dans cette dernière période, et sur lesquels
nous nous réservons de revenir, expliquent peut-être d'une façon
très-naturelle cette discordance dont l'apogée doit être placé
vers le début de l'oligocène ; mais il faut avouer aussi que les
causes génératrices de ces oscillations de l'ancienne végétation
européenne sont encore trop obscures et leurs effets trop imparfaitement définis, pour que l'on ose se flatter d'en avoir
la clef.

Les rapprochements eux-mêmes, dont il nous serait aisé de
donner la liste, sont trop nombreux, et certains d'entre eux sont
trop frappants pour n'être que fortuits. Peut-être cette commu-
nauté de formes entre l'Europe et l'extrême Nord provient-elle
uniquement de ce que la différenciation des latitudes était encore très-faiblement accusée dans la période que nous considérons et dans un temps encore si voisin de l'époque secondaire.
Dès lors il suffisait de connexions géographiques pour annuler
la distance qui sépare les deux régions et permettre aux espèces
végétales de s'étendre librement de l'une vers l'autre. Dans l'âge
suivant, au contraire, les divergences, sans être encore très-
marquées et sans constituer une barrière infranchissable, seraient
allées plutôt en s'accentuant. Ainsi que nous le montrerons, une
influence méridionale, suivie d'une invasion de formes arrivées
par le sud vint alors modifier l'Europe et y introduire de nouvelles
espèces qui, dans leur marche vers le nord, n'ont jamais dû
dépasser certaines limites. Le destin des espèces boréales fut

bien différent; provisoirement refoulées, elles étaient destinées
à opérer plus tard un retour vers les contrées du midi, en émi-
grant dans cette direction, par l'effet de l'abaissement graduellement amené de la température terrestre. De la combinaison et
du conflit de ce double mouvement opéré en sens inverse l'un
de l'autre, l'un ayant son point de départ et d'impulsion dans le
sud, l'autre ayant le sien dans l'extrême nord, sortirent les
périodes suivantes et tous les phénomènes auxquels elles ont
donné lieu.

III

PÉRIODE ÉOCÈNE.

Cette période est caractérisée, d'un côté, par l'établissement et
la persistance de la mer *nummulitique*, qui découpe l'Europe sur
un grand nombre de points ; elle déborde plus loin en Asie
et en Afrique, de manière à constituer une sorte de méditerranée, dont celle de nos jours n'est qu'une image très-réduite ;
d'un autre côté, la chaleur semble croître en Europe, et les terres
de notre continent se trouvent envahies par des formes végétales
dont l'affinité avec celles de l'Afrique, de l'Asie australe et des
îles de la mer des Indes se révèle clairement. En combinant ces
deux points, on se rend compte de la double influence qui s'exerça
à cette époque, et à laquelle est dû l'aspect général de la flore,
ainsi que l'extension des types qui, une fois introduits ou pro-
pagés, ne quittèrent plus tard notre sol qu'à la suite de nouveaux
changements dans l'orographie et dans le climat.

Pendant la durée de l'âge éocène, ou, plus exactement, de la
première partie de cet âge, la mer du *calcaire grossier* occupe
le bassin de Paris et s'étend jusqu'à Londres et en Belgique ; puis
des oscillations se produisent, et à mesure que l'on s'avance vers
la fin de la période, toutes les mers intérieures se retirent graduellement ; elles vont en se desséchant et s'amoindrissant, ou

parfois elles cèdent la place à des eaux douces, dormantes ou fluviatiles.

Dans le midi de la France, particulièrement en Provence, ce sont des bassins lacustres qui se forment, et qui généralement persistent avec diverses variations pendant le cours de la période suivante et encore au delà. La Provence, à partir de l'éocène jusqu'à l'invasion de la mer *mollassique*, a mérité le nom de *région des lacs;* elle en était parsemée et sans doute que, chez elle, une configuration physique bien éloignée de celle qu'elle présente de nos jours a coïncidé avec la profusion des nappes lacustres qu'elle comprenait, et dont plusieurs ont dû être profondes, sinon très-étendues, et d'autres se convertir parfois en lagunes à demi saumâtres.

La mer nummulitique traversait diagonalement l'Europe (1). allant de Nice en Crimée, en suivant la direction de la chaîne des Alpes, dont ses dépôts, plus tard soulevés, constituent les hauts sommets sur une foule de points. Elle s'étendait encore vers les Pyrénées, en Espagne, en Italie, en Grèce, en Asie Mineure, en Afrique, en Syrie, en Arabie, et, plus loin, jusqu'en Perse, dans les Indes et en Chine. C'est une des mers intérieures les plus vastes dont les annales géologiques aient eu à constater l'existence. L'aspect uniforme des roches sédimentaires qui lui doivent leur origine atteste, à la fois, l'étendue très-grande et l'unité de ce bassin, aussi bien que l'égalité des conditions biologiques établies dans son sein et sur ses bords.

La mer du calcaire grossier parisien formait un petit golfe ou baie sinueuse, dont les limites ont beaucoup varié selon les temps. mais qui ne paraît avoir eu aucune communication directe avec la grande mer nummulitique. Les plantes recueillies autour de ce golfe, à Londres (Sheppy), en Belgique, auprès de Paris, témoignent de la chaleur qui régnait le long de ses plages, à tel point que l'on avait été d'abord tenté d'expliquer leur présence par des transports, à l'aide de courants marins qui les auraient

(1) Consultez, pl. X, la carte de l'Europe à l'époque de la mer nummulitique.

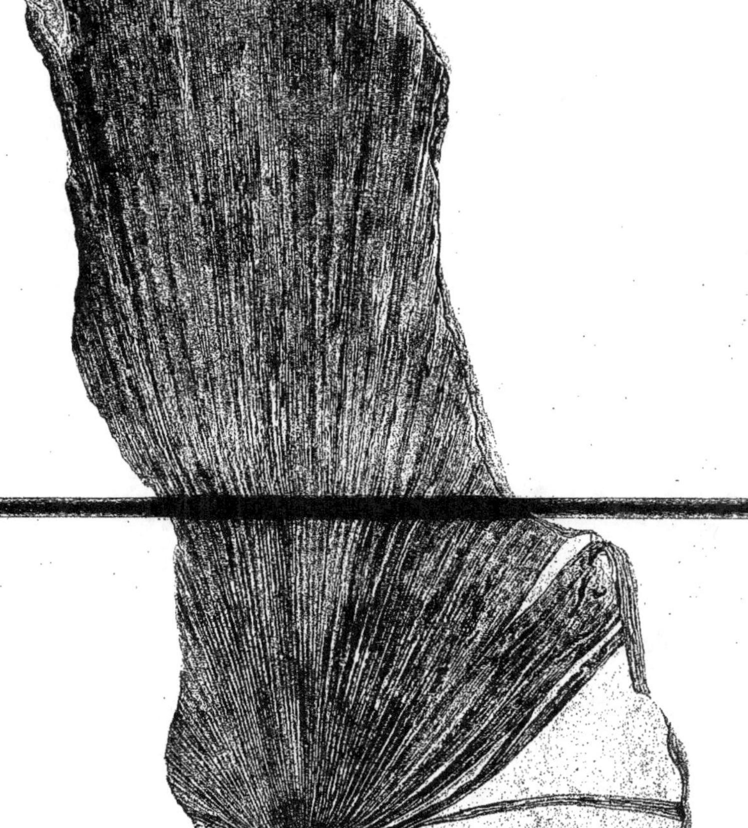

FLABELLARIA LAMANONIS, Ad. Brongn.

(Empreinte d'une fronde de palmier des gypses d'aix.)

½ gr. nat.

amenées de régions lointaines. On est revenu plus tard de cette idée singulière, et, d'après une foule d'indices, on a pu constater au contraire que les mêmes formes dominaient partout à la périphérie de l'ancien golfe, et que ces formes rappelaient celles de l'Afrique austro-orientale et des îles ou rivages indiens.

C'est ainsi que des fruits, quelquefois très-gros, comprimés-anguleux, revêtus d'une enveloppe filamenteuse, et en tout assez analogues à des noix de coco, ont dû flotter à la surface des eaux, pour venir s'ensevelir dans les sables ou les dépôts vaseux du rivage; ces fruits, qui abondent sur plusieurs points de l'ancienne mer parisienne, ont été reconnus pour être ceux d'un *Nipa*, type indien qui sert de passage entre le groupe des pandanées et celui des palmiers et qui habite aujourd'hui les bords du Gange, vers l'embouchure de ce fleuve; les *Nipa*, semblables à des palmiers par le port, plongent leurs racines dans la vase des lagunes à demi salées, et laissent tomber leurs fruits réunis en régime à la surface des eaux qui baignent leur pied et qui entraînent ces organes dans les sédiments déposés au temps des crues.

Les cours d'eau qui se jetaient au fond du golfe éocène parisien avaient leur embouchure accompagnée d'une lisière de *Nipa* (*Nipadites Burtini*, Brongn. (fig. 44), *N. Parkinsoni*, Bow., *N. Bowerbanki*, Ett.), dont les fruits, ensevelis au fond de l'eau, après avoir flotté, sont parfois d'une admirable conservation. Il en est surtout ainsi de ceux de l'île de Sheppy, décrits par Bowerbanck; mais alors des sucs calcaires ou siliceux, ou encore métalliques, les ont pénétrés, en conservant et consolidant les détails de leur structure. A Paris, dans la vase marno-sableuse du Trocadéro, ces mêmes fruits se montrent à l'état d'empreintes. A la suite des travaux de terrassement entrepris sur ce point à l'occasion de l'Exposition de 1867, des dépôts fluvio-marins provenant de l'embouchure d'un cours d'eau, furent mis à découvert, et l'on put recueillir dans un des lits, formé d'un limon sablo-marneux, un assez bon nombre de végétaux fossiles. Ils donnent une idée fort juste de la flore immédiatement riveraine et des plantes mêmes qui encombraient les lagunes de l'estuaire, ou qui hantaient les grèves littorales, à une faible distance de la mer.

Dans les eaux mêmes vivait, à la façon de nos potamots, une hydrocharidée aux larges feuilles multinerviées, flottantes et submergées, proche parente et probablement congénère des

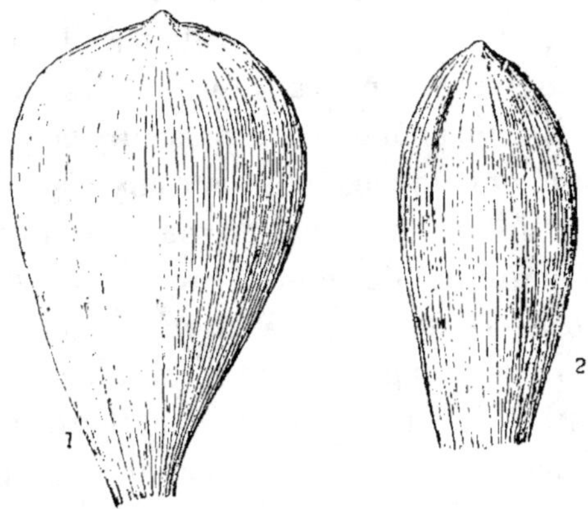

Fig. 44. — *Nipadites Burtini* (Brongn.) Schimp.

Ottelia actuels, qui jouent le même rôle dans les lagunes littorales et le voisinage des embouchures en Afrique, aux Indes, à Ceylan et jusque dans l'Australie. L'espèce du Trocadéro (*Ottelia parisiensis*, Sap. (fig. 45), *Phyllites multinervis*, Brongn.) retrace visiblement les principaux traits de l'*Ottelia ulvæfolia*, Pl., plante indigène de la côte orientale de Madagascar, dont elle atteignait ou dépassait même, dans certains cas, les dimensions. Les fruits de *Nipa* n'étaient pas rares dans la vase inondée qui servait de sol à l'*Ottelia parisiensis*, mais les frondes de ces végétaux, qui garnissaient la plage environnante, n'ont pas été encore observées à Paris ou à Londres, dans les dépôts où l'on recueille les vestiges de leurs organes fructificateurs.

Parmi les autres espèces du Trocadéro qui fréquentaient les abords de l'ancienne plage ou la lisière des eaux courantes, il faut citer en première ligne une euphorbe, analogue aux grandes espèces frutescentes du genre, qui croissent le long des côtes et sur la déclivité des falaises maritimes, dans le midi de l'Eu-

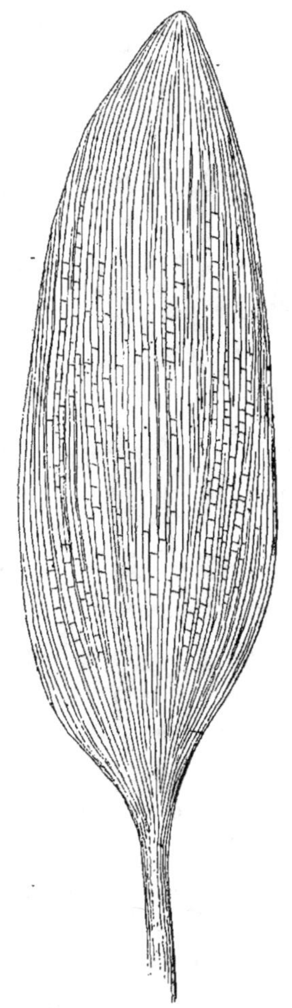

Fig. 45. — *Ottelia parisiensis*, Sap.

rope, en Afrique et aux Canaries ; puis un laurier-rose, *Nerium parisiense*, Sap. (fig. 46), ami comme le nôtre des lieux humides, mais bien plus petit ; espèce naine, dont les feuilles étroites et longues diffèrent peu cependant, par la forme, de celles de notre laurier-rose actuel, et dont il est possible de reconstituer jusqu'à la fleur, qui nous est connue par un fragment de corolle.

Les plaines et les collines, à une certaine distance de la rivière éocène du Trocadéro, n'étaient peuplées que d'une végétation assez maigre : de petits palmiers-éventails ; quelques conifères, pins et thuyas, des chênes rabougris, à feuilles étroites et

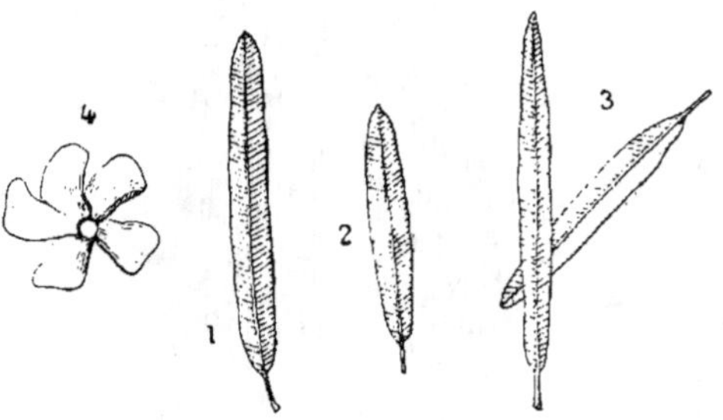

Fig. 46. — *Nerium parisiense*, Sap. Laurier-rose éocène des marnes du Trocadéro.
1-3. Feuilles. — 4. Corolle vue par-dessous.

coriaces, de maigres myricées, un type de protéacées qu'il est naturel de rapporter au genre australien des *Dryandra* (fig. 47. 6 et 7) ; enfin un jujubier reproduisant la physionomie des formes africaines du genre : telles sont, en gros, les plantes qui dominaient dans cette curieuse association végétale, assez pauvre d'ailleurs.

Bien que peu nombreuses, ces plantes révèlent un phénomène des plus curieux, dont il est impossible de ne pas toucher ici quelques mots ; ce phénomène est celui de la « récurrence », qui amène la réapparition, par une sorte de retour périodique et de répétition, se présentant à des intervalles successifs, des formes végétales déjà aperçues une première fois et combinées toujours à peu près de la même manière, les unes par rapport aux autres. C'est ainsi que plusieurs des espèces recueillies dans les marnes du Trocadéro se montrent de nouveau dans le dépôt oligocène de Hæring en Tyrol, presque sans changement ou avec des changements si faibles, qu'il est facile de reconnaître dans les espèces plus récentes le type de leurs devancières. Dans l'intervalle pourtant, il semble que ces espèces aient disparu, puisque l'on cesse de les rencontrer ; mais ce n'est là sans doute qu'une

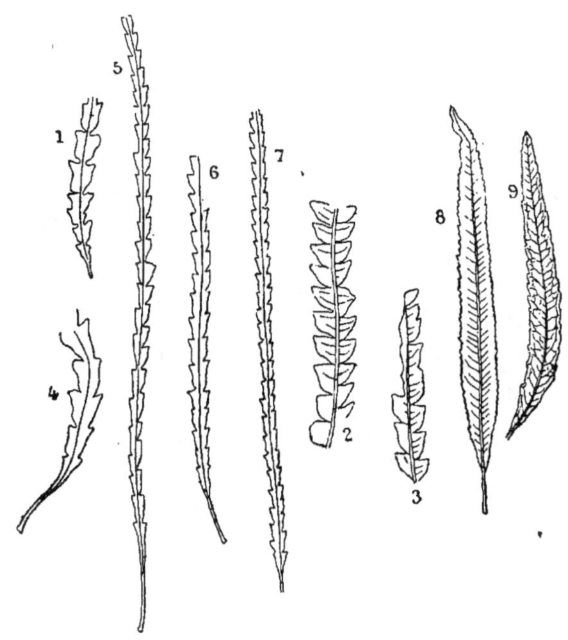

Fig. 47. — Myricées et protéacées éocènes du bassin de Paris et des arkoses du Puy en Velay (Haute-Loire).

1-3. — *Comptonia Vinayi*, Sap. (Haute-Loire). — 4-7. *Dryandra Micheloti*, Wat. (Les figures 4, 6 et 7 représentent des espèces du bassin de Paris ; la figure 5 se rapporte à un spécimen de la Haute-Loire.) — 8. *Myrica crenulata*, Sap. (Haute-Loire.) — 9. *Myrica subhæringiana*, Sap. (Bassin de Paris).

illusion, et ce sont en réalité les mêmes plantes que l'on retrouve quelque peu modifiées par l'influence du temps et des circonstances, lorsque nous les voyons s'offrir à nous pour la seconde fois. Leur absence momentanée dans l'âge intérimaire indique seulement qu'il ne s'est alors formé aucun dépôt situé dans des conditions favorables et à portée des stations où croissaient ces espèces, ainsi que l'association végétale dont elles faisaient partie. Le phénomène, bien que parfaitement explicable, et sans qu'il soit nécessaire de recourir à l'hypothèse d'une seconde, et dans certains cas d'une troisième création, n'en est pas moins très-attachant, puisque, grâce à lui, nous obtenons la mesure exacte des changements opérés dans l'espace intermédiaire et que nous saisissons sans effort les aptitudes de fixité ou

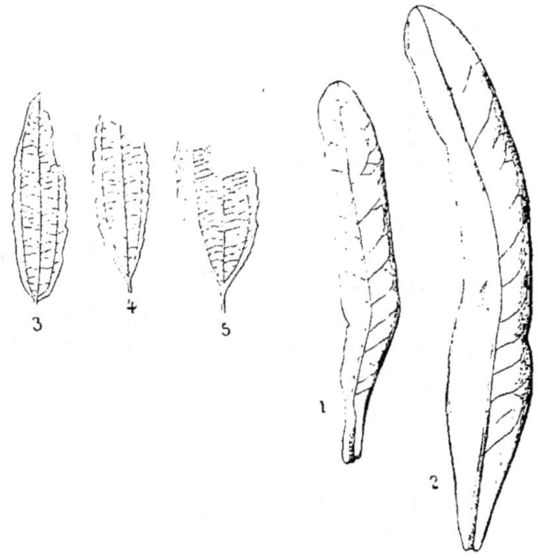

Fig. 48. — Plantes caractéristiques des couches du Trocadéro (Paris).

1-2. *Euphorbiophyllum vetus*, Sap.; euphorbe éocène des marnes du Trocadéro. — 3 et 5, *Zizyphus pseudo-Ungeri*, Sap.; jujubier éocène des marnes du Trocadéro.

de plasticité inhérentes aux anciennes espèces, en constatant l'étendue des modifications plus ou moins sensibles éprouvées par elles. Les figures qui accompagnent ces lignes (fig. 47 et 49) exposent les éléments de la question, en ce qui concerne les flores comparées d'Hæring et du Trocadéro, la première oligocène, et par conséquent bien plus récente que la seconde qui, nous venons de le voir, se rapporte à l'éocène moyen.

A côté de la flore du calcaire grossier parisien, il faut placer celle que MM. Aymard et Vinay ont recueillie dans les arkoses éocènes du Puy en Velay. Cette dernière collection comprend

les mêmes formes caractéristiques que la première, entre autres
le *Dryandra Micheloti* (fig. 47). Mais la localité du Puy doit être
signalée, avant tout, à cause d'un remarquable palmier découvert par M. Aymard, et dont la fronde, à peu près complète, est
de plus accompagnée de son régime ou inflorescence mâle, qui
présente des caractères suffisant à la détermination du genre, dont

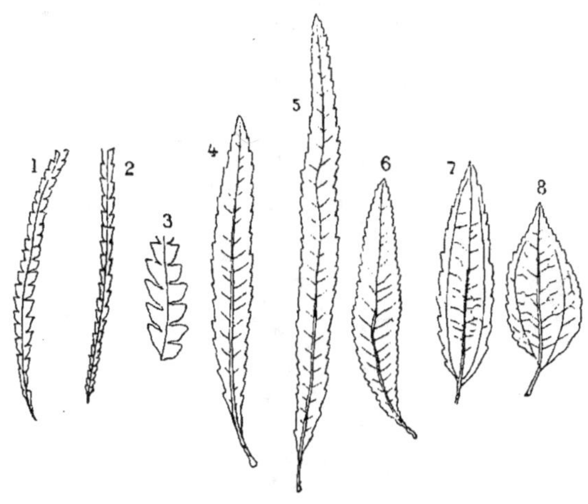

Fig. 49. — Espèces oligocènes des lignites d'Hæring, en Tyrol.

1-5. *Comptonia dryandræfolia*, Brongn. — 4-6. *Myrica hæringiana*, Ett. —
7-8. *Zizyphus Ungeri*, Ett.

cette ancienne espèce faisait partie. Le *Phœnix Aymardi*, Sap.
(fig. 50), par les caractères réunis de sa fronde, aux segments
pinnés, et de son régime dilaté en une spatule aplatie, divisée au
sommet en une multitude de ramuscules ou axes secondaires
étalés en faisceau et supportant des résidus de bractées et de
fleurs mâles situées à l'aisselle de celles-ci, dénote certainement
un type allié de près au *Phœnix dactylifera* ou dattier, mais
distinct de celui-ci, non-seulement par certains détails faciles à
saisir, mais encore par sa taille beaucoup plus petite. Le genre
Phœnix étant de nos jours principalement africain, cette assimilation confirme l'existence, attestée déjà par bien d'autres indices, d'un lien étroit rattachant la flore éocène de l'Europe à

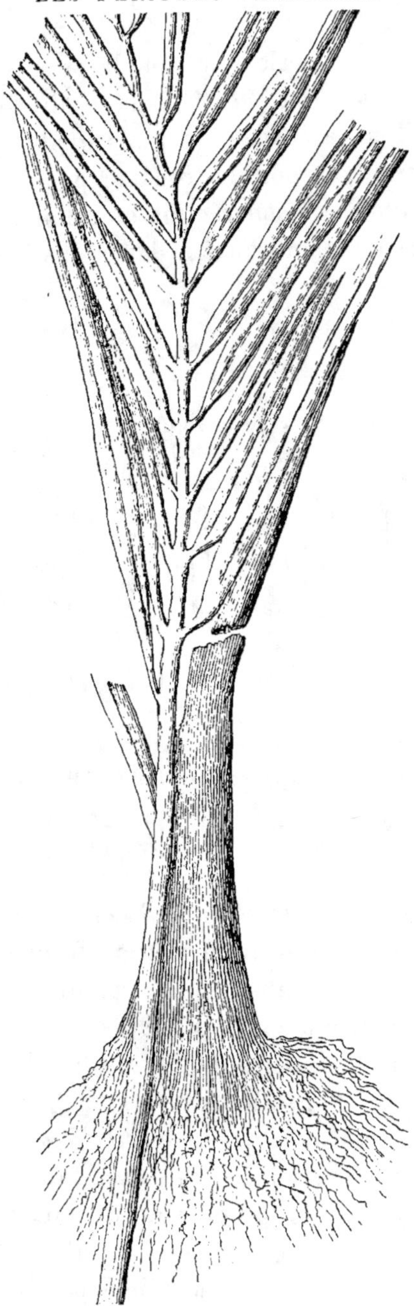

Fig. 50. — *Phœnix Aymardi*, Sap. ; dattier éocène des arkoses du Puy en Velay, fronde accompagnée d'un régime de fleurs mâles.

celle du continent qui touche le nôtre dans la direction du sud.

En remontant la série des dépôts éocènes, nous trouvons encore des flores à deux autres niveaux successifs, correspondant au milieu et à la fin de la période que nous examinons. Nous parlerons d'abord du plus ancien de ces deux niveaux. — Postérieurement au retrait de la mer, au fond de laquelle se déposa le calcaire grossier parisien, les eaux douces vinrent à leur tour occuper les dépressions du sol, dans les vallées de la Seine et dans l'espace correspondant au plateau qui sépare actuellement la Seine de la Loire. C'est ainsi que les grès de Beauchamp, le calcaire de Saint-Ouen, et finalement les gypses de Montmartre, se formèrent, et, en même temps qu'eux, des dépôts équivalents et synchroniques qui occupent la Sarthe et les environs d'Angers et qui renferment des plantes. L'île de Wight et les grès à lignites de Skopau en Saxe ont fourni à M. le professeur Heer les restes d'une flore contemporaine de celle des grès de la Sarthe, et cette dernière a été l'objet des recherches particulières de M. Crié, dans le cours des années précédentes.

En suivant les traces de l'explorateur français, nous ne sommes plus transportés sur des terres basses et fréquemment inondées, à la périphérie intérieure d'un golfe, ni sur des plages chaudes et en partie stériles; nous apercevons plutôt les restes de forêts luxuriantes, peuplées de podocarpées, de chênes verts, de lauriers, de plaqueminiers, de myrsinées, embellies, dans le voisinage des eaux, par un *Nerium* ou laurier-rose, différent de celui du Trocadéro, et comprenant aussi plusieurs fougères de physionomie exotique qui croissaient à l'ombre des grands arbres. A ces végétaux se joignait une conifère de grande taille, dont les rameaux présentent l'aspect de ceux des *Araucaria*. Il existe encore dans les grès du Mans des vestiges de plusieurs sortes de fruits d'une structure fort curieuse, mais d'une détermination difficile; les uns ressemblent à ceux des *Morinda*, genre de rubiacées des pays chauds, dont les fleurs, réunies en capitule serré, donnent lieu à « un syncarpe » formé par la soudure mutuelle, et l'accrescence de tous les ovaires ; d'autres sembleraient dénoter une tiliacée de grande taille ; d'autres enfin représentent les calices épars de plusieurs types de *Diospyros*. On voit que les formes actuellement exotiques dominent dans cet ensemble, sans exclure précisément les autres. Mais ces dernières ne reproduisent jamais que de très-loin l'aspect des espèces européennes de nos jours, et leurs similaires doivent plutôt être recherchés dans les contrées du midi. Cette affinité de la végétation éocène de la Sarthe avec celle des pays chauds est encore attestée par la présence, je devrais même dire par l'abondance des palmiers qui sont représentés par plusieurs espèces, quelques-unes remarquables par la vigueur et la beauté de leurs frondes, puis rappellent celles des sabals de Cuba et de la Floride.

La flore des gypses d'Aix, placée sur un horizon plus récent que les précédentes, vers les limites extrêmes de la période, mais de beaucoup la plus riche et la mieux connue, mérite notre attention à plus d'un égard.

Elle offre un singulier mélange de formes encore indigènes en Europe ou sur les bords de la Méditerranée et de formes devenues entièrement exotiques, dont il faut chercher maintenant les similaires dans l'Afrique austro-occidentale ou dans le sud-est de l'Asie. Au premier abord, ce mélange surprend, et la confusion qui en résulte semble inextricable ; avec de la réflexion, on finit par se l'expliquer ; mais il faut avant tout reconstituer ce que l'on peut nommer l'orographie de l'ancienne localité tertiaire.

La ville d'Aix est située au nord de la petite rivière de l'Arc (plus exactement, au lieu de l'Arc, il faudrait dire le *Lare*), rivière demeurée célèbre, parce que c'est sur ses bords que Marius défit, à la fin du second siècle avant notre ère, les Cimbres et les Teutons. L'Arc coule dans une vallée étroite, dirigée est-ouest, dont l'ouverture correspond à une oscillation du sol, par suite de laquelle, vers le milieu des temps éocènes, les eaux lacustres se trouvèrent rejetées hors du bassin qu'elles occupaient jusqu'alors et reportées plus loin dans la direction du nord. De nouvelles eaux vinrent constituer un autre lac dans l'espace qui sépare actuellement la ville d'Aix de la Durance. C'était un bassin profond, mais d'une assez faible étendue (approximativement, il mesurait 15 kilomètres de largeur, sur 18 à 20 de longueur); il était dominé à l'est par une montagne, celle de *Sainte-Victoire*, sans doute moins élevée aujourd'hui qu'elle ne l'était alors, et dont les roches triturées par les eaux qui sillonnaient ses flancs vinrent combler en partie les dépressions du lac éocène. La position de ce lac vis-à-vis des escarpements de Sainte-Victoire peut être comparée à celle du lac de Neuchâtel par rapport au Jura, ou à celle qu'occupe le lac des Quatre-Cantons, au pied des Alpes de la Suisse centrale. Sa durée se prolongea du reste bien au delà des limites de l'éocène, dans l'oligocène et le miocène inférieur ou aquitanien; il fut, pendant la première partie de sa durée, le théâtre de nombreux phénomènes : des sources thermales, tantôt sulfureuses, tantôt chargées de silice ou de carbonate de chaux en dissolution, des émanations de gaz méphitiques et plus tard des éruptions volcaniques, suivies de coulées de basalte, témoignent de l'action souterraine qui ne cessa de se produire au milieu même des eaux, et qui vint à plusieurs reprises apporter le trouble ou la mort aux êtres vivants dont elles étaient peuplées. Des bancs entiers de poissons furent surpris et ensevelis dans la vase marneuse du fond, qui nous en a fidèlement conservé les empreintes; ils appartenaient à plusieurs genres, dont l'un (*Lebias*) habite encore les eaux douces de la Sardaigne et de l'Afrique septentrionale. Les insectes eux-mêmes, asphyxiés en grand nombre, et parmi eux, des moucherons imperceptibles, des papillons, des libellules, des fourmis ailées, des abeilles, abandonnèrent alors leurs dépouilles au caprice des vents, et parsemèrent les plaques schisteuses en voie de formation de leurs vestiges délicats, qui laissent parfois entrevoir jusqu'à la trace des couleurs. Pendant ce temps, les eaux courantes, au moment des crues, les ruisseaux et les sources, joignant leur action à celle des vents et de la pluie, charriaient au fond du lac des débris végétaux de toute sorte, et surtout les feuilles, les rameaux, les fleurs et les fruits, enfin toutes les parties arrachées aux plantes ou tombées natu-

rellement des arbres et arbustes, qui peuplaient la contrée ou se
pressaient le long du rivage. Dans les circonstances ordinaires,
les espèces les plus rapprochées des eaux et les plus communes
sont les seules dont les sédiments aient conservé des traces,
mais ici les conditions qui présidèrent au dépôt furent exceptionnellement favorables ; non-seulement la plage était accidentée et richement peuplée ; mais la montagne qui devait plus
tard emprunter son nom à la victoire de Marius, dominait à

Fig. 51. — 1-9. Conifères éocènes de la flore des gypses d'Aix.

1-4. *Callitris Brongnartii*, Endl. (1, rameau ; 2-3, fruit ; 4, semence.) — 5-6. *Widdringtonia brachyphylla*, Sap. (5, rameau ; 6, fruit.) — 7-8. *Juniperus ambigua*,
Sap. (7, rameau ; 8, fruit). — 9. *Pinus Philiberti*, Sap.;-Cône.

l'est les eaux du lac de ses escarpements, et s'avançait même,
à ce qu'il semble, en forme de promontoire, à l'endroit où s'é-
lève aujourd'hui la butte, dite des Moulins-à-vent. C'est ainsi
qu'à l'aide d'une rivière, dont l'embouchure a laissé des vestiges
notables sur le même point et des affluents de cette rivière, certaines espèces montagnardes ou croissant alors au fond des bois
et des vallons escarpés, ont pu venir jusqu'à nous ; l'existence de
ces espèces n'est souvent attestée que par une feuille isolée, quel-

quefois même par un organe léger et de faible dimension, mais cet organe est de nature à avoir été aisément porté par le vent jusqu'à une distance éloignée de son point de départ.

Aux abords du lac gypseux se pressaient une foule de conifères dont les figures ci-jointes représentent quelques spécimens, choisis parmi les plus caractéristiques.

C'étaient des pins de petite taille, à ce qu'il paraît, mais de formes variées et dont les rameaux, les cônes (voy. la figure du cône du *Pinus Philiberti* (fig. 51, 9), un des plus curieux par sa

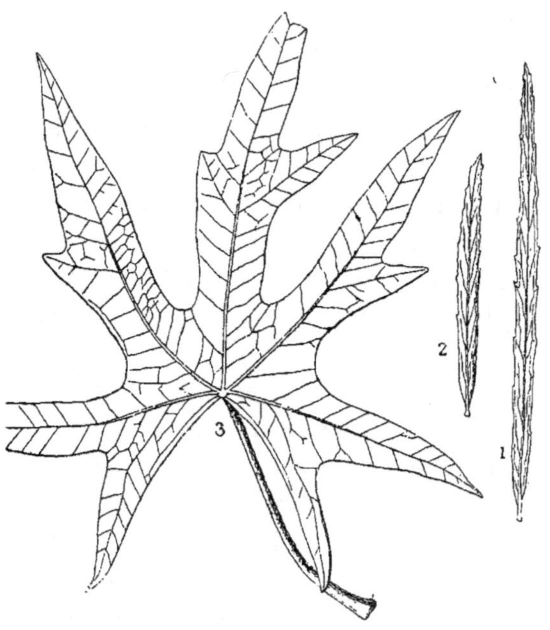

Fig. 52. — Espèces caractéristiques de la flore des gypses d'Aix.

1-2. *Lomatites aquensis*, Sap. — 3. *Aratia multifida*, Sap.

forme étroite et allongée) et jusqu'aux bourgeons et aux chatons mâles sont arrivés jusqu'à nous. Associés aux pins, on distingue de nombreux thuyas, d'affinité africaine (genres *Callitris* et *Widdringtonia*), et même un genévrier (*Juniperus ambigua*) analogue à notre sabine, mais qui se rapproche surtout d'une sabine indigène en Asie Mineure et en Grèce, le *Juniperus fœtidissima*, Wild. Les fruits de l'espèce fossile, qui justifient ce rapprochement, ont été découverts tout récemment par M. le professeur Philibert ; ils sont relativement gros, et la figure qui le représente, pour la première fois (voy. fig. 51, 8), permet de juger de son aspect.

Parmi les formes devenues exotiques, associées autrefois aux conifères, aux abords immédiats du lac gypseux, trois types doivent surtout attirer l'attention. Le premier est celui des *palmiers-éventail* ou *Flabellaria*, dont l'espèce principale a été dédiée par M. Brongniart au naturaliste Lamanon, sous le nom de *Flabellaria Lamanonis* (1). Les frondes de cette espèce, dont les pétioles n'étaient pas épineux, mesuraient jusqu'à $1^m,50$ de longueur ; leur limbe se divisait en de nombreux segments ou rayons divergents. Lui et ses congénères de la flore d'Aix ne constituaient pourtant, selon toute apparence, que des arbres de petite taille, comparables par la proportion et l'aspect au palmier de Chusan ou *palmier à chanvre*, introduit de Chine et cultivé maintenant, comme plante d'ornement, dans les jardins du midi de la France.

Le deuxième type ne se retrouve plus maintenant qu'aux Canaries, en avançant dans la direction du sud ; c'est celui des *Dracœna* ou dragonniers, célèbres par l'épaisseur énorme que leur tige, d'ailleurs basse et trapue, peut acquérir à la longue, en donnant lieu à des subdivisions dichotomes de plus en plus nombreuses. Les feuilles des dragonniers sont conformées en glaive et en tout analogues à celles des *Yucca*, si répendus dans nos plantations d'agrément. Les *Dracæna* de la flore d'Aix comprennent plusieurs espèces, dont une, au moins, se rapprochait par la taille de celle des îles Canaries. Cette espèce est le *Dracæna Brongniartii*, Sap., représenté dans les vitrines du Muséum par un anneau périphérique qui correspond à la région la plus

---

(1) Consultez plus haut la planche VIII, qui représente une belle fronde du *Flabellaria Lamanonis* à l'état d'empreinte brisée dans le haut et sur les côtés, mais intacte à la base et montrant le sommet du pétiole.

extérieure d'un tronc évidé à l'intérieur et encore garni, autour
de cette région, de débris de feuilles réduites à leur base et occupant leur position naturelle.

Le troisième type est celui des bananiers, dont il existe des
vestiges reconnaissables dans la flore d'Aix, consistant en lambeaux de feuilles munies parfois de leur côte médiane et de
fragments de pétiole. Ces vestiges indiquent l'existence d'une
espèce de taille médiocre, assimilable par ses caractères au *Musa
ensete* ou bananier actuel d'Abyssinie et de l'Afrique équi-
noxiale.

D'autres formes aujourd'hui perdues ou analogues à celles
des pays lointains mériteraient une mention particulière ; nous
ne pouvons songer à mentionner que les plus saillantes.

Les myricées et les protéacées, les laurinées, les rhamnées, les
célastrinées, les pittosporées, les térébinthacées, enfin les araliacées tiennent le premier rang et comptaient, à coup sûr, parmi
les types les plus fréquents, au moins dans le périmètre de l'ancienne plage lacustre.

Les laurinées n'ont rien de particulier ; ce sont toujours,
comme à Gelinden, et comme plus tard au temps de la mollasse,
des camphriers et des cannelliers, sans doute aussi de vrais lauriers ; enfin, des *Persea*, des *Phœbe* et des *Oreodaphne*, genres
encore indigènes aux îles Canaries, et dont l'existence a dû
se prolonger en Europe presque jusqu'à la fin de l'âge tertiaire.

Le type des protéacées de l'Australie est surtout représenté
par le *Lomatites aquensis*, Sap. (fig. 52) ; celui des myricées par
une très-belle forme de *Myrica*, le *M. Matheroni*, dont il faut
chercher les similaires actuels dans l'Afrique austro-orientale et
à Madagascar.

Les Rhamnées ont également fourni un très-beau *Zyziphus*,
d'affinité javanaise. Les célastrinées reproduisent fidèlement les
formes de ce groupe qui dominent actuellement dans les parties
chaudes et intérieures du continent africain.

D'une façon générale, les végétaux épineux, à rameaux hérissés, raides et buissonneux, à feuilles étroites, sèches et coriaces, dominaient dans la flore des gypses d'Aix, comme aujourd'hui ils le font dans la région du Cap, dans l'intérieur de l'Afrique et à Madagascar.

Des *Aralia* frutescents (fig. 52, 3), aux feuilles ornementales, palmatinervées et profondément incisées, se dressaient çà et là au milieu des massifs, ajoutant à la physionomie exotique du paysage. On doit les comparer aux *Cussonia* de l'ordre actuel. Enfin, il ne faut pas oublier de mentionner un *Cercis* ou gaînier (fig. 53), vulgairement *arbre de Judée*, dont les fleurs devaient faire au printemps l'ornement de cette nature semée de contrastes, à la fois sévère et gracieuse.

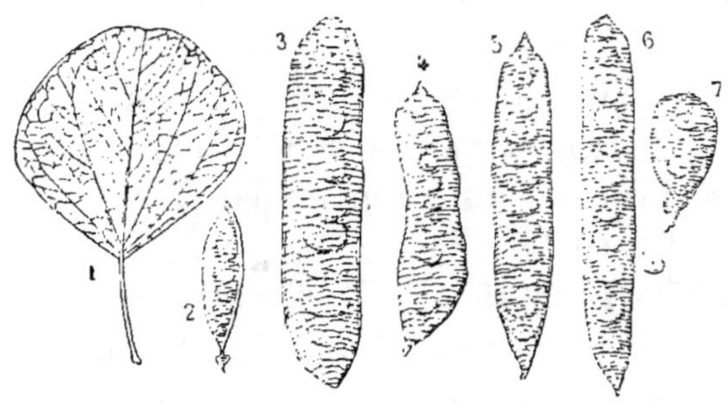

Fig. 53. — 1-2. *Cercis antiqua*, Sap., gaînier éocène de la flore d'Aix. —3-7. Fruits de divers acacias ou gommiers de la flore éocène des gypses d'Aix.

En avançant plus loin dans l'intérieur des terres, on se serait trouvé en présence d'une région boisée, très-analogue par l'aspect et la combinaison des formes végétales avec celles que renferme l'Afrique centrale.

Les *Acacia* ou gommiers y dominaient évidemment. On en a découvert jusqu'ici une dizaine d'espèces reconnaissables à leurs fruits et à leurs folioles éparses; nos figures reproduisent leurs principales formes. On sait que de nos jours les girafes font des rameaux de ces arbres leur nourriture favorite ; dressant leur long cou au milieu des solitudes peuplées de ces arbres,

Comte de Saporta.

Planche IX.

elles vont broutant leur feuillage léger, divisé en menues folioles, atteignant sans peine au sommet des plus hautes branches. Les girafes ne se montrent en Europe que vers la fin du miocène, mais, parmi les animaux qui composaient la faune du temps des gypses d'Aix, on remarque le *Xiphodon*, sorte de ruminant prototypique, aux formes grêles et au long cou, dont les mœurs et le régime alimentaire devaient se rapprocher de ceux de la girafe, et qui, probablement, broutait comme celle-ci les rameaux des acacias éocènes.

A côté des acacias se plaçaient de nombreux *Diospyros* ou plaqueminiers, reconnaissables à leurs calices fructifères, marqués de fines rugosités extérieures.

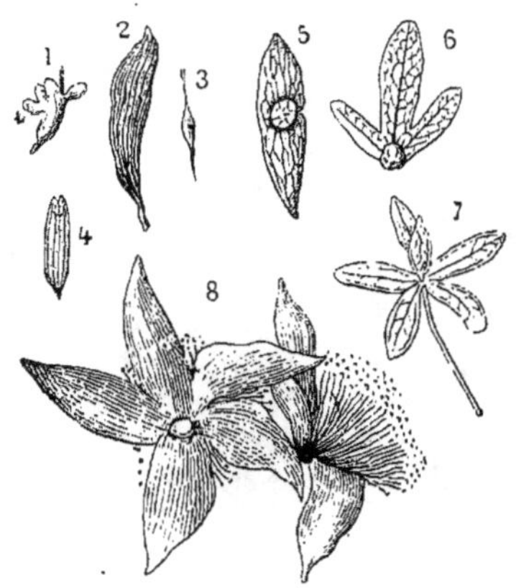

Fig. 54. — Fleurs et organes légers de divers types de végétaux de la flore des gypses d'Aix.

1-3. *Catalpa microsperma*, Sap. (1, corolle; 2, fruit; 3, semence). — 4. *Fraxinus exilis*, Sap., samare. — 5. *Ailantus prisca*, Sap., samare. — 6. *Palæocarya atavia*, Sap.; fruit muni de son involucre. — 7. *Heterocalyx Ungeri*, Sap., fruit supporté par un calice persistant aux sépales accrus et scarieux. — 8. *Bombax sepultiflorum*, Sap.; corolles détachées, munies de leurs étamines.

D'autres essences forestières ne nous sont connues que par des débris fort rares de quelques-uns de leurs organes; elles devaient croître sur un plan plus éloigné, peut-être vers le fond de certaines vallées, le long des ruisseaux ou sur le penchant des escarpements boisés.

Cte DE SAPORTA.

16

Nous signalerons, parmi elles, un *Magnolia*, dont il n'existe qu'une seule feuille ; le fruit, la graine et même la corolle d'un *Catalpa* de petite taille, comparable à une espèce chinoise (fig. 54) ;

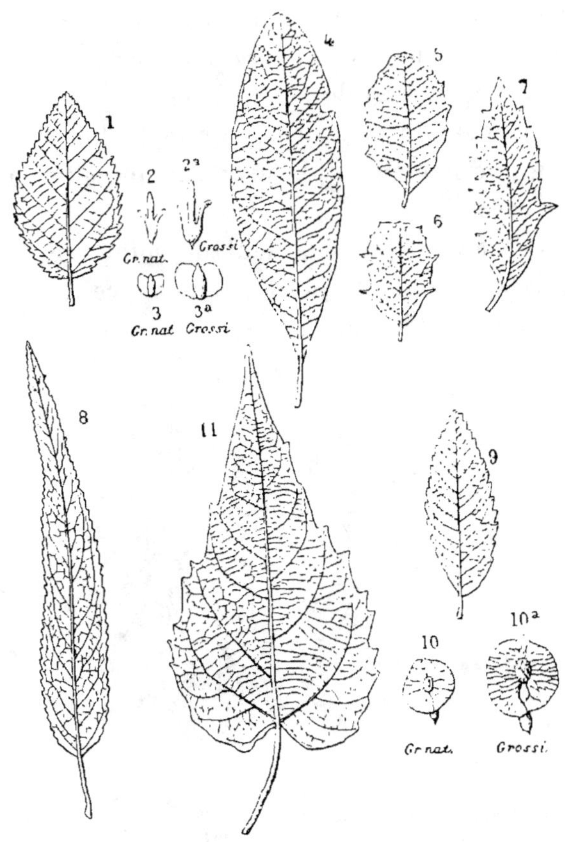

Fig. 55. — Espèces caractéristiques de la flore des gypses d'Aix.

1-3. *Betula gypsicola*, Sap., bouleau éocène de la flore d'Aix (1, feuille ; 2, bractée fructifère gr. nat. ; 2ᵃ, même organe grossi. — 3, samare, gr. nat. ; 3ᵃ, même organe grossi.) — 4-6. Chênes éocènes de la flore d'Aix. — 4. *Quercus salicina*, Sap. — 5-6. *Quercus antecedens*, Sap. — 7. *Myrica Matheronii*, Sap. — 8. *Salix aquensis*, Sap., saule éocène d'Aix. — 9-10. *Microptelea Marioni*, Sap., ormeau éocène de la flore d'Aix (9, feuille ; 10, samare, gr. nat., 10ᵃ, même organe grossi). — 11. *Ficus venusta*, Sap., figuier éocène de la flore des gypses d'Aix.

un ailante, dont les samares ne sont pas très-rares, et celles d'un frêne qui, par contre, ne se sont rencontrées qu'une ou deux fois seulement. Les magnifiques corolles, détachées et encore munies de leurs étamines, d'un *Bombax* ou fromager, sorte d'arbre qui contribue puissamment à l'ornement des grandes forêts tropicales, ne sauraient être passées sous silence ; enfin nous devons dire quelques mots de deux genres qui paraissent éteints : l'un est le *Palæocarya* qui appartient aux juglandées et dénote un type allié de très-près à celui des *Engelhardtia*, de l'Asie australe ; l'autre, l'*Heterocalyx*, se rattache aux anacardiacées et retrace, par plusieurs des caractères qui le distinguent, les *Astronium* et les *Loxostylis*, sans se confondre pourtant avec ceux-ci.

Les parties fraîches de l'ancienne région comprenaient un figuier remarquable par la ressemblance que présentent ses feuilles avec celles du *Ficus pseudocarica*, Miq., de la Haute-Égypte, dont les fruits sont comestibles bien que douceâtres et presque sans saveur ; nous figurons ce figuier éocène sous le nom de *F. venusta*. Mais l'élément le plus curieux de la végétation locale de cette époque récente de l'éocène consiste dans une réunion de formes congénères de celles qui sont depuis demeurées l'apanage plus particulier de notre zone tempérée. Il n'y avait pas seulement auprès d'Aix, du temps des gypses, des palmiers, des dragonniers, des *Acacia*, des *Bombax* et tous les types d'arbres ou arbustes dénotant une station chaude, que nous venons de passer en revue; on y rencontrait encore des aunes, des bouleaux, des charmes, des chênes, des saules et des peupliers, des ormes, des érables, des amélanchiers assez peu éloignés de ceux que nous avons sous les yeux et dénotant, pour cet âge, l'existence de conditions locales, de nature à justifier leur présence et à favoriser leur essor.

Ces derniers types nous sont connus par de rares échantillons, dont l'authenticité ne saurait être pourtant contestée, puisque dans la plupart des cas leurs feuilles se trouvent accompagnées de leurs fruits ou de leurs semences, surtout lorsque ces fruits ou ces semences étaient ailés ou aisément transportables à cause de leur légèreté. Les samares d'orme et de bouleau, celles d'érable et de frêne ; certains organes frêles et membraneux, comme une bractée trilobée du bouleau (voy. la figure 55) des gypses, attestent la présence de ces genres et engagent à admettre qu'ils jouaient alors un rôle réel, bien que subordonné. La rareté même de ces vestiges qui auraient dû, s'il s'agissait de végétaux très-répandus, abonder sur les plaques marneuses, favorise l'hypothèse que nous avons affaire à des espèces que leur station plaçait assez loin et assez haut au-dessus du niveau de l'ancien lac, pour qu'elles aient été soumises à l'influence d'un climat distinct de celui des vallées inférieures, climat à la fois plus tempéré et moins sec.

Il faut observer, en outre, que des nuances différentielles, importantes aux yeux du botaniste, séparent ces formes, congénères des nôtres, de celles que nous possédons maintenant en Europe ou dans le reste de la zone tempérée froide.

Le bouleau des gypses, *Betula gypsicola*, Sap. (fig. 55, 1-3), dont la feuille, la bractée fructifère et la samare sont jusqu'à présent représentées par des échantillons uniques, doit être rangé, non pas parmi les bouleaux du Nord, mais parmi les *Betulaster*, bouleaux particuliers à l'Asie centrale. Il en est de même de l'ormeau des gypses, *Microptelea Marioni*, Sap. (voy. les figures 55, 9 et 10), qui se rattache au groupe sud-asiatique des *Microptelea*, qui craignent le froid et présentent des feuilles semi-persistantes et sub-coriaces.

Les chênes de la flore d'Aix ressemblent à ceux de la Louisiane, ou bien ils viennent se ranger auprès de nos yeuses ou chênes verts de l'Europe méridionale. Quant au saule, *Salix aquensis*, Sap., et au peuplier, *Populus Heerii*, Sap., c'est avec les saules africains ou avec le type du peuplier des bords du Jourdain et de l'Euphrate qu'il est naturel de les comparer. Ainsi, toute proportion gardée, les indices d'un climat chaud percent jusque dans les végétaux de la flore d'Aix qui, au premier abord, sembleraient faire contraste avec la masse des espèces, méridionales d'aspect, de cette flore.

Sa variété, sa richesse, son originalité, la profusion et le mélange des formes qu'elle comprend ne sauraient faire question, et cette richesse, alliée pourtant d'ordinaire à une stature assez faible et concordant avec la petitesse des organes, chez la plupart des espèces, se reproduit tout aussi bien, soit que l'on interroge les parties situées à l'écart, soit que l'on explore, par la pensée, les plages mêmes du lac et son sein où abondaient les plantes submergées et aquatiques, comme les potamots, les alismacées, les vallisnéries, les nymphéacées qui comptaient au moins trois espèces, et dont les fleurs venaient s'étaler à la surface des eaux calmes et limpides. Les roseaux, les massettes, les joncs, de frêles graminées, plusieurs mousses ; enfin une plante singulière, dont les tiges se soutenaient au-dessus du sol sous-lacustre, au moyen d'une multitude de racines aériennes, les rhizocaulées, complétaient ce grand ensemble, dont le tableau, même abrégé, nous entraînerait trop loin, si nous voulions l'esquisser dans son entier.

L'influence d'une nature chaude, d'un climat comprenant des alternatives très-prononcées de saisons sèches et brûlantes et de saisons pluvieuses et tempérées ; favorable pourtant au développement d'une végétation riche et variée, à la fois élégante et frêle ; peuplée de formes originales, mais généralement petites, ayant une certaine maigreur distinctive et quelque chose de dur, de coriace dans les formes ; privée d'opulence, mais vivace et surtout diversifiée suivant les pays et les stations ; ressemblant au total à celle de l'Afrique intérieure, avec des traits empruntés à l'Asie méridionale et à la Chine : tels sont, à ce qu'il semble, les caractères inhérents à la flore éocène du midi de l'Europe ; et nous verrons ces caractères persister, malgré des changements partiels, jusqu'à la fin de l'âge suivant ou *oligocène*.

IV

PÉRIODE OLIGOCÈNE OU TONGRIENNE.

La nouvelle période végétale dont nous allons tracer le tableau fournit un argument de plus en faveur de ce que nous avons avancé au sujet de la connexion intime des âges successifs et de l'impossibilité d'assigner à chacun d'eux des limites précises. Nous avons passé en revue les plantes qui entouraient le lac gypseux d'Aix, à la fin de l'éocène ; la barrière étroite qui nous séparait de l'oligocène une fois franchie, nous allons voir ces mêmes plantes ou d'autres espèces leur ressemblant de très-près, continuer à se montrer dans des conditions qui restent semblables en apparence. Et cependant, à mesure que les niveaux géognostiques se superposent, et qu'on avance à travers un temps que l'éloignement seul nous fait paraître court, on commence à saisir des changements partiels : des espèces nouvelles et caractéristiques de la période suivante ou miocène s'introduisent, d'abord isolées et subordonnées ; graduellement plus nombreuses et plus fréquentes, elles acquièrent enfin la prépondérance, à mesure qu'elles profitent des circonstances de plus en plus favorables, qui tendent visiblement à prévaloir, pour exclure, ou du moins pour rejeter dans l'ombre leurs devancières. Ces circonstances funestes à certaines catégories de plantes, aidant à l'extension des autres, il faut avant tout les définir ; il faut ensuite déterminer la marche suivie par les types récemmen introduits, que pour bien des raisons nous ne pouvons considére comme étant le produit d'une création immédiate et subite. C'es à ces deux questions que nous répondrons tout d'abord ; nous re viendrons ensuite à l'Europe oligocène pour en déterminer la con figuration géographique, pour en préciser les régions lacustres e maritimes, avant de passer enfin à la description des principale associations végétales dont il a été possible de réunir les débris

L'oligocène est donc en résumé la transmission d'un régime ancien à un régime nouveau. On conçoit que la végétation change, si les conditions qui président à son développement changent de leur côté ; mais le changement ne saurait être brusque ni général, à moins que les phénomènes perturbateurs ne présentent eux-mêmes un caractère de brusquerie et d'intensité, que rien ne laisse entrevoir dans la période qui nous occupe. Nous avons vu quel était le climat européen, ou du moins celui

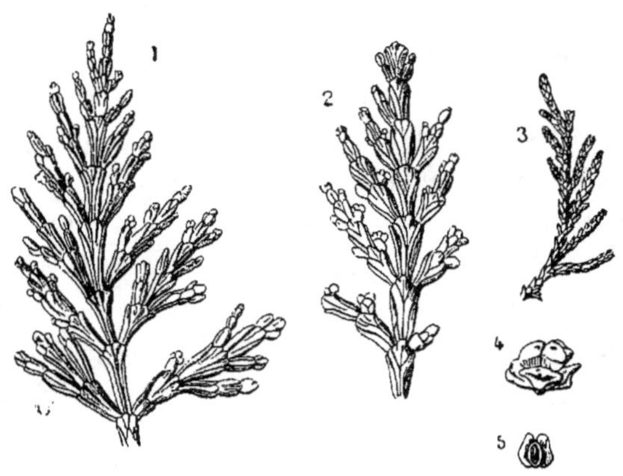

Fig. 56. — Thuias oligocènes caractéristiques.

1-2. — *Libocedrus salicornioïdes*, Endl. — 3-5. *Chamæcyparis europæa*, Sap. (3, ramule ; 4, strobile ; 5, semence).

du midi de l'Europe, à la fin de l'éocène, et la physionomie variée, originale, mais non opulente de la flore : semblable à celle de l'Afrique intérieure, soumise à des alternatives de chaleur sèche et de chaleur humide, à des pluies intermittentes, laissant entre elles de longs intervalles, elle comprenait nécessairement des formes maigres, étroites, épineuses et coriaces, avec des extrêmes de toute sorte, et des diversités dues à l'exposition des lieux, à la nature des stations, enfin au voisinage ou à l'éloignement des eaux de source et des eaux dormantes ou fluviatiles. La signification du changement qui s'opéra nous est évidemment dévoilée, d'un côté, par le point de départ que nous venons de définir, et, de l'autre, par le point d'arrivée, c'est-à-dire par l'état de choses qui devint permanent et qui persista presque sans modification, pendant le cours entier de la période miocène. Or, cet état de choses marque l'influence d'un climat plus également et plus universellement humide. Les végétaux qui s'introduisirent sur notre sol, dans l'oligocène, et qui occupèrent ensuite l'Europe durant de longues séries de siècles, exigent à peu près tous le voisinage de l'eau ou l'influence d'un ciel pluvieux : aucun d'eux ne saurait résister à des sécheresses prolongées, à l'exemple des types prédominants de l'éocène.

Ces types nouveaux durent probablement leur extension à une transformation lente et graduelle du climat, se prononçant toujours plus dans le sens d'une égalisation absolue, à mesure que l'on approche du début de la période suivante, c'est-à-dire de la sous-période *aquitanienne*. Les preuves abondent en faveur de cette assertion.

Les principaux types de végétaux, dont on constate l'apparition en Europe, dans le cours de l'oligocène, sont les suivants: parmi les conifères le *Libocedrus salicornioides*, Endl., plusieurs *Chamæcyparis* (*Ch. europæa*, Sap. : voy. fig. 56), *Ch. massiliensis*, Sap.) ; plusieurs *Sequoia* (*Sequoia Sternbergii*, Hr., *S. Tournalii*, Sap., *S. Couttsiæ*, Hr.), le *Taxodium distichum miocenicum*, Hr., le *Glyptostrobus europæus*, Hr.

Parmi les palmiers, le *Sabal hæringiana*, Hr., le *Sabal major*, Ung., le *Flabellaria latiloba*, Hr., — parmi les myricées, le type des *Comptonia* (fig. 57), et certains *Myrica* à feuilles largement linéaires, dentées sur les bords, tendent alors à prédominer. Quelques chênes à feuilles munies de lobes anguleux, mucronés au sommet et peu nombreux, commencent à se répandre ; les érables sont moins rares ; les plantes aquatiques et en particulier les nénuphars et les nélumbos, prennent de l'ampleur et se diversifient. De pareils faits, choisis parmi les plus saillants, peuvent se passer de commentaire. Les *Libocedrus* et les *Chamæcyparis*, les *Taxodium* et les *Sequoia*, les *Sabal* et les *Comptonia*, sont des types américains auxquels la présence de l'eau ou l'influence

d'un sol et d'un climat humides sont encore nécessaires maintenant. L'abondance des laurinées et des nymphéacées, la multiplication des érables, des charmes, des ormes, de certains chênes,
ne sont pas moins significatives. Ces types s'associent d'abord, se
substituent ensuite aux *Callitris*, aux *Widdringtonia* et à d'autres
plantes, ayant des affinités africaines, et qui généralement
n'exigent pas, pour prospérer, la même fréquence de précipita-

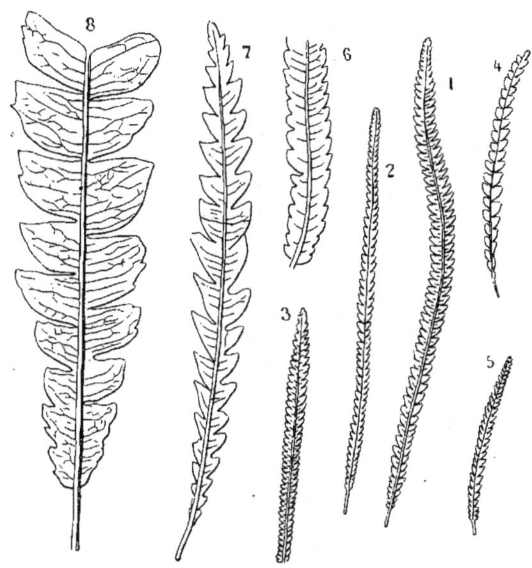

Fig. 57. — Diverses formes de *Comptonia* oligocènes.

1-5. — *Comptonia dryandræfolia*, Brongn. — 6. *C. obtusiloba*, Hr. (Saint-Jean de
Garguier). — 7. *C. dryandroïdes*, Ung. (Sotzka). — 8. *C. Matheroniana*, Sap.
(Armissan).

tions aqueuses. — Il est donc visible que le climat européen se
modifie dans un sens déterminé, à mesure que ces types, soit
américains, soit communs à l'Amérique du Nord et à l'Asie du
Pacifique, pénètrent et se propagent à travers toute l'Europe.

Mais, d'où venaient ces végétaux, soit ceux que je viens de signaler, soit encore ceux qui suivirent et qui, durant une fort longue époque, firent comme les premiers et accomplirent la même marche ?

Il y a peu d'années encore, on n'aurait pu répondre à une pareille question ; maintenant, grâce aux admirables travaux de M. le professeur Heer, grâce aux explorations d'une foule de voyageurs anglais, danois, américains, et plus spécialement des Suédois, en tête de qui il faut placer le nom du célèbre Nordenskiöld, on sait, à n'en pouvoir douter, que les régions polaires, aujourd'hui désertes et glacées, ont été longtemps recouvertes d'une riche végétation forestière. Nous ne dirons rien ici des plantes carbonifères, qui s'étendaient uniformément sur toute l'étendue de l'hémisphère boréal ; mais comment ne pas toucher en passant aux

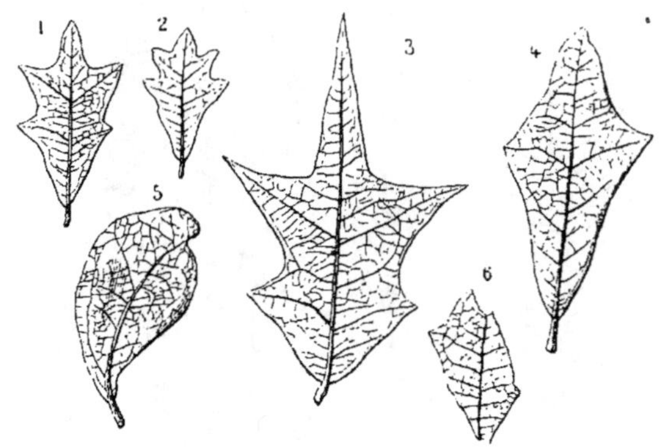

Fig. 58. — Chênes oligocènes à feuilles coriaces paucilobulées.

1-2. *Quercus cuneifolia*, Sap. (Gargas). — 3. *Q. armata*, Sap. (Armissan). — 4-5. *Q. oligodonta*, Sap. (Armissan). — 6. *Q. velauna*, Mar. (Ronzon).

plantes jurassiques et crétacées du Groënland et du Spitzberg, chez lesquelles se présentent déjà des nuances qui marquent les progrès, d'abord à peine sensibles, de l'abaissement de la température des régions polaires comparées aux nôtres? Les premières divergences entre les deux zones résultent de l'apparition plus hâtive, vers le pôle, de certains genres ou de certains types, destinés à ne s'introduire ou à ne se multiplier en Europe, que lorsque ce continent aura lui-même commencé à se refroidir. Elles se manifestent également par l'exclusion d'autres genres ou types d'affinité méridionale, longtemps indigènes, sur notre sol, mais que les terres arctiques paraissent n'avoir jamais possédés. Lors du Jura et de la craie, les pays polaires, comme l'Europe elle-même, ont eu des gleichéniées, en fait de fougères, de nombreuses cycadées et une foule de formes maintenant éteintes ou reléguées dans le voisinage des tropiques. Dès lors cependant les terres arctiques se distinguent par quelques traits qui leur

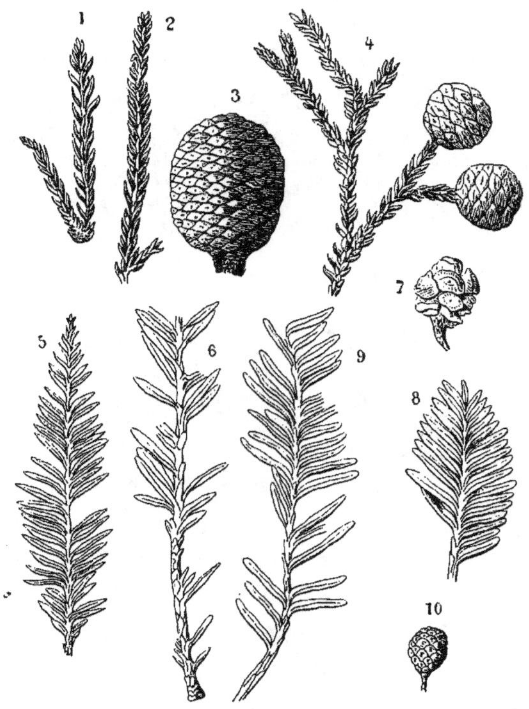

Fig. 59. — Types comparés de *Sequoia* oligocènes européens et de *Sequoia* de la craie polaire (Groënland et Spitzberg).

1-3. *Sequoia Sternbergii*, Hr. (1-2, ramules; 3, strobile). — 4. *S. ambigua*, Hr. (Groënland). — 5-7. *S- Tournalii*, Sap. (5-6, ramules; 7, strobile). — *S. Smittiana,* Hr. (Groënland). — 8-9, ramules. — 10, strobile.

sont propres : les vestiges des abiétinés y sont moins rares, les *Sequoia* y sont plus variés, plus opulents, plus répandus que partout ailleurs ; les *Glyptostrobus*, les thuyas, les taxinées y sont déjà présents ; et ces végétaux s'y montrent sous un aspect qui sera justement celui qu'ils auront en Europe, lors du tertiaire moyen (fig. 59). Les dicotylédones angiospermes font leur apparition dans la flore crétacée du Groënland, vers le cénomanien, à peu près à la même époque qu'en Bohême et dans le Nebraska. On reconnaît parmi elles des peupliers et des magnoliers ; mais

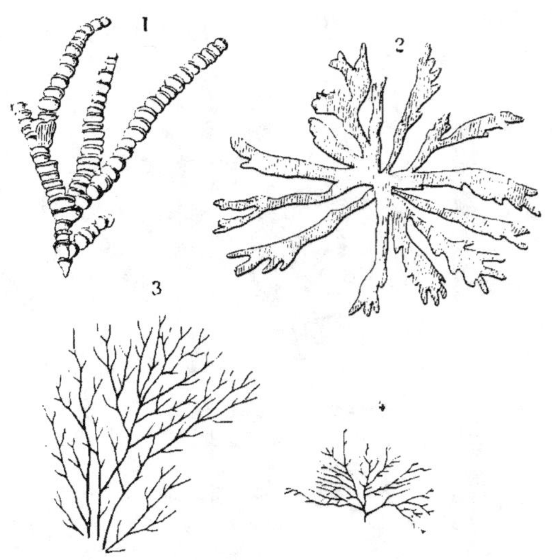

Fig. 60. — Algues du Flysch.

1. *Münsteria annulata*, Schafh. — 2. *Zonarites alcicornis*, F. O. — 3. *Chondrites arbuscula*, F. O. — 4. *Chondrites intricatus*, F. O.

on constate aussi, dans la même flore arctique, l'absence des palmiers, des dracénées et des pandanées, et, dès ce moment, les pays situés en dedans du cercle polaire présentent une flore qui contraste par son caractère moins méridional, et spécialement par la rareté des types à feuilles persistantes et des familles d'affinité nettement tropicale, avec celle dont l'Europe éocène nous a fourni l'exemple, que notre continent possédait encore du temps de l'oligocène, et qu'il conserva, partiellement au moins, jusqu'à la terminaison de l'âge suivant ou *miocène*.

A cette époque, sur un horizon que tout convie à paralléliser avec celui de l'éocène supérieur ou de l'oligocène d'Europe, les

terres arctiques, parsemées de grands lacs alimentés par des
eaux jaillissantes, thermales, calcarifères, siliceuses, surtout ferrugineuses ; déjà tourmentées par des éruptions basaltiques, et
subissant les mêmes phénomènes dont notre continent donnait
alors le spectacle, étaient ombragées de vastes forêts, dont il a été
possible de reconstituer les traits d'ensemble. C'est là que la plupart des espèces appartenant aux genres *Sequoia, Taxodium, Glyptostrobus, Libocedrus, Chamæcyparis, Torreya, Salisburia*, etc.,
qui s'introduisirent dans l'Europe tertiaire, paraissent avoir eu
leur premier berceau ; c'est là que l'on observe réunis, comme
dans une région mère d'où ils auraient rayonné pour se propager au
loin vers le sud, les sapins, les hêtres, les châtaigniers, les chênes-
rouvres, les noisetiers, les platanes, les liquidambars, les tilleuls,
les ormes, bouleaux, sassafras, etc., et tant d'autres arbres qui,
d'abord rares et disséminés, lors de leur immigration en Europe,
s'y multiplièrent ensuite et marchèrent dans la direction du sud
pour occuper finalement notre zone tempérée tout. entière. Ce
sont ces plantes puissantes, robustes, déjà adaptées à un climat
relativement plus rude, envahissantes et sociales, qui allèrent
partout former des bois ou suivre les eaux et servir de rideau
aux fleuves, dont le cours commençait à se dessiner. C'est effectivement l'âge dans lequel les diverses parties de notre continent
se soudent peu à peu à l'aide d'émersions partielles et renouvelées. L'orographie, longtemps indécise, finira par accentuer
ses traits, et les vallées, d'abord fermées par une foule d'obstacles,
ouvriront un accès de moins en moins difficile aux eaux courantes, vers les différentes mers ; mais ce travail d'un continent
qui se forme, ne s'est pas effectué en un jour : avant d'aboutir à
la configuration que nous avons sous les yeux, il a été interrompu
à plusieurs reprises et même exposé à des retours qui semblaient
devoir amener des résultats bien différents de ceux dont nous
constatons l'existence. Disons quelques mots de ces événements
géologiques, dont l'influence s'est d'ailleurs étendue à la végétation elle-même, dont elle a contribué à modifier l'aspect.

La mer, qui avait si longtemps occupé l'emplacement actuel

des Alpes, en suivant la direction de cette chaîne, dessinée alors par de faibles reliefs, s'était desséchée peu à peu ; au lieu d'un bassin puissant et continu, elle ne présentait au regard de l'explorateur qu'une série de lagunes salées, peu profondes et irrégulières, sans communication avec les mers de l'époque, qui du reste, au sud comme au nord, s'étaient beaucoup éloignées de la région des Alpes. Les sédiments déposés au fond de ces lagunes ont reçu le nom de *Flysch* ou schistes à fucoïdes. Ils ne contiennent aucune trace de coquilles, mais ils sont pétris et parfois entièrement composés d'impressions d'algues, dont les eaux du Flysch, sans doute peu profondes et fortement salées, avaient favorisé la multiplication. Une circonstance singulière semble prouver que ces eaux, comme la Caspienne et la mer d'Aral, constituaient effectivement des bassins fermés, délaissements d'une mer intérieure, réduite à un espace de plus en plus faible et sur le point de disparaître complétement ; effectivement, non-seulement les algues du Flysch n'ont que des rapports éloignés avec celles de nos mers actuelles, mais par les types qu'elles comprennent, elles se lient étroitement à la flore algologique des mers secondaires ; les genres éteints, *Chondrites, Phymatoderma, Munsteria, Zoophycos, Zonarites,* etc. (Voy. quelques-uns de ces genres représentés fig. 60), continuent à s'y montrer comme dans des temps bien plus reculés, et, de plus, les principales espèces du Flysch, comparées à celles de la craie de Bidard, près de Biarritz, ne présentent réellement aucune différence sensible qui les sépare de ces dernières. Il faut en conclure que ces formes, dont quelques-unes, avec des variations très-faibles, remontent à l'âge paléozoïque, avaient dû le prolongement de leur existence, au sein d'une nature presque entièrement renouvelée, à la persistance d'une mer fermée ; après avoir trouvé un asile sûr dans ses eaux, elles disparurent pour toujours, lorsque les dernières lagunes du Flysch achevèrent de se dessécher.

L'emplacement des Alpes actuelles formait ainsi une région à part, probablement disposée en plateau, couverte de flaques salées, à l'exemple de ce que montrent maintenant certaines contrées désertes de l'Asie et de l'Afrique intérieure.

Vers la fin de la période éocène, la mer s'était graduellement retirée, en Europe, de tous les points précédemment occupés. Les dépôts marins correspondant directement à l'éocène tout à fait supérieur, à l'étage ligurien de M. Mayer, aux gypses d'Aix et de Montmartre, et à l'âge paléothérien proprement dit sont partout extrêmement rares ou très-douteux, tandis que les formations lacustres se multiplient et persistent pour la plupart sans beaucoup de variations dans les mêmes cuvettes. En un mot, comme le formulait dernièrement devant nous un observateur des plus habiles (1) dont nous sollicitions l'opinion, on ne retrouve que sur quelques points du littoral actuel de l'Europe des vestiges pouvant se rapporter à une mer intermédiaire entre celle de l'éocène et celle du tongrien proprement dit.

L'oligocène, tel que nous le concevons, en nous plaçant uniquement au point de vue de la flore, ne consiste que dans l'âge postérieur au retrait dont nous venons de parler, retrait qui vit, d'une part, les lagunes du Flysch achever de disparaître, et de l'autre une mer nouvelle, celle du tongrien, s'avancer et envahir certains points déterminés de notre continent. C'est donc du retour momentané d'une mer distincte de celles que nous avons mentionnées, distincte aussi de celle de la mollasse ou mer *falunienne*, qu'il s'agit. — La mer tongrienne est loin d'égaler la mer nummulitique, ni celle de la mollasse ; elle échancre le continent européen, mais dans une tout autre direction : occidentale et septentrionale, elle occupe de nouveau le bassin de Paris, où ses dépôts sableux ont donné lieu aux grès de Fontainebleau ; elle contourne la Normandie, touche à Cherbourg et entame à peine l'Angleterre par l'île de Wight. Au nord, elle couvre la Belgique, d'Ypres et de Gand à Liége et à Maestricht ; elle court en Westphalie, et, après avoir contourné le massif du Harz, elle pénètre par le golfe de Cassel dans la vallée du Rhin supérieur,

(1) M. R. Tournouër, président de la Société géologique de France.

et de là, à travers toute l'Alsace, jusqu'au Jura suisse ; elle forme ainsi une Adriatique étroite et sinueuse, à laquelle les Vosges, d'un côté, le massif de la Forêt-Noire, de l'autre, servaient de limites. En Bretagne vers Rennes, en Aquitaine vers la Gironde et l'Adour, le long de la Méditerranée, vers les Basses-Alpes et dans la Ligurie ; plus loin au pied des Alpes, près de Vérone, dans le Tyrol et ailleurs, on trouve des vestiges de la mer oligocène, qui n'est puissante nulle part, et dont les traces discontinues annoncent presque partout l'étendue relativement faible et la courte durée.

Les lacs se rencontrent au contraire sur une foule de points. En Auvergne, en Provence, dans le Gard, près d'Alais, à Hæring en Tyrol, à Sotzka en Styrie, à Sagor en Carinthie, dans l'Italie du Nord et jusqu'en Dalmatie, à Monte Promina, on trouve des formations lacustres, riches en empreintes végétales et fournissant les éléments d'une flore remarquable, autant par la profusion des espèces que par l'unité des éléments dont elle est composée. La plupart de ces lacs ne furent pas exclusivement propres à la période à laquelle nous les rattachons ; ils existaient avant et continuèrent après qu'elle se fut terminée ; mais la partie des sédiments déposés au fond de ces lacs, qui correspond à l'oligocène, présente des caractères qui attirent sur eux l'attention, même en dehors des plantes qu'ils renferment. Les animaux qui vécurent dans leurs eaux, de même que les phénomènes géognostiques dont ces eaux furent le théâtre, témoignent d'une très-grande intensité de vie, d'une remarquable uniformité dans les conditions qui présidèrent à son développement et, en même temps, du trouble intermittent que les agents intérieurs et les matières en fusion, rejetées à la surface, durent apporter sur certains points déterminés et surtout dans le voisinage des principaux lacs. Les volcans actuels, à cratères permanents couronnant un cône d'éruption, n'avaient pas encore paru dans les contrées où ils s'établirent plus tard, et l'Auvergne elle-même ne présentait encore aucun relief de quelque importance ; mais les préludes des grandes actions plutoniques agitaient partout le sol de

vagues frémissements; les.eaux thermales, sulfureuses, calcarifères, siliceuses, ferrugineuses, surgissaient de toutes parts avec
une extrême abondance ; elles alimentaient les nappes lacustres
de substances minérales de toute sorte, tenues en dissolution ; et
ces dernières ont donné lieu aux gâteaux et aux rognons de silex,
aux calcaires concrétionnés, aux amas de gypse, aux sidérites et
aux phosphates qui se trouvent associés en diverses proportions
aux sédiments ordinaires ou, encore, sont entremêlés à des couches de lignites.

Dans la Haute-Loire, c'est à Ronzon, près du Puy, que l'on a
recueilli des plantes associées aux débris d'une faune aussi variée que puissante, découverte et décrite par M. Aymard, et
dans laquelle se rencontrent les plus anciens ruminants connus.

En Provence, les plantes oligocènes proviennent des gypses de
Gargas, des lits calcaréo-marneux de Saint-Zacharie et de Saint-
Jean de Garguier, des schistes marneux de Céreste; dans le
Languedoc, elles se rencontrent près d'Alais, à Barjac, aux Fu-
mades, etc.

En Alsace, M. Schimper a recueilli des empreintes végétales
appartenant à ce même horizon, à Speebach. J'ai déjà mentionné les localités autrichiennes de Sotzka, Hæring, Sagor,
Promina, etc.

Il faut encore signaler à part la localité d'Armissan, près de
Narbonne ; non-seulement à cause de sa richesse exceptionnelle,
mais parce qu'elle opère visiblement la transition de l'oligocène
au miocène inférieur ou *aquitanien*.

En réunissant les plantes de tous ces dépôts, on obtient un
total d'environ huit à neuf cents espèces, énumérées dans le
grand ouvrage du professeur Schimper; mais comme nous ne
pouvons songer un instant à les examiner en détail, nous nous
contenterons d'attirer l'attention sur certaines d'entre elles,
en ajoutant à cette revue quelques réflexions générales sur les
caractères d'ensemble de cette flore.

L'aspect du paysage n'a pas sensiblement changé depuis la
fin de l'éocène ; les masses végétales sont toujours maigres,

clair-semées ou même chétives; elles sont en même temps variées et ne manquent ni de puissance, ni d'élégance, ni d'une
certaine grâce qu'elles doivent à leur port élancé et grêle, ainsi
qu'aux ramifications multiples des tiges ; la végétation actuelle
de l'Australie reproduit de nos jours une image assez fidèle de
cet ancien aspect.

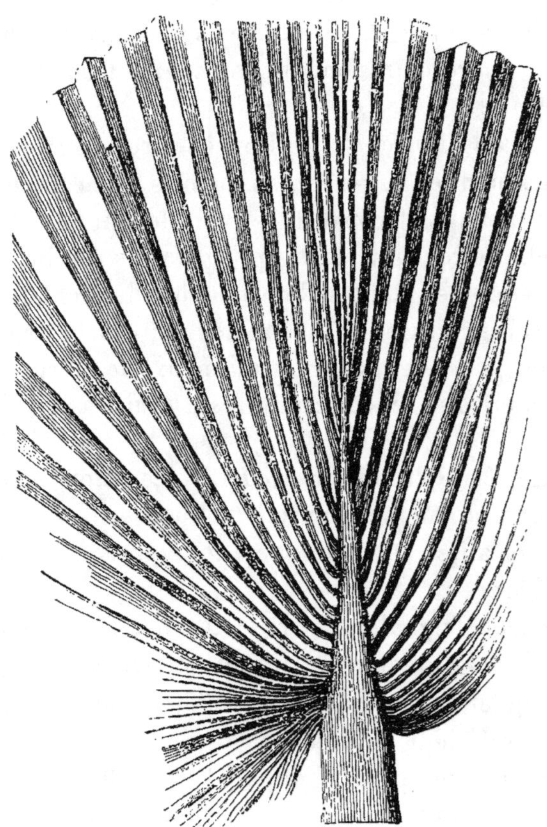

Fig. 61. — Palmier parasol oligocène : partie moyenne d'une fronde. (Très-réduit.)
Sabal major, Ung.

Les palmiers sont toujours nombreux ; beaucoup d'entre eux
sont encore de petite taille, couronnés de frondes en éventail
d'une étendue médiocre ; mais, au milieu d'eux, le *Sabal major* (fig. 61), luttant presque d'ampleur et de beauté de feuillage

avec le palmier parasol des Antilles ou *Sabal umbraculifera*, dresse sa tête majestueuse et se trouve représenté au bord de la plupart des lacs et dans le voisinage immédiat de l'eau. Cette espèce, une des mieux connues, a laissé de nombreux vestiges qui témoignent de son abondance. Son analogue vivant, introduit sous divers noms, dans les cultures du littoral méditerranéen, de Toulon à Nice, fait maintenant l'ornement des plus riches villas. Dans la période tongrienne, il s'étendait dans toute l'Europe et se trouvait accompagné d'un cortège de palmiers plus petits qu'il dominait de toute sa hauteur (1). Aux palmiers se mêlaient çà et là des dragonniers. Les *Sequoia* et les *Taxodium* partageaient encore le sol avec les *Callitris* et les *Widdringtonia* ; les premiers étaient nouveau venus en Provence, et c'est seulement aux environs d'Alais que l'on commence à rencontrer le *Sequoia Sternbergii* (voy. la figure 59), pris longtemps pour un *Araucaria*, et très-fréquent d'ailleurs à Hæring et à Sotzka. D'autres *Sequoia*, plus rapprochés de ceux de Californie, les *Sequoia Tournalii*, Sap. et *Couttsiæ*, Hr., se montrent plus tard encore dans le midi de la France ; on les observe à Armissan. A Gargas, à Saint-Zacharie, à Saint-Jean de Garguier, localités se rapportant à la partie inférieure ou ancienne de l'oligocène, les *Sequoia* sont encore absents, mais on y observe en revanche les premiers vestiges de deux types de conifères auparavant inconnus : le *Libocedrus salicornioides* (voy. plus haut la figure 56), dont le représentant actuel ne se trouve plus que dans le Chili, et le *Chamæcyparis massiliensis*, Sap. Ces deux espèces ne nous sont connues que par de très-petits fragments ; leur rareté originaire s'accorde très-bien avec leur récente immigration présumée. Le voisinage des eaux lacustres se trouvait peuplé d'une profusion de myricées, de protéacées mal définies, d'éricacées du type des *Leucothoe*, d'araliacées à feuilles digitées ou palmées (fig. 62 et 63), de sterculiers, de sapindacées à l'apparence chétive, auxquels il faut joindre des célastrinées, des anacardiacées, des houx,

(1) Consultez la planche XIII qui représente les principaux palmiers de l'âge tertiaire moyen reconstitués d'après leurs frondes et groupés au bord d'une lagune.

des rhamnées, des jujubiers, un certain nombre de myrtacées odorantes et des légumineuses (papilionacées, césalpiniées, mi-

Fig. 62. — Araliacée du tongrien récent d'Armissan (Aude) ; 1/6 de grandeur naturelle.
Aralia Hercules (Ung.), Sap.

mosées) aux minces folioles. Il y a là des nuances différentielles assez sensibles pour les naturalistes qui étudient les espèces une

Fig. 63. — Araliacée à feuilles digitées (Saint-Zacharie : feuille restaurée.
Aralia zachariensis, Sap.

à une, qui méditent sur leur groupement et leur importance relative ; mais ces nuances disparaissent aux yeux de l'observateur superficiel, qui retrouve à peu près les mêmes éléments qu'il avait remarqués à l'époque de l'éocène. La présence de certaines espèces caractéristiques, le *Comptonia dryandræfolia* (voy. la figure 57); le *Zizyphus Ungeri* (voy. fig. 64); plusieurs myrsinées d'affinité africaine, *Myrsine celastroides*, Ett. (fig. 64), *M. subincisa*, Sap., *M. cuneata*, Sap. (fig. 64), les *Diospyros hæringiana*, Ett., *varians*, Sap. (voy. fig. 64), l'abondance des

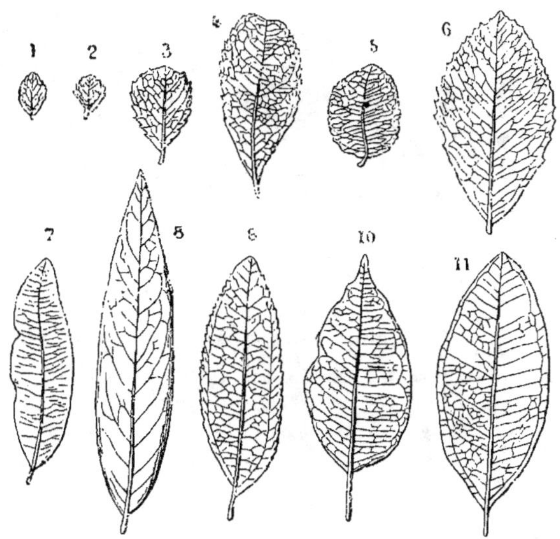

Fig. 64. — Types divers de végétaux oligocènes caractéristiques.

1-2. *Myrsine celastroides*, Ett. — 3. *M. cuneata*, Sap. — 4. *Celastrus splendidus*, Sap. — 5. *C. Zachariensis*, Sap. — 6. *Ilex celastrina*, Sap. — 7. *Andromeda neglecta*, Sap. — 8. *Diospyros varians*, Sap. — 9. *Zizyphus Ungeri*, Ett. — 10. *Myrtus rectinervis*, Sap. — 11. *M. caryophylloides*, Sap.

Palæocarya (voy. fig. 65), juglandées éteintes du type des *Engellhardtia* de l'Inde, certains *Mimosa* (*M. Aymardi*, Mar., fig. 65) et *Acacia* (*A. Bousqueti*, Sap., *A. sotzkiana*, Ung.), guident pourtant l'analogie au milieu de ce labyrinthe de formes, à la fois variées et cependant taillées sur un patron commun à toutes, de telle sorte que des espèces appartenant aux genres les plus éloignés revêtent, au premier abord, une physionomie presque semblable. C'est là du reste ce qui permet à l'esprit de définir

sans trop de peine les caractères distinctifs des végétaux de l'é-
poque que nous considérons ; la flore oligocène tire en réalité
son originalité la plus saillante du passage insensible d'un âge
vers un autre, passage qu'elle opère à l'aide de changements

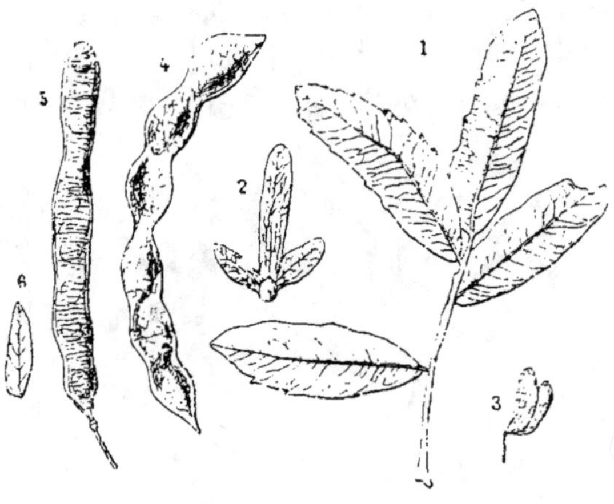

Fig. 65. — Types divers de végétaux oligocènes caractéristiques.

1-2. *Palæocarya* (Armissan) : 1, feuille ; 2, fruit. — 3. *Mimosa Aymardi*. Mar. (Ronzon), portion de feuille. — 4. *Acacia Bousqueti*, Sap. (Armissan), légume. —
5-6. *A. Sotzkiana*, Ung. (Sotzka) ; 5, légume ; 6, foliole détachée.

· incessamment renouvelés. Les progrès de cette rénovation, d'a-
bord si lents qu'il est difficile de les entrevoir, deviennent cependant saisissables, si l'on s'attache à certaines catégories de
plantes en particulier.

Nous avons vu précédemment que les rares représentants des
genres demeurés européens et caractéristiques de notre zone,
aune, bouleau, charme, orme, peuplier, érable, étaient encore, à la fin de l'éocène, relégués dans des stations situées à
l'écart, probablement sur des montagnes, dont l'altitude justi-
fiait leur présence. Ces mêmes genres continuent à être peu
fréquents dans le cours de l'oligocène ; ils le sont déjà plus
cependant, et il est rare que chaque localité tongrienne n'en
réunisse pas quelques-uns, et quelquefois ne les comprenne
tous, lorsqu'elle est riche et suffisamment explorée. En prenant

les localités provençales dans l'ordre de leur ancienneté relative, nous observons effectivement les faits suivants (fig. 66) :

Gargas, dont l'horizon est un peu plus récent que celui des gypses d'Aix, n'a fourni jusqu'à présent les vestiges d'aucun de ces genres, en dehors du seul *Quercus cuneifolia* Sap. (voy. fig. 58), espèce à feuilles coriaces et paucilobées, qui semble

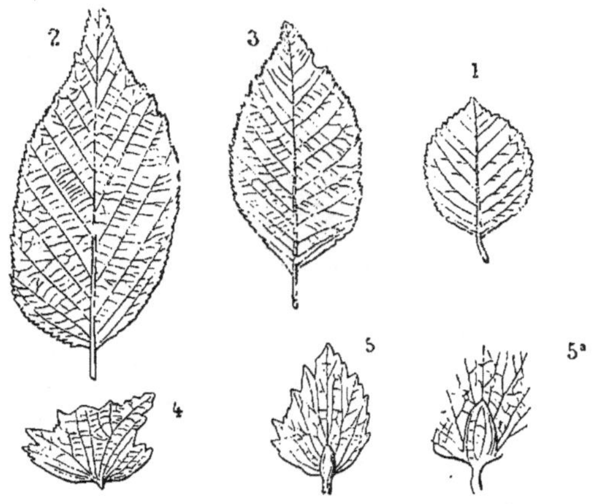

Fig. 66. — Types de végétaux oligocènes demeurés européens.

1. *Betula puchella*, Sap. — 2-5. *Carpinus cuspidata*, Sap. : 2-3, feuilles ; — 4-5, fruits.

devoir être rattachée au groupe américain des *Erythrobalanus*. Au bord du petit lac de Saint-Zacharie, un peu plus récent par son âge que Gargas, on a recueilli au contraire les traces d'un aune (*Alnus prisca*, Sap.), d'un bouleau (*Betula ulmacea*, Sap.), d'un *Ostrya* (*O. tenerrima*, Sap.), d'un charme (*Carpinus cuspidata*, Sap.), d'un orme (*Ulmus primæva*, Sap.), d'un érable (*Acer primævum*, Sap.), presque tous accompagnés de leurs fruits, bien que leurs empreintes, sauf en ce qui concerne l'érable, soient extrêmement rares. A Saint-Jean de Garguier, localité peut-être un peu plus récente que celle de Saint-Zacharie, les bouleaux, charmes, érables, reparaissent avec une fréquence relative qui, rapprochée du nombre restreint des espèces recueillies, ne laisse pas que de marquer un progrès constant. Ce progrès nous est enfin révélé avec certitude par *Armissan*, dont la flore se rapporte visiblement à une grande forêt, établie, à portée d'un lac aux eaux limpides et profondes, sur le sol secondaire de la Clape, massif situé entre Armissan et la mer, à l'est de Narbonne.

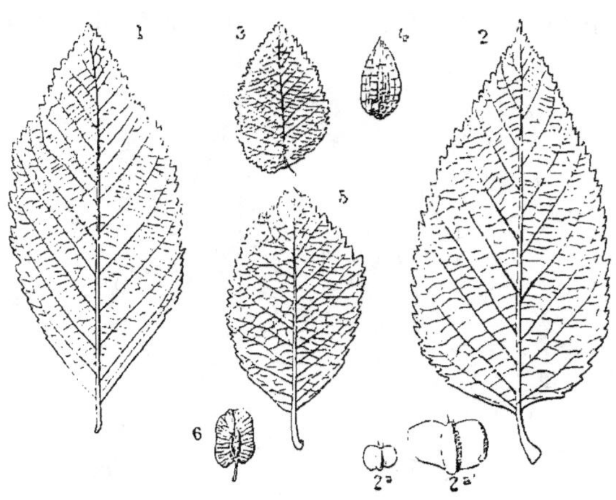

Fig. 67. — Types européens oligocènes.

1. *Alnus prisca*, Sap. (Saint-Zacharie); — 2 et 2ᵃ. *Betula Dryadum*, Brongn. (Armissan : 2, feuille ; 2ᵃ, samare, 2ᵃ', même organe grossi.) — 3-4. *Ostrya Atlantidis*, Ung. (Armissan : — 3, feuille ; — 4, fruit.) — *Ulmus primæva*, Sap. (Saint-Zacharie : — 5, feuille ; — 6, samare.)

La forêt d'Armissan est à l'oligocène ce que la flore des gypses d'Aix est à l'éocène supérieur, un terme extrême, un point opérant la soudure entre deux périodes. La plupart des espèces qui caractérisent l'aquitanien se montrent à Armissan, mais elles sont encore associées aux formes caractéristiques de l'oligocène, particulièrement au *Comptonia dryandræfolia*. Dans cette forêt, où dominaient de puissantes laurinées, des juglandées du type des *Engelhardtia*, des anacardiacées, des houx, des *Aralia* des dalbergiées, des sophorées, des mimosées, on rencontrait également des bouleaux de plus d'une espèce, des peupliers et des érables, remarquables par l'ampleur de leurs feuilles ; enfin des ormes, et probablement des châtaigniers. Dans l'oligocène également, à Ronzon d'une part, et de l'autre à Armis-

san, on constate pour la première fois l'existence d' « espèces »
demeurées depuis indigènes dans le midi de l'Europe, et ayant
par conséquent conservé sans altération les caractères qui les

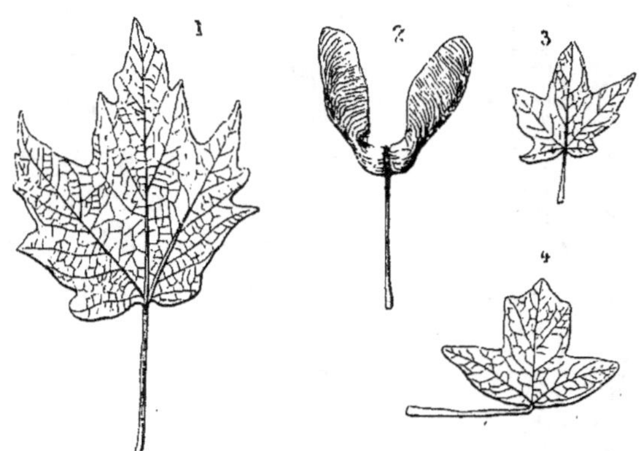

Fig. 68. — Divers types d'érables oligocènes.

1. *Acer primævum*, Sap. (Saint-Zacharie : — 1, feuille ; — 2, fruit complet reconsti-
tué). — 3. *A. massiliense*, Sap. (Saint-Jean-de-Garguier). — 4. *A. pseudo-campes-
tre*, Ung. (Armissan).

distinguaient dès ce moment. C'est ainsi que M. le professeur
Marion a signalé à Ronzon (Haute-Loire) des folioles de lentisque (*Pistacia lentiscus*, L.), et que des vestiges du térébinthe,
représenté par une forme actuellement spontanée à Constanti-
nople, comprenant des feuilles et une tige encore garnie d'une
grappe de fruits, ont été recueillis, à l'état d'empreintes, dans
la localité voisine de Narbonne, toujours à Armissan.

On voit donc se dessiner peu à peu les linéaments de l'état de
choses qui a depuis prévalu. Les eaux de l'époque à laquelle
nous ramène la considération de l'oligocène n'étaient pas moins
favorisées que leurs rives et les régions occupées par les accidents montagneux : une foule de plantes se pressaient dans leur
sein, flottaient au milieu d'elles ou s'épanouissaient à leur surface. L'étude détaillée de ces plantes serait pleine d'attrait, mais
elle nous entraînerait trop loin; nous nous contenterons de
tracer une esquisse des traits de physionomie des plus saillantes
d'entre elles.

Nous laisserons donc les roseaux, les cypéracées (*Carex* et *Cyperus*), les massettes ou typhacées, les potamots, qui envahissaient alors, comme aujourd'hui, les eaux dormantes ou animées d'un faible mouvement; mais nous ne saurions passer sous silence un type des plus singuliers, déjà ancien à l'âge oligocène, puisqu'on en trouve antérieurement des traces dans les lits fluvio-lacustres de la craie supérieure du bassin de Fuveau, ainsi que dans

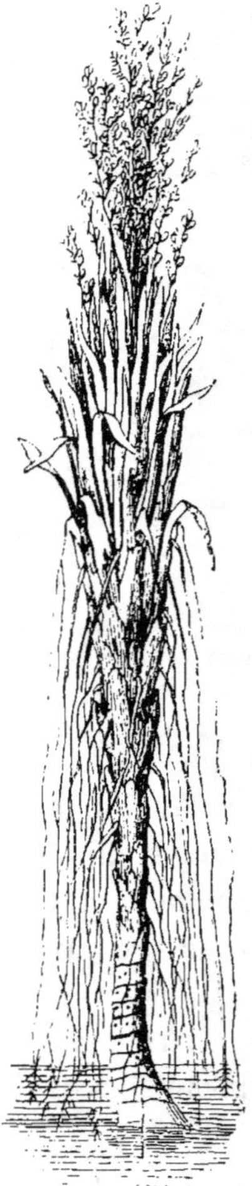

Fig. 69. — Type de plante palustre oligocène, aujourd'hui éteint. (Réduit à 1/16 de grandeur naturelle).

Rhizocaulon polystachium. Sap. (Saint-Zacharie).

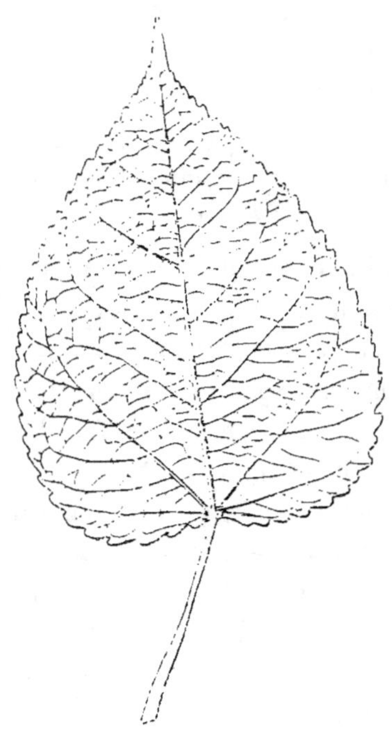

Fig. 70. — *Populus palæomelas*, Sap. (Armissan).

les gypses d'Aix eux-mêmes. Ce type est celui des *Rhizocaulées*, plantes palustres (fig. 69), dont la multiplication le long des bords de la plupart des lacs et des lagunes oligocènes de Provence, marque la place dans notre étude. Ces plantes ont laissé partout dans le midi de la France des vestiges de leurs tiges, de leurs feuilles et de leurs radicules éparses ; mais ce qui a surtout permis de les reconstituer et de leur assigner une place non loin des restiacées et des rhizocaulées, groupes aujourd'hui exotiques, à l'exception d'une espèce unique perdue dans les marais de l'Irlande, c'est, d'une part, l'observation de leurs inflorescences disposées en épillets (fig. 71) paniculés, formés d'écailles scarieuses étroitement imbriquées, et, de l'autre, cette particularité curieuse, que des touffes entières de ces plantes, encore debout ou renversées au fond des eaux, ont été converties en une masse siliceuse qui conserve l'organisation merveilleusement intacte des parties internes, visible sous le microscope.

Les *Rhizocaulon*, genre dont la découverte première est due à M. Brongniart, croissaient dans des eaux peu profondes, enracinant dans la vase leurs tiges indéfiniment multipliées. Ils formaient, le long des anciens rivages, de vastes colonies d'individus pressés, s'élevant de plusieurs mètres au-dessus des eaux. Leurs tiges, résistantes à la surface, mais remplies à l'intérieur d'une moelle lâche, trop hautes pour leur fermeté relative, toujours assez faible, chargées de larges feuilles rubannées et érigées, ou des lambeaux déchirés de ces mêmes feuilles, avaient la faculté d'émettre, le long des entre-nœuds, une foule de radicules adventives et aériennes qui descendaient de toutes parts, se frayant un passage à travers les résidus desséchés, pour gagner le fond des eaux ; ces radicules, par leur disposition, constituaient donc autant de supports à la tige qu'elles accompagnaient, à l'exemple de ce qui a lieu chez les *Pandanus;* elles n'avaient pourtant qu'une durée limitée, et, au bout d'un certain temps, elles se détachaient en laissant une cicatrice sur le point d'où elles avaient émergé ; mais elles ne quittaient la plante que pour être incessamment remplacées par des radicules nouvelles qui se succédaient jusqu'à ce que la tige eût achevé le cycle entier de ses fonctions, en atteignant sa taille définitive. Elle fleurissait alors, en émettant à son extrémité supérieure une panicule rameuse (voy. la figure 71, 2), dont les derniers pédicelles supportaient un ou deux épillets. C'est l'ensemble d'une plante de *Rhizocaulon*, reconstituée à l'aide de l'étude de ses diverses parties,

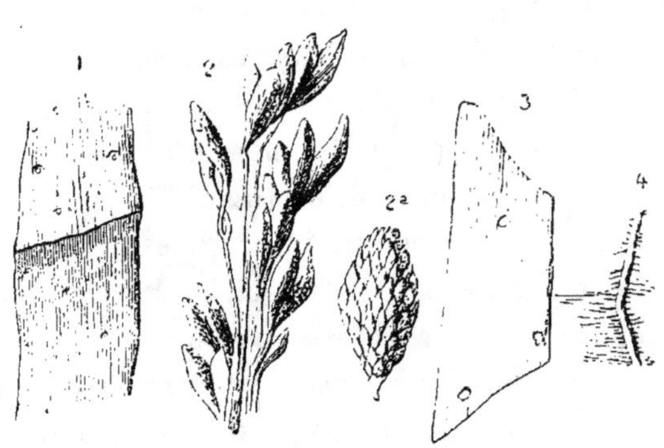

Fig. 71. — Détails principaux du *Rhizocaulon polystachium*. Sap.

1. Fragment de tige dépouillée de feuilles, avec les cicatrices des radicules tombées. — 2. Portion d'une panicule chargée d'épis ; 2ᵃ, épillet grossi pour montrer la forme des écailles dont il était composé. — 3. Lambeau de feuille perforé sur trois points par suite du passage des radicules. — 4. Portion d'une radicule.

que représente notre figure 70 ; mais pour reproduire l'aspect de ces hôtes, depuis si longtemps disparus, de nos lacs méridionaux, il faut encore multiplier par la pensée les tiges et les individus ; il faut évoquer leur foule pressée, changée en une masse immense de verdure, à la fois élégante et monotone, couvrant les abords des plages submergées, si fréquentes auprès des lacs de cette époque. Peut-être même ces plantes, comme il arrive encore de nos jours, sur la lisière des lacs africains, pour d'autres végétaux auxquels est dévolu un rôle semblable, attendaient-elles de longs mois, leurs radicules aériennes à moitié détruites, leurs rhizomes enfoncés dans la vase desséchée et fendillée, sous un soleil ardent, avant que la saison des pluies vînt ramener, avec l'eau des bas-fonds, l'élément nécessaire à l'activité de leurs fonctions momentanément suspendues. Ce qui est certain, c'est que les rhizocaulées ont peu survécu à l'oligocène; on n'en découvre plus que de faibles et rares vestiges dans l'âge suivant, et la période falunienne les vit disparaître à jamais, en même temps que les circonstances qui avaient jusque-là motivé et favorisé leur présence. Cette présence était du reste peut-être restreinte à certains points déterminés. Il est surprenant en effet d'observer qu'en dehors de la France méridionale, où elles abondent depuis la craie jusqu'à l'aquitanien, les rhizo-caulées n'aient encore été signalées nulle autre part.

Mais les plantes souveraines des eaux tranquilles étaient alors, comme de nos jours, dans des proportions, il est vrai, inconnues maintenant à notre zone, les nymphéacées ou nénuphars. C'est en Égypte, en Nubie, dans les eaux de la Sénégambie, au fond des savanes noyées de la Guyane ou le long des lagunes de l'Inde ou de la Chine qu'il faut aller chercher des exemples, encore affaiblis, de ce qu'étaient en Europe les *lis des eaux*, dans l'âge que nous décrivons.

Non seulement le *Nelumbium Buchii*, Ett., de Monte Promina et les fragments de rhizomes, observés par M. Heer dans l'île de Wight, attestent l'existence de nélumbos européens oligocènes; non seulement les *Nymphæa* proprement dits (*Nymphæa parvula*, Sap., *N. Charpentieri*, Hr.) dénotent des plantes doubles au moins de celles de notre *N. alba;* mais il existait de plus, dans l'Europe d'alors, des genres ou sections de genre, actuellement éteints, dont nous ne pouvons, en effet, apprécier que très imparfaitement les caractères, mais qui pourtant s'écartent assez des espèces vivantes pour autoriser la croyance que leurs fleurs nous réserveraient des surprises et exciteraient notre admiration, s'il nous était donné de les contempler.

Le premier de ces types tertiaires a un représentant dans les gypses d'Aix (*Nymphæa gypsorum*, Sap.), un autre à Saint-Zacharie (*N. polyrhiza*, Sap.); un troisième, à ce qu'il semble, dans l'aquitanien de Manosque (*N. calophylla*, Sap.); un fragment de ses fruits, accompagné de lambeaux de pétales, recueilli à Saint-Zacharie, dénote chez lui l'existence de fleurs doubles au moins de celles de notre *Nymphæa* indigène, et construites sur un plan

assez différent ; mais les plus beaux échantillons de ce type ont
été découverts par M. Lombard-Dumas, de Sommières (Gard),
non loin d'Alais. Ce sont des feuilles d'une conservation admirable (fig. 72), qui paraissent se reporter à une espèce distincte,

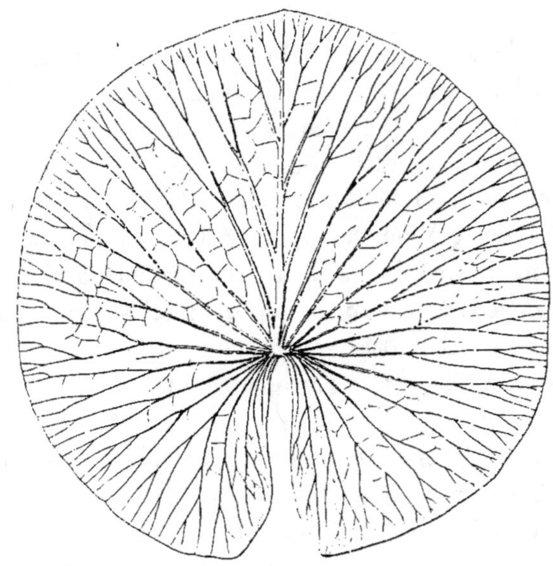

Fig. 72. — *Nymphæa Dumasii*, Sap. : environs d'Alais (Gard . 1/4 gr. nat.)

bien que voisine des précédentes. Ces feuilles, largement orbiculaires, entières sur les bords et légèrement ondulées à la périphérie, étalaient à la surface des eaux un disque fendu jusqu'au
centre, du côté de la base, et parcouru par des nervures rayon-
nantes très-nombreuses, divisées dans leur partie supérieure en
rameaux dichotomes élancés, reliés entre eux par quelques ana-
stomoses. L'aspect des feuilles et ce que l'on connaît des fleurs,
des fruits et des graines de ces nymphéacées semblent annoncer
qu'elles formaient un groupe assez peu distant des *Nymphæa*
actuels, dont elles se séparaient plutôt par des particularités de
structure organique que par la physionomie extérieure. Le second
type, dont nous avons formé un genre sous le nom d'*Anœctomeria*
(fig. 73), s'écarte beaucoup plus des nénuphars vivants, non par

les feuilles, mais par l'aspect de ses rhizomes, et surtout par la structure singulière de son fruit, dont les stigmates n'étaient pas adhérents à la surface du disque, et dont les parois, au lieu de

Fig. 73. — *Anœclomeria Brongnartii*, Sap. (Armissan) : — fruit arrivé à maturité, au moment de la déhiscence.

s'ouvrir au moyen de fentes irrégulières, comme font ceux des *Nymphæa*, se divisaient à la maturité en compartiments transversalement allongés, correspondant aux bases d'insertion des pétales et disposés dans le même ordre que ceux-ci. Ce genre, dont les fleurs ont dû être grandes et belles, à en juger par certains débris, faisait l'ornement le plus merveilleux des eaux limpides et calmes des bassins lacustres d'Armissan et de Saint-Jean de Garguier.

La première de ces deux localités nous amène. à travers plusieurs échelons, jusque sur le seuil d'une nouvelle période, la plus brillante et la mieux explorée de celles qui divisent les temps tertiaires.

V

PÉRIODE MIOCÈNE.

Avec la période miocène, nous touchons à la partie la moins inconnue de l'époque tertiaire, à celle dont les animaux, les plantes,
les paysages, la configuration géographique peuvent être décrits
de la façon la plus exacte et la plus précise. Les limites mêmes
de la période sont cependant flottantes ; les commencements ont
quelque chose d'incertain, la terminaison échappe. Nous connaissons en gros la suite des événements et leurs conséquences
immédiates ; nous ignorons en grande partie les causes qui leur
donnèrent lieu, et la façon brusque ou lente, gouvernée par des
phénomènes décisifs ou accompagnée d'oscillations répétées, avec
laquelle ils s'accomplirent. Au lieu de courir après les hypothèses, le mieux est de s'en tenir aux points les plus saillants et
de tâcher de les bien définir.

Si l'on termine, comme nous l'avons fait, la période oligocène
avec le retrait de la mer tongrienne, cette mer qui, d'une part,
s'avançait le long du Rhin jusqu'au fond de l'Alsace et, d'autre
part, formait près de Paris un golfe, au fond duquel se déposèrent les grès de Fontainebleau, il faut convenir que le trait le
plus accentué de la période suivante, celle que nous allons considérer, consiste dans un retour de l'Océan au sein de notre continent, retour offensif qui le submerge partiellement de nouveau.
Les flots marins traversent alors l'Europe en écharpe, du sud-ouest
au nord-est et à l'est ; ils la découpent de part en part dans cette
direction, tandis que, dans une direction opposée, la mer des
faluns, contemporaine de la mer mollassique, occupe de grands
espaces dans tout l'ouest de la France, et pénètre bien avant dans
les terres, par les vallées de la Garonne, de la Charente et de la
Loire. Mais il est facile de constater que cet envahissement ne
succéda pas immédiatement au retrait de la mer tongrienne.

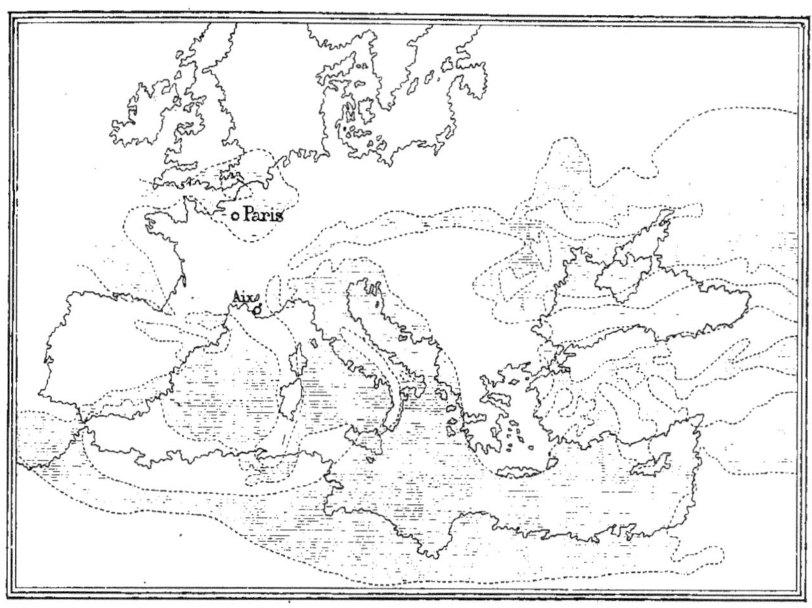

EUROPE
à l'époque de la mer nummulitique

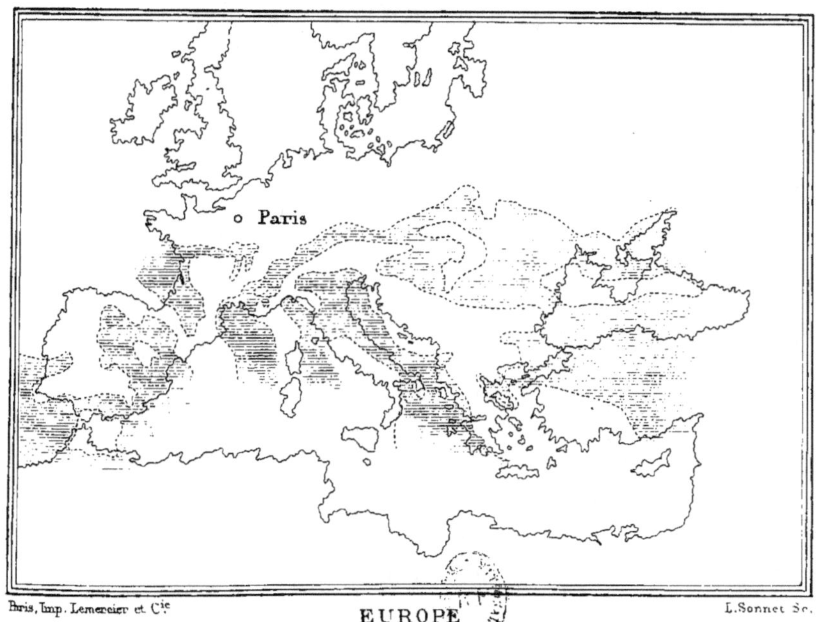

EUROPE
à l'époque de la mer de la mollasse (miocène)

Un intervalle très-appréciable, rempli par des formations inter-calaires, sépare constamment les deux niveaux, et oblige de croire à l'existence d'une période de jonction plus ou moins pro-longée, pendant la durée de laquelle la mer tongrienne s'était déjà retirée, tandis que celle de la mollasse ne s'était pas encore avancée.

Dans le bassin de Paris, c'est le *calcaire de Beauce* qui repose sur le *grès de Fontainebleau* et qui, par sa position très-nette et le caractère tranché de ses fossiles, constitue un horizon que l'on retrouve sur une foule de points, dans le centre et l'ouest de la France, dans l'Auvergne, l'Allier, le Cantal, le canton de Vaud, dans la vallée du Rhône, la Ligurie, etc.; sur d'autres points, spécialement aux environs de Bordeaux (*falun de Bazas*), dans les Basses-Alpes (Barrème) et sur les côtes de Provence (Carry), ce sont des dépôts complexes, soit marins, soit fluvio-marins ou saumâtres, dont le classement embarrasse les observateurs, mais qui marquent cependant les progrès et les étapes de la mer re-commençant à s'étendre; l'ambiguïté même de ces dépôts les range avec vraisemblance à la base des formations miocènes proprement dites.

Dans le midi de la France, les couches lacustres que les géolo-gues s'accordent à désigner comme l'équivalent d'eau douce des dépôts oligocènes marins sont partout surmontées par des lits également lacustres, nécessairement plus modernes; sur les-quels s'appuie la grande formation mollassique et qui datent par conséquent d'un âge antérieur à l'arrivée de la mer généra-trice de cette formation.

L'ordre successif que nous venons d'exposer n'est contesté par aucun géologue, mais il ne saurait avoir aux yeux des statigraphes d'autre importance que celle du fait; tandis que, pour celui qui cherche à tracer l'histoire de la végétation, ce fait se rattache à tout un ensemble de phénomènes qui influèrent visiblement sur la flore européenne, en accélérant le mouvement dont nous avons signalé le début et qui tendit de plus en plus à devenir complet.

Il est difficile d'admettre que l'invasion de la mer mollassique jusqu'au centre de l'Europe et dans des régions, comme la lisière septentrionale des Alpes, que l'élément marin avait délaissées depuis le dessèchement du flysch, n'ait pas été précédée ou favorisée dans sa marche par des mouvements du sol, des ruptures, des plissements et des affaissements de nature à modifier le relief, la direction des vallées et l'orographie européenne tout entière. Les Alpes commencèrent alors peut-être à accentuer leur saillie, et les vallées que parcourent la plupart de nos grands fleuves, la Loire, la Garonne, le Rhône, le Pô et le Danube, devinrent des golfes et des bras, s'affaissant pour servir de cuvette aux eaux salées ; mais, s'il est vrai que d'aussi remarquables changements ne se conçoivent pas sans révolutions physiques, il faut bien avouer que la végétation d'alors n'en subit qu'à peine le contre-coup indirect ; il n'est pas démontré effectivement qu'elle en ait été atteinte ni troublée immédiatement dans ses éléments constitutifs. Rien de plus calme, de plus *une* à ce dernier point de vue, et de moins susceptible de se prêter à des subdivisions tranchées, que la période qui court du retrait de la mer tongrienne à la fin de la mer mollassique proprement dite, et comme cette fin n'eut rien de brusque, comme ce fut à l'aide d'une série de retraits partiels et d'oscillations graduelles que la mer de mollasse disparut elle-même, nous verrons également la végétation qui couvrait ses rivages, non pas disparaître subitement, mais diminuer peu à peu de force, de variété et de beauté, perdre insensiblement les caractères et les éléments empruntés au tropique, qu'elle posséda longtemps, et revêtir à la longue une autre physionomie, jusqu'au moment où elle donna à la fin naissance, à force d'appauvrissement et de changements partiels, à la végétation européenne actuelle.

On le voit : en dépit des mouvements du sol plus ou moins violents et étendus, qui coïncidèrent avec l'invasion mollassique, il est également difficile de ne pas considérer l'intervalle qui sépare l'oligocène du moment précis où s'effectua l'immersion, comme un temps de profonde tranquillité, essentiellement favorable au développement des plantes par la prédominance d'un climat doux et tiède, pendant lequel des lacs étendus, grâce à la configuration du sol, à sa pente peu rapide, à l'assiette des vallées construites de manière à retenir les eaux, s'établirent sur une foule de points. Souvent aussi ces lacs eurent leurs bords et une partie de leur périmètre envahis par une végétation puissante, sous l'empire de conditions propres à la production des lignites.

Nous diviserons, d'après ces données, en deux sections, la grande période miocène : la première ou sous-période *aquitanienne* a reçu son nom du falun de Bazas, près de Bordeaux, type de terrain qui représente le mieux cet horizon ; elle commence avec le retrait de la mer tongrienne, et se termine à l'invasion de la mer mollassique. La seconde ou sous-période *mollassique* correspond aux temps qui suivirent cette invasion, et coïncide avec la durée de celle-ci. Plus tard, la mer de mollasse, loin de se retirer brusquement, comme avait fait celle du tongrien, affecta, sans doute par l'effet du relief croissant des Alpes, une marche pour ainsi dire inverse ; elle s'éloigna par étapes successives du centre de l'Europe et, persistant plus ou moins vers les extrémités de ce continent, elle fit place à une nouvelle mer, peuplée d'une faune différente, ayant des limites particulières, et donnant lieu à des dépôts distincts des précédents. C'est à ces lits plus récents, auxquels on a appliqué le nom de *couches à congéries* ou de formation *mio-pliocène* que s'arrête la sous-période mollassique, pour céder le terrain à la période suivante ou pliocène, la dernière de celles entre lesquelles se partagent les temps tertiaires : non pas qu'il y ait lieu de les distinguer à l'aide de divergences bien accentuées au point de vue de la végétation, mais par la raison qu'une délimitation étant nécessaire, il existe des motifs plausibles de l'établir comme nous le proposons, et que tout autre sectionnement aurait plus d'inconvénient que d'avantage, surtout en considérant la flore, qui seule doit nous préoccuper ici.

* Sous-période aquitanienne.

La mer tongrienne ou oligocène, dont le retrait inaugure cette sous-période, bien moins étendue que celle de la mollasse, avait été, pour ainsi dire en tout, le contre-pied de ce que devait être cette dernière. Venue du nord et de l'ouest, au lieu d'arriver par le sud et par l'est, elle avait projeté dans la direction de la vallée du Rhin, jusqu'au pied du Jura, son fiord principal. C'est par le nord aussi qu'elle dut opérer son retrait : restreinte dans ses limites, peu avancée dans les terres du sud de l'Europe, éloignée, à ce qu'il semble, de la vallée du Rhône proprement dite, les oscillations auxquelles elle dut sa naissance et son extension, et qui plus tard accompagnèrent sans doute son départ, se firent très-peu sentir dans cette dernière région où l'on voit les lacs de la période précédente continuer tranquillement leurs dépôts et demeurer circonscrits dans les mêmes limites qu'auparavant. Seulement la tendance de ces lacs à diminuer de profondeur, à se laisser envahir par une végétation de plantes aquatiques, et à recevoir leurs débris accumulés peut être aisément constatée ; de là sans doute la présence des lignites si fréquents et quelquefois si puissants sur l'horizon de l'aquitanien. Les principales localités d'où nous sont venues des plantes aquitaniennes, et qui comprennent aussi des lignites exploités, sont celles de Manosque en Provence, de Cadibona en Piémont, de Thorens en Savoie, de la Paudèze et de Monod dans le canton de Vaud, de Bovey-Tracey dans le Devonshire, de Coumi en Grèce (Eubée) ; il faut joindre à cette énumération les lignites de la région de l'ambre ou région baltique, ceux des environs de Bonn, et enfin le dépôt de Radoboj en Croatie ; cette liste déjà longue pourrait être aisément grossie d'une foule de points secondaires. Le niveau sur lequel se placent toutes ces localités est sensiblement le même d'un bout de l'Europe à l'autre, sur une étendue en latitude de plus de 15 degrés, et dans tout cet espace la flore contemporaine présente une si notable proportion d'éléments communs qu'il en ressort invinciblement la notion d'une égalité, sinon absolue, du moins très-sensible dans les conditions de climat et de température qui présidèrent à son développement.

Voici d'abord une indication des principaux types et des formes les plus caractéristiques de la flore aquitanienne ; je reviendrai ensuite sur leur distribution géographique, avant de passer à la description des localités les plus intéressantes, considérées séparément, de manière à offrir le tableau approximatif des paysages du temps.

Les fougères montrent par leur fréquence et l'ampleur relative de leurs frondes l'influence d'un sol et d'un climat humides, influence qui a cessé de s'accroître depuis la dernière période.

Une très-belle osmonde, *Osmunda lignitum* (Gieb.), Ung., dominait alors dans les lieux inondés et sur le bord des lagunes. La figure 74, 1 donne une idée de son aspect, tout en ne représentant qu'une faible portion de sa fronde. Longtemps désignée sous divers noms, elle n'a été rejointe que tout dernièrement au groupe des osmondes. Elle s'écarte beaucoup du type indigène de notre *O. regalis*, qui fait l'ornement des ruisseaux ombreux et des sols sablonneux, baignés par des eaux claires et dormantes. L'*O. lignitum* retrace la forme d'une espèce propre aux régions boisées de l'Asie sud-orientale, et que l'on rencontre à Ceylan, aux Philippines, à Java et dans la Chine méridionale. C'est l'*O. presliana*, J. Sm. (Milde, *Monogr. gen. osmundæ*, p. 118; *Plenasium aureum*, Presl.). L'espèce fossile et l'espèce actuelle se ressemblent tellement, qu'on serait tenté de les confondre. En tous cas, il s'agit bien réellement d'une osmonde ayant joué le même rôle, et reproduisant fidèlement l'aspect d'une plante confinée maintenant dans les parties les plus chaudes de l'Asie austro-orientale. On peut dire que l'on est amené à de semblables conclusions par la présence des *Lygodium*, fougères grimpantes de la zone subéquatoriale, qui continuent à se montrer dans l'aquitanien (fig. 74, 3); leurs tiges flexibles et délicates s'enroulent autour des arbustes et s'attachent aux troncs mousseux, sous l'ombre épaisse des grands arbres. Les deux espèces les plus septentrionales du groupe se rencontrent maintenant, l'une en Floride, l'autre au Japon. Dans l'espace intermédiaire, il faut descendre jusqu'à la latitude des îles du Cap-Vert, de l'Abyssinie et de l'Inde anglaise pour rencontrer des *Lygodium*.

Le *Lygodium* aquitanien le plus répandu, *L. Gaudini*, Hr., retrace plutôt l'aspect de l'espèce américaine actuelle. La même
impression résulte encore de la considération du type des *Lastræa*
ou *Goniopteris*, si répandu à cette époque et dont le *L. styriaca*,

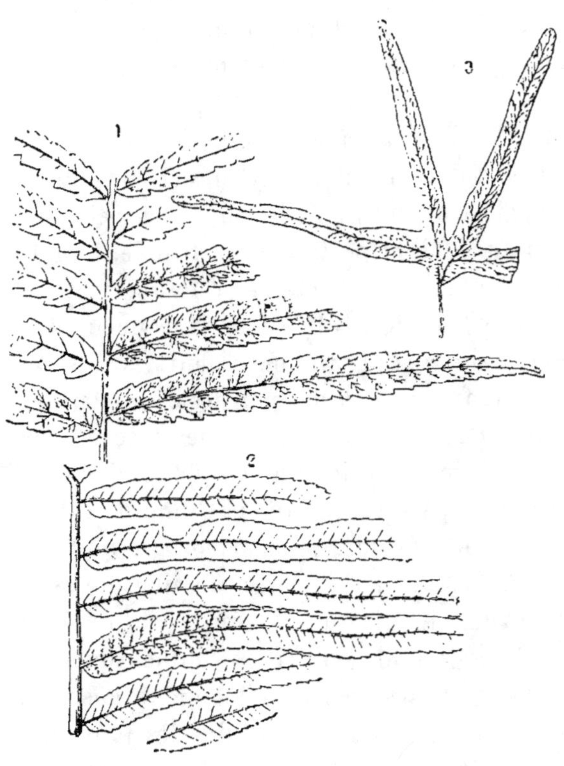

Fig. 74. — Fougères aquitaniennes caractéristiques.

1. *Osmunda lignitum* (Gieb.), Ung. — 2. *Lastræa (Goniopteris) styriaca*, Ung. —
3. *Lygodium Gaudini*, Hr.

Ung. (fig. 74, 2), le plus connu de tous, peut servir à faire connaître l'aspect. Cette espèce annonce une fougère de grande
taille, peut-être même arborescente, et qui pourrait bien avoir
fait partie de la tribu des cyathées. Les nombreux *Aspidium* qui
se groupent autour des *Goniopteris* ont la même signification. —

Nous ne pouvons nous empêcher de signaler en dernier lieu un
très-beau *Chrysodium*, genre d'acrostichées dont une espèce encore
inédite, recueillie aux environs de Manosque, se rattache directement aux formes les plus nettement tropicales. Les *Chrysodium*

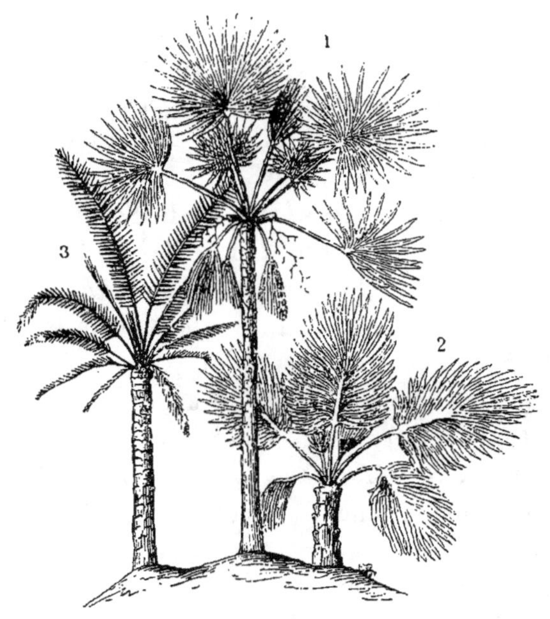

Fig. 75. — Principaux palmiers aquitaniens restaurés d'après leurs frondes.

1. *Flabellaria ruminiana*, Hr. — 2. *Sabal major*, Ung. — 3. *Phœnicites specta-
bilis*, Ung.

sont des fougères aquatiques qui peuvent, selon M. Fée, atteindre jusqu'à 3 mètres de hauteur, et qui vivent à moitié plongées
dans l'eau, à la manière des *Typha* ou massettes.

Les palmiers (voyez la figure 75) sont en grande partie ceux
de la période précédente ; leur extension en Europe n'a pas encore diminué ; on peut dire pourtant que leur fréquence est déjà
moindre ; ils commencent à s'éloigner du bord des eaux, de la
ceinture immédiate des lacs et du fond des vallées intérieures,
où d'autres arbres, d'un aspect moins méridional, à feuillage

touffu, et même des essences à feuilles caduques s'introduisent et
se multiplient. Les palmiers européens de cette époque recherchent de préférence les stations chaudes et abritées ; ils ne sont
précisément exclus d'aucun endroit ; seulement il est bien des
points où ils deviennent rares, leur existence ne s'y trahit que
par quelques débris fort clair-semés. Cette longue exode des
palmiers européens s'achèvera beaucoup plus tard ; elle débute
à peine maintenant par leur cantonnement sur des points déterminés, qui répond à leur élimination partielle sur d'autres ;
le climat conserve sa chaleur, mais il devient graduellement
plus humide et plus tempéré.

Aux sabals, déjà mentionnés, et dont le *Sabal major*, Ung.,
est toujours le type, viennent se joindre des *Flabellaria* (*Fl. ruminiana*, Hr., *Fl. latiloba*, Hr.) ; auprès d'eux les *Phœnicites specta-
bilis*, Ung. et *Palavicini*, E. Sism., ce dernier de Cadibona, représentent le type de nos dattiers. D'autres espèces rencontrées
çà et là sur le même horizon paraissent avoir appartenu soit aux
Chamærops (*Ch. Helvetica*, Hr.), soit au groupe des Géonomées
(*Geonoma Steigeri*, Hr., *Manicaria formosa*, Hr.), soit à celui des
calamées ou palmiers-rotang (*Calamopsis*, Sp., *Palæospathe dæ-
monorops*, Hr.).

Les croquis figurés ci-contre (fig. 75 et 76) reproduisent l'aspect et le port approximatif des principaux palmiers aquitaniens ; ils sont empruntés en partie au bel ouvrage de M. Heer
sur la Suisse primitive, en partie à la flore tertiaire de Piémont
de Sismonda.

Les conifères, d'un effet si puissant dans le paysage, sont toujours celles dont nous avons signalé l'introduction dans l'oligocène. Seulement, les *Sequoia* et, parmi eux, les *S. Couttsiæ*, Hr.,
Tournalii, Sap. et *Langsdorfii*, Hr., tendent à prédominer. Il s'y joint
le *Glyptostrobus europæus*, Hr. (fig. 77) et le *Taxodium distichum
miocenicum* : le premier de ces deux types, sous une apparence à peine changée, habite maintenant la Chine ; le second
se retrouve dans les États-Unis et le Mexique. Quant aux *Sequoia*,
on sait que les deux seules espèces de ce genre, que la nature

actuelle ait conservées, sont confinées sur les pentes fraîches et exposées aux averses du Pacifique des montagnes californiennes. Le *S. Sternbergii*, que nous avons signalé comme caractérisant l'oligocène, devient par contre de plus en plus rare et disparaît

Fig. 76. — Dattier aquitanien de la haute Italie, restauration d'après M. Sismonda. — *Phœnicites Palavicini*, Sism.

Fig. 77. — *Glyptostrobus europæus*, Hr. (Manosque.)

finalement sans laisser de descendance. Les pins sont bien moins communs dans l'aquitanien que dans l'âge précédent; il en est de même des *Callitris* et des *Widdringtonia;* ils se montrent moins fréquemment et sont absents ou du moins exceptionnels dans certaines régions, comme la Suisse. Ces types, dépossédés peu à peu, finirent par quitter l'Europe; c'est en Afrique seulement qu'on les observe de nos jours.

En revanche, certains groupes, pauvres et clair-semés jusqu'alors, favorisés sans doute par la douceur et l'humidité croissantes du climat, par la multiplication des stations fraîches et l'extension des nappes lacustres, sortent maintenant de l'obscurité, soit qu'ils arrivent des environs du pôle, soit qu'ils descendent des montagnes, ils viennent occuper, au sein de la végétation, une place dont l'importance est destinée à grandir, à raison même du progrès constant des circonstances auxquelles cette importance est due en premier lieu. Je nommerai surtout les aunes et les bouleaux, les charmes et les hêtres, les peupliers et les saules, les frênes et les érables, c'est-à-dire tout un ensemble de types à feuilles caduques, indices de l'influence d'une saison froide ou du moins fraîche relativement, et qui désormais tiendront un rang déterminé dans la flore, sans y prédominer cependant encore. Plusieurs de ces espèces ressemblent tellement à des formes actuellement vivantes, indigènes ou exotiques, qu'il est difficile de se refuser à admettre l'existence d'un lien de filiation rattachant celles-ci aux premières. Nous verrons bientôt les faits de ce genre se multiplier; il suffit d'en signaler maintenant les premiers exemples.

Le *Fagus pristina*, Sap., qui se montre à Manosque (fig. 78, 5 à 7), ne diffère pas ou presque pas du hêtre actuel d'Amérique, *F. ferruginea*, Michx. Le *Carpinus Ungeri*, Ett., de la même localité, dont les involucres fructifères (fig. 78, 1 à 3) n'ont été observés par nous que tout dernièrement, rappelle beaucoup aussi le charme de Virginie, *C. Virginiana*, Michx.

L'*Alnus sporadum*, Ung., de Coumi (Eubée)(fig. 79), se confond presque avec l'*A. subcordata*, C. A. Mey., de l'Asie Mineure, tout en manifestant de l'affinité avec l'*A. orientalis*, Dne, de Syrie. La flore de Manosque, de son côté, comprend une forme d'*Alnus*, alliée de très-près à la précédente, *A. phocæensis*, Sap. (fig. 79), mais qui se rapprocherait plus de l'*A. orientalis* que l'aune caucasien, *A. subcordata*. Ce sont là des oscillations qui marquent seulement l'existence des vicissitudes innombrables qu'ont subies jadis les espèces en traversant les âges, pour arriver enfin jusqu'à nous.

L'érable miocène par excellence, l'*Acer trilobatum*, qui commence alors à paraître, a des liens évidents, selon **M.** Heer, avec l'*A. rubrum*, **L.** d'Amérique, dont il est cependant séparé par de faibles nuances différentielles, faciles à saisir. L'*A. decipiens*, Hr.,

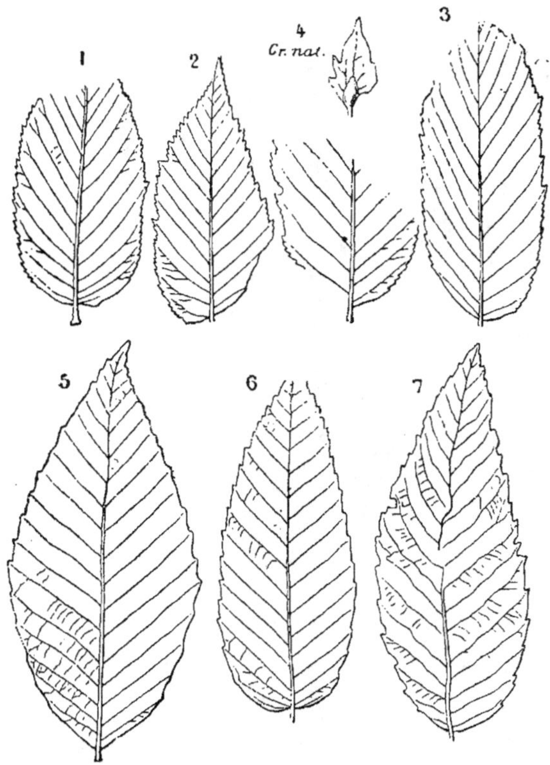

Fig. 78. — Charmes et hêtres aquitaniens.

1-4. *Carpinus Ungeri*, Ett. (Manosque). — 5-7. *Fagus pristina*, Sap. (Manosque).

l'*A. recognitum*, Sap., de Manosque (fig. 80), commencent au contraire une double série dont les termes enchaînés viennent aboutir à deux types d'érables encore aujourd'hui européens, celui de l'*A. monspessulanum* et celui de l'*A. opulifolium*. Il ne faudrait pas croire que la végétation européenne eût dès lors revêtu une physionomie analogue à celle qu'elle présente de nos jours, même dans les parties les plus australes du continent. En négligeant, si l'on veut, les détails et les exceptions, l'abondance seule des laurinées, la fréquence et la variété des myricées, des diospyrées, des *Andromeda* du type des *Leucothoe* et

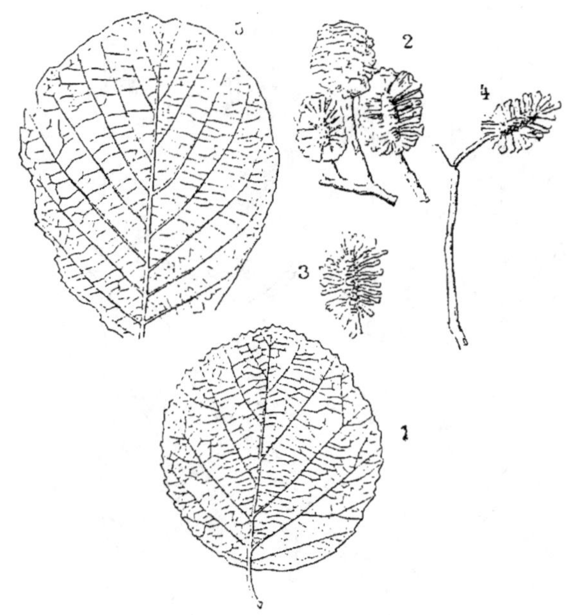

Fig. 79. — Aunes aquitaniens.

1-4. *Alnus sporadum*, Ung. (Coumi, Eubée). — 5. *Alnus phocæensis*. Sap. Manosque.

d'une foule de légumineuses arborescentes empêchait cette végétation de ressembler, même au premier abord, à celle dont nous avons le spectacle sous les yeux. Les chênes eux-mêmes, ces végétaux qui contribuent si fortement à la composition et à la beauté des forêts de la zone tempérée actuelle, non-seulement ne semblent occuper encore qu'une place relativement subordonnée, mais ils se trouvent représentés par des formes que l'œil exercé du botaniste est seul capable de saisir comme ayant appartenu à ce genre. La période aquitanienne marque cependant le moment où les chênes eux-mêmes commencent à prendre l'essor, à se diversifier et à laisser paraître les linéaments des traits morphologiques qui servent plus particulièrement à les distinguer de nos jours. En examinant le point de départ, nous verrons plus tard se prononcer les phases de cette évolution dont la

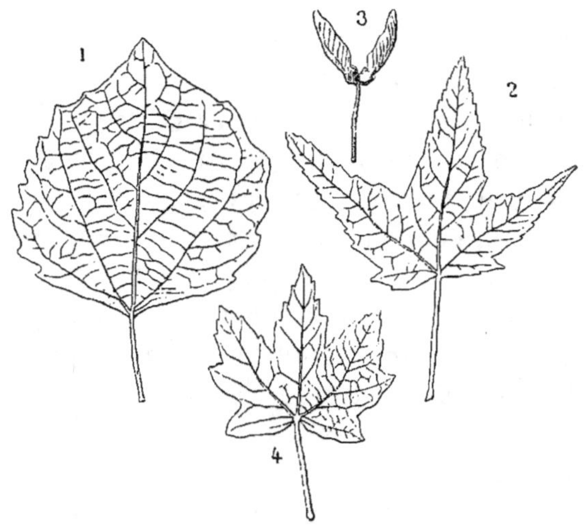

Fig. 80. — Peuplier et érables aquitaniens.

1. *Populus Euboica,* Sap. (Coumi). — 2-3. *Acer trilobatum*, Al. Br. (Coumi). — 4. *Acer recognitum,* Sap. (Manosque).

marche, une fois inaugurée, ira toujours en s'accentuant et se compliquant.

Le groupe immense des chênes se partage actuellement en un certain nombre de sections, d'autant plus difficiles à définir que les particularités qui les séparent se trouvent basées sur des caractères d'une faible valeur intrinsèque, ou se réduisent même à de simples nuances, dont quelques-unes pourtant ont assez de fixité pour reparaître dans une foule d'espèces et servir par conséquent à les grouper. La configuration des styles, la maturité annuelle ou bienne du fruit ; l'apparence, la consistance et le mode d'agencement des écailles de la cupule ; le sommet mutique ou mucronulé des lobes de la feuille, telles sont les principales

de ces notes différentielles, et l'on conçoit que les espèces ou les
races qui témoignent par la similitude absolue de ces particularités organiques de leur étroite parenté, puissent être considérées comme sorties originairement d'une même souche, qui se
serait ensuite ramifiée à travers les siècles, en conservant intacts
les détails de structure que possédait en propre le prototype dont
elles seraient issues. Les sections actuelles les mieux définies
correspondraient ainsi à autant d'entités primitives ou races-
souches dont les races modernes, décorées ou non du titre d'espèces, ne seraient réellement que des variétés ou formes dérivées.
Mais alors il devient évident que les caractères de section n'ont
acquis l'importance qui leur est maintenant dévolue, qu'à raison
même des résultats d'une descendance commune, grâce à laquelle ces caractères ont pu se maintenir définitivement chez
tous les rejetons de la souche qui les présentait originairement.
Chacune de ces souches typiques a dû nécessairement exister
d'abord à l'état de race et, dans ce premier état, on conçoit qu'elle
ait été associée à d'autres types semblables, mais chez lesquels
les caractères, arrêtés postérieurement par les effets de l'hérédité
et devenus plus tard *caractères de section*, n'avaient encore acquis
ni la même importance ni la même fixité. On voit par là que si
quelques-unes de ces espèces primitives ont pu, en se dédoublant,
donner naissance aux principales sections actuelles, d'autres ont dû
périr sans laisser de descendants, et d'autres enfin ont pu, au contraire, arriver jusqu'à nous en demeurant faibles, isolées, pourvues de caractères variables ou ambigus, qui ne permettent de
les ranger dans aucune des sections existantes ; conséquence des
plus naturelles, puisque ces espèces ambiguës dateraient d'un temps
où les sections que nous connaissons n'étaient pas encore définitivement constituées. Il s'ensuit encore que l'aspect des formes comprises dans ces mêmes sections a dû beaucoup varier ; elles sont
allées en se compliquant et se diversifiant, par le fait même du
mouvement de ramification, au moyen duquel elles n'ont cessé
de s'étendre et de se développer. Au contraire, les types isolés et
peu féconds, à raison même de ce défaut de plasticité, ont dû

garder à peu près intacts les traits de leur physionomie antérieure, soumise aux effets d'une variabilité bien plus restreinte.

La marche que nous venons d'esquisser a dû être celle du règne végétal presque entier, dès que l'on admet les lois de l'évolution ;

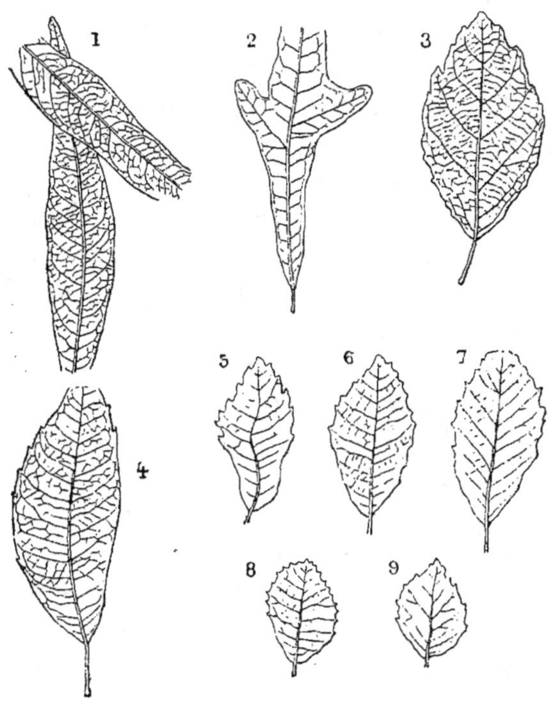

Fig. 81. — Principaux chênes aquitaniens.

1. *Quercus provectifolia*, Sap. (Brognon). — 2. *Q. Buchii*, O. Web. (Bonn.). — 3. *Q. larguensis*, Sap. (Manosque). — 4. *Q. Cyri*, Ung. (Coumi). — 5. *Q. mediterranea*, Ung. (Coumi).

mais elle est surtout applicable au groupe des chênes, et c'est pour cela que ceux de la flore aquitanienne, qui se rattachent à un temps où le genre lui-même commençait à obéir à un mouvement d'expansion, ressemblent soit à nos chênes verts qui touchent aux *Cerris*, d'une part, aux *Lepidobalanus*, de l'autre ; soit au *Quercus virens* d'Amérique, type aujourd'hui très-isolé, qui se rapproche également des *Lepidobalanus* et des *Erythrobalanus* du groupe des *aquatica*, par l'intermédiaire d'une race hybride fort curieuse, le *Q. heterophylla*, Michx. La figure 81 aidera mieux que le raisonnement à saisir le point de vue que nous avons cherché à établir.

Nous avons déjà cité le *Q. elœna*, Ung. comme ressemblant au *Q. phellos* et au *Q. virens*, Ait. ; il reparaît dans l'aquitanien à Manosque, à Bonnieux et ailleurs. Les *Quercus divionensis*, Sap. et *provectifolia*, Sap. (fig. 81, 1) reproduisent le type des *Q. imbricaria* et *laurifolia* d'Amérique ; il en est de même du *Q. Lyelli*. Hr., des lignites de Bovey-Tracey. Le *Q. larquensis*, Sap., de Manosque, présente des feuilles irrégulièrement lobées comme celles du *Q. polymorpha*, Cham. et Schl., du Mexique. Le *Q. Buchii*, Web. (fig. 81, 2) ressemble évidemment au *Q. heterophylla*, Michx. et au *Q. aquatica*, Michx., espèces américaines dont les feuilles sont tantôt caduques, tantôt semi-persistantes. Enfin, le *Q. mediterranea*, Ung. (fig. 81, 5-9), de Coumi, retrace fidèlement les traits du *Q. pseudococcifera*, Desf., race ambiguë et jusqu'à présent imparfaitement connue, qui se place entre les *Q. ilex* et *coccifera*, qu'elle sert à relier entre eux.

Il existe encore à cette époque de nombreuses rhamnées, des juglandées, soit du type ordinaire, soit du type des *Engelhardtia* asiatiques, quelques pomacées comparables à notre buisson ardent ou *Mespilus pyracantha*, L., et, parmi les légumineuses, des *Cercis*, des *Calpurnia*, des casses, des césalpiniées, des *Acacia*. Nous devons signaler, en terminant cette revue nécessairement incomplète, une curieuse espèce de *Gymnocladus* que son fruit ouvert en deux valves aplaties et d'une remarquable conservation range auprès du *G. chinensis*, Baill. (fig. 82), récemment signalé aux environs de Shang-Haï. Les *Gymnocladus* ne comprennent d'ailleurs, dans la nature actuelle, que les deux seuls *G. chinensis* et *canadensis*, séparés par de grands espaces intermédiaires. Les types qui se trouvent dans cette situation ont généralement chance d'être rencontrés à l'état fossile ; leur disjonction actuelle étant un indice de leur ancienneté relative et de leur extension à un moment donné des âges antérieurs.

Si l'on rapproche la flore de Coumi, localité aquitanienne située dans l'île d'Eubée, sous le 38ᵉ degré parallèle, des flores également aquitaniennes de la région de l'ambre (54° lat.), et de

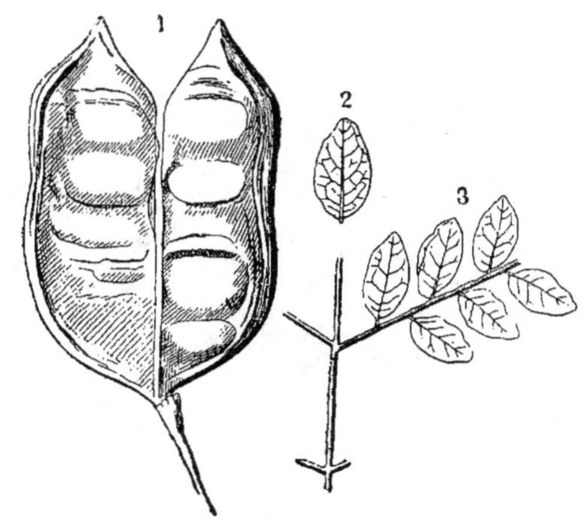

Fig. 82. — *Gymnocladus macrocarpa*, Sap. (Manosque).

1. Fruit ouvert. — 2. Foliole. — 3. Portion de feuille restaurée.

Bovey-Tracey, dans le Devonshire (51° lat.), on est immédiatement frappé des ressemblances qui relient les trois localités, et qui démontrent évidemment une très-grande uniformité de conditions climatériques pour l'Europe entière, dans l'âge dont ces flores ont fait partie. Partout, les mêmes formes dominantes et caractéristiques reparaissent ; partout les masses végétales sont accentuées de la même façon, et le résultat ne changerait pas, si l'on joignait à ces dépôts dispersés aux extrémités de l'Europe celui de Manosque en Provence.

Les *Sequoia*, les *Taxodium*, les *Glyptostrobus*, parmi les conifères ; les aunes des types *orientalis* et *subcordata*, certaines myricées (*Myrica banksiæfolia*, Ung., *M. hakeæfolia*, Ung., *M. lævigata*, Hr.) ; des laurinées, particulièrement des camphriers, des *Andromeda* du groupe des *Leucothoe* persistent à se montrer partout en première ligne et dominent évidemment dans les divers ensem-

bles. Il serait pourtant inexact de croire que l'influence de la latitude fût alors de nul effet. La région de l'ambre, vers les bords de
la Baltique actuelle, est la plus septentrionale de toutes les localités
aquitaniennes ; les camphriers (fig. 83), qui maintenant ne végè-

Fig. 83. — Camphrier européen miocène. — *Cinnamomum polymorphum*, Ung.

1. Rameau (Manosque). 2. Inflorescence (Œningen). 2ᵃ. Une fleur grossie. 3. Ramules
chargés de fruits. 3ᵃ. Deux de ces fruits légèrement grossis.

tent en plein air que sur les points les plus abrités du littoral méditerranéen, y abondent, il est vrai ; mais, d'autre part, on y
remarque l'absence, jusqu'à présent absolue, des palmiers. Il
s'y montre seulement une plante à large feuille du groupe des
scitaminées, peut-être une zingibéracée ; mais on y observe en
revanche de nombreux *Smilax*, des pins variés du type de nos
laricio, une sorte de *Nerium* (*Apocynophyllum elongatum*, Hr.),
plusieurs *Myrsine* et *Leucothoe*, et enfin une rubiacée très-curieuse
(*Gardenia Wetzleri*, Hr.), reconnaissable à ses fruits et que l'on
voit reparaître à Bovey-Tracey, ainsi que sur les bords du Rhin
(Bonn).

Les lignites de Bovey, dans le Devonshire, marquent à peu près la limite boréale des Palmiers, lors de l'aquitanien ; cette limite coïncidait avec le 52ᵉ degré lat. M. Heer a signalé dans cette même localité des vestiges qu'il rapporte, sinon avec certitude, du moins avec probabilité à la spathe, hérissée d'épines à la surface, ou enveloppe protectrice de l'appareil fructificateur d'un palmier de la section des calamées (*Palmacites doemonorops*, Hr.). Il faut de nos jours aller jusque dans l'Inde ou dans l'Afrique intérieure pour rencontrer des palmiers-rotang à l'état spontané.

Le *Sabal major* se montre un peu plus au sud dans les lignites de Bonn, par 50°,45′ de latitude. Ces lignites fournissent d'autres exemples de plantes vraiment tropicales, entre autres les folioles d'un *Mimosa* ou sensitive, plusieurs *Acacia*, une Araliacée aux feuilles digitées, une dombeyée, etc. Par contre, à ces végétaux se joignent des ormes, des érables, des frênes, mélange inévitable à l'époque que nous considérons.

En continuant à descendre vers le sud, on rencontre, non loin de Dijon, les calcaires concrétionnés de Brognon, dont les blocs sont pétris de débris végétaux ; leur étude offre d'autant plus d'intérêt qu'il s'agit, non pas d'une formation marécageuse comme celle des lignites, mais d'une collection de plantes ayant servi d'entourage à des eaux limpides et jaillissantes. Un palmier à très-larges frondes, le *Flabellaria latiloba*, signalé également dans la mollasse rouge inférieure des environs de Lausanne, est ici l'espèce dominante ; une belle fougère, *Lastræa* (*Cyathea?*) *Lucani*, Sap., qui était peut-être arborescente, accompagne le palmier ; elle croissait au bord des eaux, non loin d'un groupe de chênes à feuilles saliciformes (*Quercus provectifolia*, Sap., *Q. divionensis*, Sap.), près d'un figuier, d'un jujubier, d'un laurier, et ces divers arbres se mariaient à un gainier (*Cercis Tournoueri*, Sap., fig. 84), dont les feuilles ont été moulées en grand nombre par la substance calcaire incrustante que les eaux aquitaniennes, probablement thermales, tenaient en dissolution

Nous avons ainsi un tableau abrégé et partiel, saisi au coin d'un bois, une échappée de paysage auquel ne manque aucun trait essentiel et qu'anime le fracas des eaux se précipitant en flots écumeux.

La scène devient tout autre, si l'on consent à suivre le professeur Heer aux environs de Lausanne, et à lui demander l'esquisse de la contrée aquitanienne qui occupait la place du canton de Vaud.

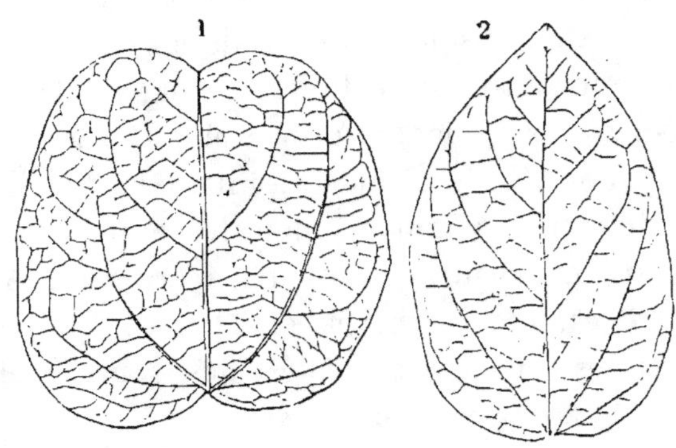

Fig. 84. — Gainier aquitanien.

1-2. *Cercis Tournoueri*, Sap. ; Feuilles.

Rien de plus frais, de plus calme, de plus opulent et de plus varié à la fois ne saurait se concevoir. Nous ne pouvons mieux faire que de répéter les détails et d'emprunter jusqu'aux expressions dues à la plume du savant professeur de Zurich (1). — Un lac s'étendait alors des environs de Vevey à ceux de Lausanne. Sur ses bords, on voyait se profiler les frondes en éventail des sabals et des *Flabellaria*, et les longues palmes du *Phœnicites*. Plus loin, les lauriers, les figuiers, les houx, certains chênes, mêlaient leur feuillage ferme, lustré ou d'un vert sombre et mat, aux branches opulentes, déployées en masses profondes, des camphriers et des canneliers. Les acacias aux rameaux tordus et aux fines folioles se détachent gracieusement sur le miroir des eaux ; des fougères grimpantes à la tige flexible et déliée, des salsepareilles entre-

(1) Voy. *le Monde primitif de la Suisse*. Trad. de l'allemand par Isaac Demole. p. 546. — Genève et Bâle, lib. Georg., 1872.

lacées aux rameaux des arbres dont elles étreignent le tronc ;
plus loin, des érables plantureux complètent le rideau que forme
autour du lac une lisière continue de végétaux. A la surface de
l'eau s'épanouissent les feuilles du *Nymphæa Charpentieri*, Hr.,
associé au *Nelumbium Buchii*. Les laiches à grandes feuilles, les
souchets, de grands roseaux s'élèvent du sein des eaux, tandis
que dans le fond paraissent d'autres palmiers de formes diverses
et même une broméliacée épiphyte, plante à physionomie exotique, dont la présence n'exclut pas celle d'un grand noyer, d'un
aune et d'un nerprun, peu différents de ceux que nous avons
sous les yeux. — M. Heer estime qu'il faudrait maintenant ré-
trogarder de 15 degrés plus au sud pour avoir la possibilité
d'obtenir un ensemble pareil à celui dont les vestiges ont été
recueillis aux environs de Lausanne.

Manosque n'offre rien de plus méridional dans l'aspect. Les
débris de végétaux que cette localité nous a conservés, consistent
principalement en feuilles et en fruits légers ou en semences
ailées, qui paraissent avoir été entraînés au fond des eaux où se
formait le dépôt, surtout par l'impulsion du vent combinée avec
l'action d'un faible courant à son embouchure. Le lac était considérable ; il mesurait au moins 60 kilomètres, de Peyruis aux
alentours de Grambois, non loin de Pertuis ; il semble que l'endroit qui a fourni la majeure partie des empreintes, et qui se
nomme le quartier du *Bois-d'Asson*, point situé entre Dauphin
et Volx, ait été jadis à proximité d'un puissant escarpement
montagneux, dont le rocher secondaire de Volx serait un dernier
débri. Une végétation fraîche et d'un caractère relativement moins
méridional aurait recouvert les flancs tournés au nord de ce grand
massif (1). La flore de Manosque, comme celle des gypses
d'Aix, renferme deux catégories juxtaposées de végétaux ; mais
ici les deux catégories, bien que toujours inégales, se balancent
mieux. D'un côté, sont de rares débris de palmiers, des *Sequoia*,

(1) Consultez la planche XII qui représente une vue idéale du lac aquitanien de
Manosque.

des *Glyptostrobus*, des myricées, à feuilles allongées, coriaces et dentées, des *Diospyros*, des *Leucothoe*, une foule de laurinées, des ailantes, des légumineuses variées et d'affinité subtropicale ; de l'autre, paraissent des aunes et des bouleaux, des hêtres et des charmes, des peupliers et des saules, des frênes et des érables, quelques pins ; moins abondants comme nombre et comme fréquence, que les arbres de la première catégorie ; ceux-ci croissaient à l'écart et leurs dépouilles entraînées des pentes et des escarpements boisés de la montagne sont venues, bien qu'avec moins de facilité, se confondre au sein de l'eau avec les espèces qui entouraient immédiatement l'ancienne plage lacustre. Ce n'est là qu'une conjecture ; mais elle ne manque ni de vraisemblance ni d'un commencement de preuves.

Les eaux tranquilles du lac de Manosque étaient fréquentées par une belle nymphéacée (*Nymphæa calophylla,* Sap.) par une foule de cypéracécs et par des massettes. A l'ombre des grands arbres, croissaient des fougères variées dont nous avons précédemment signalé les principales: *Osmunda lignitum*, Ung., *Lastræa styriaca*, Ung., *Pteris pennæformis*, Hr., *Pteris urophylla*, Ung., *Lygodium Gaudini*, Hr., *Chrysodium aquitanicum*, Sap. (nov. sp.).

Avant de passer en Grèce et d'aborder la localité de Coumi, déjà mentionnée, si nous nous dirigeons vers l'est et que nous franchissions les Alpes, nous rencontrerons le dépôt aquitanien des lignites de Cadibona, caractérisé par la présence du *Phœnicites Palavicini,* Sism. Deux autres points de la région piémontaise, Stella et Bagnasque, situés sur le même horizon, ont également fourni des plantes qui diffèrent trop peu de celles de Manosque pour mériter de nous arrêter; mais si l'on traverse l'Italie pour atteindre le rivage opposé de l'Adriatique, on rencontre, en Croatie, le célèbre dépôt de Radoboj, dont les plantes fossiles, décrites par le professeur Unger, s'élèvent à plus de 280 espèces. Radoboj n'est pas un dépôt purement lacustre, comme la plupart des précédents, ni terrestre et superficiel comme celui des calcaires concrétionnés de Brognon, mais un dépôt d'embouchure, formé sous l'influence d'un courant fluviatile au contact des flots de la mer. La présence d'un certain nombre d'algues, associées aux empreintes des plantes terrestres, atteste la réalité de cette situation. Les espèces sont en grande partie celles qui ont été désignées comme caractérisant plus particulièrement l'aquitanien ; d'autres sont communes à cet étage et au miocène proprement dit ; d'autres aussi, comme le bel *Aralia Hercules*, les *Palæocarya*, l'*Ostrya atlantidis*, Ung., etc., se retrouvent à Armissan et accusent une liaison avec le tongrien supérieur, ou tout au moins avec la partie ancienne de l'aquitanien. Le fleuve dont les eaux entraînèrent un si grand nombre de fossiles et de débris végétaux de toutes sortes, parcourait sans doute une région fertile et boisée. Les groupes aujourd'hui exotiques des rubiacées frutescentes, des myrsinées, des sapotacées, celui des diospyrées, les malpighiacées, les sapindacées, les célastrinées, et, par-dessus tout, les légumineuses de toutes les tribus sont richement représentés. L'*Acacia insignis*, Ung. (fig. 85), ressemble beaucoup à l'*A. Bousqueti*, Sap., d'Armissan, de même que le *Copaifera radobojana*, Ung., se range non loin de *Copaifera armissanensis*, Sap. Généralement, les deux localités tertiaires, celle de Croatie et celle de l'Aude, présentent une étroite liaison par la quantité de formes identiques ou seulement analogues qu'elles renferment. Un genre de plantes sarmenteuses et volubiles, dont les tiges devaient s'enlacer dès cette époque aux branches des plus grands arbres et s'associer aux salsepareilles, a encore laissé des traces incontestables de sa présence à Radoboj ; je veux parler des aristoloches, dont la figure 86 représente une fort belle espèce, provenant de cette localité et qui paraît avoir échappé à la perspicacité du professeur Unger, qui ne l'a pas connue.

La localité de Coumi (île d'Eubée) se distingue de celle de Manosque, dont elle est contemporaine, par une plus grande profusion de formes méridionales, bien que celles de la zone tempérée soient loin d'en être exclues. Les genres aune, bouleau, charme, peuplier, érable, s'y trouvent représentés, mais seulement à l'aide d'un petit nombre d'exemplaires. Les chênes verts, les myricées à feuilles persistantes, les *Diospyros*, les myrsinées, les légumineuses abondent et forment la grande masse de l'en-

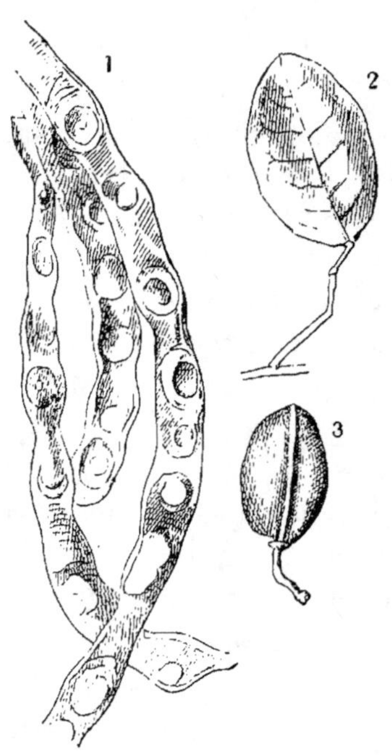

Fig. 85. — Types de légumineuses de
Radoboj.

1. *Acacia insignis*. Ung., légumes. — 2-3. *Copaifera radobojana*, Ung. ; 2. fragment de
feuille avec foliole ; 3. fruit.

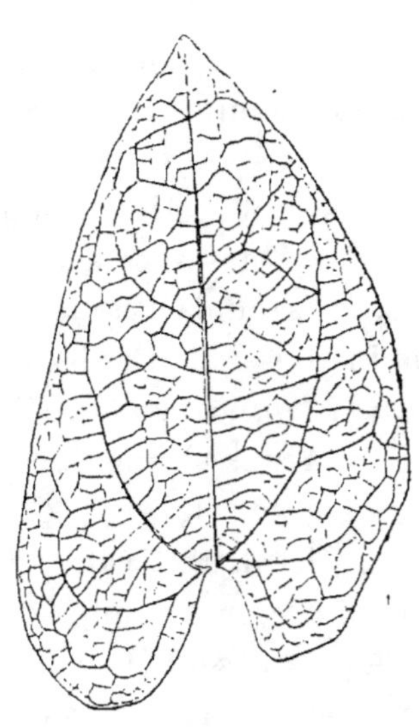

Fig. 86. — *Aristolochia venusta*,
Sap. ; feuille Radoboj.

semble. On distingue une araliacée de type africain (fig. 87), dont les feuilles digitées ressemblent à celles des *Cussonia;* les acacias y sont fréquents, les *Sequoia* et les *Glyptostrobus* dominent parmi les conifères, sans exclure précisément les *Callitris* et *Widdring-tonia*, à l'exemple de ce qui se passait en Provence à la même époque. Les palmiers sont jusqu'ici inconnus à Coumi, mais, en revanche et comme pour attester l'influence de la latitude et le voisinage de l'Afrique, une cycadée congénère des *Encephalartos*

de ce continent y a été découverte, il y a environ trois ans, par
M. Gorceix ; c'est l'*Encephalartos Gorceixianus*, Sap., dont la figure 88 représente une fronde presque entière. Cette cycadée est
sans doute une des dernières qui ait persisté sur le sol de l'Europe

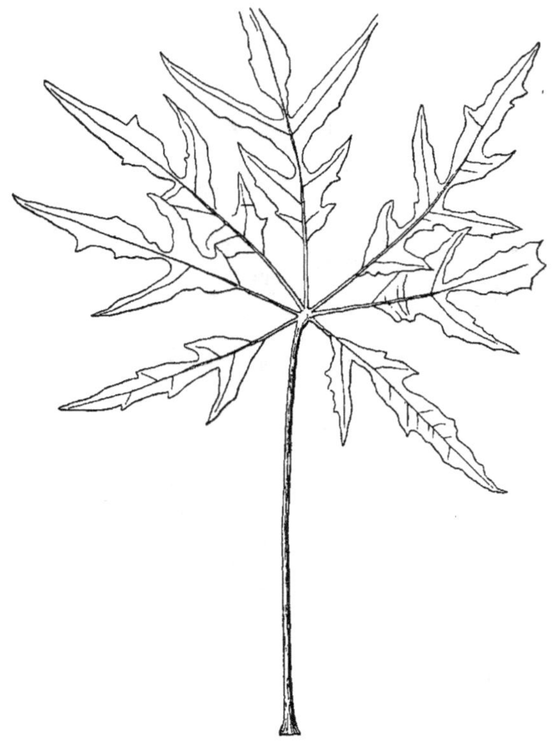

Fig. 87. — Araliacée aquitanienne de Coumi (Eubée). — *Cussonia polydrys*, Ung.
Feuille digitée presque complète, y compris le pétiole, d'après un spécimen figuré
par M. Unger.

tertiaire, où la présence du groupe a été longtemps considérée
comme problématique. Il faut bien l'avouer, nous ne connaissons
que très-superficiellement la végétation miocène et seulement
par ses côtés les plus vulgaires. Les stations rapprochées des
eaux ou voisines des parties boisées sont presque les seules dont
il nous ait été donné de recueillir les plantes. Les autres points

situés à l'écart, abrités par certains accidents du sol, ou placés dans des conditions toutes spéciales, nous échappent nécessairement. Bien des épaves soustraites aux destructions antérieures devaient alors survivre çà et là au sein de l'Europe, comme ces édifices gothiques qui frappent l'œil au milieu des quartiers mo-

Fig. 88. — Dernière Cycadée européenne (portion de fronde).

Encephalartos Gorceixianus, Sap. (Coumi).

dernes de nos grandes villes. Cette uniformité qui nous frappe si justement dans le flore aquitanienne devait s'étendre surtout au voisinage des lacs, alors si nombreux. Certaines stations, plus rares et en général plus pauvres que les dépôts les mieux connus, semblent échapper effectivement aux effets de l'uniformité dont l'aspect paraît alors si général ; ces stations nous dévoilent tout d'un coup le tableau d'associations végétales dont la physionomie contraste avec celles que l'on observe le plus ordinairement. Il en est ainsi de Bonnieux (1), en Provence, localité voisine d'Apt (Vaucluse) et presque contemporaine de celle de Manosque. Des protéacées, des rhizocaulées, de maigres quercinées, un saule de type entièrement exotique, des arbustes de petite taille, et probablement chétifs de feuillage, peuplaient ce canton vers le commencement de l'aquitanien ; là aussi une cycadée (*Zamites epibius*, Sap.) a laissé l'empreinte d'une fronde de très-faible dimension, et cette empreinte se trouve accompagnée d'une autre qui rappelle singulièrement les strobiles de certaines zamiées actuelles.

Il faut conclure de ces divers faits que dans toutes les époques la nature végétale ne s'est dépouillée que graduellement de l'aspect qu'elle avait d'abord revêtu, et qu'elle a gardé plus ou moins longtemps certains éléments isolés et comme dépaysés au milieu d'un ensemble déjà presque entièrement renouvelé. C'est ainsi que, de nos jours, plusieurs plantes européennes ne se maintiennent plus que par artifice, sur des points restreints ou même dans des stations uniques ; d'autres, comme le *Ceratonia*

(1) Une découverte toute récente, due principalement à M. Goret, sous-inspecteur des forêts à Digne, vient de faire connaître une flore locale, destinée à servir de complément à celle de Bonnieux ; cette flore est comprise dans des schistes calcaréo-marneux, simple prolongement des lits de Bonnieux, et qui affleurent à Céreste, point situé sur le revers nord du mont Léberon, à distance presque égale d'Apt et de Manosque. L'ensemble des caractères, joint à l'étude stratigraphique de gisement, dénote un âge un peu antérieur à celui de l'aquitanien proprement dit. Le *Sabal major* et le S. *Hœringiana* ont laissé des vestiges reconnaissables dans ce dépôt; les *Callitris* et *Libocedrus* s'y trouvent, comme à Armissan, associés à des *Sequoia*. Les feuilles de *Mimosa*, les folioles éparses et les fruits d'*Acacia* parsèment la surface des plaques. Les *Laurinées* dominent par le nombre des empreintes et la variété des formes ; leurs espèces sont les mêmes qu'à Manosque. On distingue, en fait de raretés, le fruit d'un clématite, les feuilles d'une viorne d'affinité japonaise (*Viburnum Goreti*, Sap.), enfin l'appareil fructificateur presque complet, d'un *Lygodium*, fougère grimpante dont nous avons plus haut figuré une fronde (*fig.* 74), sous le nom de *L. Gaudini*. Cette dernière espèce se trouve à Manosque et caractérise l'aquitanien. Des insectes, des poissons et même des oiseaux, recueillis à Céreste en même temps que les plantes et réunis en collection par les soins de l'administration forestière, fourniront des notions précieuses sur l'âge auquel se rapportent tous ces êtres organisés et qui a dû servir de transition entre l'oligocène et l'aquitanien, ainsi que sur les particularités distinctives de l'ancienne région. Celle-ci, à en juger par les seuls végétaux, constituait sans doute autrefois une station chaude et relativement sèche, peu différente de celle de Bonnieux.

siliqua et le *Chamærops humilis*, achèvent de disparaître du sol français, tandis que le houx a quitté, il y a moins d'un siècle, la Norvége où l'on en connaissait quelques individus que l'on chercherait vainement à l'heure qu'il est.

** *Sous-période mollassique.*

Cette seconde sous-période est celle qui correspond à l'invasion et au séjour prolongé de la mer miocène. Cette mer est la dernière qui ait pénétré notre continent, et qui l'ait découpé en archipels et en péninsules, comme l'avaient fait auparavant la mer nummulitique, et plus anciennement celles du lias et de l'oolithe. A l'ouest, la mer des faluns, qui ne communiquait pas directement avec celle de la mollasse, occupait une partie du bassin actuel de la Garonne ; elle y formait un golfe qui s'étendait au pied des Pyrénées, dans les alentours de Toulouse, et jusqu'auprès d'Albi. Entre Poitiers et Blois, cette même mer remontait le cours de la Loire, et prolongeait vers la Limagne d'Auvergne une sorte de fiord sinueux. La mer de la mollasse ne couvrait pas la ligne même des Alpes, comme l'avait fait celle des nummulites : après avoir pénétré dans la vallée du Rhône et s'être avancée jusqu'en Suisse par la basse Saône, les environs de Lyon et la région du Jura, elle remplissait la partie plate de la Suisse, au nord du massif alpin, dont le relief commençait à s'accentuer, et de là, à travers la Bavière, elle tenait la vallée entière du Danube (1). En Italie, la mer miocène suivait le pied des Alpes, et contournait, en l'échancrant, la plage occidentale de l'Adriatique ; elle circonscrivait ainsi une grande terre en forme de péninsule, qui rattachait la région des Alpes à celles de l'Illyrie, de la Thrace et d'une section de la Grèce, et à laquelle M. Heer donne le nom de *Penninocarnienne*. Cette terre jouait sans doute un rôle considérable dans l'économie de l'Europe contemporaine dont elle contribuait à

---

(1) Consultez la planche XI qui représente les contours approximatifs de la mer miocène ou *mollassique*, en Europe.

accentuer la physionomie géographique ; la Provence en faisait partie, située à son extrême occident. Découpée en fiords
étroits et multiples, celle-ci accusait par son orographie encore
visible l'aspect que présentent de nos jours les côtes de la Scandinavie ou celles du littoral dalmate. La manière dont s'opéra
sur ce point l'invasion mollassique est d'autant plus facile à
observer que les premiers dépôts marins se superposent, sans
lacune ni brusquerie, aux derniers lits formés au sein des lacs
aquitaniens, envahis par les eaux salées. A Aix, à Manosque
même, aux environs d'Apt et de Forcalquier, la transition entre
les deux systèmes est visible ; il est également visible que cette
transition eut lieu sans effort, et l'on voit les sédiments marins,
d'abord incohérents et ferrugineux ou marno-vaseux, se lier intimement avec les sédiments lacustres, en montrant vis-à-vis de
ces derniers une parfaite concordance des plans respectifs de
stratification. Cette substitution d'un terrain plus récent à un
autre terrain qu'il recouvre est cependant loin d'être universelle.
La mer de la mollasse n'atteignit et ne submergea pas en Provence tous les niveaux précédemment occupés par les lacs aquitaniens ; en d'autres termes, le périmètre de cette mer fut loin
de coïncider partout avec celui des eaux lacustres aquitaniennes.
Il faut supposer qu'il y eut alors des mouvements du sol, suffisants pour émerger certains points de la contrée, en abaissant
les autres de façon à donner accès aux flots marins qui les sub-
mergèrent. Une très-belle coupe qui existe à Carry, au bord
même du golfe actuel de Marseille, et qui présente des lits marins
d'un âge plus reculé que la mollasse de l'intérieur du pays, sert
à démontrer que l'invasion eut alors lieu du sud au nord, et
que, dans cette direction, la mer miocène à son début ne cessa
de progresser et d'empiéter, de même que lors de son retrait,
le mouvement de recul s'effectua du nord au sud par étapes
graduelles, en sorte que le bas Rhône et les parties attenantes
du Gard et de l'Hérault restèrent occupés par une mer mio-
pliocène, alors que celle-ci avait quitté les environs de Lyon, la
Suisse entière et le haut Danube.

Il est difficile de ne pas admettre que cette mer miocène n'ait été pour l'Europe qu'elle rendait semblable à l'archipel Indien une cause puissante d'adoucissement du climat. Une température égale, clémente durant l'hiver, pluvieuse pendant l'été, n'a cessé, tant qu'elle a persisté, de régner sur notre continent et d'y favoriser le maintien d'une végétation aussi riche que variée. Le refroidissement de la zone tempérée actuelle ne s'arrêta pas, mais il ne fit que des progrès très-lents, sensibles seulement si l'on considère la marche envahissante des genres à feuilles caduques, particulièrement de ceux qui sont l'apanage le plus ordinaire de nos contrées ; on voit alors ces genres se multiplier partout et obtenir finalement la prédominance.

Parmi eux, il faut citer principalement celui des peupliers, qui ne furent jamais si puissamment développés ni si variés que dans l'âge miocène. L'Europe mollassique était certainement plus riche en peupliers que le monde entier ne l'est maintenant. Toutes les sections du genre étaient représentées sur notre sol, et plusieurs des formes vivantes paraissent être des descendants à peine modifiés des espèces de cette époque.

Il en est ainsi du *Populus euphratica*, Oll., ou peuplier coriace, qui croît le long des grèves humides, sur le bord des ruisseaux et des fleuves, en Algérie, près du Jourdain et de l'Euphrate. C'est à cet arbre que fait sans doute allusion le verset poétique si connu du psaume de Jérémie, *Super flumina Babylonis :* « Sur les rives du fleuve de Babylone, nous nous sommes assis et nous avons pleuré au souvenir de Sion. Aux *saules* qui s'avançaient jusqu'au milieu des eaux, nous suspendîmes nos intruments de musique.... » Effectivement les feuilles du peuplier de l'Euphrate sont très-variables ; tantôt ovales, tantôt cordiformes, entières ou dentées, elles s'allongent d'autres fois et se rétrécissent de façon à ressembler à celles des saules ; ses rameaux flexibles et abondants rappellent à l'esprit ceux du saule pleureur, arbre d'origine chinoise, introduit à une époque relativement récente et que les Hébreux n'ont certainement jamais connu.

Le *Populus mutabilis* ou peuplier à feuilles changeantes, si répandu à OEningen, et dont on retrouve tous les organes, rappelle à s'y méprendre le *Populus euphratica*. Il a depuis quitté l'Europe, et comme tant d'autres espèces tertiaires que

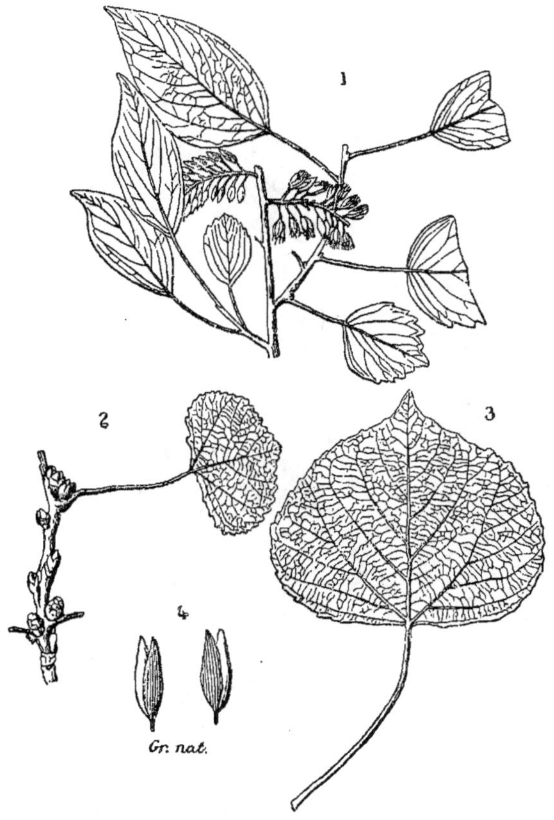

Fig. 89. — Peupliers miocènes caractéristiques.

1. *Populus mutabilis*, Al. Br. ; rameau avec fruits. — 2-4. *Populus latior*, Hr. : 2, rameau; 3, feuille; 4, fruits.

les progrès continus du refroidissement ont chassés vers le sud, il revit presque sans changement dans son homologue actuel de l'Afrique boréale et de l'Asie occidentale. Beaucoup de formes européennes miocènes sont en effet trop rapprochées par tous leurs caractères visibles d'espèces encore vivantes, dispersées dans la zone tempérée chaude des deux continents, pour ne pas admettre un lien de filiation des secondes par les premières. Quelques-unes de ces espèces, dites *homologues* des plantes tertiaires, sont encore à portée de nos frontières, comme si l'événement qui les a frappées d'ostracisme était récent et n'avait eu

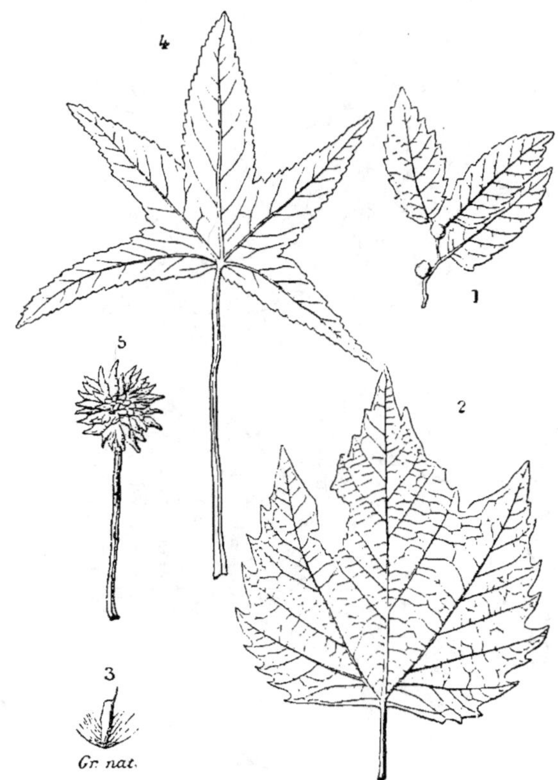

Fig. 90. — Plantes miocènes caractéristiques.

1. *Planera Ungeri*, Ett; rameau avec fruits. — 2-3. *Platanus aceroides*, Gœpp. : 2, feuille ; 3, fruit, gr. nat. — 4-5. *Liquidambar europæum*, Al. Br. : 4, feuille ; 5, glomérule ou fruits agrégés en capitule.

d'autre effet que de les rejeter en dehors des limites de notre continent.

Le platane, le liquidambar, le planère ou orme de Sibérie, le *Pterocarya* ou noyer du Caucase sont justement dans ce cas (voy. la fig. 90). D'autres fois, c'est plutôt en Amérique qu'il faut

VUE IDÉALE DU LAC AQUITANIEN DE MANOSQUE.

aller chercher les végétaux similaires de ceux que comprend la flore miocène d'Europe et de là la supposition, exempte d'invraisemblance, d'anciennes connexions géographiques rejoignant les deux continents. Il est vrai que ces sortes de liaisons d'espèces s'expliquent encore mieux par des immigrations venues du pôle, qui auraient déversé les végétaux particuliers aux contrées arctiques dans des régions plus méridionales, vers lesquelles ces végétaux auraient rayonné comme d'un centre, en divergeant dans plusieurs directions à la fois. C'est ainsi que le phénomène, si connu des botanistes, des genres à espèces disjointes, c'est-à-dire séparées par de grands espaces, et distribuées à la fois dans les deux continents, s'explique de la façon la plus naturelle, sans qu'il soit même nécessaire d'évoquer l'intervention de mouvements physiques trop fréquents, de nature à bouleverser l'économie géographique du globe.

Lors du miocène et tant que persista la mer mollassique, on voit la végétation européenne offrir une association d'espèces con-

Fig. 91. — 1-3. *Podogonium Knorrii*, Al. Br. : 1, rameau en fleurs ; 2, rameau avec un jeune fruit; 3, rameau feuillé avec des fruits murs (OEningen, d'après M. Heer).

génères de celles que nous avons sous les yeux, bien que généralement distinctes de celles-ci à certains égards, et de types décidément étrangers à l'Europe, qui se marient harmonieusement entre eux pour former un ensemble dont la richesse a lieu d'étonner. Quelques-uns de ces types paraissent ne plus exister nulle part ; ils ont pu cependant, grâce à l'abondance des vestiges qu'ils ont laissés, être définis avec précision. Nous citerons en exemple les *Podogonium*, sortes de légumineuses césalpiniées, analogues aux *Gleditschia*, aux *Tamarindus*, aux *Copaifera*, mais en réalité différant de tous les genres actuels. Leurs feuilles, abruptement pinnées, étaient divisées en folioles nombreuses ; leurs fruits consistaient en un légume déhiscent, monosperme et pédicellé, dont la graine unique, poussée à la maturité en dehors des valves, demeurait adhérente au trophosperme par un court funicule.

Les fougères se rapprochent graduellement des formes encore existantes, du moins si l'on consulte les pays situés au sud de l'Europe. L'*Adiantum renatum*, Ung., est l'ancêtre de l'*A. reniforme*, L., des Canaries ; le *Pteris pennæformis*, Hr., ressemble au *P. longifolia*, L. ; le *P. œningensis*, le *Woodwardia Ræssneriana* sont les parents incontestables de notre *P. aquilina* et du *W. radicans*. L'*Osmunda Heerii*, Gaud., diffère réellement trèspeu de l'*O. regalis*, L.

Les conifères dominantes appartiennent toujours aux trois types *Sequoia*, *Taxodium*, *Glyptostrobus ;* il s'y joint probablement aussi des *Thuya* et des *Torreya* et sûrement un *Salisburia* qui se confond spécifiquement avec notre *Ginkgo* ou *Salisburia adiantifolia* du Japon.

Les graminées se multiplient, parmi les monocotylédones, et forment partout des gazons, servant de pâture aux herbivores qui tendent partout aussi à se répandre. Quelques palmiers se montrent encore, mais ils sont de plus en plus clair-semés, et ce sont les derniers qui aient habité l'Europe centrale.

Les bouleaux, les aunes, les charmes, les saules, les platanes, sont alors répandus en tout lieu. Les érables n'ont jamais été plus florissants, plus nombreux et plus diversifiés. L'ampleur de leur feuillage augmente ; on recueille leurs divers organes ; plusieurs de leurs espèces se trouvent reconstituées, comme s'il s'agissait des plantes d'un herbier. Les myricées continuent à se montrer sous les formes les plus variées, et les *Comptonia* en particulier attirent l'attention par la richesse et l'élégance de leurs formes, lorsque l'on songe à l'unique *Comptonia* vivant, perdu aujourd'hui dans les sables marécageux de la Pensylvanie. La

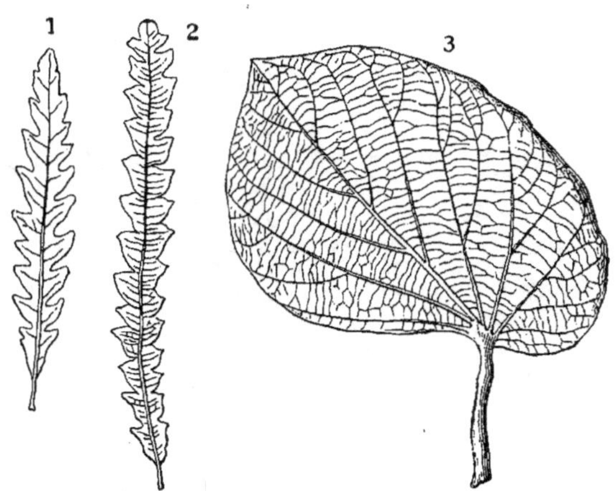

Fig. 92. — Espèces miocènes caractéristiques.

1. *Myrica œningensis*, Al. Br. (OEningen). — 2. *Comptonia acutiloba*, Brong. (Bilin). — 3. *Ficus tiliæfolia*, Al. Br. (OEningen).

plupart des figuiers sont entachés de certains doutes qui s'opposent à leur exacte détermination ; le plus fréquent de tous, le *Ficus tiliæfolia*, Al. Br., n'échappe pas à cette remarque ; il pourrait tout aussi bien dénoter un *Pterospermum* qu'un *Ficus ;* mais, s'il a réellement appartenu à ce dernier genre, il se place à côté du *Ficus bengalensis,* L., ou figuier des Banians.

Si nous tournons nos regards vers les chênes, nous remarquons à OEningen des chênes verts, analogues à ceux du Mexique et de la Louisiane ou reproduisant l'aspect des *Cerris* à feuilles semi-persistantes de l'Asie ; cependant, des formes plus rapprochées de celles que nous avons sous les yeux commencent dès lors à s'introduire au sein des bois montagneux ; elles se répandront peu à peu, et la physionomie de quelques-unes d'entre elles semble montrer que leur feuillage se flétrissait sous l'influence de la saison froide. La flore du mont Charray en Ardèche est instructive à cet égard ; elle est rangée dans le miocène supérieur et comprend, avec des érables, des charmes (*Ostrya*) (1), des châtaigniers, un certain nombre de chênes qui leur étaient associés. Ces chênes encore inédits sont accompagnés de leurs fruits ou du moins de leurs cupules, et leur étude (voy. la fig. 93) prouve que les sections *ilex* et *cerris* étaient

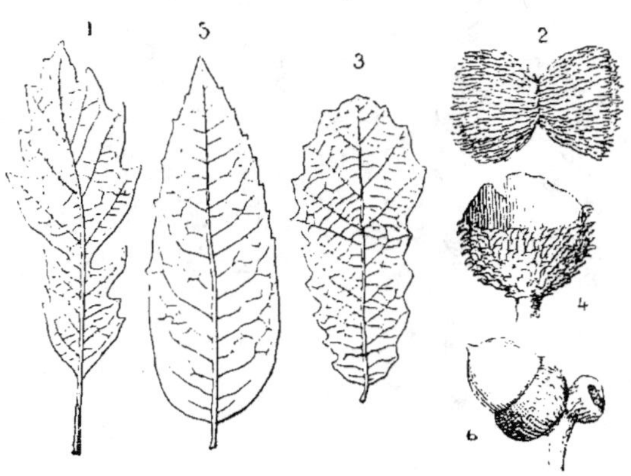

Fig. 93. — Chênes de la forêt miocène du mont Charray (Ardèche).

1-2. *Quercus palæocerris*, Sap. : 1, feuille ; 2, deux cupules accolées. — 3-4. *Quercus subcrenata*, Sap. : 3, feuille ; 4, cupule. — 5, 6. *Quercus præilex*. Sap. : 5, feuille ; 6, deux fruits, l'un muni de son gland ; l'autre imparfaitement développé, soutenus sur pédoncule commun, gros et court.

alors représentées dans l'Europe méridionale par des formes voisines du *Quercus ilex*, L., et des *Q. cerris*, L. et *pseudosuber*, Sant. Les chênes de la section de nos *robur* ne se font voir encore nulle part ; mais on les rencontre un peu plus tard dans le pliocène inférieur d'Auvergne. Les laurinées continuent à être puissantes ; elles touchent pourtant au moment de leur déclin qui, une fois inauguré, ne s'arrêtera plus. Les genres *Laurus*, *Persea*, *Benzoin*, *Oreodaphne*, *Cinnamomum* et *Camphora* s'avancent jusqu'au centre de l'Europe et y mûrissent leurs

(1) Cet *Ostrya* se confond peut-être avec l'*Ostrya italica*, Scop., qui, de nos jours encore, habite les pentes fraiches et le bord des ruisseaux ombreux dans les Alpes maritimes, près de Vence et de Nice.

fruits, grâce à la douceur des hivers et à la chaleur égale et long-temps prolongée des étés.

Aux végétaux qui précèdent, il faut ajouter des myrsinées, des sapindacées, des araliacées, des magnoliacées et des anonacées, des sterculiacées, de nombreuses célastrinées, de puissantes juglandées, des térébinthacées et finalement des légumineuses variées, pour tracer une esquisse rapide et cependant incomplète

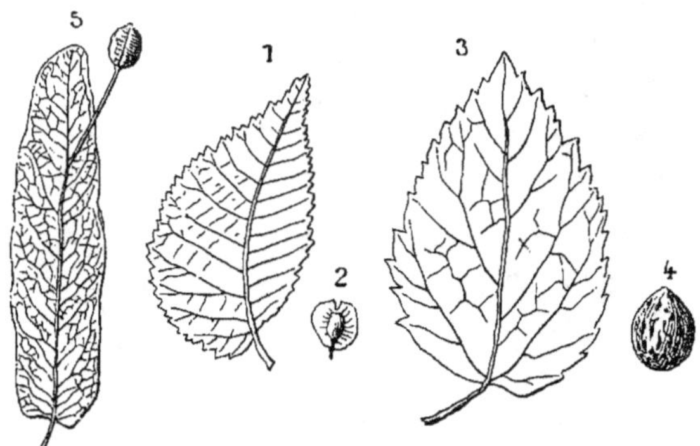

Fig. 94. — Espèces miocènes caractéristiques.

1-2. *Ulmus Bronnii*, Hr. : 1, feuille ; 2, samare (Œningen). — 3-4. *Celtis trachytica*, Ung., Erdobenye (Hongrie). — 5. *Tilia vindobonensis*, Ung., fruit avec sa bractée. (environs de Vienne, Autriche.)

de la végétation contemporaine de la mer de la mollasse et de celle des faluns.

Certains types, auparavant inconnus en Europe, comme celui des tilleuls, commencent à se montrer, en suivant, pour y venir, la direction du nord ; les exemples répétés de *Celtis* ou micocou-liers sont bien authentiques, et les ormes affectent des caractères qui permettent de les confondre avec l'*Ulmus campestris*, L., de l'Europe actuelle.

A cette époque, notre continent possédait un tulipier (fig. 95, 3-4), un liquidambar (fig. 90, 4-5), un platane (fig. 90, 2-3), une vigne très-peu différente de la nôtre (fig. 96, 1), un robinier dont on a signalé à la fois les feuilles et les fruits (fig. 96, 2-3). Les ai-grettes plumeuses recueillies à Œningen prouvent la présence

de nombreuses synanthérées; l'Europe comprenait encore des
frênes, des lauriers-roses, des cornouillers, des viornes, des
clématites et une foule d'autres types que nous sommes forcé

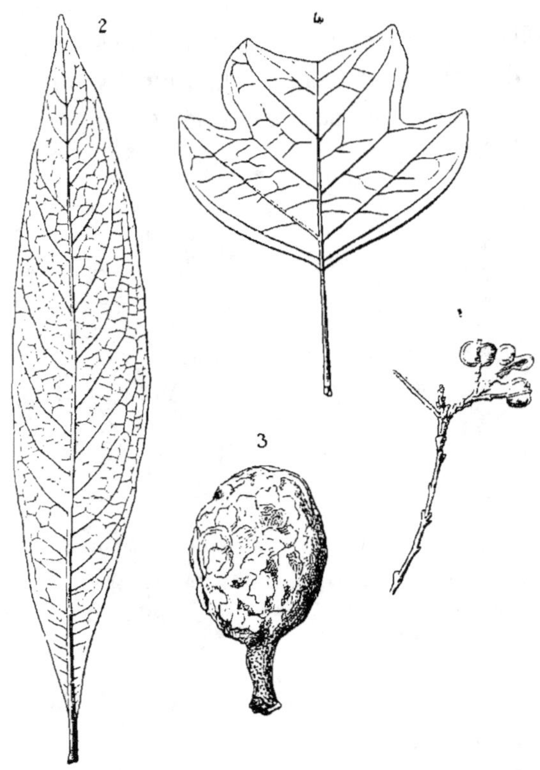

Fig. 95. — Plantes miocènes caractéristiques.

1. *Aralia* (*Panax*) *circularis*, Hr., grappe cimoïde chargée de fruits (OEningen). —
2-3. *Magnolia Ludwigi*, Ett. : 2, feuille; 3, fruit écrasé (Salzhausen). — 4. *Liriodendron Procaccinii*. Ung., feuille (Eriz).

de passer sous silence. Cependant, une curieuse hamamélidée
(fig. 96, 2), le *Parrotia fagifolia*, Hr., doit être mentionnée, parce
qu'elle a été observée dans les régions arctiques et qu'elle se
retrouve, bien après la fin du miocène, dans les marnes à
Elephas meridionalis du midi de la France, en compagnie du
Planera Ungeri (voy. fig. 90, 1), dont l'homologue vivant existe

de nos jours en Crète, tandis que l'hamamélidée la plus rapprochée du *Parrotia fagifolia*, le *P. persica*, est indigène de la Perse, comme l'indique son nom.

C'était donc au total une riche et noble végétation que celle qui couvrait l'Europe au temps de la mollasse : elle offrait un

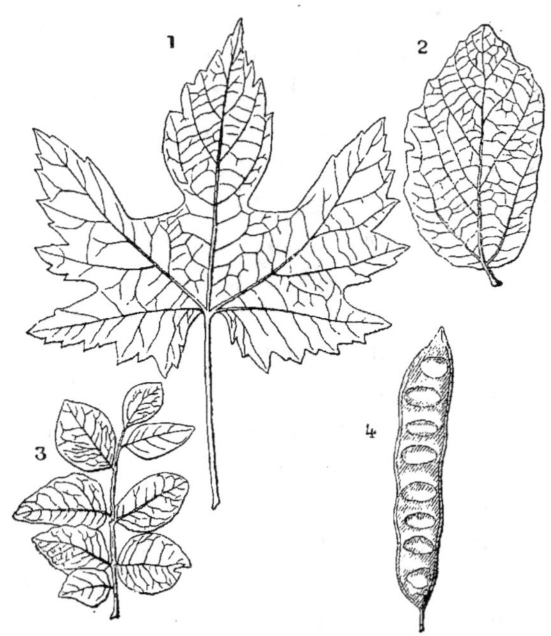

Fig. 96. — Espèces miocènes caractéristiques.

1. *Vitis prævinifera*, Sap. (Mont Charray . — 2. *Parrotia fagifolia*, Gœp. (Silésie). — 3-4, *Robinia Regeli*, Hr. : 3, feuille ; 4, légume (OEningen).

mélange harmonieux de formes maintenant dispersées dans des régions très-diverses ; son opulence, sa variété, la beauté des forêts, l'élégance des massifs qui servaient de rideau aux eaux dormantes ou accompagnaient le bord des fleuves, tout s'accordait en elle pour étaler un merveilleux spectacle, qu'il n'était pas donné à l'homme de saisir ni d'apprécier.

Il est vrai qu'on a prétendu faire remonter jusqu'au miocène les premiers vestiges de notre race, mais d'autres observations portent à rejeter ces indices comme ne s'appuyant sur rien de réel, et l'évolution encore imparfaite de plusieurs séries de mammifères, parmi lesquels les ruminants n'avaient encore d'autres représentants que des cerfs et des bouquetins, est bien faite pour servir de confirmation à ces doutes. Les pachydermes dominent toujours dans la faune mollassique ; les tapirs et les rhinocéros ont remplacé les anthracotheriums ; les dinotheriums, puis les mastodontes précèdent les éléphants, et les hipparions du miocène supérieur annoncent les chevaux encore absents.

De nombreuses localités du temps de la mollasse, riches en empreintes végétales, ont offert à plusieurs savants d'innombrables documents sur la flore de cet âge, qu'ils ont dépouillés de manière à en reconstituer fidèlement le tableau.

Les lignites de la Wétéravie (Salzhausen, Rockenberg, etc.), Gunzbourg en Bavière, Bilin en Bohême, Menat en Auvergne, le mont Charray en Ardèche, OEningen en Suisse, Parschlug et Gleichenberg en Styrie, Tokay en Hongrie, les environs de Vienne en Autriche, sont les principales de ces localités dont quelques-unes ont acquis une juste célébrité.

Nous ne parlerons ici que de la plus remarquable et de la mieux explorée de toutes, celle d'OEningen, près de Schaffouse, qui résume, pour ainsi dire, en elle toutes les autres, et qui renferme non-seulement des plantes, dont M. Heer a décrit près de 500 espèces (475), mais de nombreux restes d'animaux : mammifères, oiseaux, reptiles et poissons, mollusques et crustacés, arachnides, insectes ; ces derniers ont fourni plus de 800 espèces. C'est à OEningen qu'on a recueilli la grande salamandre, *Andrias Scheuchzeri*, Holl., dont le type vivant a été retrouvé au Japon (*Andrias japonicus*, Tem.). Les immenses travaux de M. Heer qui ont eu à la fois pour objet les végétaux et les insectes de ce dépôt ont suggéré à cet auteur des rapprochements ingénieux et l'ont amené à des inductions à la fois si hardies et si précises sur l'ancienne configuration des lieux, sur les événements physiques et biologiques dont ils furent le théâtre, sur les caractères de la flore, la nature du climat et l'ordre des saisons, à l'époque où s'accumulèrent les plaques fossilifères, que nous ne pouvons mieux faire que d'emprunter les détails suivants à son livre intitulé : *Le monde primitif de la Suisse.*

Selon l'exposé de M. Heer, les eaux du lac d'OEningen subirent dans le cours des âges de grandes transformations qu'il est naturel d'attribuer aux caprices de la rivière qui avait sur ce point son embouchure ; mais il est en même temps possible qu'un relèvement et un affaissement du sol, provenant de mouvements volcaniques, y aient aussi contribué.

Dans une assise inférieure, nommée *couche à insectes*, et composée d'environ deux cent cinquante lamelles ou feuillets, on distingue jusqu'aux saisons qui ont dû présider à la formation de chacun d'eux. Les fleurs de camphrier, associées à des feuilles de peuplier, annoncent le printemps. Les fruits d'orme, de peuplier et de saule, réunis sur la même plaque, font naître la pensée du commencement de l'été ; enfin les fruits de camphrier et de *Diospyros*, ceux de la clématite et de plusieurs synanthérées rassemblées pêle-mêle marquent l'approche de l'automne.

L'arbre le plus commun est un érable, *Acer trilobatum*, Al. Br., qui devait vivre sur un point rapproché des anciennes eaux ; il en est de même des peupliers, *Populus latior* et *P. mutabilis* (fig. 89), d'un *Sapindus, S. falcifolius*, Hr., d'un noyer, *Juglans acuminata*, Al. Br., et des *Podogonium*. Ces derniers, associés à de nombreuses laurinées et à plusieurs chênes, formaient sans doute de grandes forêts. Les plantes aquatiques proprement dites sont rares, mais celles qui servaient aux eaux de bordure immédiate, comme les roseaux, les massettes, un bel iris, *I. Escheri*, Hr., des joncs et des cypéracées, sont au contraire fort répandues.

L'hiver était particulièrement doux ; il suspendait quelque peu, sans l'interrompre réellement, le cours de la végétation. Dans l'opinion de M. Heer, les saules, les platanes, les liquidambars et le camphrier fleurissaient dès le mois de mars, comme ils le font actuellement à Madère.

La coïncidence des fourmis ailées (les fourmis perdent leurs ailes vers le milieu de l'été) et des fruits mûrs de *Podogonium*, situés à la surface de la même plaque, indique le moment de l'année où ce type aujourd'hui perdu achevait le développement de ses fruits et disséminait ses graines, après avoir fleuri dès le premier printemps.

Des orages étaient sans doute fréquents et les pluies abondantes à cette époque de l'année ; les feuilles, les fleurs, les rameaux, fréquemment arrachés aux branches des arbres et des arbustes étaient entraînés violemment jusque dans le fond des eaux. La proportion considérable de végétaux à feuilles persistantes que l'on observe, fait voir que la nature végétale ne se livrait pas à un repos complet. Les fleurs ou les fruits se montraient çà et là toute l'année, et, selon l'expression même de M. Heer, « la vie ne disparaissait jamais entièrement de ces forêts primitives ; elle se renouvelait en répandant à profusion ses richesses, et réalisait en Europe le tableau de ces zones bénies, où de nos jours la végétation ne perd jamais son activité. » Le climat d'OEningen est assimilé à celui de Madère, de Malaga, du sud de la Sicile, du Japon méridional et de la Géorgie par le savant professeur de Zurich, qui lui assigne une moyenne annuelle de 18 à 19 degrés centigrades.

Telle était l'Europe jusqu'au temps où la mer de la mollasse opéra son retrait. A ce moment, s'ouvre la dernière des périodes entre lesquelles se partage l'ensemble des temps tertiaires, la période *pliocène ;* c'est elle qui nous reconduira, à travers une longue série d'oscillations, jusqu'au seuil de l'âge moderne. Elle ne sera pas terminée que l'homme se sera glissé en Europe, en y laissant des vestiges assurés de sa première apparition.

VI

PÉRIODE PLIOCÈNE.

De période en période, nous avons atteint la dernière de celles entre lesquelles se divisent les temps tertiaires ; nous avons vu successivement s'étendre et se retirer les mers nummulitique, tongrienne, mollassique ; nous avons vu, en Europe, les eaux des lacs remplacer à plusieurs reprises les bassins maritimes en voie de dessèchement. Ces vicissitudes ont eu leur contre-coup dans la végétation, dont l'aspect et les éléments constitutifs ont parallèlement varié : à la flore si vigoureuse et si complète du du premier âge tertiaire, un ensemble plus maigre, mais remarquable par l'inépuisable variété de ses formes, est venu se substituer. A la fois chétive et tenace, semée de contrastes, empruntant ses traits distinctifs au continent africain et à l'Asie austro-orientale, cette seconde flore caractérisa l'éocène et se maintint partiellement durant la plus grande partie de la période suivante ; elle céda pourtant peu à peu devant l'invasion de types et de formes adaptés à un climat moins sec et moins chaud, à des saisons moins tranchées, à l'influence déjà marquée d'un hiver, dont les rigueurs n'avaient rien pourtant de comparable à ce que sont les nôtres, même dans les parties méridionales de notre zone. Nous avons vu cette nouvelle végétation, dont les affinités n'ont plus rien d'africain, ni de sud-asiatique, mais dont les types continuent depuis lors à habiter les parties tempérées de l'hémisphère boréal, prendre graduellement de l'extension, puis de la prépondérance et dominer d'une façon presque absolue, dans l'âge qui correspond à l'établissement de la mer mollassique en Europe. Cet âge marque pour notre continent une ère de splendeur végétale, un temps de calme, d'humidité égale et bienfaisante, sans extrêmes d'aucune sorte, qui ne reparaîtra plus et qui indique l'apogée du développement de la nature végétale sur notre sol, encore exempt des épreuves qu'il était destiné à subir.

La période pliocène est celle où le déclin s'accomplit, où les conditions climatériques s'altèrent définitivement, où la végétation se dépouille graduellement et s'appauvrit pour ne plus rien acquérir désormais. La marche du phénomène est lente et presque insensible, mais elle glisse sur une pente qui ne s'arrête jamais. Ces ornements que nous envions aux régions favorisées du soleil, cette réunion d'arbres précieux, de plantes nobles ou élégantes auxquelles nous ouvrons un abri artificiel au fond de nos serres et que l'Europe possédait jusque-là, elle va les perdre pour jamais. Les végétaux frappés d'ostracisme prendront un à un le chemin de l'exil; ils s'éloigneront par étapes; c'est leur exode que nous aurions à décrire, s'il nous était donné de les suivre pas à pas dans leur route rétrograde, et de les signaler un à un, à mesure qu'ils abandonnent notre sol.

Dans la période pliocène, comme dans toutes celles qui ont précédé, nous avons à considérer plusieurs sortes de phénomènes, étroitement enchaînés, les uns physiques, les autres climatériques, les derniers organiques et résultant des premiers comme des conséquences forcées d'autant de prémisses.

Le fait matériel le plus saillant qui se présente à l'esprit, sitôt que l'on touche au pliocène, consiste dans le retrait de la mer qui, après avoir longtemps baigné l'Europe centrale et l'avoir découpée de part en part, s'en est retirée en laissant à la masse de notre continent la configuration qui lui est restée. Ce retrait, il est vrai, ne s'est pas fait en un jour; les causes qui l'amenèrent furent d'abord lentes à se produire. Quelque violence que l'on cherche à attribuer aux événements géologiques qui le déterminèrent, ceux-ci furent accompagnés d'une foule d'indices et d'accidents précurseurs qui, tous, présentèrent la même signification et tendirent à restreindre l'étendue de la mer ou à introduire les eaux douces là où les flots salés avaient jusqu'alors exclusivement dominé.

En Provence, sur bien des points de la vallée inférieure de la Durance et même aux environs d'Aix, la mollasse marine à *Ostræa crassissima* passe supérieurement à des formations d'eau douce, lacustres ou palustres, comme si des bassins alimentés par des eaux courantes avaient immédiatement succédé aux derniers dépôts marins. Il en est ainsi à Cucuron, au pied du Mont-Léberon, sur les lieux où M. Albert Gaudry a exhumé d'innombrables ossements de mammifères; il en est encore ainsi un peu plus loin, près de Peyrolles et de Mirabeau, où M. le

professeur Collot a observé un calcaire travertineux supra-mol-
lassique qui recouvre la formation marine sur une assez grande
étendue. Ce calcaire renferme des empreintes de végétaux terrestres et, parmi ces restes difficiles à extraire de la roche, nous

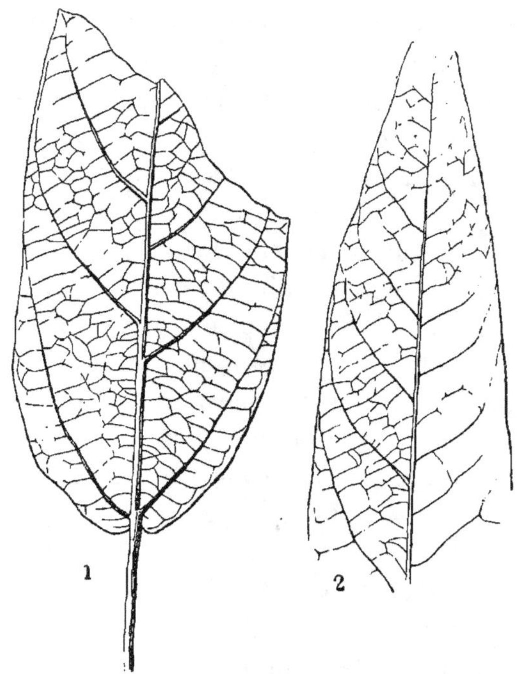

Fig. 97. — Végétaux du miocène supérieur d'eau douce de Provence.

1 et 2. *Ficus Colloti,* Sap.; base et terminaison supérieure d'une feuille.

avons distingué les fragments de tige d'un bambou et les feuilles
d'un figuier d'aspect entièrement exotique.

Ce que l'on sait de l'époque correspondant au premier déclin de
la mer mollassique annonce un temps de calme et l'influence d'un
climat essentiellement favorable à l'essor des deux règnes, plus
étroitement solidaires l'un de l'autre qu'ils ne le furent jamais.
La multiplication des herbivores oblige effectivement d'admettre
l'abondance et la variété des plantes dont ces animaux se nourrissent exclusivement. C'est le moment des riches faunes du

Mont-Léberon en Provence, de Pikermi en Grèce, d'Eppelsheim sur les bords du Rhin. M. Gaudry, en décrivant les espèces dont il a retrouvé des troupes entières, a proclamé avec raison ce fait qui ressort invinciblement de ses recherches, que *la fin de l'époque miocène a été caractérisée par le grand développement des herbivores*. L'évolution de ces êtres supérieurs touche alors à son terme ; après une longue et obscure élaboration, leurs types tendent finalement à se fixer, après s'être spécialisés. L'ébranlement qui pousse l'organisme vers de nouvelles combinaisons, qui l'engage dans des voies graduellement divergentes et le conduit à des adaptations de forme, de fonctions et de régime de plus en plus nettement distincts, cet ébranlement ne peut se produire et se maintenir de façon à réaliser ses dernières conséquences, que sous l'impulsion des circonstances extérieures. Sans doute, c'est l'organisme seul qui, en se transformant, a changé peu à peu les pachydermes en ruminants, d'une part, en rhinocéros et en solipèdes, de l'autre ; mais si l'autre règne n'avait pas grandi d'âge en âge, s'il ne s'était pas graduellement diversifié, s'il n'avait pas présenté aux mammifères une nourriture toujours plus variée et plus abondante, le phénomène organique d'où tant de types si rigoureusement adaptés sont à la fin sortis, n'aurait pu se réaliser, ou, en se faisant jour, il n'aurait abouti qu'à de moindres résultats. Il faut donc nécessairement recourir au règne végétal pour comprendre et pour expliquer les merveilles de l'autre règne ; le premier ne saurait être chétif et pauvre, sans que l'autre ne le devienne également, tellement tout s'enchaîne dans les deux ordres de créatures vivantes, destinées à une perpétuelle et nécessaire association.

A Cucuron, à Pikermi, à Eppelsheim, les équidés, les ruminants, et surtout les gazelles, disputent le pas aux pachydermes qui se maintiennent, aux proboscidiens qui sont en voie de développement. Les éléphants ne se montrent pas encore, mais les *Dinotherium* et les mastodontes sont déjà venus. Les girafes comprennent le type perdu de l'*Helladotherium*, à côté de celui des *Camelopardalis ;* les hipparions précèdent les chevaux dont ils diffèrent encore à quelques égards. Les cerfs proprement dits commencent à paraître, mais ils sont encore rares et leur bois est presque simple ; les bovidés sont absents. — Nous touchons au monde moderne ; placés au contact de ses limites, nous allons les aborder et les franchir ; mais dans la direction que nous aurons à suivre pour y parvenir, nous serons entraînés, sinon insensiblement, du moins par une série de mouvements partiels et d'oscillations répétées.

Deux faits principaux dominent tous les autres : le retrait de la mer miocène et l'abaissement définitif de la température ; l'un et l'autre demandent des explications qui en fassent saisir la portée.

Les symptômes précurseurs, sur lesquels nous avons d'abord insisté, montrent bien que le sol de l'Europe tendit graduellement à s'exhausser, et cet exhaussement eut évidemment lieu vers le centre de l'espace que la mer miocène avait précédemment occupé. Non-seulement cette mer abandonna alors la plaine helvétique, c'est-à-dire l'intervalle qui sépare de nos jours la vallée du Rhône de celle du Danube, mais aucune formation régulière, aucun dépôt lacustre post-miocène ne succéda en Suisse à la mer qui se retirait. Les eaux réunies en nappe dormante n'eurent plus d'accès dans cette région dont le relief s'accentua, peut-être rapidement, et où les grandes chaînes de l'Europe établirent en se redressant la ligne de partage des eaux, en sorte que la distribution des vallées hydrographiques du continent en a depuis dépendu d'une façon absolue. Il est visible, en effet, que le retrait de la mer mollassique est intimement lié au soulèvement des Alpes ; que ce soulèvement ait été lent ou brusque, qu'il se soit opéré en une fois ou qu'il ait été préparé par une série de mouvements préliminaires, ou bien encore qu'il ait donné lieu tout d'abord à une chaîne encore plus élevée que celle qui constitue de nos jours l'ossature principale de notre continent. Le *nagelflüe*, amas énorme de roches concassées, de sédiments broyés, anguleux, polis ou détritiques, accumulés en Suisse sur d'énormes épaisseurs, est là pour attester la puissance du phénomène et la grandeur des résultats dont il fut suivi. Cet amoncellement de pouddingues, de brèches et de marnes inconsistantes ou cimentées, demeure comme un témoin irrécusable de l'effort qui releva les masses alpines, en leur imprimant le relief et la direction que nous leur connaissons.

Par cet événement principal, accompagné sans doute de plusieurs autres mouvements partiels et secondaires, la mer se trouva définitivement rejetée dans la vallée du Rhône, d'une part, dans celle du Danube inférieur, de l'autre ; tandis que la vallée du Pô était encore immergée jusque dans le Piémont, vers l'Astésan et le Tortonnais. Au lieu d'un canal unique, partant du golfe du Lion pour aller aboutir à la mer Noire, et contournant le massif des Alpes actuelles pour aller découper en tronçons épars l'Italie, nous obtenons maintenant trois golfes distincts et profonds, sortes d'Adriatiques ayant chacunes leur configuration, et remontant à la fois dans l'intérieur des terres par les vallées respectives du Rhône, du Danube et du Pô. Ces Adriatiques iront en diminuant d'étendue et de profondeur ; d'autres échancrures ayant une origine semblable et situées dans le Roussillon, vers l'embouchure du Tèt ; dans les Alpes-Maritimes, à l'embouchure du Var ; dans les Landes, entre l'Adour et la Garonne ; en Belgique, entre Bruges, Bruxelles et Anvers ; sur la côte occidentale de l'Angleterre, au-dessus de la Tamise ; dans l'Italie centrale, en Sicile, en Algérie et ailleurs, auront la même destinée. Partout, la mer ira en s'amoindrissant, tout en attestant, par sa persistance sur quelques points et par l'épaisseur des dépôts qu'elle y accumulera, la longue durée d'une époque dont les formations se dérobent le plus souvent à notre examen ; celles-ci effectivement demeurent soustraites à nos moyens d'investigation dans tout le périmètre des mers actuelles, partout où le rivage de ces mers ne s'est pas déplacé depuis les temps pliocènes.

Mais revenons sur nos pas et reprenons la suite des événements où nous l'avons laissée ; n'oublions pas surtout que nous sommes dans la partie récente du miocène, au moment où cette période tend vers sa terminaison et va se souder avec celle qui lui succède. La mer se retire dans la vallée du Rhône, elle s'avance à peine jusqu'à Valence ; bientôt après, elle n'arrivera plus même jusqu'à Montélimart. C'est dans cet âge qu'il faut placer un niveau remarquable, caractérisé par l'invasion d'une faune venue de proche en proche par la direction de l'orient et ayant habité, dans un âge déterminé, les estuaires fluvio-marins de l'Europe presque entière ; on a donné le nom de *couches à congéries* aux formations qui, vers le Danube inférieur et moyen, dans l'Italie centrale et le midi de la France, contiennent cette faune, et qui s'intercalent entre le tortonien et l'astien de manière à indiquer d'une façon relativement précise la fin du miocène et le point de départ de la période suivante. On a parfois appliqué la dénomination de *mio-pliocène* à l'âge ambigu qui relie les deux périodes, et constitue une transition réellement insensible de l'une vers l'autre, surtout si l'on s'attache à la végétation. Arrivé à ce point, nous rencontrons, soit en Italie, soit en France, soit enfin en Autriche, bien des exemples de ce qu'était la flore européenne ; nous ne pouvons tout dire à son égard ; mais nous allons au moins saisir quelques-uns de ses traits distinctifs, ils serviront de guides et de jalons dans le voyage que nous voulons entreprendre. En établissant d'abord ce qu'étaient la végétation et le climat, nous jugerons sans peine de l'abaissement successif de ce dernier, et nous constaterons plus facilement l'élimination, graduellement accomplie, des formes que l'Europe possédait encore au début des temps pliocènes.

On serait tenté de croire, en s'attachant à un point de vue superficiel, que, l'Europe étant devenue continentale par le retrait de la mer et de hautes montagnes hérissant maintenant sa surface, cette configuration nouvelle de notre continent eût été la cause déterminante de l'abaissement du climat, survenu depuis ces événements. Il est difficile pourtant d'admettre qu'il en ait été réellement ainsi. En effet, une fois le phénomène accompli, le résultat n'aurait pas manqué de se produire dans toute son intensité. Si l'élévation antérieure de la température avait été uniquement due à l'influence de la mer miocène, s'avançant jusqu'au cœur de l'Europe, le retrait seul de cette mer et l'apparition de très-hautes montagnes devenues bientôt neigeuses, auraient presque immédiatement entraîné l'altération de la température et du climat. Sans nier que des événements du genre de ceux que nous relatons aient dû contribuer à la réalisation d'un semblable résultat, ou du moins aient eu pour effet de le rendre plus rapide et plus décisif, ce serait, nous le pensons, une grave erreur que de vouloir s'en tenir à la configuration géographique, en la rendant responsable de tout. Une action localisée, quelque énergique qu'on la suppose, ne saurait suffire pour expliquer les phénomènes climatériques qui se déroulèrent pendant la période pliocène. La forme et le relief d'une contrée, la direction des chaînes de montagnes qui la divisent et des mers qui la baignent sont, il est vrai, susceptibles de déterminer la présence d'un climat plus rude ou plus clément, plus humide ou plus sec, et, s'il ne s'agissait que de variations de cette sorte, l'Europe aurait très-bien pu les éprouver tour à tour et passer des extrêmes de l'Asie centrale aux conditions égales en toute saison, départies au Japon, sans qu'il fût nécessaire, pour comprendre les transformations corrélatives de sa flore, de recourir à des causes plus générales. Mais le phénomène auquel il faut rapporter l'abaissement de la température n'a rien de particulier à l'Europe ; il n'a rien même de brusque, d'accidentel ni de passager. Nous avons signalé l'origine du mouvement dès la fin de l'éocène ; nous l'avons vu se prononcer tout d'abord avec une intensité croissante dans les régions polaires, et de là s'étendre graduellement vers le sud. Au début de l'oligocène, la végétation de la zone tempérée boréale change de caractère ; des éléments nouveaux, venus par le nord, et dénotant les premiers progrès du refroidissement, s'introduisent et se propagent. Nous avons étudié les signes de cette révolution, au moyen de laquelle la différence des latitudes tend à s'accentuer peu à peu ; nous n'avons pas à y revenir, mais il est impossible de ne pas admettre, en considérant cette marche que rien n'arrête, et qui se continue avec mesure et régularité, l'influence d'un phénomène cosmique, embrassant le globe terrestre tout entier. Devant ce mouvement expansif, ayant au pôle son point de départ initial et son siége permanent, on est bien forcé de concevoir un moment où les glaces arctiques, d'abord sporadiques, puis normalement annuelles et périodiques, auront fini par devenir permanentes sur une foule de points et, une fois permanentes, n'auront cessé de prendre de l'extension et de recouvrir le sol des régions circumpolaires, jusqu'au moment où elles auront donné lieu à des masses flottantes. De là, une cause certaine de refroidissement pour l'ensemble des contrées boréales, cause évidemment secondaire et consécutive, relevant d'une cause première plus générale. Si l'on combine cette action des glaces polaires avec celle qui dérive des glaciers dont l'apparition résulte de circonstances du même ordre et se rattache à la même époque, on aura saisi les deux particularités les plus saillantes auxquelles l'abaissement du climat ait donné naissance et dont le contre-coup se soit fait sentir sur l'ensemble de la végétation, dans la période pliocène.

Un temps très-long fut sans doute nécessaire pour accomplir ces changements. La mer miocène s'était déjà retirée du centre de l'Europe et le soulèvement des Alpes avait eu lieu probablement au moment où se déposèrent les couches à *congéries*; pourtant la végétation gardait encore la plupart des traits qui la caractérisaient lors du miocène proprement dit. Nous allons assister à la transition d'une période vers l'autre ; mais cette transition ne s'opérera qu'à l'aide de degrés successifs, comme sous l'impulsion d'une force venant de haut et de loin, dont les effets seraient à peine sensibles, sans cesser pourtant de se prononcer et d'agir. Le bassin de Vienne, en Autriche, nous fournit à cet égard des renseignements instructifs, grâce à la disposition de plusieurs étages superposés, qu'il présente. Au-dessus de la mollasse miocène proprement dite, se place, dans cette contrée, l'étage *sarmatique* ou à *cérithes* et la partie supérieure de ce dernier comprend une flore fort riche, dont les espèces caractéristiques sont identiques à celles d'OEningen.

Le *Callitris Brongniartii*, que nous avons signalé dans l'éo-cène, et qui joue un rôle si considérable dans les gypses d'Aix, persiste à se montrer alors, entouré du même cortége de *Cin-namomum* ou camphriers.

Le *Sequoia Langsdorfii*, le *Carpinus grandis*, le *Dryandroides lignitum*, l'*Acer trilobatum*, le *Sapindus falcifolius*, les *Podogo-nium*, l'*Acacia parschlugiana*, et bien d'autres espèces que nous pourrions citer attestent la permanence des mêmes types, dans un âge déjà postérieur à celui d'OEningen. Il est vrai qu'on ne saurait signaler aucun palmier dans la flore *sarmatique*, mais nous avons fait voir que ces végétaux étaient déjà fort rares à OEningen. Rien donc ne dénoterait ici de prochains change-ments, si l'on ne remarquait, auprès de Vienne, la présence répétée de certaines formes, apparemment douées d'une vitalité plus robuste que d'autres et qui, déjà présentes ou abondantes dès le miocène, sont destinées à prolonger leur existence jus-qu'au milieu ou même jusqu'à la fin de la période suivante. Ce sont avant tout : *Glyptostrobus europæus*, Br., *Betula prisca*, Ett., *Planera Ungeri*, Ett., *Liquidambar europæum*, Al. Br., *Platanus aceroides*, Gœpp., *Parrotia pristina*, Ett., *Grewia cre-nata*, Ung., *Acer Ponzianum*, Gaud., *A. integrilobum*, O. Web., etc..... La plupart de ces espèces ont été figurées précédem-ment ; nous donnons ici la représentation de celles qui ne l'ont pas été, et le lecteur doit s'attendre à les retrouver toutes, en remontant la série.

La flore qui succède immédiatement à celle de l'étage sar-matique, dans le bassin de Vienne, celle des couches à *congéries*, permet de constater plusieurs changements : le *Callitris* et les camphriers ne se montrent plus, les *Acacia* sont absents; ces types ont quitté pour toujours notre sol, mais on observe en-core celui des *Sequoia* et, sous le nom de *Phragmites*, on trouve de vrais bambous; favorisés sans doute par l'humidité du cli-mat qui tend à s'accroître, nous les verrons persister, associés à nos roseaux, et faire un peu plus tard l'ornement des flores franchement pliocènes de Meximieux et du Cantal. Sur l'hori-

zon des couches à *congéries*, on voit apparaître aussi, plus fréquemment que dans le miocène proprement dit, le hêtre, non

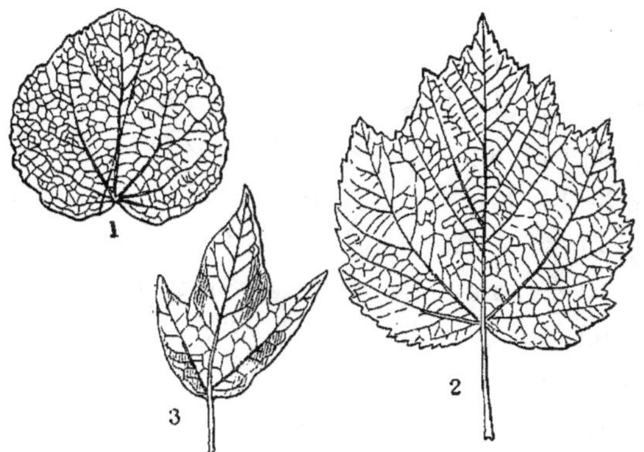

Fig. 98. — Espèces mio-pliocènes caractéristiques.

1. *Grewia crenata*, Ung. — 2. *Acer Ponzianum*, Gaud. — 3. *Acer integrilobum*,
O. Web.

pas précisément notre hêtre, *Fagus sylvatica*, mais un type très-
voisin de lui qui s'étend et se propage de toutes parts et qui

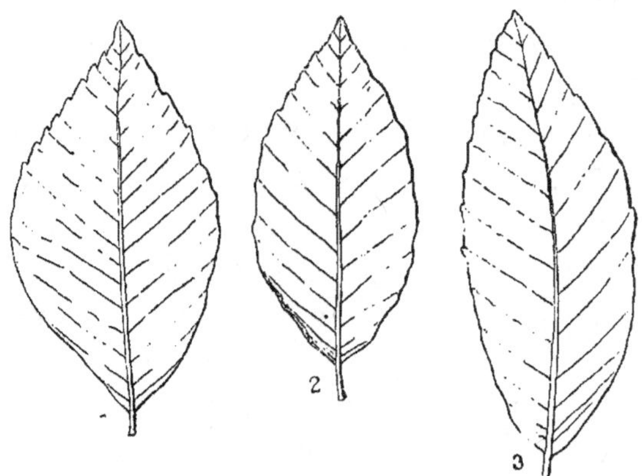

Fig. 99. — Hêtre mio-pliocène d'Italie ; formes diverses.

1. Senigaglia. — 2. Stradella. — 3. Guarene.

atteste, par cette extension même, l'influence de l'humidité, si
nécessaire à la prospérité de cette essence forestière.

En Italie, on doit rapporter à un niveau à peu près équivalent à celui des couches à *congéries*, les flores de Stradella, près de Pavie, et de Senigaglia, dans les Marches; elles dénotent les mêmes combinaisons, en laissant voir plus d'élévation dans la température, à raison de la position plus méridionale de ces deux localités. Les gypses de Stradella montrent l'association du camphrier miocène, *Cinnamomum polymorphum*, Hr., avec le hêtre, *Fagus Deucalionis*, Gœpp., le charme et divers érables pliocènes. A Senigaglia, dont la flore est d'une grande richesse, non-seulement les palmiers ont laissé des vestiges certains; mais on observe de plus, à côté de certains types miocènes, comme les *Sequoia Sternbergii* et *Langsdorfii*, le *Libocedrus salicornioides*, le *Taxodium dubium*, Gœpp., le *Sapindus falcifolius*, etc., dont la présence ne saurait être douteuse, des formes de chênes, d'érables, d'ormes, de charmes, de hêtres, de noyers, intimement alliées à celles qui peupleront le pliocène et par celles-ci à des espèces encore vivantes. La flore de Senigaglia est riche également en formes végétales communes aux deux périodes et que nous devons citer comme caractérisant aussi bien le pliocène que le miocène; ce sont principalement les suivantes : *Glyptostrobus europæus*, Hr., *Salisburia adiantoides*, Ung. (fig. 100), *Planera Ungeri*, Ett., *Platanus aceroides*, Gœpp., *Liquidambar europæum*, Al. Br., *Sassafras Ferretianum*, Massal., *Oreodaphne Heerii*, Gaud., *Liriodendron Procaccinii*, Ung., *Tilia mastaiana*, Massal., *Juglans bilinica*, Ung., *Cercis Virgiliana*, Massal., etc. (fig. 101, 6-7) (1). Ces espèces et bien d'autres que l'on pourrait citer, non-seulement persistèrent en Europe par delà l'âge miocène, où l'on commence à les rencontrer, mais elles présentent encore des correspondants directs au sein de la nature actuelle. Ces correspondants sont presque tous, il est vrai, situés hors de l'Europe et plusieurs très-loin de ce continent, en Amé-

---

(1) Parmi les espèces mio-pliocènes de Senigaglia, que représente notre figure 101, il faut remarquer les deux chênes, *Quercus Fallopiana* et *Cornaliæ*. Le *Q. Fallopiana* reproduit le type de nos *robur* : le *Q. Cornaliæ*, au contraire, se rattache de très-près au type *infectoria*. Quant à l'*Acer Cornaliæ* (fig. 100, 5), il appartient évidemment au groupe de l'*Acer opulifolium*, Vill.

rique, comme le tulipier et le sassafras ; en Chine ou au Japon, comme le ginkgo et le *Glyptostrobus ;* d'autres aux Canaries, *Oreodaphne,* ou dans l'Asie occidentale, platane, planère, liquidambar. Le plus petit nombre (*Cercis, Acer*) est demeuré eu-

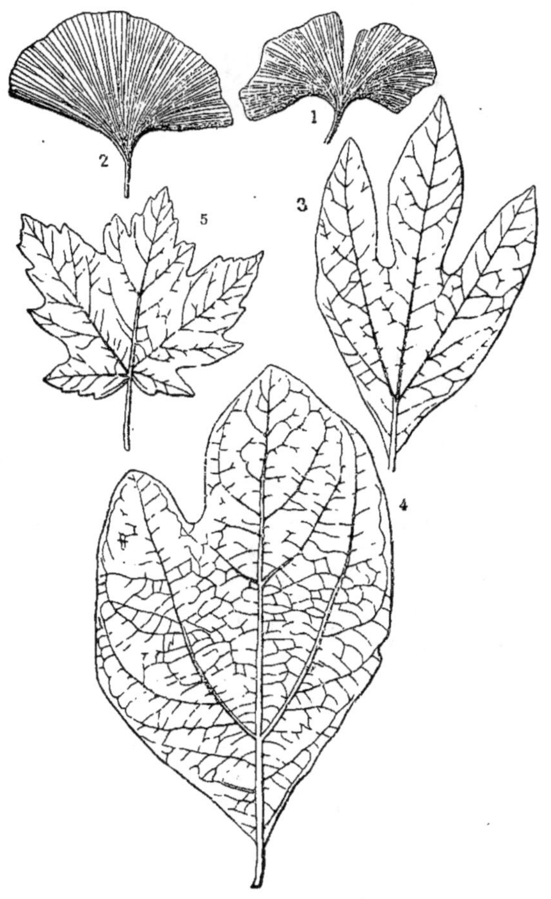

Fig. 100. — Espèces mio-pliocènes caractéristiques de Senigaglia.

1-2. *Salisburia adiantoides,* Ung. — 3. *Sassafras Ferretianum,* Mass. — 5. *Acer Cornaliæ,* Massal.

ropéen ; mais, en dépit de cette dispersion, la parenté est si étroite entre les formes restées si longtemps indigènes, si tardivement éliminées de notre sol, et leurs homologues de la nature vivante, qu'il est impossible de ne pas admettre que les unes et les autres ne soient originairement issues de la même souche.

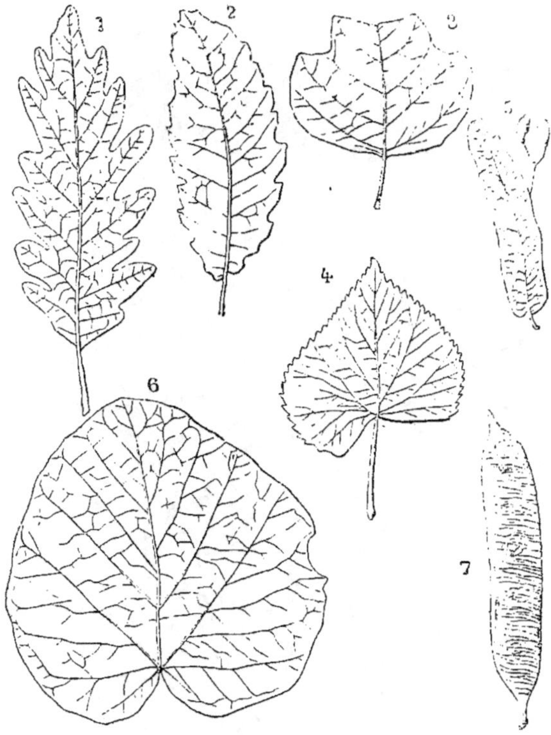

Fig. 101. — Espèces mio-pliocènes caractéristiques de Senigaglia.

1. *Quercus Fallopiana*, Massal. — 2. *Quercus Cornaliæ*, Massal. — 3. *Liriodendron Procaccinii*, Ung. — 4-5. *Tilia Mastaiana*, Massal. (feuille et fruit). — 6-7. *Cercis Virgiliana*, Massal. (feuille et fruit).

La présence répétée du hêtre et du platane, et leur association presque inévitable dans ce premier âge, à l'aurore même des temps pliocènes, constituent des indices qui ne sauraient être trompeurs de la douceur et de l'humidité du climat. Un climat extrême ne saurait convenir au hêtre, auquel il faut des précipitations aqueuses dans toutes les saisons; et des étés sans chaleur n'auraient pu favoriser l'extension du platane, auquel la chaleur et l'eau sont à la fois nécessaires pour lui faire obtenir tout son développement. Remarquons encore la présence du tilleul, auparavant inconnu ou très-rare en Europe, relégué plutôt vers les régions arctiques et que nous allons maintenant retrouver partout. Signalons aussi le tulipier, le sassafras, le platane, le liquidambar, le ginkgo, auxquels la fraîcheur est absolument nécessaire, et qui tous avaient eu, dans un âge antérieur, les alentours du pôle pour première demeure, avant que l'Europe, devenue moins chaude et plus humide, sans cesser encore d'être tempérée, leur eût ouvert des terres où ces types purent se propager en toute liberté.

Dans la vallée du Rhône, à la même époque, la mollasse marine de Saint-Fons (Isère) comprend le platane ; les lignites de la Tour-du-Pin montrent ce même platane associé au hêtre pliocène (*Fagus sylvatica pliocenica*) à feuilles déjà entières et ondulées sur les bords et à une juglandée voisine de notre noyer indigène. Par ces lignites, par celles de Hauterives, par les sables de Trévoux, nous entrons dans le pliocène et nous rencontrons partout le hêtre, que les cinérites du Cantal vont nous offrir en grande abondance. Cet arbre doit être pour nous l'indice le plus précieux du climat que possédait l'Europe d'alors et qui lui permit de conserver dans une association harmonieuse les éléments qui constituent les plus riches forêts du Nord, combinés avec ceux qui entrent dans la composition des massifs boisés des îles Canaries et des confins de la région caucasienne.

Avant de pénétrer au sein de ces forêts primitives encore à l'abri des atteintes de l'homme, déjà présent « peut-être », mais trop faible ou trop isolé, pour avoir la pensée de les détruire, imitons ces voyageurs qui abordent par mer une contrée inexplorée, qu'ils cherchent à visiter : des fouilles opérées par M. le professeur Marion et par nous, près de Vaquières, dans le Gard, donnent la facilité de reconstituer intégralement la végétation qui accompagnait alors les rives d'un petit fleuve, vers son embouchure. La mer au sein de laquelle venait se perdre ce cours d'eau qui se confondait sans doute avec le Gardon actuel appartient aux premiers temps de la période pliocène, puisque ses dépôts sont immédiatement postérieurs à ceux des *couches à congéries*. Les eaux probablement limpides du Gardon pliocène étaient ombragées d'un rideau touffu d'aunes, appar-

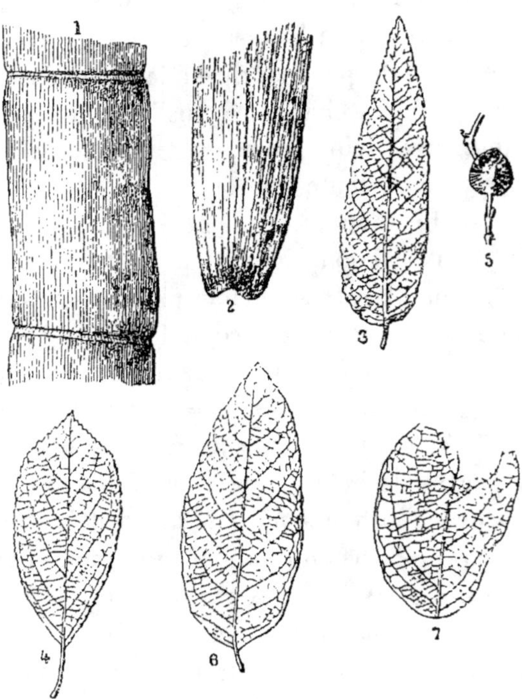

Fig. 102. — Plantes pliocènes de Vaquières (Gard).

1-2. *Arundo ægyptia antiqua*, Sap. et Mar.: 2, tige adulte; 2, feuille. — 3-5. *Alnus stenophylla*, Sap. et Mar.; 3-4, feuilles; 5, fruit. — 6. *Viburnum palæomorphum*, Sap. et Mar. — 7. *Viburnum assimile*, Sap. et Mar.

tenant à une élégante espèce qui tient le milieu entre un aune syrien, *Alnus orientalis*, Dne, et l'*Alnus maritima*, Reg., du Japon. A cet aune aux feuilles élancées, finement denticulées sur les bords (*Alnus stenophylla*, Sap. et Mar.) (fig. 102, 3-5), se mêlaient des viornes, dont l'une rappelle notre laurier-tin, tandis que l'autre a son analogue actuel en Chine. Plus loin, des sassafras, des érables, de la section de notre érable à feuilles d'obier, un célastre épineux d'affinité africaine formaient des fourrés, qu'un *Smilax* sarmenteux rendait inextricables. A l'écart, non loin des eaux, dans le sable humide, croissait le *Glyptostrobus europæus*, dont l'homologue chinois sert d'encadrement aux rizières de la province de Canton; mais de plus, à Vaquières, un grand roseau, assimilable à une race, qui de nos jours couvre les bords du Nil ou encore à l'*Arundo mauritanica*, Desf., d'Algérie, multipliait ses colonies au contact même de l'eau qui baignait en même temps les touffes d'une élégante fougère, *Osmunda bilinica* (Ett.), Sap. Cette osmonde offre cette particularité de dénoter la présence d'une section devenue étrangère à l'Europe, où l'*O. regalis*, L. est de nos jours l'unique représentant du groupe. Les empreintes de ces espèces, quelques-unes, comme celles du roseau (*Arundo ægyptia antiqua*, Sap. et Mar.), accumulées en masse, ont été recueillies dans la vase sableuse que l'ancien fleuve entraînait jusqu'à la mer, au moment des crues; elles nous découvrent l'aspect que présentait un petit coin du littoral pliocène.

Pour bien juger des grandes scènes qui se déroulent à l'intérieur des terres, il faut remonter au fond de l'ancien golfe et gravir, au delà de Lyon, les premiers escarpements du sol pliocène. Les eaux douces sourdent de toutes parts; elles jaillissent du haut des pentes et forment des cascades sur la lisière immédiate ou sous l'ombre même des grands bois, fréquentés par les cerfs, les mastodontes, les tapirs, maîtres incontestés de ces solitudes. L'homme existe peut-être déjà, mais il n'a pas encore trouvé le chemin de l'Europe, et d'ailleurs il est si timide, il choisit avec tant de soin pour demeure les lieux écartés et d'un accès difficile que ses traces nous échappent. Les *Dinotherium* se sont éclipsés depuis longtemps, mais les premiers éléphants, les premiers chevaux, les rhinocéros à larges narines errent çà et là, tandis que l'ours (*Ursus arvernensis*), l'hyène pliocène et un terrible carnassier, le *Machairodus*, rôdent pour chercher leur proie ; tâchons de recomposer, avec le paysage, les masses végétales qui servaient d'abri à ces animaux et fournissaient leur nourriture à la plupart d'entre eux. Les calcaires concrétionnés de Meximieux permettent d'esquisser ce tableau. Les eaux incrustantes de la localité pliocène, non pas découverte, mais explorée pour la première fois avec intelligence par M. Falsan, étaient couronnées de plantes qui se penchaient sur elles, entourées de grands arbres qui ombrageaient leur cours ; elles traversaient de puissantes forêts dont les dépouilles entraînées par les flots rapides ont laissé dans la roche en voie de formation l'empreinte fidèle de leurs diverses parties : feuilles, fruits, fleurs, rameaux, hampes, folioles éparses et parfois des tiges ou des branches entières.

La forêt de Meximieux ressemblait à celles qui font encore l'admiration des voyageurs, dans l'archipel des Canaries. Ce sont, en partie au moins, les mêmes essences qui reparaissent, en tenant compte de la richesse plus grande dont la localité pliocène garde le privilége. Pour émettre à son égard une juste appréciation, il faut joindre aux Canaries l'Amérique du Nord. à l'Europe moderne l'Asie caucasienne et orientale, et recomposer, au moyen des éléments empruntés à ces divers pays, un ensemble qui donnera la mesure exacte de la végétation qui couvrait alors le sol, aux environs de Lyon.

Beaucoup de ces plantes étaient des essences purement forestières et sociales ; on distingue parmi elles : une taxinée, *Torreya nucifera*, maintenant japonaise; un chêne vert, *Quercus præcursor*, Sap. (fig. 106, 5-6), presque semblable au nôtre, si l'on consulte les variétés aux plus larges feuilles du *Q. ilex*, L. ; plusieurs laurinées canariennes ou américaines (*Laurus canariensis*, Webb, *Oreodaphne Heerii*, Gaud. (fig. 103, 1-3), *Apollonias canariensis*, Webb. *Persea carolinensis*, etc.); un tilleul, *Tilia expansa*. Sap. et Mar. (fig. 103), des érables (*Acer opulifolium pliocenicum*, *Acer lætum*, C. A. Mey.), dont l'un se retrouve en Asie, tandis que l'autre a persisté sur le sol de l'Europe ; un noyer, *Juglans minor*, Sap. et Mar., etc. Parmi les arbres d'une taille moins élevée, il faut mentionner des houx (*Ilex canariensis*, Webb, *Ilex Falsani*, Sap.) ; et, parmi les arbustes, un *Daphne*, *D. pontica*, D. C., maintenant réfugié

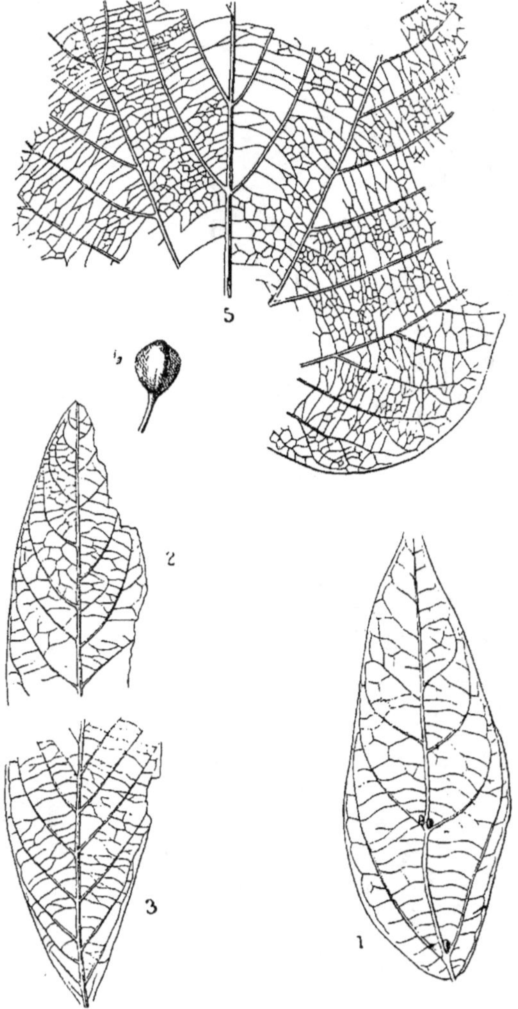

Fig. 103. — Espèces caractéristiques des tufs pliocènes de Meximieux.

1. *Oreodaphne Heerii*, Gaud. — 2, 3. *Laurus canariensis*, Webb, base et terminaison supérieure d'une feuille. — 4, 5. *Tilia expansa*, Sap. et Mar. : 4, fruit, grand. nat. ; 5, fragment d'une feuille.

dans l'Asie Mineure et en Thrace ; un buis, *Buxus pliocenica*,

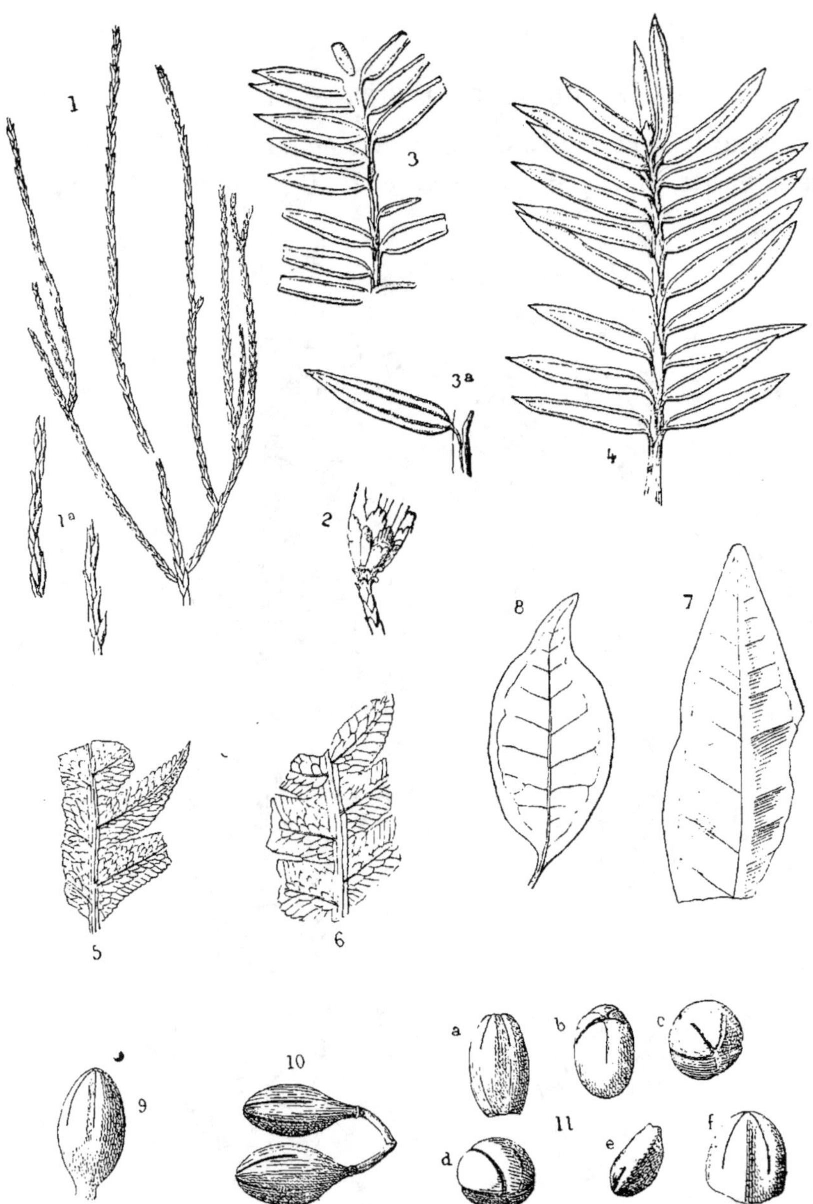

Fig. 104. — Espèces caractéristiques des tufs pliocènes de Meximieux.

1, 2. *Glyptostrobus europæus*, Hr. : 1, rameau ; 1ª, fragment du même. grossi ;
2, strobile. — 3. *Torreya nucifera* var. *brevifolia*, Sap. et Mar. : 3ª, feuille grossie. — 4. *Torreya nucifera* actuel, rameau figuré comme terme de comparaison. —
5, 6. *Wodwardia radicans*, L., deux fragments de fronde. — 7, 11. *Punica Planchoni*, Sap. : 7 et 8, deux feuilles ; 9 et 10, boutons à fleurs avant leur épanouis-
sement ; 11, *a*, *b*, *c*, *d*, *e*, *f*, plusieurs autres boutons de la même espèce, vus
dans diverses positions.

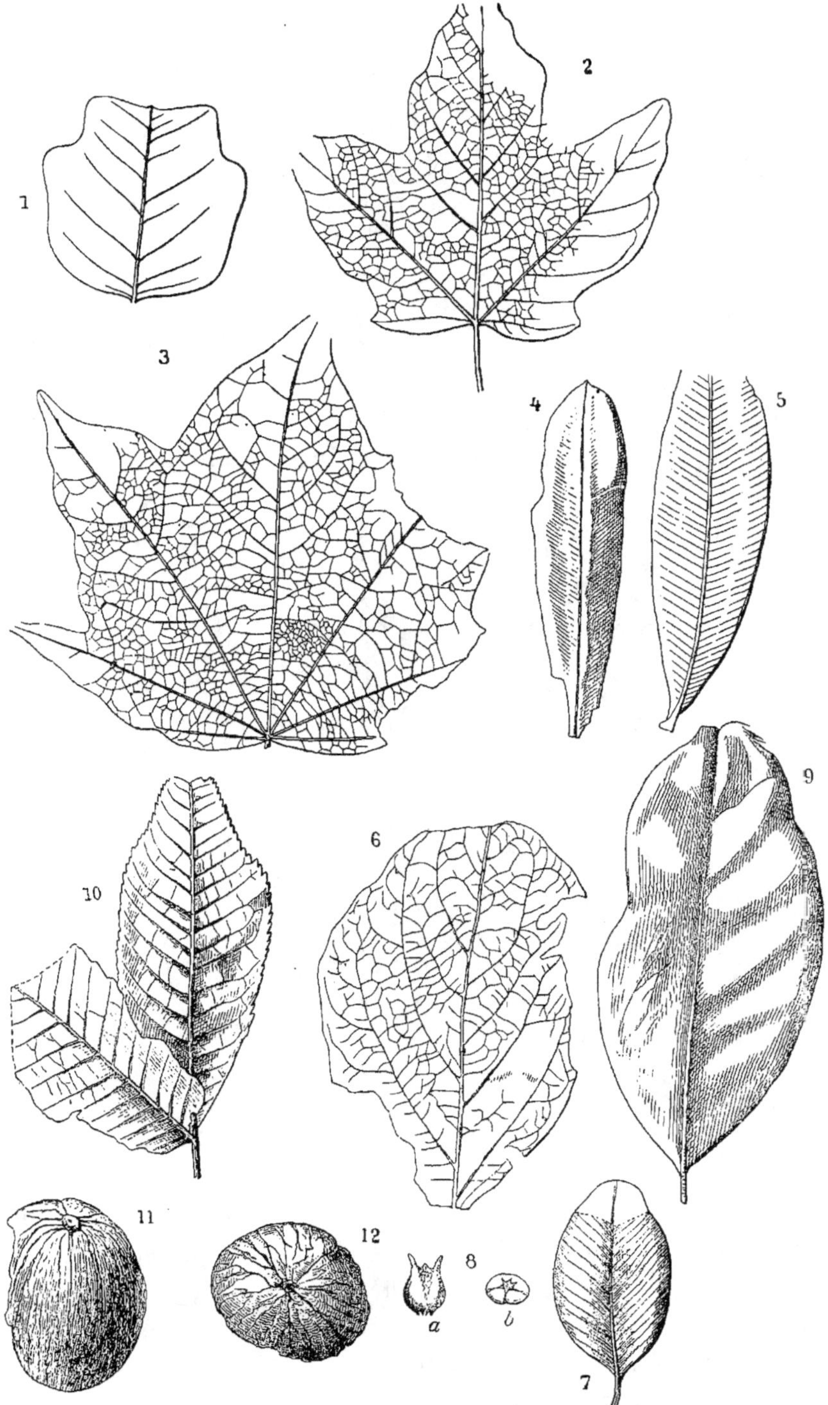

Fig. 105. — Espèces caractéristiques des tufs pliocènes de Meximieux.

1. *Liriodendron Procaccinii*, Ung. — 2. *Acer opulifolium pliocenicum.* — 3. *Acer lætum* (C. A. Mey.) *pliocenicum.* — 4, 5. *Nerium oleander* (L.) *pliocenicum*, deux

feuilles, l'une vue par la face supérieure (4), l'autre par la face opposée (5). —
6. *Viburnum rugosum* (Pers.) *pliocenicum*, feuille vue par la face supérieure. —
7, 8. *Buxus pliocenica*, Sap. et Mar. : 7, feuille ; 8, fruit vu par côté en *a* et par-
dessous en *b*. — 9. *Ilex Falsani*, Sap., feuille vue par-dessus. — 10-12. *Juglans
minor*, Sap. et Mar. : 10, sommité d'une feuille ailée ; 11, noix vue par côté ; 12,
même organe vu par-dessous.

Sap. et Mar., à peine différent du nôtre, et enfin plusieurs viornes
(*Viburnum pseudo-tinus*, Sap., *V. rugosum*, Pers.), dont l'une au
moins se retrouve aux Canaries (fig. 105).

Les arbres qui suivaient de préférence le bord des eaux courantes ou se pressaient dans leur voisinage comprenaient, avec

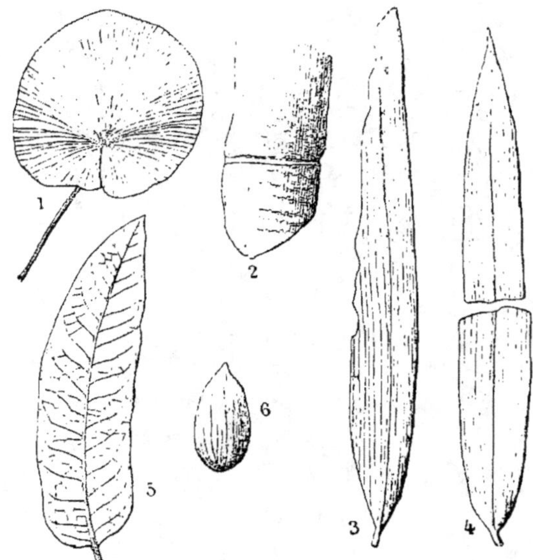

Fig. 106. — Espèces caractéristiques des tufs pliocènes de Meximieux.

1. *Adiantum reniforme*, L. — 2-4. *Bambusa lugdunensis*, Sap. : 2, fragment de tige
adulte ; 3, 4, feuilles. — 5, 6. *Quercus præcursor*, Sap. : 5, feuille ; 6, gland
dépouillé de son enveloppe.

notre peuplier blanc, *Populus alba pliocenica*, le platane, le
magnolia et le tulipier, à peu près tels que les possède l'Amérique, mais avec des nuances différencielles, d'autant plus curieuses, qu'elles sont reconnaissables, en même temps que peu
sensibles. La catégorie des plantes sarmenteuses comptait une clématite et une ménispermée (*Cocculus*) d'affinité nord-américaine.

PRINCIPAUX PALMIERS ET CYCADÉES

De l'âge tertiaire moyen, en Europe.

Le laurier-rose, presque semblable à ce qu'il est maintenant, et un grenadier (*Punica Planchoni*, Sap.) particulier à l'Europe pliocène, mais peu éloigné de celui que la culture nous a transmis, servaient aux eaux de ceinture immédiate. Près d'elles encore, le *Glyptostrobus* tertiaire, *G. europæus*, dont on a recueilli jusqu'aux cônes, survivait comme un souvenir de l'âge précédent; mais on ne saurait passer sous silence un bambou, *B. Lugdunensis*, Sap., de taille médiocre (fig. 106), dont les nombreuses colonies surgissaient partout, le long des berges humides. Aux rocailles des cascatelles étaient attachées deux fougères remarquables, dont l'une, *Adiantum reniforme*, L., répandue entre les tropiques, ne dépasse plus aujourd'hui l'archipel des Canaries dans la direction du nord, tandis que l'autre, *Woodwardia radicans*, Cav., également canarienne, s'avance sporadiquement jusqu'aux Asturies et jusqu'auprès de Bologne. Ces deux fougères étaient elles-mêmes représentées, lors du miocène, par deux formes auxquelles Unger a appliqué la dénomination d'*Adiantum renatum* et de *Woodwardia Rœsneriana*. On voit que les éléments de filiation des plantes vivantes par celles des temps géologiques n'échappent pas toujours à l'analyse, et qu'il est maintenant difficile de ne pas admettre que la plupart de nos espèces n'aient eu leur raison d'être et leur point de départ ancestral au sein des périodes antérieures. On conçoit en même temps que les termes généalogiques deviennent d'autant plus vagues et d'autant plus obscurs, que l'on s'efforce de remonter plus loin dans le passé.

A l'époque où vivaient en France le *Mastodon dissimilis*, Jourd., et le *Tapirus arvernensis*, l'ancienne Adriatique lyonnaise, déjà aux deux tiers délaissée par la mer qui se retirait vers Avignon et Beaucaire, était jalonnée, du côté de l'Ardèche et du Vivarais, et plus loin dans la Haute-Loire, le Cantal et le massif auvergnat, par une double ou même par une triple rangée de volcans, dès lors en pleine activité. Les bouches éruptives de cette région, si longtemps tourmentée et dont les dernières convulsions ensevelirent sous la cendre les hommes de la Denyse, sui-

virent, avant de prendre la forme des volcans actuels, une marche
graduelle et un développement dont les études de M. B. Rames,
d'Aurillac, ont contribué à faire connaître les progrès.

Ce furent d'abord des symptômes précurseurs, des eaux thermales, des mouvements oscillatoires, des fractures et des soulève-
ments partiels agitant une contrée et un sol généralement primitifs et qui depuis l'origine des terrains étaient demeurés émergés,
dans un calme profond. C'est alors, et à la suite de ces manifestations initiales des forces intérieures que s'établirent les premiers lacs, bientôt suivis des premiers épanchements de basalte.

Les dépôts lacustres qui succédèrent à l'apparition du vieux
basalte ont offert à M. B. Rames, dans le Cantal, des ossements
d'*Amphicyon*, de *Machairodus*, le *Mastodon angustidens*, le *Dinotherium giganteum* et les *Hipparion*, indices qui nous placent sur
l'horizon du miocène supérieur du Mont-Léberon et de Pikermi.
Ensuite vinrent des basaltes plus récents (basalte *porphyroïde*) et
les premiers conglomérats trachytiques. Le relief se prononçait
de plus en plus, mais le volcan proprement dit n'était pas encore
constitué ou du moins n'existait qu'à l'état d'ébauche. La contrée,
déjà accidentée et montagneuse, était partout couverte de profondes forêts dont la composition variait suivant l'altitude et la
direction. Les revers nord des escarpements différaient à cet
égard des pentes tournées vers le sud. La vie végétale, comme
la vie animale, avait acquis un degré de splendeur et de force
qu'il lui a été rarement donné d'atteindre. C'est alors que de
nouvelles éruptions de trachyte, de basalte, puis de phonolithes
et finalement de laves se firent jour, alternant selon les lieux et
tendant à concentrer les forces expulsives sur un point déterminé. Ainsi s'établirent à la longue les cratères permanents,
fonctionnant soit passagèrement, soit à demeure, à la façon
de ceux qui surmontent les cônes volcaniques actuels. C'est
surtout en Auvergne que l'on observe des modèles de ces derniers, qui se rapportent évidemment à la plus récente période
du tertiaire; quelques-uns de ces cratères sont à peine égueulés.
Le volcan de la montagne du Cantal est plus ancien que ceux-ci :

bien que le cône de déjection qui surmontait la masse actuelle, à l'époque de sa plus grande activité plutonique, ait plus tard disparu, le cirque ou entonnoir central d'où furent vomis les phonolithes, les trachytes et le dernier basalte est encore visible, bien que ses remparts soient en partie effondrés et que ses flancs aient été ravinés par les courants postérieurs de la période glaciaire.

En Auvergne et dans le Velay, ce sont des tufs ponceux et des conglomérats trachytiques ou *trassoïtes*, formés aux dépens des roches éruptives remaniées, qui comprennent une multitude d'empreintes végétales, appartenant à divers niveaux successifs de la série pliocène.

Près du Puy, MM. Aymard et Haydes ont recueilli de nombreux débris de plantes dans une *marne à tripoli* grisâtre, observée non loin de Ceyssac. Dans le Cantal, la flore pliocène la plus riche est due aux recherches de M. B. Rames, qui l'a exhumée des *cinérites*, c'est-à-dire des cendres d'origine éruptive, remaniées, cimentées et stratifiées par les eaux, probablement par l'effet des précipitations aqueuses qui précèdent ou accompagnent les coulées de matières en fusion.

Ces phénomènes, d'une grande violence, eurent pour conséquence d'entraîner la chute d'une foule d'arbres dont les troncs couchés se montrent à l'état de moule creux, disposés dans un véritable désordre. Les branches, les tiges, les rameaux furent recouverts ; le sol jonché d'un lit de feuilles et d'une quantité de menus organes disparut sous un amas de cendres qui reçut l'empreinte de tous ces objets, même des plus délicats. La roche ainsi reconstituée et ensuite durcie nous les a fidèlement transmis, dans l'état où chacun d'eux se trouvait au moment de la catastrophe, réalisant au profit de la science les merveilles d'un « Herculanum » végétal, qui n'a pas dit son dernier mot. La présence du bambou de Meximieux et les indices tirés des études stratigraphiques de M. B. Rames permettent de croire que les forêts pliocènes du Cantal étaient à peu près contemporaines de celles des environs de Lyon. Il ne faut donc pas s'étonner de voir reparaître ici les mêmes érables, le même tilleul, ainsi que certaines espèces franchement miocènes, comme le *Grewia crenata*, Hr., le *Zygophyllum Bronnii* (*Ulmus Bronnii*, Ung.), Sap., et le *Sassafras Ferretianum*, Massal., de Senigaglia. Mais une foule d'indices, aussi curieux qu'inattendus, nous avertissent que nous sommes ici placés sur un sol montagneux et que nous remontons, à travers des pentes boisées, jusqu'à une altitude suffisante pour admettre une végétation différente de celle des vallées inférieures. N'oublions pas que c'est justement cette dernière que la plage de Vaquières et les abords des cascatelles de Meximieux nous ont fait entrevoir. Les cinérites du Cantal vont nous introduire à leur tour au milieu d'une flore revêtue d'un autre caractère et plus appropriée aux escarpements sous-alpins auxquels elle servait de couronnement.

Au *Pas de la Mougudo*, sur l'un des contreforts méridionaux du volcan pliocène, l'arbre dominant est un aune, notre *Alnus glutinosa*, L., qui présente ici des feuilles largement orbiculaires (fig. 107). Les arbres principaux sont un tilleul, celui de Meximieux, *Tilia expansa*, Sap. et Mar., une juglandée, *Pterocarya fraxinifolia*, Spach, maintenant confinée dans le Caucase, un planère de la même région (*Planera crenata*), un charme presque semblable au *Carpinus orientalis* qui s'avance de nos jours jusque dans la Carniole, un orme qui se rattache à l'un de nos ormeaux indigènes, l'*Ulmus ciliata*.

Le hêtre se montre également; mais il était rare dans l'ancienne localité ; peut-être fréquentait-il de préférence une région un peu supérieure ; l'existence de celle-ci se trouve attestée en tout cas par une écaille détachée d'un cône de sapin, entraînée jusque-là d'un sommet plus élevé, et dénotant une espèce alliée de très-près à l'*Abies pinsapo*, Boiss., de la Sierra-Nevada.

La flore de Saint-Vincent, localité située sur le versant septentrional du Cantal, dévoile clairement les diversités qu'entraînait alors, dans la composition du tapis végétal, l'altitude jointe à l'exposition tournée au nord. Nous rencontrons ici une seconde juglandée, aujourd'hui éteinte, *Carya maxima*, Sap., à côté du *Pterocarya fraxinifolia*. Deux érables, qui ne diffèrent pas de

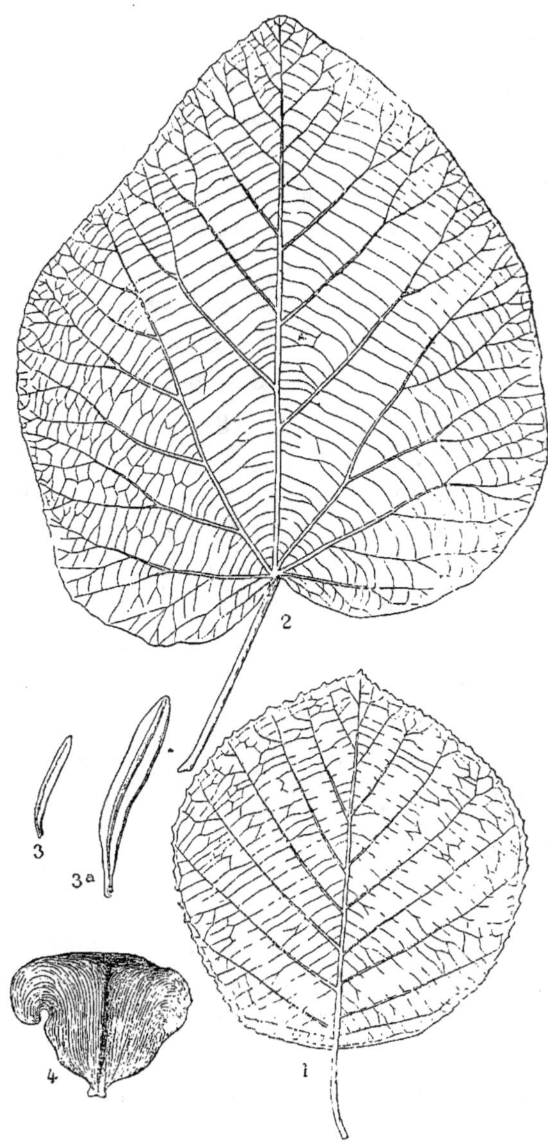

Fig. 107. — Espèces caractéristiques des cinérites du Cantal ; — Pas de la Mougudo.

1. *Alnus glutinosa orbiculata*, Sap. (feuille légèrement restaurée). — 2. *Tilia expansa*, Sap. et Mar. (feuille restaurée à l'aide de plusieurs fragments). — 3-4. *Abies pinsapo*, Boiss., *pliocenica* : 3, feuille ; 3ª, la même grossie ; 4, écaille détachée d'un strobile. Obs. : la feuille ressemble à celles de l'*Abies numidica*, que M. Cosson ne distingue pas de l'*A. pinsapo* ; la dimension de l'écaille est supérieure à celle des parties correspondantes du cône de l'espèce moderne.

ceux de Maximieux, le charme, les ormes reparaissent, ainsi que le hêtre ; mais celui-ci abonde bien plus à Saint-Vincent que dans l'autre station, et il se trouve accompagné d'un chêne comparable à notre rouvre (*Quercus robur pliocenica*, Sap.), du tremble si répandu de nos jours dans les mêmes bois ; deux laurinées à feuilles caduques (*Sassafras Ferretianum* et *Benzoin latifolium*), et une vigne, *Vitis subintegra*, Sap., marquent encore cette station, dont une forêt de pins couronnait les escarpements. Au *Pas de la Mougudo*, comme à Saint-Vincent, on observe, non sans surprise, une espèce d'érable maintenant japonaise, remarquable par la découpure élégante de ses feuilles ; c'est l'*Acer polymorphum*, Sieb., que les horticulteurs ont récemment introduit en Europe, à titre de rareté digne de l'attention des amateurs (fig. 108,6). L'*Acer polymorphum* n'a donc fait que reprendre possession de son ancienne patrie, lorsqu'il est revenu dernièrement parmi nous.

N'oublions pas de le remarquer, avant de quitter le Cantal pour l'Auvergne et le Velay, les espèces européennes, encore vivantes, occupent déjà leur patrie actuelle dès le début des temps pliocènes. Elles affectent, avec des variations secondaires et des nuances plus ou moins prononcées, les mêmes caractères que de nos jours ; on les distingue sans trop de peine au milieu de la foule des espèces perdues ou émigrées qui les entoure ; elles sont, on peut le dire, aux formes actuelles ce que sont, les unes vis-à-vis des autres, les variétés et les races locales que comprennent souvent celles-ci ; mais surtout ces espèces européennes primitives, destinées à ne plus quitter notre sol, se tiennent visiblement à l'écart ; elles hantent de préférence les montagnes, et enfin elles se rattachent presque toujours par quelque côté, parfois même d'une façon intime, à des espèces antérieures, nettement miocènes, qu'elles prolongent, pour ainsi dire, en tendant à les remplacer.

Le lien continu qui joint le *Planera Ungeri*, Ett., au *Planera* pliocène, et celui-ci au *Planera crenata* actuel, du Caucase, ne montre nulle part ni interruption ni suture, et cependant le *Pla-*

nera Ungeri du miocène inférieur diffère réellement de l'*orme de*

Fig. 108. — Espèces caractéristiques des cinérites du Cantal ; — Saint-Vincent.

1. *Fagus sylvatica pliocenica*, Sap. — 2. *Quercus robur pliocenica*, Sap. — 3. *Populus tremula*, L. — 4. *Sassafras Ferretianum*, Mass. — 5. *Vitis subintegra*, Sap. — 6. *Acer polymorphum*, Sieb. et Zucc., *pliocenicum*.

Sibérie vivant. Les deux extrêmes se distinguent, mais ils se rejoignent par des intermédiaires. Il en est ainsi de beaucoup d'espèces et en particulier de celles dont on retrouve les termes successifs ; ces termes conduisent insensiblement d'un type antérieur aujourd'hui perdu vers celui qui, tout en se modifiant, est cependant parvenu jusqu'à nous. Ce serait là l'histoire de toutes les espèces végétales, si elle pouvait être déchiffrée dans ses moindres détails. Les lacunes seules nous arrêtent et nous condamnent forcément à des inductions, appuyées pourtant de trop de preuves pour ne pas laisser entrevoir la vérité.

Les *marnes à tripoli* de Ceyssac (Haute-Loire), peut-être moins anciennes que les cinérites, découvrent des indices de même nature que ceux dont nous sommes redevables à la flore du Cantal, avec des espèces en partie différentes, qui semblent avoir peuplé le fond d'une vallée agreste et profonde, encadrée par de hauts sommets où s'élevaient des pins et des sapins. L'aune glutineux de Ceyssac n'est pas le même que celui du Cantal ; ses feuilles sont plus petites ; ses fruits et toutes ses proportions annoncent un arbre plus chétif. A côté du charme et de l'érable asiatique (*Acer lætum*, C. Mey.) dont nous avons signalé la présence dans le Cantal, se montre le peuplier grisaille (*Populus canescens*, Sm.), un ormeau qui se confond avec l'*Ulmus montana* européen, un aubépin (*Cratægus oxyacanthoides*, Gœpp.), peu différent du nôtre, et enfin un érable très-curieux parce qu'il reproduit intégralement les caractères d'une race à feuilles semi-persistantes, confinée de nos jours sur les montagnes de la Crète et connue des botanistes sous les noms d'*Acer creticum*, L., et d'*Acer sempervirens*, Ait. (fig. 109). Les flores pliocènes d'Auvergne, encore imparfaitement connues, malgré leur richesse, donneraient lieu à des remarques semblables. Les chênes, les charmes, les ormes, les peupliers, les érables, les frênes et les noyers y multiplient les traces de leur présence et les preuves de leur prépondérance.

Notre tremble s'étendait alors partout ; il en est de même du type des noyers. Les chênes offraient les formes les plus variées, et malgré les difficultés qui s'opposent à l'exacte détermination de leurs espèces, on voit bien qu'à côté de formes alliées de près à nos rouvres, il en existait d'autres comparables soit au *Quercus Mirbeckii*, Du Rieu, d'Algérie, soit au *Quercus lusitanica* d'Espagne, soit enfin au *Quercus infectoria* de l'Asie Mineure ; ou bien encore dénotant des types aujourd'hui disparus ou émigrés vers

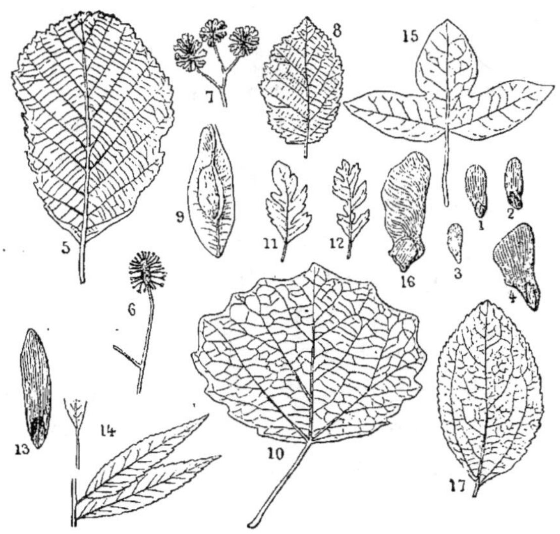

Fig. 109. — Espèces caractéristiques des marnes à tripoli de Ceyssac (Haute-Loire).

1-3. *Picea excelsa pliocenica*, semences. — 4. *Abies cilicica* ? Kotsch, semence. — 5-7. *Alnus glutinosa Aymardi*, Sap. : 5, feuilles ; 6-7, fruits. — 8-9. *Ulmus palæomontana*, Sap. : 8, feuilles ; 9, samare. — 10. *Populus canescens*, Sm. (*pliocenica*). — 11-12. *Cratægus oxyacanthoides*, Gœpp. — 13-14. *Fraxinus gracilis*, Sap. : 13, samare ; 14, fragment de feuille. — 15-16. *Acer creticum*, L. (*pliocenicum*) : 15, feuille ; 16, samare. — 17. *Zizyphus ovatus*, O. Web.

des régions plus chaudes ou plus reculées dans la direction du sud.

Dans la Haute-Loire, des vestiges datant de la même époque démontrent que l'épicéa et même le mélèze étaient dès lors répandus en Europe ; sur divers points de l'Allemagne ces mêmes arbres associés à l'if et au hêtre ont également laissé des traces certaines de leur existence. Vers un horizon sensiblement pareil, les plus récentes formations tertiaires du littoral toscan, du Val d'Arno, ainsi que les travertins des îles Lipari, permettent de constater l'apparition et l'extension successive, dans l'Italie moyenne, du hêtre, de divers chênes, entre autres du *Quercus Farnetto*, Ten., qui vit maintenant en Calabre, du gaînier ou *Cercis siliquastrum :* on y observe également le laurier noble et celui des Canaries, le laurier-tin, le buisson ardent (*Mespilus pyracantha*, L.), le lierre, le chêne vert, etc., sous l'aspect que nous connaissons à ces divers végétaux (fig. 110); et enfin le *Chamærops humilis*, le dernier des palmiers européens, celui de tous qui s'est le plus longtemps attardé sur notre sol. avant de le quitter, et dont les travertins de Lipari, confinant peut-être aux derniers dépôts tertiaires, nous ont conservé des vestiges.

Par la revue rapide de ces divers documents, nous approchons graduellement du terme de notre course ; nous touchons à la fin de l'âge pliocène : la température s'abaisse peu à peu ; les glaciers, après avoir occupé le flanc des plus hautes montagnes, descendent graduellement dans les vallées inférieures et tendent à les envahir. L'humidité du climat favorise évidemment cette marche ; les précipitations aqueuses, devenues réellement excessives, expliquent par leur abondance le régime des eaux fluviatiles et jaillissantes, qui s'élève de plus en plus pour atteindre des proportions vraiment surprenantes, au début des temps quaternaires.

La puissance des eaux qui s'épanchent à la surface du sol ou qui en parcourent les dépressions constitue le trait le plus saillant de la seconde moitié du dernier âge tertiaire, si l'on y joint l'extension des glaciers et le phénomène erratique du nord qui n'en furent que des conséquences plus ou moins directes. L'immersion prolongée des plaines de l'Europe septentrionale, contre-coup inévitable de l'exhaussement des Alpes, marque encore la fin de cette même période. et son examen détaillé nous entraînerait si loin que le plus sûr est de ne pas s'y arrêter.

Dans la seconde moitié du pliocène, les circonstances ne cessèrent de favoriser en Europe le développement du règne végétal, pris en masse, bien que l'abaissement continu de la

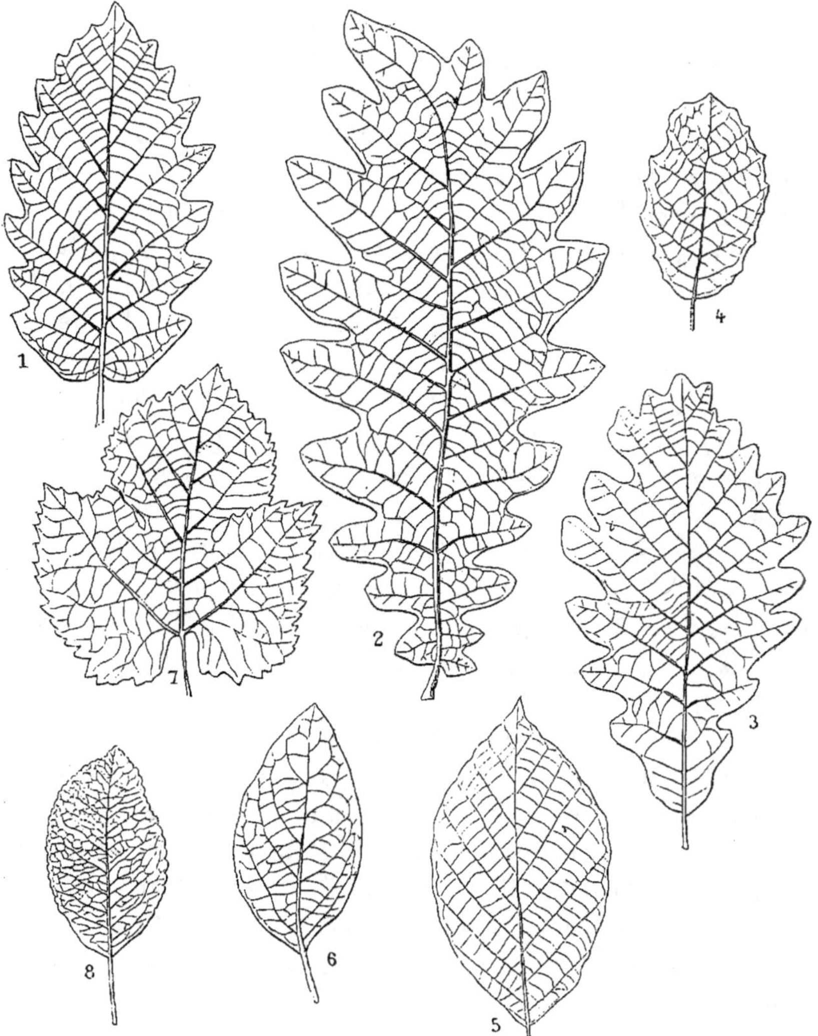

Fig. 110. — Espèces caractéristiques du pliocène récent d'Auvergne et d'Italie.

1 *Quercus Mirbeckii antiqua*, Sap. (Auvergne). — 2. *Quercus Lamottii*, Sap. (Auvergne). — 3. *Quercus roburoides*, Gaud. (Massa-Maritima). — 4. *Quercus ilex*, L. (Lipari). — 5. *Fagus sylvatica*, L. (Val d'Arno sup.). — 6. *Viburnum tinus*, L. (travertins toscans). —7. *Vitis vinifera* (travertins d'Era). — 8. *Mespilus pyracantha*, L. (travertins toscans).

température tendît à restreindre de jour en jour le nombre et la variété des éléments qui le composaient. Les mammifères, de leur côté, n'avaient cessé de se multiplier et de grandir en force, en perfection et en beauté, tout en perdant une partie des genres qu'ils comprenaient lors du pliocène inférieur. M. le professeur Gaudry, dans ses *Matériaux pour l'histoire des temps quaternaires*, désigne cet étage sous le nom d'*âge* du forest-bed ou *pléistocène;* nous sommes disposé à y comprendre le niveau de Saint-Martial, dans l'Hérault, et la partie la plus récente du Val d'Arno. Les mastodontes et les tapirs ont alors quitté l'Europe ; les singes ont émigré et repris le chemin de l'Afrique ; mais les éléphants, les rhinocéros, les hippopotames n'ont jamais été plus puissants, et leur développement, de même que celui des cervidés et des bovidés est un indice certain de l'inépuisable quantité d'aliments, mise à leur portée par l'autre règne.

L'*Elephas meridionalis*, le plus gigantesque des animaux terrestres qui ait jamais existé, caractérise plus particulièrement cet âge ; il est accompagné de l'*Elephas antiquus*, des *Rhinoceros leptorinus* et *Merkii*, de l'*Hippopotamus major*, des *Cervus Sedgwickii* et *martialis*, etc.

Les végétaux recueillis sur quelques points de l'Hérault et du Gard, dans les mêmes gisements que l'*Elephas meridionalis*, à Saint-Martial, près de Pézenas, d'une part ; de l'autre, à Durfort (Gard), sont instructifs, malgré leur nombre restreint. — A Saint-Martial, il faut signaler un cône dénotant une espèce qui a dû appartenir au groupe de notre pin d'Alep (*Pinus halepensis*, Mill.), mais avec une affinité évidente vers le *Pinus caroliniana*, Carr., race distincte qui recherche l'humidité plus que le type ordinaire et qui se trouve reléguée de nos jours dans certaines vallées intérieures des versants pyrénéens. — A Durfort, les marnes sableuses, sorte de limon grisâtre d'où, grâce à l'initiative de M. le professeur Gervais et sous la surveillance de M. Cazalis de Fondouce, des squelettes entiers d'*Elephas meridionalis* et de rhinocéros ont été retirés, renferment aussi les empreintes de plusieurs espèces de chênes, asso-

ciées à d'autres plantes, dont deux, le *Planera Ungeri*, Ett., et le
Parrotia pristina, Ett., sont certainement miocènes. Quelques-
unes de ces dernières persistaient encore à ce moment sur le sol
français ; dernières épaves d'une flore en grande partie élimi-
née, elles étaient elles-mêmes destinées à bientôt disparaître.
Les principaux chênes de Durfort, dont l'*Elephas meridionalis*
a mangé certainement les rameaux, ont été identifiés par nous
avec les *Quercus Farnetto* (fig. 311,2-3), Ten., de l'Italie méridionale, et *lusitanica*, Webb, ce dernier indigène de l'Espagne
moyenne et du Portugal. Ainsi, les espèces dominantes du sud
de la France étaient alors des formes qui ont depuis émigré ;
elles étaient associées à des types miocènes à la veille de s'éteindre,
et nos chênes *rouvres*, représentés actuellement en France par
les *Quercus sessiliflora*, *pedunculata* et *pubescens*, ne se montraient pas encore ; leur introduction, relativement récente, ne
date guère que du quaternaire, bien que la section dont ces
races font partie soit bien plus ancienne ; mais, à la fin du
pliocène, le centre et le nord de la France devaient les avoir
reçues ; en tout cas, le *Q. sessiliflora* se laisse voir à Kannstadt
et le *Q. pubescens* lui-même abonde dans les tufs à *Elephas antiquus* de la Provence.

Aux approches de la terminaison du pliocène, les différences
climatériques entre le nord et le sud de l'Europe sont plus accentuées, à un certain point de vue, qu'elles ne le furent dans aucun
autre temps. Pendant que le *Chamærops humilis* ou *palmette* se
maintient à Lipari, alors que le *Pinus caroliniana*, les *Quercus
lusitanica* et *Farnetto*, le *Laurus canariensis*, etc., peuplent encore
la vallée du Rhône et le bas Languedoc, le forest-bed, exploré
dans le Norfolk et rapporté par M. Gaudry à l'horizon du pliocène
le plus récent, montre une flore dont le caractère contraste avec
celui des précédents, et ce contraste suffit pour faire concevoir
l'écart existant alors entre les deux régions. Nous avons reçu du
forest-bed, par l'intermédiaire du révérend Gunn, des cônes du
sapin argenté (*Abies pectinata*, D. C.), du *Picea excelsa* et du pin
sylvestre ; ces cônes prouvent que des arbres résineux, spécifi-

quement identiques à ceux que possède notre continent, formaient à ce moment de grandes forêts sur les côtes d'Angleterre, probablement encore réunie à la plage française opposée.

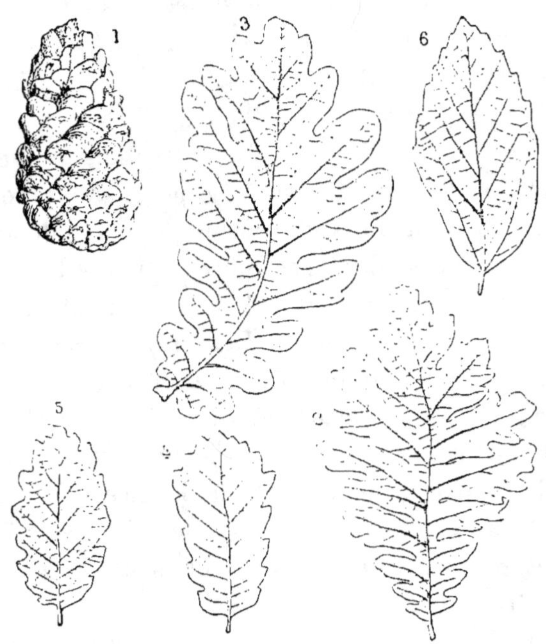

Fig. 111. — Espèces caractéristiques de l'âge de l'*Elephas meridionalis*, dans le midi de la France.

1. *Pinus caroliniana*, Carr., cône (Saint-Martial, Hérault). — 2-3. *Quercus Farnetto*. Ten. — 4-5. *Quercus lusitanica*. Webb. — 6. *Parrotia pristina*. Ett.

M. Heer, qui a étudié à Londres les restes de ces mêmes plantes, signale de plus le pin des montagnes (*Pinus montana*. Mill., fig. 112,1-2), l'if commun, le noisetier commun, le chêne et plusieurs plantes aquatiques, parmi lesquelles il faut noter les nénufars blanc et jaune. Le pin des montagnes et les sapins ont depuis quitté le sol anglais, de même que le figuier, le laurier et le gaînier, que l'on rencontre près de Paris, dans les tufs quaternaires de Moret, et qui ont, depuis l'âge du mam-

mouth, émigré plus au sud. Nous voilà donc entrés en plein dans
la période des *plantes emigrées*, et la faune, si nous exposions
ce qui la concerne, nous découvrirait des faits analogues, jus-
tifiant une dénomination caractéristique qui succède à celle des

 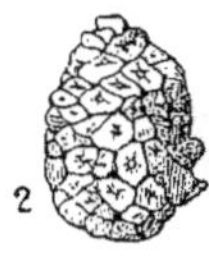 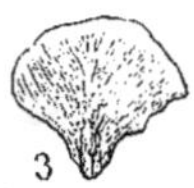 

Fig. 112. — Espèces du Forest-bed (pliocène sup.).

1-2. *Pinus montana*, Mill., cônes. — 3-4. *Abies pectinata*, D. C., écailles détachées
d'un strobile.

espèces éteintes ou *émigrées*, qui s'applique à la période précédente, de même que la période antérieure pourrait s'appeler
celle des *types éteints* jusqu'au moment où, remontant beaucoup plus loin dans le passé, nous trouverions une époque où
non-seulement les types, mais les sections de genre, les genres
eux-mêmes, et finalement les familles, seraient distincts de
ceux que nous connaissons. Dans le sens contraire, à mesure
que l'on se rapproche des temps actuels, les différences s'atténuent, les formes s'avoisinent, puis se touchent et s'identifient :
cette preuve est la meilleure qui atteste que rien ne s'est passé
jadis avec *soubresauts ;* les enchaînements qui relient tous les
êtres forment un ensemble de séries parallèles et continues.
dont les soudures respectives ne frappent les regards qu'à cause
des lacunes que nos recherches, malgré leur activité, n'ont pas
encore réussi à combler.

CHAPITRE III

—

VUES GÉNÉRALES

SUR L'ENSEMBLE DES PÉRIODES

—

Les notions développées dans les pages précédentes se rattachent à trois ordres de phénomènes très-distincts, bien qu'il y ait entre eux des connexions de plus d'une sorte et qu'ils aient fréquemment et nécessairement réagi l'un sur l'autre : nous voulons parler de la configuration géographique du sol de l'Europe, des variations et de l'abaissement final de la température, enfin des changements éprouvés par le règne végétal, considéré en lui-même, c'est-à-dire au point de vue des modifications purement organiques dont il a donné le spectacle. L'existence de ces trois ordres de phénomènes ne saurait être sérieusement contestée. — Il est certain que l'étendue relative des terres et des mers et l'orographie de notre continent ont éprouvé des vicissitudes notables dans le cours des temps tertiaires. Il n'est pas moins exact qu'à partir d'un moment donné, et indépendamment de la configuration des terres et des mers, le climat européen est allé en se dégradant jusqu'à ce que les conditions qui le régissent maintenant se soient finalement réalisées. On ne saurait nier non plus, à moins de s'obstiner dans des préventions non justifiées, que les formes végétales ne se soient graduellement modifiées, et, en parlant de ces modifications, nous n'avons pas seulement en vue les adjonctions ou les vides dus à l'action des causes locales, dus encore à l'effet des migrations qui ont successivement communiqué ou repris à l'Europe une partie de ses richesses végétales, mais encore et surtout nous considérons les mutations attribuables à l'organisme seul, que le temps entraîne forcément chez les espèces et les types dont il est possible de suivre la marche à travers les âges, comme une conséquence directe de l'activité biologique, sujette parfois à demeurer latente, mais qui ne se repose cependant jamais entièrement.

On doit reconnaître aussi que, de ces trois ordres de phénomènes, deux au moins ont rarement agi d'une façon isolée ; en sorte que le climat de chaque période a été nécessairement affecté par le relief du sol et la distribution relative des terres et des mers, tandis que cette distribution et ce relief exerçaient une influence sensible sur la composition de la flore, soit en favorisant l'introduction en Europe de telle ou telle catégorie de végétaux, soit en leur en interdisant l'entrée. Quant à l'action du climat sur le monde des plantes, il n'est pas besoin d'y insister et son importance parle d'elle-même. C'est cette action, jointe à la configuration du sol émergé, qui constitue le milieu avec lequel l'organisme est mis en contact, qui le sollicite dans des sens très-divers et qui donne naissance aux ébranlements d'où sortent enfin les diversités morphologiques, qui nous frappent chez les êtres que nous examinons, qu'ils vivent encore ou que nous en possédions seulement les vestiges.

Considérons maintenant les trois ordres de phénomènes que nous venons de définir, pour les décrire séparément en assignant à chacun d'eux la part qui lui revient dans les faits dont se compose l'histoire de la végétation, mais en nous abstenant toutefois de remonter jusque dans un passé par trop éloigné. Si l'on veut se borner à rechercher seulement ce qu'était le continent européen au commencement des temps tertiaires, il faut d'abord se rendre compte de sa configuration dans les âges immédiatement antérieurs. Vers le milieu de l'époque jurassique , notre Europe ne formait encore qu'un archipel de grandes îles, qui pourtant tendaient graduellement à se rejoindre, puisque, en France notamment, le seuil de la Bourgogne et celui du Poitou commencèrent à se prononcer lors de la grande oolithe et soudèrent l'île centrale à la région des Vosges, d'une part, à la Vendée et à la Bretagne, de l'autre (1). A l'époque de la craie blanche, si on laisse de côté la Scandinavie, qui formait sans doute, dans la direction du nord, une contrée plus vaste que de nos jours, on constate l'existence d'un continent central qui paraît comme une réduction de l'Europe actuelle (voy. la planche IV).

L'Allemagne du milieu et celle du sud, la France de l'est, du centre et presque toute celle du sud-est, étaient alors émergées, sauf quelques îlots ; l'Italie au contraire était presque entièrement sous les eaux. Mais à mesure que l'on se rapproche de la terminaison supérieure de la craie, on voit les émersions se prononcer de plus en plus et l'étendue des mers se restreindre tellement que l'Allemagne du Nord est tout à fait délaissée par l'océan d'alors, sauf une lisière du côté de la Westphalie, des provinces Rhénanes et de la Néerlande. Le bassin de Paris tend à s'amoindrir à la même époque, la mer pisolitique se trouvant comprise dans des limites bien réduites, si on la compare à celle de la craie blanche. Il en est de même vers le midi de la France, entre Nice et les Pyrénées. Dans cet espace, les derniers dépôts datent du sénonien supérieur ; les échancrures peu accusées des mers crétacées méridionales, leurs sédiments d'origne saumâtre, les alternatives qui firent succéder sur beaucoup de points l'action des eaux fluviales à celles des eaux salées, témoignent de ce retrait qui, bien avant la fin de la période crétacée, se trouve définitivement accompli. On est alors en présence de puissants dépôts fluvio-lacustres que le géologue peut suivre depuis le Var jusqu'au delà des Pyrénées, en Aragon et au centre de l'Espagne ; ils semblent se rattacher à une série de lacs profonds reliés par des déversoirs et dénotent l'existence d'une contrée étendue, excédant de beaucoup les limites du littoral méditerranéen actuel.

C'est alors que s'ouvre la période paléocène, la première de

(1) Consultez la planche III.

celles entre lesquelles nous avons partagé l'âge tertiaire. Les mers se trouvent restreintes à de faibles limites dans tout le périmètre européen; presque nulle part, sauf en Belgique, aux environs de Mons et sur quelques points de la Champagne ou de la Picardie, elle n'empiète sur le sol continental actuel. Malgré cette extension de l'espace émergé, le climat paléocène ne paraît avoir eu rien d'extrême ni trop continental. Une température élevée, favorable à la diffusion des palmiers et de beaucoup de plantes d'affinité tropicale, jusque dans le nord de la France et par delà le 50ᵉ degré de latitude, s'y laisse reconnaître, et la chaleur de ce temps devait être égale et modérée par l'humidité, puisque, d'une part, les formes opulentes y sont plus fréquentes que dans la période suivante, et que, d'autre part, certains types caractéristiques des zones tempérées, que nous perdons de vue dans l'éocène et le miocène inférieur pour les retrouver plus tard dans le pliocène, se montrent ici et témoignent de la prédominance d'un climat moyen. Nous citerons seulement, à l'appui de cette dernière assertion, le sassafras (sorte de laurinée à feuilles caduques), le lierre, la vigne répandus à Sézanne, et quelques chênes de la forêt de Gelinden dont la physionomie rappelle ceux de l'Asie Mineure, des montagnes de la Syrie ou du Japon. Pour ce qui est de la température, elle devait être encore distribuée trèségalement du nord au sud de l'Europe, entre le 40ᵉ et le 60ᵉ degré de latitude, c'est-à-dire sur un espace d'au moins vingt degrés. Nous possédons, en effet, grâce à la florule paléocène de Saint-Gely, près de Montpellier, un terme de comparaison des plus précieux entre la France méridionale et la Belgique, lors de l'époque paléocène. La roche de Saint-Gely est un calcaire concrétionné plus cristallin et plus compacte que celui de Sézanne; mais elle a été visiblement formée dans des conditions presque semblables, et les plantes dont elle renferme les empreintes, malgré leur petit nombre, sont tellement analogues à celles de Sézanne qu'on est bien forcé de reconnaître que les deux localités devaient être soumises à des conditions sensiblement pareilles. On observe à Saint-Gely une marchantiée (*Marchantia sezannensis*, Sap.), une fougère (*Alsophila? Rouvillei*, Sap.), un palmier (*Flabellaria gelyensis*, Sap.) et, parmi les dicotylédones, un *Diospyros* (*D. raminervis*, Sap.), une célastrinée (*Celastrinites geyensis*), un *Magnolia* (*M. meridionalis*, Sap.), enfin une Myrtacée (*Myrtophyllum pulchrum*, Sap.) voisine d'une forme cré-

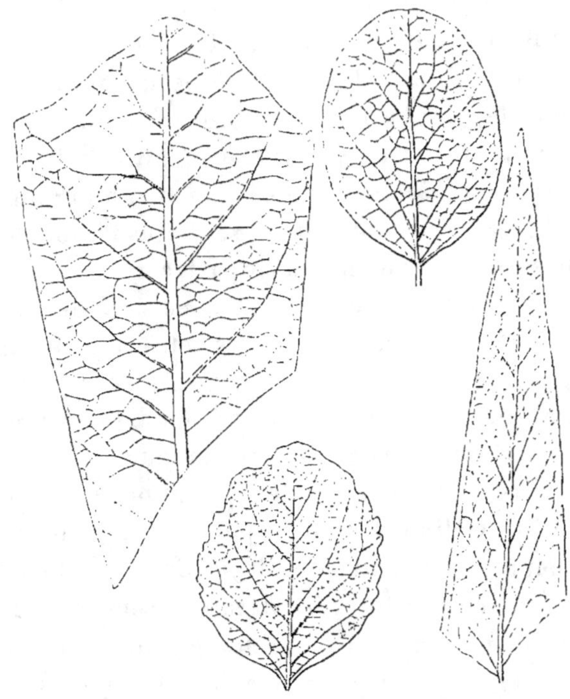

Fig. 113. — Plantes paléocènes caractéristiques de Saint-Gely (Hérault).

1. *Magnolia meridionalis*, Sap. — 2. *Diospyros raminervis*, Sap. — 3. *Celastrinites gelyensis*, Sap. — 4. *Myrtophyllum pulchrum*, Sap.

tacée, le *M. Geinitzii*, Hr., de la craie de Moletein, en Moravie. En dépit du nombre restreint des espèces énumérées, on constate aisément l'absence d'une discordance un peu marquée entre le nord et le midi de la France, au point de vue des éléments constitutifs, dans la flore paléocène.

La révolution qui ramena les eaux de l'Océan jusqu'au centre du continent et qui inaugura l'éocène proprement dit, en étendant vers les Alpes, les Pyrénées et plus loin vers l'Orient, l'Asie Mineure, la Perse, l'Égypte et la Barbarie, la mer où vécurent les nummulites, cette révolution eut pour effet, non-seulement de constituer une Méditerranée quatre ou cinq fois plus vaste que la nôtre, mais encore de bouleverser tellement l'économie géographique de l'Europe que son climat et sa flore durent inévitablement subir le contre-coup de pareils événements. Il ne resta rien, on peut le dire, qui rappelât l'état précédent, sauf dans le bassin de Paris, où la mer du calcaire grossier parisien vint former un golfe arrondi, assez ressemblant à celui auquel la mer de la craie blanche avait auparavant donné lieu, bien que plus restreint. On sait que la mer nummulitique ne pénétra pas dans la vallée du Rhône, ni dans le périmètre qui s'étend entre les Alpes Maritimes et la montagne Noire, au-dessus de Narbonne. Il y eut seulement des lacs en Provence pendant l'éocène, et quelques-uns de ces lacs, spécialement celui d'Aix, celui de Saint-Zacharie et celui de Manosque, persistèrent postérieurement au retrait de la mer nummulitique. Celle-ci se dessécha peu à peu, mais sa terminaison finale est difficile à fixer, si l'on n'admet pas que le flysch en représente les derniers délaissements. Il semble que la Provence ait dû faire partie à ce moment d'une sorte de péninsule étroite et longue, analogue à l'Italie actuelle et partant de la haute Provence pour aller aboutir en Afrique, non loin de Bougie, [à travers la Corse et la Sardaigne, dont elle aurait englobé la plus grande partie. Entre cette péninsule et le littoral dalmate, il y aurait eu une large mer, couvrant l'Italie et formant un golfe avec plusieurs îles. Au delà s'étendait une grande terre péninsulaire sinueuse, comprenant une partie des provinces illyriennes et de la Hongrie, presque toute la Turquie d'Europe, la Grèce, l'Archipel, et allant empiéter sur l'Asie Mineure, découpée elle-même en plusieurs régions insulaires (consultez la planche X).

L'influence d'une mer pénétrant si profondément au sein des terres aurait dû avoir pour effet le maintien d'un climat égal et doux, humide et chaud en toutes saisons. Le contraire,

nous l'avons vu, semble résulter de l'étude de la flore éocène.
Cette flore affecte surtout une physionomie et des affinités africaines ; elle accuse beaucoup de chaleur et témoigne par l'amoin-
drissement des formes, par leur consistance souvent coriace,
par leur disposition fréquemment épineuse, par la stature médiocre des espèces, une atmosphère déversant l'eau par intermittence et l'alternance probable de deux saisons très-marquées,
l'une sèche, l'autre humide, se succédant à plusieurs mois
d'intervalle. Il semble aussi que, le rivage méridional de la mer
nummulitique longeant l'Afrique vers les confins du Sahara,
l'introduction et la persistance des formes propres à ce continent
aient été le résultat d'une colonisation ayant son point de départ
dans le sud. L'émigration aurait gagné de proche en proche,
de manière à envahir le périmètre des terres en contact avec la
mer nummulitique et à faire partout dominer des éléments
semblables, à l'exemple de ce qui se voit de nos jours le long
des plages de la Méditerranée, ainsi que sur le pourtour du
golfe du Mexique, de la mer des Antilles et de celle du Japon.
Rien de surprenant à ce que, conformément à ce qui a lieu dans
ces diverses régions, la végétation se soit uniformisée sur les
rivages opposés, et d'un bout à l'autre du grand bassin intérieur éocène, dont le diamètre, entre le Soudan et les Alpes,
mesurait environ 30 degrés ou plus de 700 lieues, dimension
double de celle que présente la Méditerranée, du fond de la
grande Syrte au golfe de Gènes.

Il est à croire que l'influence directement exercée sur les terres
de l'Europe par une mer chaude et méridionale, touchant au
tropique vers le sud, ne fut pas étrangère à l'établissement du
climat qui semble avoir prévalu durant l'éocène. Échauffée périodiquement par le soleil, à l'époque de l'année où cet astre
s'avance vers le cancer, la mer nummulitique devait donner lieu
à des moussons coïncidant avec la fin de l'été et précédées d'une
saison sèche qui partait de l'équinoxe du printemps et durait
jusqu'après le solstice. Telle est probablement la clef d'un problème dont la solution résulte à la fois et de la configuration

de l'Europe éocène et de l'étude des plantes que possédait alors notre continent, et dont nous avons figuré les principales.

On doit fixer à l'éocène et faire coïncider avec la présence de la mer du calcaire grossier parisien le moment de la plus grande élévation thermique que le climat européen ait présentée durant le cours des temps tertiaires. Non-seulement les *Nipa* et peut-être les cocotiers s'étendirent alors jusqu'en Belgique et en Angleterre, mais les espèces à feuilles caduques ne furent jamais aussi peu nombreuses ; leur présence constatée se réduit à quelques rares exceptions. C'était le temps des jujubiers africains, des gommiers, des myricées aux feuilles coriaces, des *Aralia*, des *Podocarpus*, des *Nerium* ou lauriers-roses, des euphorbes arborescentes, des myrsinées, etc. Les palmiers étaient nombreux sur tous les points du territoire français : **M.** Crié en a compté récemment cinq espèces dans les grès éocènes de la Sarthe. Les forêts montagneuses de cette dernière région comprenaient une association de lauriers et de chênes à feuilles persistantes, mélées à des *Diospyros* et à des tiliacées, à des myrsinées, à des anacardiacées et à plusieurs *Podocarpus*. Les fougères les plus répandues étaient des lygodiées. Cet état de choses paraît s'être maintenu dans le midi de l'Europe, sans grande altération, jusqu'à la fin de l'éocène. Monte-Bolca, en Italie, en fournit des exemples et la flore des gypses d'Aix en Provence conduit aux mêmes conclusions. Vers la fin de l'éocène, la mer nummulitique tendait partout à s'amoindrir, sinon à disparaître. Des lacs s'étaient établis sur une foule de points et les stations marécageuses, fréquentes sur leur bord, favorisèrent l'extension de la faune paléothérienne en mettant à la portée des animaux de cet âge une nourriture abondante, particulièrement des rhizomes de nénufars et autres plantes palustres que les pachydermes recherchaient en baugeant en troupes dans les lagunes. Ces lacs aux plages souvent envahies par la végétation avaient des alternatives de crues et de desséchements en rapport avec les conditions climatériques de l'époque. Il est à remarquer également que les lacs éocènes, qui persistèrent en

Provence sans changement pendant le tongrien et même l'aquitanien, étaient distribués de manière à correspondre chacun à l'un des versants des chaînes de montagnes qui s'élèvent dans cette partie de la France et qui se présentent maintenant comme les premiers contre-forts des Alpes. L'importance et surtout la profondeur de ces lacs dénotent le voisinage d'accidents orographiques plus prononcés encore que ceux qui se montrent de nos jours aux mêmes lieux. Ni le Lébcron ou le rocher de Volx qui se dressent au sud de l'ancienne cuvette lacustre de Manosque, ni la montagne de Lure dans le nord, ni même le Ventoux, qui domine les vallées d'Apt, encore moins Sainte-Victoire, située dans la même relation par rapport au lac gypseux d'Aix, pas plus que les massifs de la Sainte-Baume et de l'Étoile, au pied desquels sont placés les dépôts lacustres de Saint-Zacharie et d'Aubagne, ne suffisent pour expliquer la présence de semblables dépressions. Il est donc permis de supposer que les montagnes de la région provençale ont perdu depuis la fin de l'éocène une partie de leur relief et ne constituent réellement que des hauteurs inférieures à celles d'autrefois, si l'on tient compte des roches triturées et des fragments détritiques arrachés jadis à leurs flancs et accumulés au fond des bassins lacustres étendus autrefois à leur pied. Ce voisinage immédiat des montagnes près des lacs de l'éocène supérieur, en Provence, a permis de saisir quelques-uns des traits qui distinguaient les bois montagneux et la végétation sous-alpine de l'époque. Il est maintenant certain que la flore des gypses d'Aix comprenait un bouleau, un orme, un frêne, plusieurs saules ou peupliers, un érable, qui croissaient dans une région supérieure et formaient une association végétale différente de celle des alentours immédiats de l'ancien lac. Cette dernière flore se composait de palmiers, de dragonniers et même de bananiers ; elle présentait des *Callitris*, des *Widdringtonia*, des *Podocarpus*, des pins, et, en fait de dicotylédones, en première ligne, des laurinées, des bombacées, des araliacées, des anacardiacées et des mimosées. En inscrivant les plus récentes découvertes, on constate qu'il existait au moins cinq espèces de palmiers dans la flore des gypses d'Aix, dont une seulement, le *Sabal major*, Ung., se retrouve dans le miocène.

L'exemple tiré de la flore d'Aix prouve que, vers la fin de l'éocène, les types à feuilles caduques ne se montraient guère au-dessous d'un certain niveau altitudinaire, sur lequel leur présence accuse pourtant dès lors l'influence d'une saison plus froide se manifestant sur le flanc des montagnes, à une hauteur déterminée. On conçoit très-bien, par cela même, comment ces mêmes types descendirent vers les régions inférieures pour s'y étendre et s'y multiplier, dès qu'un abaissement d'abord modéré, et, en réalité, peu sensible, joint à l'humidité croissante du climat, vint favoriser ce mouvement. C'est ce qui eut effectivement lieu dans l'oligocène, cette période de transition qui succède immédiatement à l'éocène et qui précède le miocène proprement dit.

Il faut distinguer ce mouvement, si facilement réalisable, partout où des régions élevées se trouvaient en contact avec des plaines inférieures, d'un autre mouvement contemporain du premier, mais bien plus général dans ses effets qui exigèrent pourtant un temps plus long pour s'accomplir. Je veux parler de l'exode d'une foule de types et d'espèces arctiques, s'avançant vers le sud et quittant les alentours du pôle sous l'impulsion de la température qui s'abaisse et du climat devenu graduellement plus humide. C'est dans l'oligène qu'il faut placer aussi l'origine de ce mouvement, qui, pourtant, ne manifesta ses effets que dans la période suivante.

Le nouveau changement qui modifia la configuration de l'Europe par l'établissement de la mer oligocène dut contribuer à rendre le climat européen plus tempéré et moins extrême. Nous avons constaté que cette mer était une mer septentrionale, et son influence agit certainement en sens inverse de celle qu'avait exercée la mer nummulitique. Les types africains et austro-indiens commencèrent donc à rétrograder, tandis que les lacs antérieurs occupaient les mêmes emplacements ou augmentaient en nombre et en étendue, dans le sud de l'Europe. C'est par le moyen des sédiments lacustres de cet âge que la flore oligocène se trouve si bien connue. Nous avons vu que les localités de Sagor, Hæring, Sotzka, Mont-Promina, Salcedo et bien d'autres appartenaient à cet horizon, sur lequel il faut également ranger les flores provençales de Gargas, Saint-Zacharie, Saint-Jean de Garguier, de Céreste et celle de Ceylas dans le Gard. Le mouvement qui amena la multiplication des types à feuilles caduques au sein de ces flores fut évidemment très-lent à se produire ; probablement aussi le climat ne changea de caractère que d'une façon graduelle et par une marche, pour ainsi dire, insensible. En Provence, c'est seulement par la répétition plus fréquente des charmes, des ormes, de certains érables, et aussi par la prédominance d'un palmier, le *Sabal major*, auparavant très-rare, enfin par l'introduction de certains types, plus spécialement des *Chamæcyparis*, du *Libocedrus salicornioides*, du *Sequoia Sternbergii*, du *Comptonia dryandræfolia*, sortes de plantes mieux adaptées à un sol et à un climat humides que ne l'étaient leurs devancières, que la révolution végétale en voie de s'accomplir commence à se manifester. Le fond de la végétation reste cependant le même, non pas seulement en Provence, mais partout où la flore oligocène a laissé des traces, soit en Styrie (Sotzka) ou en Dalmatie (Mont-Promina), soit dans le Tyrol (Hæring). soit enfin dans le centre de la France (Ronzon, Haute-Loire). Les exemples d'espèces empruntées a ces diverses localités, que nous avons figurées, nous dispensent de revenir sur les appréciations qu'elles nous ont suggérées.

C'est dans la période suivante ou aquitanienne, immédiatement après le retrait de la mer tongrienne, après l'entier desséchement des eaux salées du flysch, mais avant l'invasion de la mer mollassique, à une époque de grands lacs et de lagunes tourbeuses, favorable à la production des lignites, époque d'humidité permanente, de chaleur égale et modérée, que la révolution végétale dont les prodromes s'étaient montrés durant l'oligocène, se trouve en voie de complet achèvement. La transformation du climat s'est alors visiblement opérée; l'extension des lacs et l'abondance des dépôts d'eau douce s'expliquent par l'humidité croissante du ciel. L'opulence des formes végétales de cet âge, comparée à l'exiguïté relative de celles de l'âge précédent, s'explique de la même façon. Les grands lacs sont partout à ce moment : à Manosque, en Provence; près de Narbonne, dans le Languedoc; en Savoie, en Suisse, sur plusieurs points de l'Allemagne, en Autriche, en Italie et en Grèce. Ailleurs, comme à Radodoj (Croatie), ce sont des sédiments d'embouchure; partout ils comportent le même enseignement.

C'est alors aussi qu'il convient de signaler les premiers arrivages des types polaires destinés à se répandre en Europe pendant tout le miocène. Le platane, le liquidambar, le *Glyptostrobus*, plusieurs *Sequoia*, probablement le hêtre et le tilleul font partie de cette catégorie. Les peupliers et les saules, les aunes et les bouleaux, les ormes et les charmes, les érables, les frênes, les noyers, etc., prennent visiblement l'essor dans l'aquitanien, sans exclure toutefois les types des pays chauds ni même les palmiers, auxquels les premiers se trouvent alors associés sur un grand nombre de points (1).

C'est donc là une période d'un très-grand luxe de végétation, non-seulement parce que la température ne s'est pas abaissée d'une manière assez sensible pour éliminer les formes antérieures, mais aussi par la raison que l'humidité égale du climat favorise évidemment l'essor du monde des plantes.

La juxtaposition, dans plusieurs localités, de deux ensembles, l'un montagnard et forestier, trahissant plus de fraîcheur, l'autre approprié aux stations inférieures et dénotant des aptitudes plus méridionales, se laisse assez facilement reconnaître. Elle est visible notamment à Armissan, ainsi qu'à Manosque. Toutefois les deux ensembles contrastent déjà moins qu'ils ne le faisaient à l'époque des gypses d'Aix; ils se balancent mieux; ils se sont rapprochés et se pénètrent davantage. Celui des deux qui réunit des types amis

____

(1) Consultez la planche XIII qui représente un groupe des principaux types de palmiers de l'âge miocène, restaurés d'après l'étude de leurs organes.

du nord et de la fraîcheur est peut-être moins nombreux en espèces, mais il est plus riche en individus ; il tend graduellement
à l'emporter sur l'autre. A Armissan, près de Narbonne, la profusion des pins est si grande que l'on doit concevoir l'existence
d'une région boisée et montueuse, occupée par une grande forêt
d'arbres résineux, comme on l'observe de nos jours au pic de
Ténériffe et sur les hauts plateaux mexicains. Cette région aurait
coïncidé avec le massif secondaire de la Clape qui forme aujour-
d'hui un plateau accidenté entre Armissan et la mer. Les pins
de cette forêt comprenaient au moins dix espèces, la plupart de
grande taille et assimilables par leurs cônes, leur feuillage et
leur port, soit au pin des Canaries, soit aux espèces mexicaines
ou à celles de l'Himalaya. A ces pins se joignait sans doute un
sapin dont les cônes seuls sont connus et ont été décrits sous le
nom d'*Entomolepis cynarocephala*, Sap. L'analogue de ce type de
sapin tertiaire, maintenant fort rare, s'observe en Chine, où existe
l'*Abies jezoensis*, Lindl. (*Keteleeria Fortunei*, Carr.), seule espèce
vivante qu'on puisse comparer à celle d'Armissan, à cause des
écailles frangées-lacérées de ses strobiles. Les arbres servant de
ceinture à cette forêt d'essences résineuses, à Armissan, étaient
principalement des bouleaux, des charmes, des châtaigniers, certains chênes à feuilles persistantes, auxquels il faut joindre un
peuplier, un saule, divers érables, de très-beaux houx et plusieurs
noyers. Au bord même du lac se pressaient des *Sequoia*, des palmiers, des dragonniers, des *Aralia* aux feuilles palmées ou digitées, associés à une foule de myricées, à des laurinées, à des
Acacia et à des *Engelhardtia*, sortes de juglandées tropicales. On
voit que les deux ensembles, bien que contigus et assez mélangés
pour que leurs débris aient été s'enfouir pêle-mêle au fond des
mêmes eaux, peuvent encore se distinguer, lorsqu'on les exa-
mine de près pour opérer le triage de leurs éléments respectifs

A Manosque, un contraste de même nature est amené, d'un
côté, par des aunes, des bouleaux, des hêtres, quelques chênes,
des charmes, des saules et des peupliers, des érables, des frênes
et des noyers, qui formaient sans doute un bois situé à l'écart

sur des pentes montagneuses et, de l'autre, par des masses de myricées aux feuilles dentées-épineuses, de lauriers, de camphriers, de myrsinées et de diospyrées, de sophorées, de césalpiniées et de mimosées, auxquels se joignaient quelques rares palmiers. Le long des eaux s'étendait une lisière de *Glyptostrobus* et de *Sequoia*, entremêlés de fougères subtropicales, amies des stations inondées. La distinction, on le voit, est encore possible, mais plus tard on remarque un mélange de plus en plus intime des deux ensembles qui se confondent et partagent les mêmes stations, celui dont l'affinité pour la chaleur est visible, tendant à perdre de son importance et à décliner de plus en plus, tandis que l'autre empiète sur le premier, jusqu'au moment où, grâce aux circonstances, il réussira à l'éliminer d'une manière presque absolue.

C'est à l'époque où l'issue de la lutte était encore indécise et où la balance penchait en apparence en faveur de l'association de plantes, alliée de plus ou moins près à celles du tropique, que l'invasion de la mer mollassique et de la mer des faluns eut lieu dans le centre, dans le sud et dans l'ouest de l'Europe, qui fut de nouveau découpée à peu près comme elle l'avait été antérieurement, à l'époque des nummulites. La différence consiste cette fois en ce que, le relief de la région des Alpes commençant à se prononcer, la nouvelle mer se trouva rejetée vers le nord de façon à occuper les dépressions que jalonnent encore de nos jours la vallée du Rhône, celle de l'Aar, celle du Rhin supérieur et plus à l'est celle du Danube (consultez la planche XI).

L'Europe centrale conserva une température tiède et un climat fort doux pendant toute la durée de la mer miocène, dont la présence au centre de notre continent et plus loin, au milieu de l'Asie, dut contribuer à ce maintien ; nous ne reviendrons pas sur cette influence aisée à comprendre, ni sur les résultats opposés qui tendirent à prévaloir après le retrait de cette mer. Ces résultats amenèrent assez promptement dans le nord de l'Europe un abaissement de la température dont la marche fut cependant beaucoup plus lente dans le sud du continent et surtout par delà le revers méridional de la chaîne des Alpes. Il suffira de noter, comme un indice précieux de la géographie botanique de l'Europe miocène, que dans l'aquitanien les plantes de la région baltique ou région de l'ambre démontrent que la limite boréale des camphriers s'avançait jusqu'au 55ᵉ degré latitude. L'Allemagne, à la même époque, avait des palmiers au delà du 50ᵉ degré de latitude. Cet état de choses a persisté tant que la mer miocène n'a pas été déplacée, et l'on conçoit sans peine comment les plages sinueuses de cette mer, sur les deux rives du canal étroit qu'elle profilait du bas Jura aux environs de Vienne, en Autriche, avaient dû revêtir à la longue un aspect uniforme. Les mêmes essences végétales s'étaient étendues de part et d'autre, d'après une loi dont une foule d'exemples empruntés au monde actuel offrent la confirmation.

Cette circonstance favorable au maintien d'une douceur exceptionnelle du climat européen miocène n'empêche pas de concevoir le refroidissement du globe terrestre, comme dépendant d'une cause tout à fait générale, sur laquelle l'attention du lecteur a été déjà attirée à plus d'une reprise. Le phénomène, une fois inauguré, n'a jamais dû arrêter absolument ses progrès ; sa marche, presque insensible à l'origine, avait atteint les régions voisines du pôle, nous l'avons fait voir, bien avant de se manifester en Europe, et le contre-coup de ces premiers effets n'a pas été sûrement sans influence sur la rapidité relative du refroidissement auquel l'Europe elle-même fut à la fin soumise.

Nous avons précédemment insisté sur les prodromes de ce dernier événement, mais il est bien certain, pour le redire en deux mots, que les régions polaires se trouvant déjà refroidies à la fin de l'éocène, c'est-à-dire dès lors pourvues d'une végétation peu différente de celle que posséda plus tard l'Europe pliocène, celle-ci, à son tour, dut nécessairement se trouver en contact avec des régions polaires partiellement envahies par les glaces et ressemblant fort à ce que devint plus tard l'Europe quaternaire.

Tant que les terres arctiques, simplement refroidies, ne possédèrent pas des glaces permanentes accumulées et par conséquent ne produisirent pas des glaces flottantes, l'Europe, bien que soumise elle-même à un abaissement de température provenant d'un phénomène extérieur à elle, ne reçut de ce voisinage que des effluves et des courants médiocrement actifs. Il n'en a plus été de même plus tard, et dès lors les glaces polaires soit fixes, soit flottantes, ont dû accélérer singulièrement par leur contact ou leur proximité la rapidité du mouvement qui tendait à déprimer partout la température. C'est là un point de vue capital et une cause dont la puissance, jointe au retrait de la mer miocène, a dû contribuer plus que tout autre à réaliser dans notre zone les conditions climatériques qui la gouvernent maintenant.

Il nous reste à exposer ce qui touche au dernier des trois ordres de phénomènes que nous avons eu en vue au début de ce résumé : celui qui résulte des modifications éprouvées par le règne végétal, soit dans la distribution et la combinaison de ses éléments constitutifs, soit en lui-même, par suite des variations morphologiques de l'organisme. Il y aurait donc lieu à deux séries de considérations, en réalité très-distinctes, les unes relatives au caractère des divers ensembles de végétaux qui ont habité successivement l'Europe tertiaire, les autres concernant les types eux-mêmes, indépendamment de leur rôle dans chacun de ces ensembles, mais au point de vue de leur filiation présumée et des variations subies par les espèces qui les ont représentés.

Nous savons effectivement qu'il a existé des éléments très-distincts dans la végétation européenne tertiaire, et que de la disposition et de la prédominance simultanée ou alternative de ces éléments sont sortis un certain nombre d'ensembles, propres à chacune des périodes que nous avons signalées.

Considérée dans ses traits les plus généraux, la végétation tertiaire a changé quatre fois en Europe, et ces changements, en ne tenant pas compte des transitions souvent très-ménagées au moyen desquelles ils se sont accomplis, ont donné naissance à quatre ensembles successifs de végétaux qui doivent être nommés : paléocène, éocène, miocène et pliocène. Cependant, le dernier de ces quatre ensembles n'est qu'une suite ou une conséquence de celui qui l'a précédé ; à bien prendre les choses, la flore pliocène n'est qu'une flore miocène dépouillée de la plus grande partie de ses types d'affinité méridionale ou tropicale, et graduellement transformée par la prépondérance de l'un des éléments partiels que comprenait celle-ci.

Ce sont ces éléments constitutifs qu'il nous faut définir avant tout.

Gardons-nous de confondre tout d'abord les éléments indigènes ou autochthones, avec les éléments introduits ou implantés en Europe par voie de migration ou de communication, que ceux-ci se soient maintenus ensuite sur notre sol ou qu'ils en aient été plus tard totalement ou partiellement éliminés. Une autre distinction qu'il ne faut pas manquer de faire, pour la juste appréciation des éléments de la végétation tertiaire, c'est celle du type ou genre et de l'espèce comprise dans ce type ; la marche et les enchaînements de l'un n'ayant au fond rien de commun avec la filiation et l'histoire particulière de l'autre. L'Europe peut avoir possédé de tout temps certains types, et cependant avoir reçu du dehors à un moment donné d'autres espèces faisant partie de ces mêmes types, mais introduites par voie d'immigration et demeurées depuis indigènes, tandis que les formes plus anciennes auraient fini par être éliminées. Dans ce dernier cas, le type autochthone aura survécu, mais seulement à l'aide d'une forme importée du dehors et originairement étrangère. Ainsi, l'Europe paraît avoir eu à tous les âges tertiaires des chênes ; mais ces chênes étaient d'abord des *chênes verts*, et le type de nos rouvres, qui représente à lui seul aujourd'hui le genre *Quercus* dans le centre de l'Europe, pourrait bien avoir été importé du dehors. Le type bouleau et le type orme remontent fort loin dans le passé ; il est pourtant à croire que notre bouleau commun et notre ormeau vulgaire nous sont venus du nord et ne se sont montrés en Europe, en tant que formes spécifiques, qu'à partir de l'époque où le climat avait perdu décidément sa chaleur. Il existait bien des tiliacées en Europe, au commencement du tertiaire ; mais le genre *Tilia* proprement dit, polaire d'origine, n'est arrivé en Europe que vers la fin du miocène, et il y a été vraisemblablement importé en même temps que le platane et le ginkgo, que notre continent n'a pas conservés, mais qui existent sous des latitudes équivalentes, en Asie, en Amérique, au Japon. Ce sont là pour nous des types acquis, les uns momentanément, les autres d'une façon définitive. Mais, comme les types, genres ou sections de genre, sont nécessairement représentés par des espèces ou races héréditaires, quelquefois même par une espèce unique, il se trouve, en ce qui touche par exemple au *Salisburia* ou ginkgo, que l'Europe, après avoir possédé une première fois le genre, lors des temps secondaires, a reçu beaucoup plus tard le *Salisburia adiantoides*, forme à peine différente de l'espèce chinoise actuelle. Ainsi, dans ce dernier cas, le type seul serait autochthone en Europe, et, après une longue interruption, il y aurait été réintégré au moyen d'une espèce partie des environs du pôle pour s'avancer de là vers le sud. On voit combien ces phénomènes de filiation et de migration se trouvent complexes, lorsque l'on cherche à les préciser, en se servant de particularités empruntées à la flore fossile.

En résumé, nous distinguons en fait d'éléments de végétation ou catégories de types associés :

1° Une première catégorie, indigène ou autochthone, comprenant des types nés dans la région et ne l'ayant jamais quittée à partir de leur première origine. Le laurier, la vigne, le lierre, le laurier-rose, divers érables, le térébinthe, le gaînier, etc., paraissent être dans ce cas.

2° Une deuxième catégorie également autochthone, mais composée de types d'affinité tropicale et *spéciaux à l'Europe tertiaire*. qu'ils auraient servi à caractériser autrefois. Ce sont des genres éteints à partir d'un certain moment : les genres *Rhizocaulon*, *Dewalquea*, *Flabellaria* (parmi les palmiers), *Palæocarya* parmi juglandées, certaines protéacées, araliacées, anacardiacées, etc., observés sur plusieurs points de l'Europe éocène ou oligocène, rentrent dans cette catégorie.

3° Une troisième catégorie, plutôt cosmopolite que réellement indigène, mais ancienne sur le sol de l'Europe et comprenant des plantes d'affinité tropicale que l'Europe a longtemps comprises, qu'elle a ensuite perdues, mais que l'on retrouve hors de notre continent, principalement dans l'Asie du sud et du sud-est. Bien des plantes se trouvent faire partie de cette catégorie dont la présence démontre que, « sans le refroidissement du climat », l'Europe aurait eu en partie les mêmes végétaux que les Indes, les archipels de l'Asie, la Chine méridionale et le Japon. Il faut y ranger les *Lygodium*, les ailantes, beaucoup de laurinées, surtout les camphriers et les cannelliers, les *Mimosa* et *Acacia*, les *Bombax*, les dragonniers, les *Pittosporum* et tant d'autres.

4° Une autre catégorie également indigène et perdue pour l'Europe, comme la précédente, mais composée principalement de types aujourd'hui répandus dans la zone tempérée chaude dont ils habitent les régions montagneuses et forment les massifs forestiers. Cette catégorie comprend les *Betulaster*, les *Alnaster*, les *Microptelea*, certains peupliers et érables, des saules, etc., et elle renferme des types ayant généralement précédé en Europe les espèces des mêmes groupes que nous possédons encore, mais dont ces types se distinguent par des aptitudes plus méridionales, par des feuilles semi-persistantes et par leur susceptibilité relative vis-à-vis du froid de nos hivers.

5° Une catégorie qui semble empruntée plus particulièrement au continent africain et aux îles qui en dépendent, parce que les types et les formes similaires de ceux qui existaient autrefois en Europe s'y retrouvent de nos jours dispersés à travers cette région, depuis les Açores et les Canaries à l'ouest, la Barbarie au nord, l'Abyssinie et le Soudan, au centre et à l'est, jusqu'à la région du Cap et aux îles Madagascar, Maurice et Bourbon. Cette cinquième catégorie est surtout représentée par

des *Phœnix, Dracæna, Musa, Arundo*, par les genres *Callitris,
Widdringtonia, Encephalartos*, par plusieurs types d'*Acacia*,
d'*Aralia*, de *Myrica*, de *Ziziphus*, de *Rhus*, par des myrsinées,
des célastrinées, des anacardiacées et bien d'autres qu'il serait
trop long d'énumérer. Il est certain que l'Europe tertiaire a possédé ces types en commun avec le continent africain et qu'elle
les a ensuite perdus, tandis que celui-ci les a conservés.

6° Une catégorie moins nombreuse que les précédentes, mais
encore assez saillante par les types qu'elle comprend et dont l'affinité avec ceux des parties méridionales ou austro-occidentales
de l'Union américaine est visible. Je citerai seulement à l'appui
les palmiers sabals, les pins de la section *Pseudo-strobus* et les
groupes de chênes alliés aux *Quercus phellos* et *virens*. Ces types
et d'autres qui sont dans le même cas ont longtemps habité l'Europe et se trouvent de nos jours exclusivement confinés en Amérique.

7° Une dernière catégorie dont la provenance des régions polaires est notoire, depuis les découvertes relatives aux flores fossiles crétacées et tertiaires, du Spitzberg et du Groënland, dont
l'examen permet de constater cette provenance. Les types de
cette catégorie, parmi lesquels il faut ranger en première ligne
les *Sequoia, Taxodium, Glyptostrobus, Salisburia, Platanus, Liquidambar*, les chênes de la section *Robur;* les bouleaux, sapins,
ormes, hêtres, châtaigniers, tilleuls, etc., enfin beaucoup de types
à feuilles caduques ou marcescentes qui sont demeurés l'apanage
des régions du nord, ces types ont cela de commun qu'ayant eu
tous également les alentours du pôle pour point de départ, ils en
ont rayonné comme d'une région mère, de manière à se répandre à la fois dans l'ancien et le nouveau continent, en donnant
lieu aux phénomènes des espèces disjointes.

Les sept catégories qui viennent d'être signalées et auxquelles
on pourrait adjoindre facilement d'autres groupes d'une moindre importance n'ont pas coexisté toutes à la fois en Europe;
elles ont empiété l'une sur l'autre et se sont substituées l'une à
l'autre selon les temps et d'après l'influence des événements

survenus qui ont tantôt favorisé leur diffusion, et tantôt ont eu pour effet de les atteindre et de les éliminer. On peut concevoir et déterminer en gros de la façon suivante la marche affectée par elles.

Dans le paléocène : coexistence des trois premières catégories et en partie au moins de la quatrième. Cela veut dire que l'on observe à la fois dans cette période : des types autochthones, demeurés depuis indigènes, comme ceux du lierre, de la vigne, du laurier ;—des types spéciaux à l'Europe d'alors, mais depuis éteints : *Dewalquea*, *Grewiopsis*, etc.; — des types éteints en Europe, mais caractérisant de nos jours encore la flore tropicale, comme les camphriers, les cannelliers, avocatiers, etc.; — enfin des types affiliés à ceux de la flore boréale, mais présentant des caractères de section qui les assimilent à des sous-genres aujourd'hui extra-européens : il en est ainsi de la plupart des chênes et châtaigniers de Gelinden, des ormes, saules et peupliers de Sézanne.

Dans l'éocène, on retrouve ces quatre catégories : la première représentée par le laurier, le térébinthe, le gaînier, les plus anciens érables, etc.; la deuxième par divers types de protéacées et de myricées, par les genres *Rhizocaulon*, *Anœctomeria*, *Apeibopsis*, *Palæocarya*, *Heterocalix*, etc.; la troisième par une foule de *Cinnamomum*, *Ailantus*, *Phœnix*, *Dracæna*, *Acacia*, *Bombax*, *Aralia*, etc.; la quatrième par quelques rares *Betulaster*, *Populus* (type coriace), *Microptelea*, etc. — Mais il s'y joint la cinquième catégorie ou catégorie africaine, qui s'étend alors partout en Europe et s'y implante pour un temps très-long. Il s'y joint encore un certain nombre de types de la sixième catégorie ou catégorie américaine, dont les chênes fournissent des exemples.

Dans l'oligocène, les mêmes catégories continuent à se montrer ; mais la quatrième augmente d'importance, de même que la sixième, et quelques types appartenant à la septième commencent à s'introduire.

Le nombre et l'importance des types appartenant à ces dernières catégories tend à s'accroître dans la période suivante, celle de l'aquitanien, pendant laquelle la prédominance est surtout acquise à la quatrième catégorie, tandis que la cinquième tend à s'éclipser graduellement.

Le même mouvement se prolonge en s'accentuant encore durant le miocène ; la sixième catégorie s'empare de la place que lui abandonne la cinquième successivement amoindrie ; la deuxième disparaît peu à peu, bien qu'elle soit encore représentée par les *Podogonium* dans le miocène supérieur.

Dans le pliocène, enfin, il n'existe plus guère que des types de la première, de la quatrième et de la septième catégorie, combinés encore avec des épaves de plus en plus clair-semées de la cinquième et de la sixième. Dans la flore européenne actuelle, il serait possible de signaler les derniers vestiges de celles-ci, que comprend encore la végétation des bords de la Méditerranée : le caroubier, le myrte, l'*Anagyris fœtida*, le lentisque, l'euphorbe en arbre, etc., en sont des exemples que M. le professeur Martins n'a pas manqué de mettre récemment en lumière.

Après avoir marqué les effets directs ou éloignés de la configuration géographique du sol et de la nature du climat sur l'ensemble de la végétation de chaque période, il nous reste à décrire les modifications éprouvées par les plantes considérées en elles-mêmes, en tant que « phénomènes purement organiques ». Nous sommes conduit par la pente même du sujet à ce dernier point de vue, subjectif par rapport à l'autre, et, après avoir défini l'étendue des actions extérieures qui influent sur les végétaux et qui sollicitent leur tendance à la variabilité, nous examinerons ce qui en résulte pour la plante, c'est-à-dire les caractères et l'amplitude des changements morphologiques auxquels l'individu végétal et la race sortie de lui sont susceptibles de donner naissance.

C'est là une étude, non-seulement très-nouvelle et, pour ainsi dire, à ses premiers débuts, mais qui ne dispose jusqu'ici que d'un très-petit nombre de matériaux ; nous ne saurions donc la pousser bien loin; nous tâcherons plutôt de recourir, autant que faire se pourra, aux documents assez nombreux contenus dans les pages qui précèdent. Ces documents, auxquels nous renvoyons, joints à quelques autres choisis avec soin, suffiront pour donner une idée assez juste des phénomènes que nous avons à signaler. — On doit les distribuer sous trois chefs.

Sous le premier, nous rangerons les modifications les plus générales, celles qui ont trait à la dimension, à la consistance des organes et des tissus, à leur durée plus ou moins longue, à leur renouvellement périodique, à certains moments et dans certaines saisons. On conçoit que ces sortes de modifications se soient manifestées dans un sens déterminé et sous l'empire de certaines circonstances, de manière à s'étendre à des catégories entières de végétaux, indépendamment du genre et de la provenance de ces végétaux.

Sous le deuxième chef, il faut placer les modifications d'une nature assez grave pour affecter un type organique et faire découvrir en lui des déviations assez prononcées pour servir de passage vers un autre type, au moyen de l'interposition d'un ou plusieurs termes transitionnels. Ce sont là, à proprement parler, les enchaînements de l'organisme, dans l'un et l'autre règne. enchaînements dont M. Albert Gaudry a publié dernièrement de si beaux exemples, empruntés à l'étude des mammifères tertiaires.

Le troisième chef, enfin, comprend toutes les diversités ou enchaînements d'un ordre purement spécifique, de nature à démontrer les variations successives de l'espèce et la filiation de chaque forme plus récente par une forme antérieure ou par une suite de formes antérieures, dont la moins ancienne serait inévitablement issue.

La stature ou dimension relative des divers organes, particulièrement du limbe foliaire; si l'on préfère, le développement ou la réduction de celui-ci sont en étroite connexion avec la chaleur et l'humidité, soit seules, soit réunies et agissant de concert. On sait généralement que les êtres vivants et, par consé-

quent, les parties de ces êtres sont plus étendus, toute proportion
gardée, dans les pays chauds que dans les pays froids ou tem-
pérés ; on sait encore que cet effet se manifeste avec une énergie
toute particulière si, comme cela arrive souvent, l'humidité est
jointe à la chaleur. Les plus grands insectes, les plus grands
reptiles, les végétaux les plus puissants, porteurs des feuilles les
plus larges, viennent certainement de pays à la fois humides et
chauds. Cependant, si le climat est à la fois chaud et sec, les
dimensions iront en s'amoindrissant, parce que, dans ce cas, et
je parle surtout en ceci du règne végétal, les plantes n'obtenant
qu'en petite quantité le liquide servant de véhicule aux sucs
nourriciers seront placées dans la nécessité d'acquérir des tissus
résistants, peu extensibles, construits de façon à s'opposer à toute
déperdition de substance, par conséquent coriaces. Si la chaleur
diminue, mais que l'humidité persiste ou augmente, les plantes
subissant cette influence verront s'accroître la dimension de
leurs organes, le milieu aquatique favorisant nécessairement la
taille des organismes mis en contact avec lui. Des deux causes
combinées qui favorisent leur dilatation, l'une aura été dépri-
mée, mais l'autre, conservant son activité, exercera son influence
et tendra à produire des résultats analogues. C'est pour cela que
certains végétaux du Midi, plantés dans les contrées du Nord et
exposés à une plus grande humidité que dans leur pays d'origine,
portent des feuilles plus amples, quoique moins fermes. Par le
défaut de chaleur leur port perd de sa puissance, leur taille
s'abaisse, mais leurs feuilles prennent de l'extension, sous l'influence de l'humidité, et elles deviennent plus larges qu'elles ne
l'auraient été au contact d'un climat plus chaud, mais aussi plus
sec. C'est effectivement ce qui arrive au chêne vert, au figuier et
au myrte, lorsque ces arbres sont cultivés en Bretagne ou en
Normandie, au milieu des brumes et des averses, loin des splen-
deurs du soleil méridional.

Des effets semblables se sont inévitablement produits autrefois
et on observe en effet des contrastes très-marqués dans la dimension relative des espèces, en comparant les formes homologues

de plusieurs périodes ou localités placées sous des conditions extérieures visiblement opposées.

Les extrêmes de grandeur dans la dimension des feuilles sont offerts par certaines espèces de la flore de Sézanne qui appartiennent à une époque et à une localité au sein desquelles la chaleur et l'humidité réunies ont dû atteindre leur apogée.

Une feuille de *Grewiopsis* (*G. sidæfolia*, Sap.), de cette station, mesure près de 30 centimètres de largeur sur une longueur de 20 centimètres, non compris le pétiole. Cette dimension est de beaucoup supérieure à celle de la plupart des feuilles des *Luhea* actuels, type de tiliacées sud-américaines, auquel les *Grewiopsis* de Sézanne doivent être assimilés. De son côté, le *Grewia crenata*, Ung., espèce miocène qui vivait encore à l'époque des cinérites du Cantal, et qui paraît répondre trait pour trait au *Grewiopsis* de Sézanne, présente des feuilles dont le plus grand diamètre n'excède pas 7 centimètres, sur une hauteur, de la base au sommet du limbe, de 5 centimètres et demi à 6 centimètres seulement. On voit par là combien la diminution de la chaleur, sans doute aussi indispensable que l'humidité à la vigueur de ce type, avait contribué à l'amoindrir par son abaissement graduel dans l'espace qui sépare le paléocène du miocène. La sécheresse, d'autre part, avait sans doute forcé ce même type de se tenir à l'écart durant l'éocène, période dans le cours de laquelle on cesse de l'observer. On pourrait faire les mêmes remarques au sujet des viornes, des cornouillers et des juglandées de Sézanne qui marquent pour ces groupes une sorte de *maximum* d'ampleur du limbe foliaire, qui ne semble plus avoir été ensuite dépassé.

L'influence de la chaleur et de l'humidité, agissant tantôt séparément, tantôt de concert, se laisse voir surtout dans le groupe des chênes, dont on rencontre des formes caractéristiques sur tous les niveaux successifs, depuis Gelinden, à la base du paléocène, jusqu'à l'extrémité supérieure de la série. Les premiers chênes sont tous des *chênes verts*, c'est-à-dire que leurs feuilles étaient plus ou moins fermes, lustrées et persistantes. Si l'on cherche à grouper par catégories les formes de cet âge, on reconnaît aisément des chênes à feuilles entières et plus ou moins lauriformes et d'autres dont les feuilles sont dentées, crénelées ou lobulées.

Considérons d'abord les premiers. — A mesure que l'on s'éloigne du paléocène, on voit chez eux des diversités se produire : les uns gardent des feuilles plus ou moins ovalaires, tandis que chez d'autres le limbe tend à s'allonger ; puis, sous l'influence continue du climat sec et chaud de l'éocène, les dimensions des espèces de certaines stations se réduisent, et l'on observe, d'abord dans le calcaire grossier parisien, au sein d'une contrée située

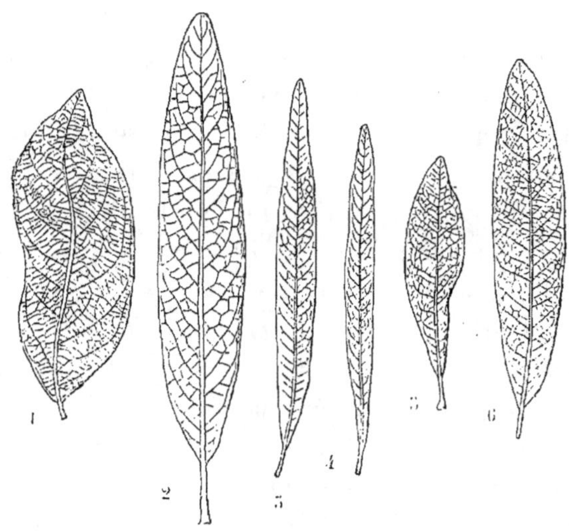

Fig. 114. — Formes homologues de chênes paléocènes et éocènes comparées (types à feuilles entières).

1. *Quercus Lamberti*, Wat. (paléocène). — 2. *Quercus tæniata*, Sap. (éocène moyen, grès de la Sarthe). — 3. *Quercus macilenta*, Sap. (éocène moyen, calcaire grossier parisien). — 4. *Quercus palæophellos*, Sap. (éocène sup., gypses d'Aix). — 5. *Quercus elliptica*, Sap. (gypses d'Aix). — 6. *Quercus salicina*, Sap. (gypses d'Aix).

au voisinage de l'ancienne mer (couches du Trocadéro), puis dans les gypses d'Aix, les formes sensiblement atténuées, représentées par nos figures (fig. 114), et qui expriment bien réel-

lement les résultats de l'action climatérique de l'éocène. Nous
avons vu d'ailleurs que cette action avait continué à se prononcer
dans la période suivante, pendant laquelle les chênes conser-
vèrent leurs proportions amaigries.

En détournant les regards vers une autre catégorie, celle des
espèces à feuilles dentées ou lobulées, nous constatons aisément
une marche absolument analogue. Pour en être convaincu, nous
n'avons qu'à comparer, en recourant à des figures précédentes
(voy. plus haut la figure 33), les feuilles des chênes de la forêt
de Gelinden, surtout le *Quercus parceserrata*, Sap., au *Q. antecedens*, Sap., des gypses d'Aix, au *Quercus cuneifolia*, Sap., de
Gargas (fig. 115), et au *Q. velauna*, Mar., de Ronzon. C'est
par suite du rétrécissement des dimensions du limbe, sous l'influence du climat éocène, que fut constituée en Europe la section
des *Ilex* ou *Chlorobalanus* qui depuis a persisté jusqu'à nous, tout
en modifiant ses caractères, c'est-à-dire en présentant des feuilles
plus larges ou plus étroites, selon les alternatives de climat
plus humide ou plus sec, qui se produisaient. Le chêne vert
de Coumi et de Radoboj (*Quercus mediterranea*, Ung.) a déjà
des feuilles plus grandes que celles du *Q. antecedens*; mais les
formes relevant du même type que l'on rencontre soit au mont
Charray, soit à Meximieux, c'est-à-dire dans le miocène supérieur et dans le pliocène inférieur, au sein de stations plus
fraîches et sous l'influence prolongée d'un climat plus humide
que dans l'âge antérieur, ces formes (*Q. prævilex* et *Q. præcursor*, Sap.) portent des feuilles encore plus amples, dont les dents
épineuses disparaissent ou tendent à s'effacer (fig. 115). De
nos jours, le *Quercus ilex*, dans les limites d'une espèce remarquable par sa polymorphie, réunit une foule de nuances,
variétés individuelles ou races locales, les unes au feuillage
ample réservées aux stations humides, les autres au feuillage
étroit et coriace, plus fréquentes sur les sols et dans les expo-
sitions, secs et chauds.

Après avoir rendu un compte très-sommaire des modifications
qui ont affecté l'organisme des végétaux d'une façon générale et

dans une direction déterminée, il serait très-intéressant de pouvoir saisir et décrire celles au moyen desquelles les types se sont graduellement transformés, avant de revêtir les caractères qui les distinguent et quelle série d'états successifs chacun d'eux a

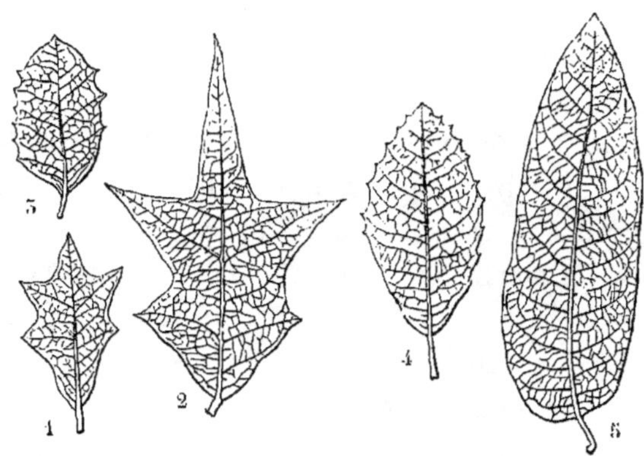

Fig. 115. — Formes homologues de chênes oligocènes et miocènes comparées (types à feuilles dentées).

1. *Quercus cuneifolia*, Sap. (oligocène inf., Gargas). — 2. *Quercus armata*, Sap. (aquitanien inf., Armissan). — 3. *Quercus antecedens*, Sap., (éocène sup., gypses d'Aix). — 4. *Quercus mediterranea*, Ung. (miocène inf., Coumi). — 5. *Quercus præcursor*, Sap. (pliocène inf., Meximieux).

traversés soit en se fixant, soit en donnant naissance à un type voisin. Ces sortes de mutations sont visibles dans les animaux supérieurs, je veux parler des mammifères; chez ces derniers, ils se sont accomplis dans le cours de l'époque tertiaire, à des intervalles assez rapprochés et en produisant des ramifications assez nombreuses, pour devenir l'objet d'une récente étude de M. A. Gaudry sur les *Enchaînements du règne animal*. Mais ici justement se présente l'application rigoureuse de deux lois, dont l'une a été formulée par ce même savant: celle-ci veut que les êtres, au sortir de cette élaboration toujours obscure, longue et difficile à suivre, d'où les catégories supérieures paraissent issues, aient été l'objet de transformations d'autant plus rapides que ces êtres sont plus élevés en organisation. Cette loi isolée serait insuffisante à l'explication des phénomènes que nous considérons, si on ne lui en adjoignait une autre qui établit une solidarité nécessaire entre les deux règnes ; d'après cette seconde loi, le développement des animaux terrestres est forcément subordonné à celui de la végétation, qui leur fournit des aliments ; par conséquent, loin d'être antérieur, le développement des premiers n'a pu même coïncider avec l'évolution à laquelle le monde des plantes a dû son complément ; il l'a suivie seulement et encore d'assez loin.

A raison de ces deux lois combinées et des conséquences qu'entraîne leur combinaison, il se trouve que le règne végétal avait acquis ses traits caractéristiques bien avant que l'autre eût complété les siens ; en sorte que les principaux groupes et même les genres de plantes qui constituent l'immense majorité de nos flores actuelles étaient arrêtés et à peu près fixés dans les limites qu'ils ont encore, dès l'origine, probablement même avant le début des temps tertiaires. Il est facile de constater effectivement un très-grand contraste à ce point de vue entre l'un et l'autre règne. Les véritables herbivores, qui sont les ruminants, ne commencent à se manisfester que vers l'oligocène, et leurs genres les mieux définis ne se montrent que beaucoup plus tard. Il en est de même pour les carnassiers et pour une foule de genres et de groupes comme celui des équidés et des proboscidiens dont l'évolution n'était pas encore achevée à la fin du miocène. Le règne végétal, point de départ nécessaire de l'évolution des faunes de vertébrés supérieurs, a dû forcément devancer celles-ci. Les flores paléocènes de Gelinden et de Sézanne, malgré le nombre relativement restreint des espèces qu'elles renferment, permettent d'affirmer qu'un nombre considérable de familles végétales étaient dès lors arrêtées dans leurs limites actuelles et que leurs genres ou leurs principales sections n'ont plus beaucoup varié. En l'affirmant des types que l'on connaît, on peut l'avancer d'une foule d'autres par analogie, sauf en ce qui concerne les familles herbacées et très-nombreuses, dont les genres ne résultent guère que de modifications organiques d'une minime importance, comme on le remarque chez les ombellifères, les composées et la plupart des gamopétales.

La flore de Gelinden démontre qu'il existait dès lors de vrais chênes et à côté d'eux de vrais châtaigniers; la craie ayant fourni des vestiges reconnaissables de hêtres, on peut dire qu'à cette époque les cupulifères étaient déjà partagées comme maintenant en trois sections dont les subdivisions ou sous-genres seuls n'é-taient peut-être encore ni définis ni combinés, ainsi qu'ils l'ont été ensuite. Une foule de genres ou même de sections de genre n'ont plus changé depuis cette date, à l'exemple de ceux qui précèdent. Dès le paléocène, par exemple, le type des viornes, celui du lierre, celui de la vigne, déjà distinct de celui des *Cissus* qui en est si rapproché, celui des saules, des cornouillers, etc., étaient représentés par des formes se rattachant aux nôtres de trop près, pour que l'on soit en droit de supposer des différences tant soit peu marquées dans ceux de leurs organes qui ne sont pas venus jusqu'à nous. Les Laurinées ont dû réellement comprendre dès ce temps les mêmes coupes génériques que de nos jours et notamment des *Cinnamomum, Laurus, Persea, Sassafras.* Il faudrait donc, d'après de pareils indices, remonter plus loin que le tertiaire pour retrouver une période de dicotylé-dones ou simplement d'angiospermes prototypiques comprenant des genres flottants, qui n'auraient encore qu'une partie de leurs caractères distinctifs ou offriraient des passages des uns vers les autres. Il faudrait même, croyons-nous, explorer au delà de la craie cénomanienne pour découvrir quelque chose des débuts de la classe, réduite à l'état d'ébauche. Cet horizon cénomanien est celui des plus anciennes dicotylédones connues, et déjà il nous présente un certain nombre de types dont les variations subséquentes n'ont plus été que d'une nature purement spé-cifique ; le lierre, le magnolia, le genre *Hymenea* parmi les légumineuses-césalpiniées doivent être signalés en première ligne. On peut dire cependant, en examinant cette première association de dicotylédones, qu'elle comprend de préférence des types floraux moins complexes, formés de parties plus distinctes et résultant d'une soudure moins avancée que ceux qui suivirent. Les découvertes futures apporteront seules, si elles se réalisent jamais, la clef d'un pareil problème. Il est à croire également que les plus anciens palmiers, ceux qui proviennent de la craie supérieure, ne sont réellement pas les premiers en date; ils marquent sans doute l'un des stades d'une marche évolutive, déjà éloignée de son origine. Cependant l'espèce la plus répandue, le *Flabellaria longirhachis*, Ung., reproduit l'apparence d'un type intermédiaire aux frondes flabellées et aux frondes pinnées. L'aspect est celui de deux formes spéciales aux Séchelles et qui sont le *Phœnicophorium Sechellarium*, Wendl., et le *Verschaffeltia splendida*.

Ainsi, ce ne sont pas des genres proprement dits, mais plutôt des sous-genres et des sections ou groupes d'espèces dont il serait possible de suivre la marche et de décrire la formation, à travers le cours du tertiaire, si tous les organes des végétaux de cet âge étaient venus jusqu'à nous, de telle façon qu'il fût possible d'analyser les parties des fleurs et la structure intérieure des organes de la fructification, comme on le fait lorsqu'il s'agit de la dentition et du squelette des vertébrés.

Les types végétaux sont incontestablement plus tenaces, leur vie est plus longue et leurs caractères essentiels sont moins mobiles que ne le sont les types correspondants de l'autre règne. Il faut donc se contenter, dans l'examen que l'on en fait, de suivre et de définir les innombrables diversités spécifiques auxquelles leurs genres, une fois fixés, ont donné lieu. Cette disposition inhérente à l'organisme des végétaux, sous l'influence du temps et des circonstances, a fait naître d'incessantes variations que la comparaison des formes fossiles avec leurs homologues actuels permet de définir très-rigoureusement.

L'enchaînement qui relie toute une série d'espèces affines et qui nous amène de la plus ancienne jusqu'à celle que nous avons encore sous les yeux, se compose souvent d'un nombre relativement considérable de termes successifs, assez rapprochés pour faire disparaître la plupart des lacunes. Par ce moyen qui s'appuie, il est vrai, sur l'examen des feuilles seulement, on découvre réellement les vicissitudes d'une filiation dont l'origine remonte plus ou moins haut dans le passé et qui, dans certains cas, s'avance au delà de l'époque tertiaire. Nous constatons ainsi que, si les dicotylédones, à un moment donné voisin de leur berceau et par des procédés dont le mécanisme nous échappe faute de documents, ont donné l'exemple d'une évolution rapide et d'une extension plus rapide encore, cette première extension a dû être précédée d'une longue période d'obscurité, au fond de laquelle il nous faut renoncer de les suivre; mais leurs principaux types, une fois caractérisés, ont manifesté au contraire une remarquable fixité ou, s'ils sont demeurés plastiques, ce n'est plus dans les traits constitutifs de leur structure qu'ils se sont montrés variables, mais uniquement par certains côtés secondaires. Ce sont ces variations de détails qui ont engendré successivement toutes les formes auxquelles les botanistes s'accordent à appliquer le nom d'espèce.

Pour signaler des exemples saillants de ces sortes de filiations, conduisant, à travers les âges, d'une espèce vers une autre plus ancienne, celle-ci étant elle-même précédée par une forme antérieure, jusqu'à la plus reculée, dans le temps, qu'il ait été donné de découvrir, il faut s'adresser de préférence à certains types à la fois tenaces et peu féconds ou même réduits sous nos yeux à une espèce unique, mais en même temps n'ayant jamais quitté le sol de l'Europe. Il en est ainsi, entre autres, du laurier, du lierre, de la vigne, du laurier-rose, du gaînier, de divers érables, etc., dont nos figures aideront à saisir la marche à travers les diverses périodes, au moins pour quelques-uns d'entre eux.

Le type du laurier noble (*L. nobilis*, L.), dont le laurier des Canaries (*L. canariensis*, Webb.) ne constitue de nos jours qu'une race, se trouve représenté dans le paléocène par le *Laurus Omalii*, Sap. et Mar.; dans l'éocène, par le *Laurus Decaisneana*, Heer. Lors de l'éocène supérieur des gypses d'Aix, le même type comprend un certain nombre de formes, parmi lesquelles il faut distinguer le *Laurus primigenia*, Ung., dont les variétés larges conduisent insensiblement au *Laurus canariensis* (fig. 116). Il semble que les formes étroites de ce même *L. primigenia*, qui sont en même temps les plus anciennes, marquent l'existence

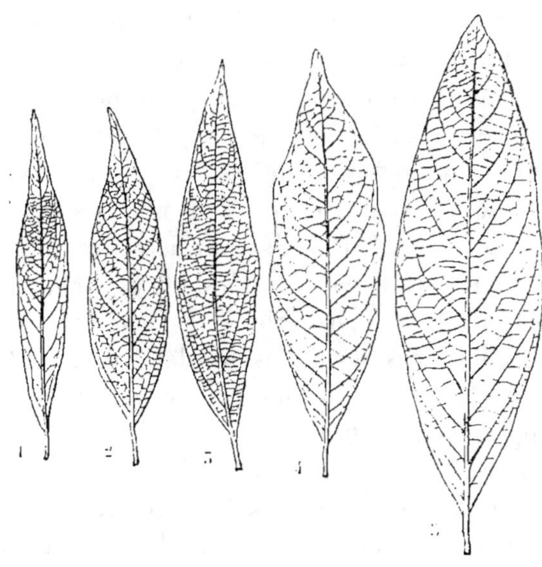

Fig. 116. — Formes successives du type Laurier, à partir de l'éocène, pour montrer le passage conduisant du *Laurus primigenia* au *Laurus canariensis*.

1. *Laurus primigenia*, Ung. (oligocène). — 2. *Laurus primigenia*, Ung. (oligocène sup.). — 3. *Laurus primigenia*, Ung. (aquitanien). — 4. *Laurus princeps*, Hr. (miocène sup.). — 5. *Laurus canariensis pliocenica* (Meximieux).

d'une race due à l'influence du climat éocène; les effets de cette influence s'atténuent graduellement à mesure que l'on s'avance vers l'aquitanien et à Armissan d'abord, à Manosque ensuite, la liaison entre les feuilles amplifiées du *L. primigenia* et celles des *Laurus canariensis* et *nobilis* se prononce de plus en plus. Le *Laurus princeps*, Hr., du miocène supérieur, se rapproche plus encore de notre laurier, dont la race canarienne se montre enfin, avec tous les caractères que nous lui connaissons, dans le pliocène inférieur de Meximieux.

Le lierre européen, que nous allons maintenant considérer, remonte par son origine bien au delà des temps tertiaires ; son ancêtre le plus éloigné est une espèce de la craie cénomanienne de Bohême, *Hedera primordialis*, Sap., précédemment figurée (fig. 29), dont les feuilles caulinaires étaient largement orbiculaires et cordiformes, avec des feuilles deltoïdes et latéralement arrondies sur les rameaux libres. Ces feuilles étaient entières ou faiblement sinuées le long des bords ; elles rappellent d'assez loin celles de certains *Oreopanax* d'Amérique, mais elles ressemblent surtout à la race algérienne, connue sous le nom de *lierre d'Alger*, dont les feuilles presque aussi larges sont cependant en général plus longuement atténuées en pointe au sommet. Les échantillons fossiles, de forme deltoïde, peuvent même être comparés avec avantage aux feuilles les plus larges des rameaux libres de notre type indigène ; la disposition des nervures basilaires et même leur nombre (2 à 3 paires de chaque côté de la médiane) se trouvant les mêmes de part et d'autre. On peut dire sans exagération que l'aspect de l'*Hedera primordialis* suffit à lui seul, à raison de l'ampleur du limbe foliaire, pour attester l'humidité de l'ancienne localité cénomanienne qui nous a conservé ses restes.

Le lierre paléocène de Sézanne, *Hedera prisca*, Sap. (fig. 117), dont nous possédons plusieurs feuilles, s'éloigne assez sensiblement de l'*H. primordialis*. Ses feuilles sont d'abord plus petites, leur dimension égalant à peu près celle des formes vigoureuses de notre lierre. Les sinuosités de la marge sont devenues ici des saillies anguleuses assez peu prononcées, il est vrai, mais cependant sensibles ; la base est arrondie ou conformée en coin obtus ; les nervures principales ne comptent jamais au delà de deux paires, outre la médiane. Cette espèce rappelle incontestablement notre race irlandaise dont elle diffère seulement par la distance proportionnelle plus marquée existant entre les nervures basilaires et les secondaires issues de la médiane, dont le développement est moindre que dans notre lierre. Il en est du lierre comme de la vigne, du sassafras et de quelques

Cte DE SAPORTA. 25

autres types; on cesse de les rencontrer ou du moins leur présence devient exceptionnelle dans le cours de l'éocène proprement dit. Il est probable que la chaleur sèche du climat restreignit alors l'aire d'habitation de ces types et obligea certains d'entre eux à émigrer vers le Nord ou à se réfugier sur le haut des montagnes.

On n'a découvert jusqu'ici aucune trace du lierre ni dans le calcaire grossier parisien, ni dans les grès de la Sarthe, ni à Skopau ou à Monte-Bolca; le dépôt des gypses d'Aix n'en avait pas encore offert de vestige; mais une découverte importante, due à M. le professeur Philibert, est venue démontrer tout récemment l'existence du lierre éocène et en même temps sa rareté à cette époque, puisqu'il s'agit de l'empreinte d'une feuille unique, ayant appartenu aux rameaux appliqués; elle a été apportée peut-etre de loin et provient sans doute d'une station moins chaude que la zone de végétaux qui servait de ceinture immédiate à l'ancien lac. Le climat éocène a produit sur le lierre d'Aix, *Hedera Philiberti*, Sap., son influence ordinaire; la feuille de cette espèce est relativement étroite et allongée; son sommet donne lieu à une pointe apicale beaucoup plus développée que les lobules latéraux, réduits à de simples sinuosités anguleuses. Cette remarquable empreinte a tout à fait l'aspect et retrace les caractères des formes les plus maigres du lierre d'Alger, et notre lierre indigène offre parfois aussi, lorsque ses tiges rampent sur le sol, des variétés analogues à celle-ci; en sorte que l'*Hedera Philiberti* représente le point de départ commun du lierre européen actuel et de la race algérienne.

Dans le miocène inférieur de la région arctique, c'est à la race irlandaise ou lierre d'Irlande que correspond l'*Hedera Mac-Cluri*, Hr., qui revêt une forme à peine distincte de celui-là. L'*Hedera Kargii*, Br., du miocène supérieur d'OEningen, nous fait connaître une race à très-petites feuilles qui semble dériver, à l'aide de plusieurs intermédiaires aujourd'hui perdus, de l'*Hedera prisca* amoindri. Le lierre, sous une forme très-rapprochée de celle du type européen ordinaire et qui se relie en

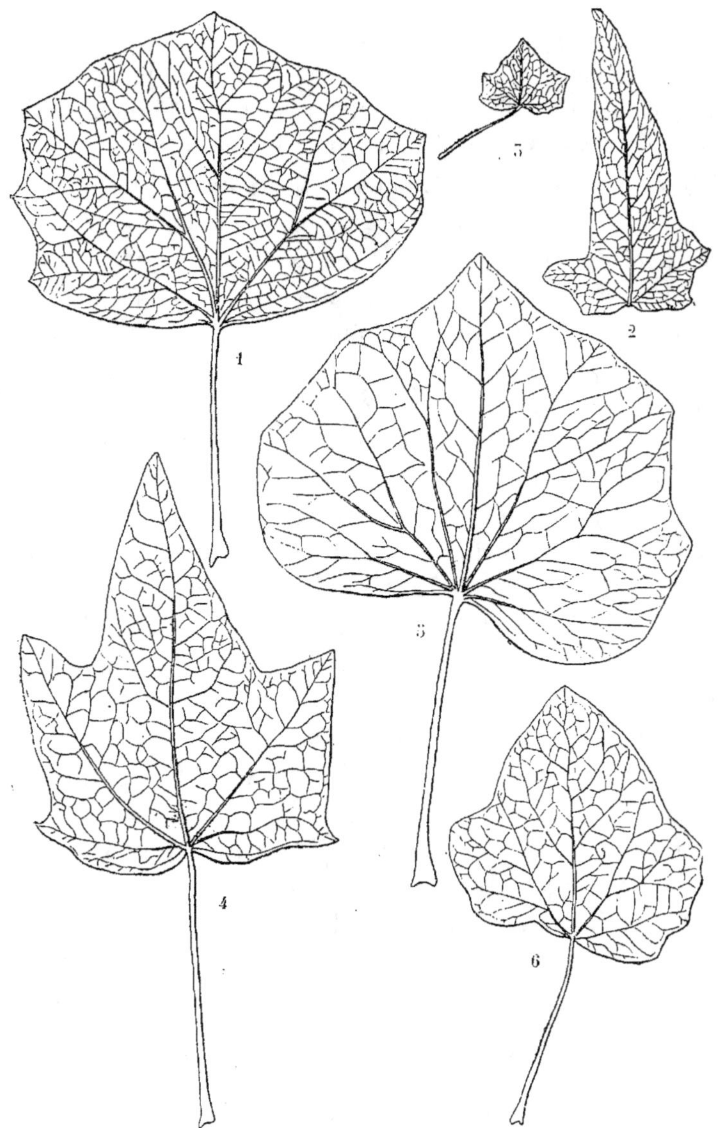

Fig. 117. — Modifications successives du type lierre (*Hedera*) dans le cours de l'époque tertiaire.

1. *Hedera prisca*, Sap. (paléocène, Sézanne). — 2. *Hedera Philiberti*, Sap. (éocène sup., gypses d'Aix). — 3. *Hedera Kargii*, Br. (miocène, OEningen). — 4. *Hedera acutelobata*, Sap. (pliocène inf., Dernbach). — 5. *Hedera Mac-Cluri*, Hr. (miocène inf., Groënland). — 6. *Hedera Strozzi*, Gaud. (pliocène inf., Toscane).

même temps au type des gypses d'Aix, amplifié par l'influence du climat miocène, se montre vers le pliocène inférieur, dans les sphérosidérites de Dernbach, aux environs de Coblentz ; c'est l'*Hedera acutelobata* (Ludw.), Sap., dont les feuilles pourvues de cinq lobes anguleux sont surmontées d'une pointe terminale plus large et moins saillante que celle de l'*Hedera Philiberti* et s'éloignent par conséquent davantage de la race d'Alger. Ce lierre n'est réellement séparé de l'espèce actuelle que par une nuance à peine sensible. A peu près à la même époque, c'est-a-dire dans la première moitié du pliocène, notre *Hedera helix* normal, caractérisé par les mêmes diversités morphologiques qu'il présente de nos jours, s'était répandu dans toute l'Europe : il abonde particulièrement en Italie et peuple plus tard aussi les tufs quaternaires de la France entière. En résumé, le type du lierre, très-anciennement fixé, n'a donné lieu dans la suite des temps qu'à des variétés ou races flottantes, trop peu accentuées pour qu'il soit permis d'appliquer légitimement à aucune d'elles le nom d'espèce, sauf peut-être à l'*Hedera Kargii* dont les dimensions minimes constituent pourtant la nuance différentielle la plus marquée. Le type actuel, lorsqu'on l'interroge avec soin, laisse voir des diversités analogues, comprises dans les limites d'une espèce unique.

Le laurier-rose, dont nous voulons parler maintenant, a suivi une marche à peu près semblable à celle dont le lierre vient de nous laisser voir les particularités. Le type du *Nerium* est representé dans la craie supérieure par une forme qui paraît être la souche de toutes celles qui suivirent, et celles-ci n'ont jamais produit que des variations très-peu accentuées. C'est là visiblement un type doué d'une tendance très-faible à la polymorphie, aptitude qui explique à la fois sa remarquable fixité à travers le temps et l'existence actuelle de deux espèces isolées, l'une indienne, l'autre méditerranéenne, assez voisines pour s'hybrider, lorsqu'on a cherché à les rapprocher l'une de l'autre.

Le laurier-rose crétacé, *Nerium Rohlii*, Mark, ressemble singulièrement aux plus larges feuilles du *N. odoratum* des Indes et de Java, dont les empreintes fossiles ont la forme, les dimensions et la longueur de pétiole ; les feuilles du temps de la craie étaient cependant moins linéaires et plutôt lancéolées-allongées; elles se terminaient aussi plus obtusément dans la direction du pétiole et elles paraissent avoir eu des nervures plus fines et plus nombreuses. Ce sont là au total de faibles divergences, et si les autres parties de l'ancienne plante n'en présentaient pas de plus marquées, ce que nous ignorons, il est vrai, on peut dire que le *N. Rohlii* ne différait pas plus du *N. odoratum* que celui-ci ne diffère du *N. oleander* des bords de la Méditerranée.

Le laurier-rose n'a pas été encore observé dans le paléocène; en revanche, nous connaissons deux *Nerium* éocènes très-nettement caractérisés : ce sont les *Nerium parisiense*, du calcaire grossier parisien, et *sarthacense*, Sap., des grès de la Sarthe (fig. 118). Tous deux peuvent passer pour être dérivés du précédent, et pourtant ils diffèrent assez notablement l'un de l'autre. Le *Nerium parisiense*, remarquable par ses dimensions exiguës, dénote une race qui aurait subi l'influence ordinaire du climat de la période éocène; en outre, il habitait une station en contact avec les plages de la mer parisienne, probablement les rives d'un cours d'eau vers son embouchure; par conséquent il était indigène d'une région basse, plus chaude que l'intérieur du pays. Le *Nerium sarthacense*, au contraire, habitait probablement une région boisée et montagneuse du continent éocène ; il représente évidemment une race plus vigoureuse et ses feuilles atteignaient à une largeur triple de celle des empreintes du dépôt parisien.

Le *Nerium parisiense*, malgré sa petite taille à laquelle ses fleurs, dont les corolles nous sont connues (voy. fig. 46), répondaient par leurs proportions modestes, se rattache certainement au type du *N. odoratum*, et, par conséquent, à celui du *N. Rohlii*, dont il s'écarte surtout, en dehors de sa petite taille, par la terminaison plus ou moins obtuse du sommet de ses feuilles. Le *Nerium sarthacense*, dont une feuille a déjà été figurée à la planche **XVII** de notre Mémoire sur les végétaux fossiles de

Meximieux, paraît être effectivement le prototype direct du *Nerium oleander*, auquel il est conforme par le contour elliptique du limbe, sa terminaison supérieure et les déformations acci-

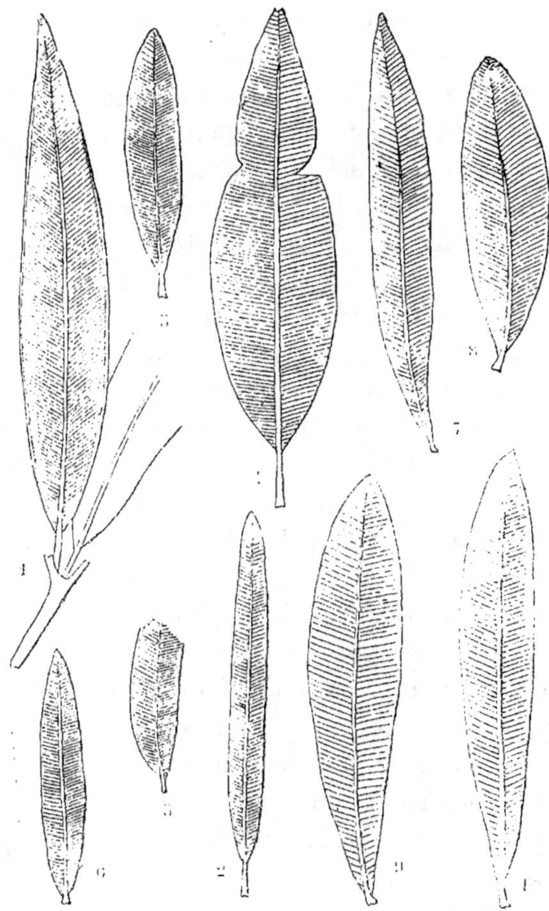

Fig. 118. — Modifications successives du type laurier-rose (*Nerium*), depuis la craie supérieure jusqu'à nos jours.

1. *Nerium Rohlii*, Mark (craie sup. de Westphalie). — 2. *Nerium parisiense*, Sap. (éocène du bassin de Paris). — 3-4. *Nerium sarthacense*, Sap. (éocène moyen, grès de la Sarthe). — 5. *Nerium repertum*, Sap. (éocène sup., gypses d'Aix). — 6. *Nerium Gaudryanum*, Brngt. (miocène inf., Oropa). — 7. *Nerium bilinicum* Ett. (miocène sup., Bohême). — 8-9. *Nerium oleander pliocenicum*, Sap. (pliocène inf., Meximieux). — 10. *Nerium oleander*, L. (époque actuelle, bords de la Méditerranée).

dentelles auxquelles il était sujet, mais il s'en écarte par l'étendue proportionnelle du pétiole. En outre, dans l'espèce de la Sarthe, la plus grande largeur du limbe se trouve reportée vers le tiers inférieur de l'organe, au lieu d'exister plus haut, ainsi que cela se voit dans la majorité des feuilles de notre laurier-rose méditerranéen. Il semblerait donc que l'on touchât ici à l'époque actuelle et pourtant on n'y arrive finalement qu'au moyen de plusieurs termes successifs intercalés. Le *Nerium repertum*, Sap., des gypses d'Aix, est imparfaitement connu ; on voit pourtant que ses feuilles (fig. 118,5) sont plus petites que la moyenne de celles des grès de la Sarthe dont elles offrent l'apparence extérieure, sauf le pétiole qui tend à se raccourcir. Ce raccourcissement du pétiole restera désormais le caractère commun de tous les lauriers-roses d'Europe, et l'on peut rapporter à ce moment l'époque à laquelle dut s'opérer la séparation définitive des deux espèces, l'indienne et l'européenne, dont la seconde s'étend aussi dans l'occident de l'Asie. Le *Nerium Gaudryanum*, Brngt., du miocène inférieur d'Oropo, en Attique, se rapproche un peu plus du *N. oleander* que les précédents par son pétiole très-court et le contour lancéolé du limbe ; mais les dimensions restent encore inférieures et la forme du contour général est plus étroite que dans la majorité des feuilles du *N. oleander* actuel. Presque à la même époque, le *Nerium bilinicum*, Ett., des couches de Kutschlin, en Bohême, manifeste la même liaison avec un agrandissement marqué des dimensions du limbe et peut-être aussi avec une nuance d'affinité plus sensible vis-à-vis du *N. odoratum*. M. d'Ettingshausen mentionne de plus un *Nerium styriacum*, de Leoben, espèce inédite qui aurait des feuilles plus larges et des nervures secondaires moins raides. Cette forme semblerait indiquer un nouveau degré d'acheminement vers le laurier-rose vivant. Le laurier-rose de Meximieux, *Nerium oleander pliocenicum*, ne saurait être légitimement séparé de celui de nos jours : dimension et forme du pétiole, contour et dimension du limbe foliaire, tout est pareil des deux parts à l'exception d'une faible nuance.

Il ne tiendrait qu'à nous, si la nécessité de ne pas élargir outre mesure le cadre de cette étude n'y faisait obstacle, d'interroger plusieurs autres types, pour en analyser la marche et définir la signification des éléments morphologiques que chacun d'eux a successivement compris ; mais un livre entier suffirait à peine à effleurer une matière aussi riche, et d'ailleurs, en multipliant les détails, en prodiguant les preuves, nous ne ferions que confirmer ce qui ressort déjà de l'ensemble de nos considérations, l'unité ou, pour mieux dire, la continuité de l'ancienne végétation, la solidarité intime de toutes les parties dont elle se compose, reconnaissable a travers les modes, les stades et les variétés innombrables que le temps a fait naître et que les circonstances ont développées, en éveillant les tendances inhérentes à l'organisme. Ce qui ressort, en effet, des recherches entreprises sur l'histoire de la vie et le passe du monde, c'est surtout l'enchaînement des phénomènes soit organiques, soit physiques. Il y a là un ensemble prodigieux de causes et d'effets étroitement combinés, dont l'action réciproque n'a cessé de se faire sentir et d'entraîner des conséquences occasionnelles destinées à produire sans cesse de nouvelles formes d'existence. C'est ce renouvellement perpétuel des choses visibles, à travers une foule d'accidents particuliers et des allures très-diverses, que l'on a voulu nier, lorsque l'on a cru pouvoir mettre à sa place un certain nombre de termes initiaux, marquant pour les êtres particuliers ou pour les différentes catégories d'êtres et de faits un point de départ originaire, dégagé de tout antécédent. Nos études nous ont conduit vers un point de vue directement opposé : au lieu de percevoir des interruptions périodiques dans les manifestations de la vie, au lieu de signaler des destructions radicales et de constater des intervalles correspondant à des temps dépourvus de créatures organisées ; nous avons, au contraire, saisi ou entrevu partout la trace de connexions allant de l'antérieur au postérieur ; leur multitude nous a paru si grande et leur complexité telle que notre esprit succomberait à vouloir analyser leurs entre-croisements. Mais, si l'on remonte de phénomène en phénomène plus haut que les apparences mobiles et contingentes, il semble que l'on aboutisse forcément à quelque chose d'entier, d'immuable et de supérieur, qui serait l'expression première et la raison d'être absolue de toute existence, en qui se résumerait la diversité dans l'unité, éternel problème que la science ne saurait résoudre, mais qui se pose de lui-même devant la conscience humaine. Là serait la vraie source de l'idéal religieux; de cette pensée, se dégagerait d'une façon lumineuse cette conception de notre âme, à laquelle nous appliquons instinctivement le nom de Dieu.

TABLE EXPLICATIVE

DES PLANCHES ET DES FIGURES

PLANCHES

FIGURES

Obs. — Ces figures sont le plus souvent réduites à 1/2 de leur grandeur naturelle ; lorsqu'elles conservent leur dimension ou qu'elles sont grossies ; la légende placée au bas des figures a soin de l'indiquer, et le lecteur doit, dans tous les cas, recourir aux explications de cette légende.

TABLE ALPHABÉTIQUE

DES GENRES ET DES ESPÈCES DE PLANTES FOSSILES

FIGURÉS, DÉCRITS OU MENTIONNÉS DANS CET OUVRAGE

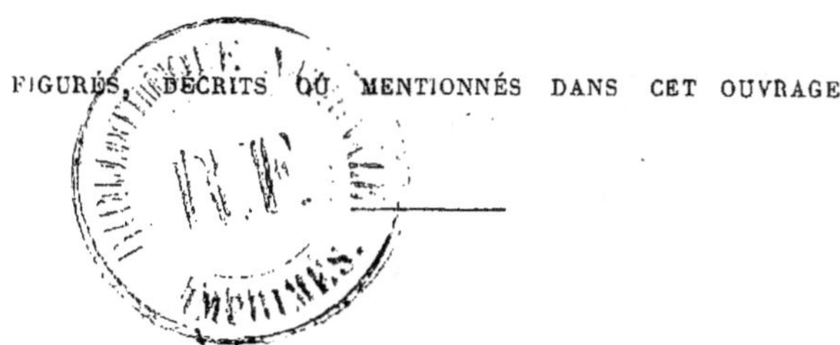

Obs. — L'indication relative aux figures se trouve placée « entre deux parenthèses », immédiatement après le nom du genre ou de l'espèce figurée ; le premier chiffre désigne le numéro d'ordre des figures ; le second chiffre séparé de l'autre par une virgule se rapporte aux numéros de la légende qui accompagne chaque figure et sert à en désigner les diverses parties.

A

Pages.

D

E

F

G

H

O

P

W

Z

TABLE DES CHAPITRES